"十二五"江苏省高等学校重点教材
编号：2013-2-051

化学教学论

总主编　姚天扬　孙尔康
主　编　马宏佳　汪学英
副主编　杨玉琴　孟献华
参　编　(按姓氏笔画为序)
高　瑛　程　萍　龚正元
主　审　李广洲

南京大学出版社

高等院校化学化工教学改革规划教材

编委会

序

教材建设是高等学校教学改革的重要内容，也是衡量教学质量提高的关键指标。高校化学化工基础理论课教材在近几年教学改革中取得了丰硕成果，编写了不少有特色的教材或讲义，但就其内容而言基本上大同小异，在编写形式和介绍方法以及内容的取舍等方面不尽相同，充分体现了各校化学基础理论课的改革特色，但大多数限于本校自己使用，面不广、量不大。由于各校化学基础课教师相互交流、相互讨论、相互学习、相互取长补短的机会少，各校教材建设的特色得不到有效推广，不能实施优质资源共享；又由于近几年教学经验丰富的老师纷纷退休，年轻教师走上教学第一线，特别是江苏高校广大教师迫切希望联合编写有特色的化学化工理论课教材，同时希望在编写教材的过程中，实现教师之间相互教学探讨，既能实现优质资源共享，又能加快对年轻教师的培养。

为此，由南京大学化学化工学院姚天扬、孙尔康两位教授牵头，以地方院校为主，自愿参加为原则，组织了南京大学、南京理工大学、苏州大学、南京师范大学、南京工业大学、南京邮电大学、南通大学、苏州科技学院、南京晓庄师院、淮阴师范学院、盐城工学院、盐城师范学院、常熟理工学院、淮海工学院、淮阴工学院、江苏第二师范学院、南京大学金陵学院、南理工泰州科技学院等18所江苏省高等院校，同时吸收了解放军第二军医大学、湖北工业大学、华东交通大学、湖南文理学院、衡阳师范学院、九江学院等6所省外院校，共计24所高等学校的化学专业、应用化学专业、化工专业基础理论课一线主讲教师，共同联合编写“高等院校化学化工教学改革规划教材”一套，该系列教材包括《无机化学(上、下册)》、《无机化学简明教程》、《有机化学(上、下册)》、《有机化学简明教程》、《分析化学》、《物理化学(上、下册)》、《物理化学简明教程》、《化工原理(上、下册)》、《化工原理简明教程》、《仪器分析》、《无机及分析化学》、《大学化学(上、下册)》、

《普通化学》、《高分子导论》、《化学与社会》、《化学教学论》、《生物化学简明教程》、《化工导论》等18部。

该系列教材适合于不同层次院校的化学基础理论课教学任务需求，同时适应不同教学体系改革的需求。

该系列教材体现如下几个特点：

1. 系统介绍各门基础理论课的知识点，突出重点，突出应用，删除陈旧内容，增加学科前沿内容。

2. 该系列教材将基础理论、学科前沿、学科应用有机融合，体现教材的时代性、先进性、应用性和前瞻性。

3. 教材中充分吸取各校改革特色，实现教材优质资源共享。

4. 每门教材都引入近几年相关的文献资料，特别是有关应用方面的文献资料，便于学有余力的学生自主学习。

该系列教材的编写得到了江苏省教育厅高教处、江苏省高等教育学会、相关高校化学化工系以及南京大学出版社的大力支持和帮助，在此表示感谢！

该系列教材已被评为“十二五”江苏省高等学校重点教材。

该系列教材是由高校联合编写的分层次、多元化的化学基础理论课教材，是我们工作的一项尝试。尽管经过多次讨论，在编写形式、编写大纲、内容的取舍等方面提出了统一的要求，但参编教师众多，水平不一，在教材中难免会出现一些疏漏或错误，敬请读者和专家提出批评和指正，以便我们今后修改和订正。

编委会

2014年5月于南京

前　言

化学教学论是研究化学教育教学规律的一门学科，是高等学校化学教育专业学生必修的一门基础课。

课程是学科发展、社会发展和学生需要的产物。随着我国社会的发展和教育改革的深入，化学教学论的教学内容和教学对象也发生了一定的变化。从化学教学论课程开设情况和师范生化学教学基本素养的现状看，化学教学论课程和教学还存在一定的问题。其主要问题之一就是教学内容和教学要求缺乏层次性。在南京大学出版社的组织下，我们编写这本面向普通院校化学师范生的《化学教学论》就是为了解决这个问题。

本教材有两个主要特点：一是关注学生教学技能的培养。删减了部分过于理论化的内容，突出了化学课程标准解析和教材分析，强化了教学设计、专题教学研究等教学技能的学习。二是关注教学方式的优化。尽量减少空泛的议论，努力联系教学实际，增加了大量教学案例，让学生在具体情境中理解教学理论和规律。

同时，本教材也保持了基本完整的化学教学论知识结构。本教材阐述了化学教学目的、过程、原则、方法等教学基本问题；分析了课程标准、教材编制、课程评价等课程基本问题；解释了学习动机、学习类型、中学生学习心理等学习基本问题；并辟专章讨论了化学教育研究与教师专业发展。

本教材以马宏佳主编的《化学教学论》（南京师范大学出版社，2007 年出版）为基础，由长期担任化学教学论课程教学的数位老师结合教学实际重新编写。在此，我们向原教材的作者扬州大学的吴星老师、吕琳老师、南京晓庄学院的瞿凯乐老师、盐城师范学院的梁星华老师、南通大学的江国庆老师、淮阴师范学院的刘炳华老师表示深深的敬意和谢意。

参加本教材编写的作者为：南京师范大学马宏佳（第一、三章）、南京师范大学龚正元（第二章）、南京师范大学程萍（第四章）、南通大学孟献华（第五章）、常熟理工学院汪学英、高瑛（第六章）和盐城师范学院杨玉琴（第七章）。全书由马宏佳统稿、定稿，南京师范大学李广洲教授主审。

鉴于作者的水平和眼界，本书尚存在一些不足之处，欢迎批评指正！

马宏佳

2014 年 6 月

目　录

第一章 绪 论

内容提要

本章介绍了化学教学论的设课目的和任务，阐述了化学教学论的内容和学习方法，介绍了化学教学论的形成和发展过程，对化学教学论学习提出了具体的要求。

第一节 化学教学论的设课目的和任务

化学教学论是研究化学教育教学规律及其应用的一门学科，是高等院校化学教育专业学生的必修课程之一。

化学教学论的设课目的，是使学生掌握化学教学论的基础知识和化学教学的基本技能，培养他们从事中学化学教学工作和进行化学教育研究的初步能力。

化学教学论课程的任务，是改进和完善化学教育专业学生的知识结构，使之初步形成正确的化学教育思想和化学教学观念，具备基本的教育、教学、教研能力，成为比较有市场竞争能力、有持续发展潜质的有用之才。

学校教育是根据一定的社会要求和受教育者发展的需要，有目的、有计划、有组织地对受教育者施加影响，以培养符合一定社会需要的人的活动。教师作为学校教育的重要组成部分，承担着培养人、塑造人，进行社会劳动力、科学知识和社会成员再生产的重任。因此，教师不独是一种职业，并是一种专业，性质与医生、律师和工程师相类似，教师必须经过专门的培训。化学教学论正是这样一门对已有一定化学专业知识的学生进行化学教师基础知识和基本技能培训的课程。在进行化学教学论这门课程学习时，我们有必要摒弃以下一些不正确的观点：

观点之一：只要有化学专业知识，就能当好中学化学教师。持有此观点的人并未认识到化学教师的全部职责和化学教学过程的内在规律。首先，化学教师不仅要教学生化学知识，还要教学生如何做人，帮助学生形成正确的人生观和世界观。其次，化学教师不仅要教学生化学知识，还要让学生学会如何求知、如何学习，帮助学生培养科学态度，掌握科学方法，形成科学精神。最后，即使教师教学生化学知识，也涉及到如何将科学知识转化为学科知识并用学生易于接受和掌握的方式来教的问题，涉及到哲学、教育学、心理学、方法论等一系列非化学专业方面的知识。因此，要当好中学化学教师，仅有化学专业知识还远远不够。

观点之二：学了化学专业课，又在公共课上学了教育学和心理学，不必再学化学教学论了。这个观点也是不正确的。化学教学需要化学专业知识，也需要教育学、心理学知识，更需要教育学与心理学知识在化学教学中如何运用和实践的知识，与化学教学内容脱离的、抽象的教育学、心理学条文是难以对化学教学产生具体指导作用的。化学教学论的学习过程，正是师生一起以教育理论为指导，紧密结合化学教学实际，共同探究化学教育规律及其运用的过程。许多优秀化学教师的成功经验告诉我们：正是化学教学论课程帮助他们在化学教学中较快地上了路、入了门。

观点之三：既然要去当化学教师，化学教学论上最好告诉我们中学化学每堂课该如何上，而不必讲那么多的理论。显然这也不是学习化学教学论的正确方法，因为教学思想、教学原则等理论是比具体教学方法更具普适性和指导意义的。相同的教学内容，不同的教师可以有不同的教法，可以依据师生双方的实际情况教出各自的风采与特色。变化从何而来？特色如何产生？来自教师对教学思想、教学理念的理解、对教学原则的掌握。理论的魅力正在于此。因此，从可持续发展能力的培养角度看，同学们应该在化学教学论的学习中着力掌握本课程的基础知识和基本原理，注重培养教育教学的基本技能，深刻领会典型范例，使理论学习与具体内容授课方式的学习相得益彰。

第二节 化学教学论的内容和学习方法

化学教学论是研究化学教育教学规律及其应用的学科，而化学教育教学过程是在学生和教师的双边活动中，以课程和教材(教学内容)、教学设备为媒介进行的特殊的认识过程。因此，化学教学论中包括基础理论和实践操作两方面的内容。基础理论包括初步的教学理论、课程理论和学习理论；实践操作则涵盖化学教学设计与实施、化学教学基本技能训练等。

从化学教学基础理论角度看，教育学中的教学理论、课程理论、学习理论是化学教学论的上位理论，是化学教学论的理论基础。将教学理论、课程理论、学习理论与化学教学的学科特性、学习者特性、教学过程特性相结合，就产生了化学教学理论、化学课程理论和化学学习理论。

化学教学理论侧重从“教”的层面研究化学教育教学规律及其运用，揭示化学教学过程的实质、主要矛盾和基本规律。本书主要讨论了指导化学教学的基础理论、化学教学的特征、化学教学的一般原则、化学教学过程、化学教学方法及选择依据、化学教学模式与教学策略等。化学教学理论的学习有助于学生了解化学教学的基本属性、基本原理和一般原则、主要方法。

化学课程理论侧重从课程与教材的层面研究化学教育教学规律及其运用。与教学理论相比，课程理论的研究在我国起步较晚，但近年来已有长足的发展与进步，其研究成果正在对化学教育教学产生深刻的影响。21世纪初，我国基础教育课程改革改变了之前“一纲一本”（即全国使用统一的“教学大纲”和化学教材）的状况，化学课程也从只有必修课变化为必修、选修并存，国家课程、地方课程、校本课程共有，因此，将课程理论纳入师范生的知识结构已成为社会发展的迫切需要。本书将简要介绍我国化学课程发展的历史和现状，分析化学课程在中学教育中的地位和作用；着重讨论中学化学课程标准在化学教学中的地位和作用；详细解析《义务教育化学课程标准》和《普通高中化学课程标准》；分析初、高中化学教科书的体系与编排；阐述化学课程评价的理念、功能和实施。化学课程理论的学习将有助于学生掌握化学课程的国家标准、化学教科书的主要结构和内容。

化学学习理论侧重从“学”的层面研究化学教育教学规律及其运用。在我国化学教学研究中，较长时间内是以哲学思想如“实践论”或“矛盾论”来作为指导理论的①，改革开放以来，随着与国际化学教育研究界交流的增多和我国化学教育研究的深入，学习理论逐渐引起重视。化学学习理论涉及学习理论简介、中学生化学学习的心理特点、化学学习的类型和特征、化学学习的动因分析、化学学习个体差异及学习指导等。化学学习理论的研究将使得我们对化学学习过程及其规律的认识和理解相对地具体和深入，从而更为科学地进行化学教学。

从化学教学实践操作角度说，化学教学论课程需要对学生进行基本的化学教学技能训练。本书设专章介绍化学教学设计和实施、化学专题教学等。涉及化学教学设计的基本要求、原则、方法和程序、化学教学各环节设计与教案编写、化学课堂教学的优化、化学课外活动的设计和实施、化学教学基本技能及多媒体技术的使用等以化学教育教学技能训练为重点的教学内容；还包括中学化学基本概念和基本理论教学、化学用语教学、元素化合物知识教学和化学复习教学等以中学化学具体教学内容为研究对象的更为具体的教学技能指导。

为了使学生具备一定的可持续发展能力，本书还设有“化学教育研究与教师专业发展”一章，介绍化学教师的专业发展、化学教育研究的选题与设计、化学教育研究内容与方法等。

通过化学教学理论学习和化学教学技能训练，学生应该对化学教学理论的主要研究领域和研究成果有所了解，初步形成先进的教学思想和教学理念、初步掌握化学教学的基本要领和常规方法。

化学教学论是为培养合格化学教师而开设的专业基础课，它具有很强的思想性、师范性和实践性。所谓思想性，是说学习这门课程必须树立教育为社会主义建设服务的思想，坚持辩证唯物主义认识论的基本立场和观点，培养自己进而培养学生爱祖国、爱人

---

① 陈耀亭.化学教育论文集[M].北京：中国劳动出版社，1992：80.

民、爱科学的情感和实事求是、一丝不苟、百折不挠的科学精神。所谓师范性,是说这门课将对学生做“人师”(人师就是教行为)和“经师”(经师就是教学问),即在“教书”和“育人”两个方面进行职业定向的培训和教育。所谓实践性,是说这门课程是紧密结合中学化学教学实际,含有丰富的技能学习和实践操作训练取向,课程教学是结合观摩见习、试讲试教、自学研讨等多种实践活动来进行的,其学习成果也体现在教学理论水平提高和教学技能方法掌握两个方面。

基于化学教学论课程的以上特点,这门课的学习方法也应不同于其他化学课程,具体说来有如下三点:

一、主动投入,增强学习的主动性

与其他化学专业课相比,化学教学论作业不是太多,理解也不是很困难,但真正学好它却要投入很多的时间和精力。首先,与此课程相关的教学理论、课程理论、学习理论都是成果众多的研究领域,多家之说各有所长,深入其中方能有所收获。其次,化学教学论是处于化学与教育科学中间的一门交叉学科,其研究方法和学习模式具有一些社会科学学科的特点,而化学专业学生的思维基本是偏向自然科学型的,故可能会产生一些不适应。再者,化学教育的研究中基础与前沿的界限是比较模糊的,加之近年来其研究非常活跃,许多观点都在不断更新。因此,在学习化学教学论时,同学们的学习主动性就显得特别重要。主动查阅纸质的或电子的有关文献资料,主动学习和适应本学科的学习特点,主动参与试讲、研讨等教学实践都是学好本课程不可或缺的条件。

二、结合实际,提高学习活动水平

本课程实践性特点非常突出,它结合中学化学教学实际,结合听课、备课、模拟课堂等来培养和训练同学们的教学基本技能,同时,课程中所介绍的基本理论也要结合具体的教育教学个案分析才能便于深刻领会和掌握。相信学习本课程的每位同学都有被老师教化学的经历,应该将其视为化学教学论学习极为有益的直接经验加以充分调动和利用。比如,有的同学喜欢学化学就是源于中学第一堂化学课上丰富多彩的化学实验,而有的同学则是得到班主任(化学教师)的信任和鼓励,结合这些实例来理解学习动机的理论会使学生实现从“知其然”到“知其所以然”的提升。再比如,有的同学认为上课很容易,但经过备课试教却发现哪怕是只讲清一个概念都不是简单的事,首先要自己深刻理解概念,还要考虑如何组织语言、如何表达、如何板书等等。因此,联系实际是对学习最有力的促进。

三、积极参与,适应学科的实践性

学习化学教学论的目的之一是帮助学生实现从学生到教师的初步的角色转换,因此,教学中会有较多的学生活动,包括讨论、座谈、备课、试教、资料查询、论文写作、调查研究等等,同学们应该积极地参与到各项活动中去。有的同学腼腆内向,有的同学不善于语言表达,还有的同学普通话说得不好,这些都不利于化学教学工作的开展,应在本课程的学习中抓住机遇,积极参与各种实践活动,改善上述状况,仅是纸上谈兵式的学习化学教学论,效率是不会太高的。

第三节 化学教学论的形成和发展

以化学教育教学规律及其运用作为研究对象的化学教学论,既是一门学科,也是一门科学。作为一门学科,它的形成和发展与师范教育的形成和发展基本同步(有培养化学教师的学校,才有化学教学论课程的开设),以课程与教材为其物化形式;作为一门科学,它与化学教育的历史基本同步(有化学教育,就有人有意识或无意识地研究其规律及其运用),以相关论文及著作为其物质载体。作为一门学科,化学教学论存在于前苏联及我国等具有专门师范教育体制的国家;作为一门科学,化学教学论在世界各国均有广泛的研究,总体水平上说,西方国家如美国、英国等的研究水平相对较高。下面我们就从"学科"和"科学"两个角度分别探讨化学教学论的形成和发展。

一、化学教学论学科的形成和发展

作为一门学科,我国化学教学论最早正式开设于 1932 年的北京高等师范学校(北京师范大学前身)化学系。当时的名称为"中等学校化学教材教法",其主要内容为: ① 化学之新发展(约占 25%);② 化学教学法及教材之研究(主要根据中学化学教材内容,介绍如何进行讲解,约占 50%);③ 化学实验及设备之研究(约占 25%)[①]。

建国初期,我国在全盘照搬前苏联教育模式的情况下,引进了前苏联的几套化学教学法教材,主要内容为: 化学课的任务、化学教学过程的一般原则、化学教学方式方法、化学教学工作的组织、化学教学工作计划、学生成绩的检查与评价、化学课外作业、化学设备、各种内容的教法研究和化学总复习。此时,对西方的教学理论采取了全盘否定的态度,将 20 世纪 20 年代就已传入我国的教育心理学研究、教育测验、心理学测验和教育统计等看作唯心主义学术观点而排斥在化学教学法研究之外。加之当时的苏联与中国的教育均为中央集权模式,课程设置与教材编写完全是国家行为,全国统一,因而当时的化学教学法中几乎没有涉及课程理论。

1957 年,人民教育出版社出版了第一本高等师范院校教材《化学教学法讲义》,由北京师范大学、河北师范大学化学教学法教研组教师和北京几所中学的化学教师合作编写。该书比较系统地介绍了化学教学法的原理、专题研究和实验等内容。20 世纪 60 年代以后,北京师范大学和华东师范大学等高等师范院校编写了部分化学教学法讲义和教材,体系大都

---

① 张家志,等. 化学教育史[M]. 南宁: 广西教育出版社,1996: 492.

与以前一致，而内容上则有较大变化，整个课程除课堂讲授外，配合大量实习活动，包括实验、讲习、讨论、见习、试讲、参观、制作教具等。直至20世纪80年代初，除去“文化大革命”的10年，化学教学法一直是师范院校化学系学生的必修课。但正如其名称所示，这门课比较重“方法”而不重“理论”。

1983年，华东师范大学教育学教授顾明远先生在国务院学位委员会召开的第二届博士、硕士授权点学科评议组会议期间，建议将学科教材教法更名为“学科教学论”，以提高对它的学术要求，从而提高它的学术地位。此建议被采纳，从那时起，在硕士生培养层次上，化学教学法的名称变为化学教学论，但在本科生培养层次上，仍沿用着化学教学法这一学科名称。

若干年后，顾明远先生在给《学科现代教育理论书系》作总序时写道：

> 师范院校曾有一门必修课，叫作教材教法。它是一门培养教师技能的专业课程，但是历来不受人们所重视。在一些专业学科教师、专家们的眼里，似乎教材教法不过是剖析中小学的教学大纲和教科书，教会师范生如何去上好一堂课，没有什么学术性。他们认为，上好一堂课，保证教学质量的关键是有高的学术水平。这是一种误解，但这种误解不是没有缘由的。原因之一是，这些专家们不懂得，教育既是一门科学，又是一门艺术，只有高深的学问，不懂教育规律，没有掌握教育教学的艺术，课就上不好，或者事倍功半。原因之二是，过去的教材教法课确实存在着不少问题，它只分析现有的教材，不对学科、课程及教育教学规律进行研究。因此，要解决这个问题，除了改变专家们的误解以外，更重要的是研究这门学科的发展，提高学科的理论水平。我认为，师范院校的教材教法不能只分析一门课如何讲授，更重要的是要研究、分析一门科学的发展历史和现状，以及其发展的内在逻辑，结合学生的认知特点，遵循教育规律，把它组织成一门学科。学科并不等于科学。一门科学要变成学校里的学科，要经过一番改造。改造的理论就是一门学问，本身也应该是一门学科。这门学科是跨学科的，它既要研究某门学科的科学规律，……又要研究教育规律，要把两者有机地结合起来，从这个意义上来讲，教材教法的名称显得落后了。因此，把它改为学科教学论或学科教育学是适宜的。

顾先生的以上论述，是对学科教学论的研究对象和研究内容非常精辟而准确的概括。

1988年11月，参加我国“高等师范院校本科院校化学专业化学学科基本要求审定会”的化学组专家、学者一致同意用“化学教学论”这一名称替代过去曾经用过的：化学教学法、中学化学教学法、中学化学教材教法等名称。并于1989年1月，由高等教育出版社出版了刘知新先生主编的教科书：《化学教学论》。此书1997年修订并出第二版。1999年，我国启动新一轮基础教育课程改，刘知新先生邀请王祖浩、王磊、吴俊明、郑长龙、钱杨义等一批中青年专家修订《化学教学论》，此番修订在结构和内容上做了重大变化，并于2004年出版了第三版。微调后，2009年出版了第四版。国内其他学者也陆续在不同出版社出版《化学教学论》或类似著作，迄今已有十余种之多。

二、化学教学论科学的形成与发展

早期的化学教学论研究，是由一些化学家在自己科学研究和进行化学教学的实践中无意识地进行的。比如，被誉为近代化学教育奠基人的李比希(J. V. Leibig，1803—1873)，既是一位有着丰富研究成果的化学家，又是世界上第一个有重大影响的化学教学实验室——吉森实验室的创始人。他创造了一种新的化学教学方法，即让学生在学习讲义的同时进行实验，如定性分析、定量分析、无机合成及有机合成等，完成这一课程后给学生以研究课题，在教授指导下让学生进行研究实验，独创了使学生学会如何进行研究的指导方法，这就是给每个学生布置研究专题，并检查他们的研究发展情况，然后予以评价指导，使学生自己寻找研究的思路。当时的吉森实验室云集了来自世界各国学化学的学生，形成了以李比希为核心的"吉森"学派，在李比希指导下出现了许多著名的化学家，有霍夫曼(A. W. Hofmann，1818—1892)、费林(H. Fehling，1812—1885)、武慈(C. Wurtz，1817—1884)、凯库勒(F. A. Kekule，1829—1896)等，他们回到各国后，在大学里推广和普及了李比希的化学教育方法。李比希和他的学生培养出了很多诺贝尔奖获得者，人数之多，在世界上首屈一指。其中最早的 10 位诺贝尔奖获得者中有 7 位来自"吉森"学派①。

再比如，凯库勒的教学也非常有特色。他上课常常不用讲稿，即便如此，如果将其口授课程直接付印，也是别具一格的出色教材。他的风采容貌为其讲课增添了引人入胜的效果。在指导学生工作方面，他不赞成学生盲目听从教授指导进行实验的方法，而始终把重点放在培养学生的独立思考能力上。他在教学期间对各种课题进行实验研究，发表论文几乎都是与学生共同完成的。当时，有人反驳苯的结构理论，他就立即发动学生进一步深入实验，然后师生共同撰文批驳论敌。那时德国的大学生跨大学听的课也算学分，由于凯库勒的课非常吸引人，每次都有许多其他大学的学生为听他的课而聚集到波恩大学。

另外，本生(R. W. Bunsen，1811—1899)、门捷列夫(D. I. Mendeleev，1834—1907)、霍夫曼、维勒(F. Wohler，1800—1882)、武慈等也都曾是化学教育的热心实践者。

在我国早期化学教育中，徐寿是位值得一书的人，他于 1847 年在上海成立"格致书院"，常就科学问题举办讨论会、讲演会，并在中国最早向听讲人做些 H_2、O_2 等的演示实验，是中国化学教育的启蒙者。徐寿一生共译了十三部专著，其中包括《化学鉴原》、《化学鉴原续编》、《化学鉴原补编》、《化学质考》、《化学求数》等，是中国最早系统介绍西方近代无机化学、有机化学和分析化学方面知识的书籍。徐寿确定的化学元素中文命名原则我们一直沿用至今。

近代的化学教育研究在我国仍以化学家与化学教师为主，而在西方则因教育学家及心理学家的参与而声势浩大。20 世纪 50 年代末，在美国兴起了轰轰烈烈的科学教育改革运动，其代表人物是哈佛大学心理学家布鲁纳(J. S. Bruner，1915—)。在其代表作《教育

---

① 袁翰青，应礼文. 化学重要史实[M]. 北京：人民教育出版社，1989：158.

过程》一书中,他提出了"教什么"和"如何教"的问题。他认为,为了让学生有继续学习的能力,应该教给学生各学科的基本结构,而教的方法应该用发现法、探究法。首次将能力培养和科学方法训练作为中学教育的教学目标。在化学学科,其改革运动的物化成果即CBA[①]和CHEMS化学(1960年出版)[②]两本新化学教材。美国的科学教育改革运动在20世纪60年代波及西方各国,包括日本。其核心思想是从传授化学基础知识、基本技能为中心的化学教育,逐渐向在"双基"的基础上培养能力转化。20世纪末至21世纪初,美国兴起了又一轮科学教育改革,其核心理念是科学教育要致力于提高学生的科学素养,提倡用科学探究的方法学习科学。这一阶段美国化学会编写的教材 *Chemistry in Context*(《化学与社会》)将化学知识的学习编织在社会问题和社会生活之网中,对化学教学的对象、内容和形式进行了有意义的实践探索。

在我国,也有许多著名的化学家非常关注化学教学。如我国著名无机化学家戴安邦先生,毕生活跃在化学教育战线上,他主编的无机化学教程是几代化学教育工作者的基础教材。他早在20世纪40年代就写了《近代中国化学教育之进展》[③],到20世纪80年代,又发表了《基础化学教学启发式八则》[④]、《全面的化学教育和实验室教学》[⑤]等论文,强调教学要用启发式,强调"全面的化学教育要求化学教学既能传授化学知识与技术,又能训练科学方法和思维,还培养科学精神和品德。化学实验课是实施全面化学教育的一种最有效的教学形式。"著名的物理化学家傅鹰先生也十分强调教学要在传授知识的同时启迪思维,他讲课时注意跟踪科学的发展,常以新颖的科学事例和理论充实教学内容,他还很善于从人类认识自然的过程,从科学发展的历史角度,深入浅出地阐述科学概念、讲授科学知识。他认为,一门科学的历史是那门科学最宝贵的一部分。科学只给我们知识,而历史却给我们智慧。1957年前后,北京市化学教师刘景昆先生创造了"启发学生思维,培养学生独立工作能力"的先进化学教学经验,反映了广大中学化学教师在教学一线结合实际进行的化学教学研究。

20世纪初,在我国开展的基础教育课程改革中,更是涌现了大批研究化学教育的化学家和中学教师,如北京大学徐光宪院士、严宣申教授、清华大学宋心琦教授,他们虽然不是化学教学论研究者,但却就化学教育教学发表了许多文章和谈话,提出了许多有见地的观点。中学教师研究化学教育教学的就更多了,人们可以在各种期刊、著作中看到相关研究成果。

化学教学论作为一门科学在其发展进程中,学术团体发挥着重要的作用。从1970年开始,国际纯粹与应用化学联合会(IUPAC)与联合国教科文组织(UNESCO)致力于开展国际间化学教育研究的交流与合作,并于1971年在意大利召开了首届国际化学教育会议(ICCE),以

---

① 由美国化学键法教材设计会(Chemical Bond Approach Project)所编化学教材的简称(1957年出版).

② 由美国化学教材研究会(Chemical Educational Material Study)所编化学教材的简称(1960年出版).

③ 戴安邦.近代中国化学教育之进展[M].化学,1945,9(下)(3):1.

④ 戴安邦.基础化学教学的启发式八则[J].化学通报,1985:5.

⑤ 戴安邦.全面的化学教育和实验室教学[J].大学化学,1989(4):1.

后每两年举行一次，一定程度上推动了世界各国的化学教学论研究。世界上许多国家都成立了化学教育研究的组织，如美国有化学会（American Chemical Society，简称 ACS）、化学教育分会(Division of Chemical Education，简称 DCE)、美国理科教师协会等，中国也有中国化学会教育委员会，还有中国教育学会化学教学专业委员会及各省、市的分会。这些组织出版刊物、举办各种学术交流和研讨，对促进化学教育教学研究起了组织保证的作用。

期刊是科学发展的另一重要平台。目前世界上涉及化学教育教学研究、影响相对较大的期刊主要有：*JCE*（*Journal of Chemical Education*）美国化学会主办和 *Education in Chemistry* 英国化学会主办。以上两种刊物中涉及中学化学教育的文章有，但相对较少。*JRST*（*Journal of Research in Science Teaching*）《科学教育研究》，美国理科教师协会主办，*IJSE*（*International Journal of Science Education*）《国际科学教育杂志》，和 *EJSE*（*European Journal of Science Education*）《欧洲科学教育杂志》，均由英国泰勒和弗兰西斯科有限公司主办。*SE*（*Science Education*）《科学教育》，美国约翰 · 威利公司主办。*ASTJ*（*Australian Science Teaching Journal*）《澳大利亚科学教育杂志》，由澳大利亚科学教师学会主办。以上五种期刊发的文章虽均是围绕中学教育的，但科目涉及物理、化学、生物、地理等，化学仅是其中之一。我国化学教育类的期刊也不少，比较有影响的是《化学教育》，中国化学会主办；《化学教学》，华东师范大学主办；《中学化学教学参考》，陕西师范大学主办；《化学教与学》，南京师范大学主办；等。这些期刊为广大化学教育研究者提供了新鲜的知识、观点、方法，也提供了发表和交流研究成果的园地。

近几十年来，教学论、课程论、心理学、教育测量学、教育评价学等学科有了新的发展，这为化学教学论的发展提供了理论基础；改革开放引进了国外各种教学理论、课程理论、学习理论，开拓了我们的视野，启迪了我们的思想；大量的专业人员和广大一线教师在化学教学研究领域中辛勤耕耘，不断探索，获得了大量研究成果和一些关键性的突破，如：培养能力与学习知识并重的观点、素质教育的观念、STS① 的观念、多媒体与远程教学的观念，等等，均孕育着化学教学论新的飞跃。

在理论基础方面，化学教学论已不是局限于单纯的用哲学上的一般认识论，而是广泛汲取了化学、哲学、教育学、心理学、生理学、科学方法论等研究成果，还借鉴了系统论、信息论、控制论，计算机和网络技术等理论与运行模式，使其在实践性很强的基础上，又具有了高度综合性的理论基础。

在研究范围方面，已不是单纯的研究化学知识和技能的传授问题，还研究在化学教学过程中发展智力、培养能力、培养科学方法和态度、进行思想品德教育等问题；不仅研究“如何教”，还研究应该“教什么”、“为何教”，以及研究“怎样学”的问题。

在研究方法上，已不再单纯依靠经验总结和专题讨论的方法，而是较多采用教育实验和

---

① STS是 Science Technology Society 的缩写，中文为：科学、技术、社会。

统计推理等方法，思辨的传统正与实证的研究方法相结合。

因此，已有学者提出，学科教学论要提高到学科教育学的高度来研究。即不仅研究学科的教学理论问题，而且从教育学的基本原理出发，从培养人的高度来讨论学科教育的问题；不仅要揭示学科教学的规律，还要揭示学科教学培养人的规律。这正是化学教学论的发展方向。同时，学科教学论的实践技能训练价值也在新的层次上重新引起关注。

主要参考文献

[1] 刘知新.化学教学论[M].4版.北京：高等教育出版社，2009.
[2] 张家治.化学教育史[M].南宁：广西教育出版社，1996.
[3] 袁翰青，应礼文.化学重要史实[M].北京：人民教育出版社，1989.
[4] 郭葆章.中国现代化学史略[M].南宁：广西教育出版社，1995.
[5] 王策三.教学论稿[M].北京：人民教育出版社，2005.
[6] 钟启泉.课程论[M].北京：教育科学出版社，2007.
[7] 施良方.学习论[M].北京：人民教育出版社，2005.

思考题

1. 化学教学论课程的教学目的和任务是什么？
2. 学习化学教学论课程的正确方法是什么？
3. 结合你在化学学习中影响深刻的事例，谈谈你对学习化学教学论必要性的认识。

第二章　中学化学课程与教材

内容提要

本章简述了我国化学课程发展的历史和现状，阐述了化学课程在中学教育中的地位和作用以及中学化学课程标准在中学化学教学中的地位和作用，分析了中学化学课程标准的基本要素和内容，对义务教育化学课程标准和普通高中化学课程标准进行了解读，介绍了中学化学教科书编制的基本原则，结合具体案例分析了我国化学教科书的选材、编排和知识体系，简单介绍了化学课程资源的开发和利用的基本途径，简要说明了课程实施评价的理念、功能和基本方式。

第一节　我国中学化学课程

当今世界化学已经渗透到社会和生活的方方面面。前中国科学院院长卢嘉锡先生曾经说过，化学发展到今天，已经成为人类认识自然界、改造物质自然界并从物质和自然界的相互作用中得到自由的一种极为重要的武器。就人类生活而言，农、轻、重，吃、穿、用，无不密切地依赖化学。在新的科学技术革命浪潮中，化学更是引人瞩目的弄潮儿。美国著名化学家皮门特尔说："作为中心科学的化学能帮助我们了解宇宙，看到我们在宇宙中的地位以及承担社会的各种需要。此外，化学能清晰地刻画一个国家的经济结构。因此化学研究为那些对科学有兴趣和有志于为人类服务的年轻人提供了满意的和有价值的职业。"[①]我国著名化学家唐有祺先生也说过："在自然科学中，化学和物理俨然为共管物质及其运动的核心学科，遂有自然科学之轴心之称。化学几乎与所有其他学科分担着发展生命、材料、能源和环境科学等一系列高科技的任务。"[②]以上这些论述，绝非化学家们的自卖自夸，而是充分反映了化学在现代社会及未来社会发展中的重要地位和作用。

---

① 皮门特尔. 化学中的机会——今天和明天[M]. 北京：北京大学出版社，1990：325.

② 唐有祺，王夔. 化学与社会[M]. 北京：高等教育出版社，1997：序.

一、化学课程在中学教育中的地位和作用

中学教育是基础教育，其任务是全面提高公民素质，培养德、智、体、美等全面发展的有理想、有道德、有文化、守纪律的社会主义事业的建设者和接班人。化学作为自然科学基础门类的学科，对满足社会需要和实现人的充分发展及美化生活，有着不可替代的重要作用。我们可以从社会发展需要和个人发展需要两个层面来理解化学课程在中学教育中的地位和作用。

(一) 化学课程是培养高级科技人才的需要

社会需要科学家和高级科技人才，而与化学有关的高级科技人才必须从小打下扎实的学科基础，因为化学有自己专门的语言和符号(如元素符号、化学式、化学方程式等)；有自己严密的知识体系和逻辑结构(如原子结构、分子结构、化学键、量子化学等)；有自己独特的研究方法(如实验的方法等)，这些都需要学习者在合适的年龄段，用合适的方式进行学习方能牢固掌握。因此，我们可以看到学化学的人能成为有成就的音乐家(如马可)，作家(如叶永烈)，但在近代化学史上却很难有开始不是学化学的人成为有成就的化学家的例子。

另外，由于化学已越来越多地与其他学科发生渗透和融合，所以越来越多的其他学科的专家需要具备化学专业知识。生命科学、环境科学、材料科学、能源科学这样的学科毫无疑问需要强有力的化学知识支撑，就是计算机、自动控制这样的学科也要用到化学知识。比如，正是因为研制出硅芯片，才使计算机体积大大缩小而运算速度大大加快。这些芯片由高纯度硅制成，其中有的特意添加了一些掺杂物，其技术涉及无机化学、有机化学、光化学和聚合物化学等。科学家们的理想是研制分子计算机，即利用分子导线、分子开关等作为计算机元件，让信息通过个别分子进行贮存和转换，从而获得更小巧、功能更强大的计算机。很显然，这些工作离不开具备精深化学素养的专家的参与。

(二) 化学课程是形成科学价值观念和判断力的需要

在学习中学化学课程的学生中，将来从事直接与化学相关工作的也许不到 20%，因此对大多数中学生而言，更重要的是通过化学课程的学习形成正确的科学价值观念和判断力。化学课程的学习使同学们懂得化学在造福人类的同时也可能给人类带来灾难：电解食盐水制 Cl_2 的成功使人们能制造漂白粉、聚氯乙烯、氯仿、氯氟烃等许多产品，提高了人们的生活质量，但是，聚氯乙烯的焚化产生了剧毒物二噁英，氯氟烃分解则造成大气臭氧层被破坏，从而造成严重的环境问题；放射性元素 ^{235}U 的发现和核能的利用缓解了人类的能源危机，但核战争和核污染的威胁却又使人们忧心忡忡。

我们的学生将来可能会成为有一定决策权力的政府官员，也可能成为反映社情民意的记者，还可能成为经营者、生产者，他们常常需要作出判断和决策，而且，他们的决定很可能会对公众和环境产生影响，因而需要科学价值观和判断力。比如，前些年闹得沸沸扬扬的“水变油”事件，就有不少政府官员上当受骗，其实稍有化学常识的人是不可能相信这样的鬼

话的；福建某镇曾因生产和销售“雪耳”而获得很好的经济效益，镇政府也将其视为振兴地方经济的途径之一而加以扶持，但若干年后，该镇的农作物生产严重受损，居民健康状况恶化。原来，“雪耳”是通过用 SO_2 熏蒸浅黄色的银耳制得的，其熏制过程中大量的 SO_2 污染了空气和水源。在意识到付出的沉重代价之后，该镇政府决定禁止用此法生产“雪耳”。再比如，有位记者曾作出这样的报道：某某湖水经过治理，水质明显好转，其 pH 值已达 0，堪称笑话。这些事实都说明：中学化学课程即便对将来不从事与化学有关工作的人而言，也是必不可少的；对那些将对公众产生较大影响的人物和职业来说，更是不可或缺的。

（三）化学课程是在现代社会中高质量生活的需要

从化学的视角，有人把我们现在的时代称之为“聚合物时代”——穿的是聚酯衬衫，用的是聚乙烯奶瓶和提箱，脚下踩的是聚丙烯地毯，还有聚苯乙烯家具、聚异丁烯轮胎等。其实，除了这些聚合物以外，我们还被更多的化学品包围着：洗发香波、染发剂、人造黄油、合成香料、味精、糖精、阿司匹林、补钙剂、脑黄金、农药、化肥、染料、色素等，数不胜数。在这样的社会中，要想生活质量高，必须要有基础的化学知识，这样才能理解食品袋中的干燥剂为何不能食用，“暖宝宝”为什么能够发热，药品摄入过多为何会有副作用，过量的脂肪和热量为何有害健康等与现代生活密切相关的化学问题。

有些时候，一个人是否掌握化学基础知识甚至事关健康和生命，这绝非危言耸听。广东有个家庭主妇将洁厕灵（主要成分为盐酸）与消毒液（含次氯酸钠）混用，本想增加清洗效果，结果却造成中毒；苏州某著名企业有数十名打工者因长期接触正己烷而中毒；浙江某小山村村民靠回收贵金属致富：他们从城里回收来大量废旧电子元件、导线等，用浓硝酸将其溶解，从中淘出极少量的贵金属，村里因此弥漫着 NO_2 等有毒气体，废液横流，河水污染，庄稼死亡，在某次征兵体检中，全村几十个适龄青年，只有一个人身体合格，而此人恰恰就是多年在外打工刚刚返村者。还据报道，在某市中心一居民小区附近有一些民工用废漆、柏油和泡沫塑料、废旧轮胎等作小土窑的燃料烧制花盆，浓烟滚滚，空气中充斥着刺鼻的气味。稍有化学常识的人都会知道，以上这些做法无异于慢性自杀，对健康和环境都是十分有害的。

现代文明的发展和科学的进步，使得化学与人们的关系如此贴近，也使得基础化学知识成为人类提高生活质量，维护自身健康生存空间所必需的知识。

（四）化学课程是培养科学态度和训练科学方法的需要

化学是一门研究物质的组成、结构、性质和变化的自然科学，化学又是一门以实验为基础的科学。自然科学和实验科学的属性使化学课程成为中学教学内容中具有独特教育功能的成分。

首先，通过化学课程的学习可以培养科学态度。科学态度的核心是实事求是，即按照客观规律办事。科学研究就是从客观存在的实际情况出发，详细地占有材料，运用理论思维，对所得材料进行科学分析和研究，从事物本身找出蕴含于其内部的客观规律。如，在化学实验中，必须坚信实验事实，尊重观察到的真实现象，决不能从主观上修改或臆造观察中不存在的"事实"。如果在实验中发现特色现象或数据不准确的"异常"情况，要运用理论思维，进行合乎逻辑的分析和探讨，努力从实验主体、实验对象、实验仪器等多方面进行分析，找出问题产生的真正原因。科学态度还包括严肃认真、一丝不苟的作风。俗话说"细节决定成败"，在化学实验的实施过程中，要使学生做到：对实验操作步骤、操作方法、实验条件的控制等每一个细节都必须认真对待，这是保证实验成功的非常重要的因素。另外，有关化学用语的书写要求工整规范，实验数据的记录要求清晰、准确等。科学态度还包括谦虚、踏实的学风，勤学好问、勇于探索的精神，以及关心合作的态度等，这些都可以在化学课程的学习中逐渐养成。曾几何时，"浮夸风""大跃进"在神州大地甚嚣尘上；"人有多大胆，地有多大产""人定胜天"的口号喊得震天响；"亩产百万斤"的牛皮吹破天——不按照客观规律办事使我们的民族和国家蒙受巨大的损失，这些情况表明，秉持科学的态度是我们事业成功的前提——"态度决定高度"。当然，仅仅靠化学课程培养学生的科学态度还是不够的，但是毫无疑问，化学课程对学生科学态度的形成有着潜移默化的影响。

其次，通过化学课程的学习可以训练科学方法。化学课程不仅包括化学知识，科学方法也是其重要内容之一。科学方法有不同的层次，最高层次为哲学方法(如唯物辩证法、系统论等)；第二层次为各学科尤其是自然科学的各学科通用的方法(观察、实验、科学抽象、测定和数据处理、假说和模型等)；第三层次为各学科特有的研究方法，如化学学科特有的研究方法有：物质的分离和提纯、定性分析、定量分析、物质的合成等。化学课程中要求学生学习的科学方法，固然体现了化学学科特有的研究方法，但是在中学阶段重点是让学生学习一般(第二)层次的科学方法。学生掌握了科学方法，在他们离开学校以后，即使从事的工作与化学关系不大，当他们面临新的问题时也可以运用科学方法去分析问题、解决问题。而且，科学方法是人们获得知识的重要手段，如果把科学知识比作"鱼"，那么科学方法就是"渔"。在当今的"学习化"社会里，一个人具有终身学习的愿望和能力显得尤为必要，一旦掌握了科学方法，不但有助于接受知识，更重要的还在于有可能创造知识。

二、我国中学化学课程的历史和现状

(一) 化学课程设置

近现代科学发端于西方，中国人开始认识科学、接受科学却是伴随着屈辱和辛酸，可以说是被动的和被迫的。1840 年鸦片战争爆发，帝国主义列强用坚船利炮轰开了中国大门，痛定思痛，一些有识之士意识到：除天朝之外，还有一些"轮船电报之速，瞬息千里，军器机械之精，功力百倍"的发达国家，必须"取外人之长技，以成中国之长技"。为培养懂技术的人才，一批水师学堂、装备学堂先后设立，而最初的化学课程正是在这样的学堂中开设的。

我国化学课程的设置，始于 1865 年(清同治四年)。当时设在上海的江南制造局有个附设的机械学堂，化学曾被作为讲授的科目之一。1867 年，设在北京的京师同文馆增设算学馆，讲授算学、天文、化学格致(物理)等。该馆修业期限为 8 年，化学在第七年学习。

1903 年，清政府颁布了《奏定学堂章程》规定：高等小学堂（13—16 岁）二三年级在格致课内学习化学；中学堂（17—21 岁）在五年级学习化学，每周 4 课时。从法律上正式确立了化学课程在我国教育体制中的地位。

从 1911 年辛亥革命到 1927 年国民党南京政府成立前的 15 年中，军阀混战，学术上却相对自由，中国教育从清末学德仿日，到取向美国模式，大量引进西方教育思想和方法。人们对学校系统、学制等进行了较为深入的研究。1922 年我国颁布《壬戌学制》，规定了小学 6 年、初中 3 年、高中 3 年的学制，并规定在初二和高中开设化学课。

1929 年民国政府颁布了新的中小学课程标准，规定在初三和高二开设化学课，初三每周 3 课时，高二每周 6 课时，其中讲授和实验各 3 课时。

新中国成立之后，百废待兴，1950 年颁布了《化学精简纲要（草案）》，规定了初二开设化学，每周 4 课时，高中二、三年级开设化学，每周 3 课时。1952 年至 1963 年，我国颁布了《化学精编纲要（草案）》等三个教学大纲，这个时期化学课程基本上是在初中三年级和高中的三个年级开设。

1966—1976 年，十年动乱，化学课程设置处于混乱状态。"文化大革命"结束之后，1978 年 1 月颁布的《全日制十年制中小学教学计划（试行草案）》规定，化学安排在初中三年级和高中一、二年级授课，1981 年根据中等教育结构改革的需要，对化学课程设置进行了调整。1990 年，国家教委决定在全国实行高中毕业会考制度，高中学生文理分科格局形成，高中化学出现必修（会考要求）和选修（高考要求）两段学程。高中阶段学文科的学生只在高一和高二开设化学课，学理科的学生高中三年均开设化学课。初中化学也出现了单科化学和综合理科两种形式。表 2-1 列出了我国不同时期化学课程设置情况。

表 2-1　我国不同时期化学课程设置情况

	清末		1922—1929		1929—1949		1952—1963				1981—1990			
年级	高等小学堂	中学堂	初二	高中	初三	高二	初三	高一	高二	高三	初三	高一	高二	高三
周课时	4				3	6	3	2	2	3(4)	3 3	3 3	3 3(文)	4(理)

从总体上看，20 世纪 90 年代以前我国化学课程的设置有以下特点：

第一，单科化学从初三起开始，贯穿整个高中，这与世界上大多数国家初中设综合理科，仅在高中开始化学课是不一样的。

第二，化学课时占中学课程总课时数较高，在 5%—7.8%之间。建国前初三、高二开始化学课，每周分别为 3 课时和 6 课时；建国后从初三到高三连续开始化学课，每周分布大体上为 3 课时、2 课时、2 课时、3 课时。

第三,课程类型单一,长期为面向全体学生的必修课,20 世纪 80 年代以后方出现文理科两种不同化学教学要求,但仍均为必修课。

这样的课程设置确保了受教育者达到相对一致的化学知识水平,但从因材施教和发展学生个性特长的角度看却是有缺陷的。因此,20 世纪 90 年代之后,对化学课程的设置作出了重大变革,高中化学课程分为必修课和限选课。进入 21 世纪,高中化学课程又进行了革故鼎新,采取了模块化的课程设置方式,其中必修包括 2 个模块:化学 1 和化学 2,选修包括 6 个模块,每个模块均为 36 学时,每个学生在高中阶段必须至少学习必修的 2 个模块和选修中的 1 个模块,但最多不超过 6 个模块。这样的课程设置凸显了课程的选择性,有利于学生个性化的发展,但是在实施过程中发现也有许多有待完善之处。

(二)化学教材的开发

我国化学教材的开发走过了清末翻译西方教材,民国时期自编教材,建国初期翻译前苏联教材,20 世纪 60 年代、70 年代、90 年代自编教材这样几个阶段。

清朝末年,化学课程设置之初,大多数民众尚不知化学为何物,翻译家徐寿把大量西方化学书籍译成中文,其中的一些,如 1872 年出版的《化学鉴原》,便成为我国最早的化学教材。徐寿对中国早期化学教育的贡献是巨大的,他所确定的元素和许多单质、化合物的中文名称人们一直沿用至今。

民国时期,除了翻译国外教材外,我国学者还自编了一批化学教材,如 1913 年商务印书馆出版王兼善编纂的《民国新化学教科书》,1933 年出版的由韦镜权、柳大纲编纂的《复兴初级中学教科书化学》,1940 年重修再版的由朱昊飞、吴冶民著《朱吴两氏高中化学》等。这一时期的化学教材的特点是:① 内容广,知识面宽,描述化学为主,如某初中教科书介绍 32 种元素、60 种无机化合物和 50 种有机化合物;② 理论部分水平较低,且内容较少,如《朱吴两氏高中化学》共 30 章,概念、理论和化学用语仅占 8 章,周期表和原子结构出现在最后;③ 十分重视工农业生产,编入大量联系生活的材料,如韦镜权版本介绍了 16 种化学工艺,在另一本初中教科书中,酒、醋、酱、油脂、肥皂和甘油均辟专章介绍。

建国初期,我国以翻译前苏联中学化学教科书为化学教材。1952 年秋,全国推广使用前东北人民政府教育部编译的由奚尤什金、威尔霍夫斯基等著的前苏联十年制学校教科书(通称"东北本")。1953 年秋,全国开始使用人民教育出版社编译的奚尤什金、列夫钦科著的前苏联化学教科书。1956 年人民教育出版社根据新修订的教学大纲草案编译了以哈达科夫、茨维特科夫、沙波瓦连科等著的第三套前苏联化学教科书。这三套编译教科书在全国的使用,对统一全国中学化学教学的标准及提高教学质量起到了很大的作用。这三套教科书的内容基本上仍属描述化学,但是也有其特点:① 加强了基础理论对整个教材的指导作用,如初中把原子-分子论的位置提前,高中严格以周期系为体系;② 突出重点元素与化合物,只讲主族,不讲副族,初高中内容统一考虑,大大减少了建国前初高中化学教科书内容重复的现象;③ 加强了化学实验与教材内容的紧密联系,第三套教科书各年级的实验数为初三 12 个、高一 12 个、高二 7 个、高三 22 个；④ 重视思想政治教育，主要是辩证唯物主义、爱国主义和社会主义教育。

1963 年，我国开始使用人民教育出版社编写的《新十二年制学校化学课本》，这套教科书在编写时参考了古今中外编写中学化学课本的经验以及某些课本的内容和体系，特别是总结了新中国成立以来广大教师的化学教学经验和编写中学课本的经验教训(如 1958 年各地自编教材，有的以生产为纲，削弱了基础知识；有的搞大学内容下放，过深难学)，因此，比较符合我国的教学实际，受到了广大教师的好评。这套教科书的特点是：① 编排体系合理。初高中两阶段的内容，基本上按物质结构体系编排，既避免了不必要的重复，又根据学生接受能力作必要的螺旋式上升。② 充实了基础。元素化合物知识基本上保持了第三套编译前苏联课本的水平，还增加了副族元素铜和锌。讲化学概念和原理时，注意引导学生通过抽象思维把观察到的宏观现象跟微粒运动联系起来。③ 加强了实验的教学功能。全课本共编入演示实验 225 个(初三 85 个，高一 56 个，高二 33 个，高三 51 个)，一般的概念、定律、元素化合物的性质、制法、化学理论，凡能用演示实验导出的，都尽量编上演示实验。1964 年，毛泽东在春节座谈会上讲话时指出："现在一是课多，一是书多，压得太重"，"课程可以砍掉一半"。此后，上述课本不得不作精简。这套课本使用到高中第二册时，"文化大革命"开始，便停用了。

"文革"之后的中国拨乱反正，重新迈开实现现代化的步伐，改革开放的政策使得人们看到了世界各国近年来教育的改革与发展。1978 年，全国开始使用人民教育出版社编的《全日制十年制中学化学课本》。这套教科书共三册，供初三、高一、高二使用。编写时遵循了以下三个原则：① 努力用先进的科学知识充实教学内容，坚持理论联系实际和认真做到精简教学内容；② 强调基础知识、基本技能以及教学内容随科学技术和生产的发展而相应地逐步更新；③ 提出对工农业生产知识着重讲基本原理，一般不涉及生产中的技术细节问题，防止理论脱离实际和只强调实用而忽视理论这两种倾向。从出版的教科书看，上述原则得到了贯彻体现，但又做得有点过，主要表现在：理论知识增加过多，增加了核外电子排布的四个量子数，s、p、d、f 亚层，杂化轨道理论，平衡常数，活化能，碰撞理论等；元素化合物中增加了 Fe、Ag、Hg 等过渡元素及配合物等内容，其结果造成部分学校教师和学生不适应，学生学习负担加重。这套教材经过多次删减内容，降低要求，至 2000 年仍在全国的大部分地区使用，是新中国成立以来全国使用时间最长、使用面最广的一套教材。

1983 年 11 月 12 日，教育部颁布《关于颁发高中数学、物理、化学三科两种要求的教学纲要通知》，同时颁发《高中化学教学纲要(草案)》，这个纲要包括了六年制重点中学和五年制中学化学两种要求的教学纲要，其主要意图是想使不同文化程度的学生都能在原有的基础上学有所得、逐步提高、减轻负担。为此，人民教育出版社化学编辑室编写了甲、乙两种版本的高中化学教科书。根据较高要求编写的课本称为甲种本，是在人民教育出版社化学室编的六年制重点中学高中课本(试用本)《化学》的基础上编写的，分 3 册，分别在 1984、1985、1986 年出版，供首批重点中学使用。根据基本要求编写的课本称为乙种本，在人民教育出版社化学室编的五年制中学高中课本《化学》(1979)基础上改编的,分上下两册,分别于1984、1985年出版,供五年制中学和六年制非重点中学使用。

20世纪80年代中后期,我国基础教育发生了很大的变化,实施九年制义务教育,鼓励一纲多本。从1995年秋开始,国家中小学教材委员会审定通过了7套九年义务教育全日制初级中学《化学》(试用本)。随着1990年全国推行高中毕业会考制度,高二化学"二一"分段格局已经形成,学生通常在高二开始文理分科。文科学生仅在高一、高二学化学,要求相对比较低,理科学生则高中三年均学化学,要求相对较高。随着国际国内科学教育观念的变化,以及化学学科的长足发展,原有的中学化学教科书已不能满足教育的需要。基于此背景,人民教育出版社1997年推出了《全日制普通高级中学教科书(试验本)化学》,并在天津、江西、山西等省市试用,至1999年出齐了化学第一册必修,化学第二册(Ⅰ、Ⅱ)必修加选修,化学第三册共4本。2000年全国有江苏、黑龙江、吉林、河南、安徽等10个省市试用这套教材。这套教材具有以下特点:① 重视全面提高学生素质。在重视基础知识、基本技能教学的同时,注意启发学生思维,培养学生分析问题和解决问题的能力,帮助学生掌握科学方法。② 合理构建教材体系,正确处理知识的逻辑顺序与学生生理、心理发展顺序及认知规律的关系。无机物主要以物质结构、元素周期律、化学反应等理论作为框架结构,有机物主要以官能团作为框架结构。理论与元素化合物知识穿插编排,化学计算、化学实验与有关理论和元素化合物知识密切配合,使学科的基本结构清晰、层次分明、重点突出、难点分散、循序渐进、螺旋上升。③ 重视理论联系实际,反映化学的发展以及与现代社会有关的化学问题。④ 加强实验教学。⑤ 图文并茂、新颖美观。首次采用双色排版印刷化学教科书,编入了一定数量的彩图、章头图、插图及实物照片,插图中还编入了拟人化的示意图,增加了教科书的可读性。

2001年,启动了新中国成立以后的第八次基础教育课程改革。在此之后,全国有5套不同版本的初中化学教材通过全国中小学化学教材审定委员会审查后问世。每套化学教材分为九年级上册和九年级下册供两个学期使用。它们分别是:人民教育出版社(简称人教版)化学教材,上海教育出版社(简称沪教版或上教版)化学教材,山东教育出版社(简称鲁教版)化学教材,科学出版社、广东教育出版社(简称科粤版)化学教材,湖南教育出版社(简称湘教版)化学教材。普通高中阶段出版了3套化学教材,每套教材均分为8个模块,其中必修为2个模块:《化学1》、《化学2》;选修6个模块:《化学与生活》、《化学与技术》、《物质结构与性质》、《化学反应原理》、《有机化学基础》、《实验化学》。三家出版社分别是:人民教育出版社(简称人教版)、江苏教育出版社(简称苏教版)、山东科技出版社(简称鲁科版)。化学教材的多样化和选择性得到前所未有的改变。

纵观我国中学化学教材的开发历程,走的是一条稳步发展的道路。从其开发模式上看,经历了从照搬到模仿再到创新的过程;从体系编排和内容选择上看,经历了从描述性知识为主到单一理论和描述性知识结合,再到在合理的理论框架内充实描述性知识,两者有机结合的演变;从编写原则上看,实现了从只注意学科知识,到既注意学科知识又注意学科体系,再到注意学科体系、学生心理发展和认识规律的统一的转化；从教学目标上看，实现了从单纯传授知识到既传授知识又培养能力，再到既传授知识又培养能力还注意情感态度价值观的培养。但是，这并不意味着现在的化学教材已经十全十美了，有许多观点，认识到了，但真正体现到教科书中却不那么容易。以上四个方面的转变既是正在发生的现实，又是不断追求的理想，要真正做到还有很长的路要走。现在，我国的教材多样化已经实现，因此，现在的化学教师应该不仅能教一套教材，还要有选择和鉴别教材的能力，能从多套教材中选择精华来丰富和完善自己的教学。

第二节　中学化学课程标准在化学教学中的地位和作用

中学化学课程是国家基础教育课程的重要组成部分，我国用课程计划和学科课程标准作为法规性文件对其进行制约和管理。化学课程标准是第八次基础教育课程改革的重要成果之一，它集中反映和体现了化学新课程的基本理念。

一、化学课程标准的性质

课程标准是规定某一学科的课程性质、课程目标、内容目标、实施建议的教学指导性文件。化学课程标准则是国家教育行政部门根据培养目标和课程计划制定的关于中学化学课程性质、课程目标、内容目标、实施建议的指导性文件。2001 年 7 月和 2003 年 4 月，教育部相继颁布了《全日制义务教育化学课程标准（实验稿）》和《普通高中化学课程标准（实验）》两个重要文件。义务教育阶段的课程标准经过十年的试用进行了修订，2011 版义务教育化学课程标准于 2012 年出版。

《基础教育课程改革纲要（试行）》明确指出："国家课程标准是教材编写、教学、评估和考试命题的依据，是国家管理和评价课程的基础。"可见，国家课程标准体现着国家对学校课程的基本规范和要求，是编制基础教育国家课程的基准性文件。一般说来，课程标准包含着对课程理念、课程目标、课程结构、课程内容、课程实施、课程资源、课程评价以及课程管理等方面的原则性规定和说明。它通过规范课程的教材编写、教学、考试、评价和管理来保证课程达到预定目标。制定、颁布国家课程标准，是国家为实施教育方针、实现既定教育目的、对学校课程进行有效管理而采取的重要的保证性措施。

关于课程标准的性质，可以通过以下几点进一步认识：① 课程标准主要是对学生在经过某一学段之后的学习结果的行为描述，而不是对教学内容的具体规定（如教学大纲或教科书）；② 它是国家（有些是地方）制定的某一学段的共同的、统一的基本要求，而不是最高要求；③ 学生学习结果行为的描述应该尽可能是可理解的、可达到的、可评估的，而不是模糊不清的、可望而不可即的；④ 它隐含着教师不是教科书的执行者，而是教学方案（课程）的开发者,即教师是“用教科书教,而不是教教科书”;⑤ 课程标准的范围应该涉及作为一个完整个体发展的三个领域:认知、情感与动作技能,而不仅仅是知识方面的要求[①]。

二、化学课程标准与化学教学大纲的比较

事实上,“课程标准”在我国并不是一个新词,清朝末年便有其雏形。明确以“课程标准”作为教育指导性文件的是1912年南京临时政府教育部颁布的《普通教育暂行课程标准》,此后“课程标准”一词沿用了40年。一直到1952年,在全面学习苏联的背景下,才把原先使用的“课程标准”改为“教学大纲”。

这次课程改革将“教学大纲”改称为“课程标准”,不仅仅是名称上的变化,而是在框架结构、课程理念、内容和要求等方面均有很大的变化和调整。

现将课程标准与教学大纲进行对比,见表2-2。

表2-2 课程标准与教学大纲的框架结构比较

<table>
<tr><th colspan="2">课程标准</th><th colspan="2">教学大纲</th></tr>
<tr><td rowspan="4">前言</td><td>课程性质</td><td colspan="2" rowspan="4">课程性质说明</td></tr>
<tr><td>课程的基本理念</td></tr>
<tr><td>课程设计思路</td></tr>
<tr><td>关于目标要求的说明</td></tr>
<tr><td rowspan="3">课程目标</td><td>知识与技能</td><td rowspan="3">教学目的</td><td>知识 技能</td></tr>
<tr><td>过程与方法</td><td>能力 方法</td></tr>
<tr><td>情感态度价值观</td><td>情感 态度</td></tr>
<tr><td>内容标准</td><td>初中:5个一级主题,19个二级主题
高中:2个必修模块,6个选修模块</td><td colspan="2">教学内容和教学要求</td></tr>
<tr><td rowspan="4">实施建议</td><td>教学建议</td><td rowspan="4">教学建议</td><td>课时安排</td></tr>
<tr><td>评价建议</td><td>教学设备和设施</td></tr>
<tr><td>教科书编写建议</td><td>教学中应注意的问题</td></tr>
<tr><td>课程资源的开发与利用建议</td><td>教学与评价</td></tr>
</table>

从表2-2可以看出,课程标准与教学大纲在框架结构上是有显著差异的,这种差异其实反映了更深刻的原因,主要表现在以下几个方面:

① 钟启泉,崔允漷,张华.为了中华民族的复兴,为了每位学生的发展——《基础教育课程改革纲要(试行)》解读[M].上海:华东师范大学出版社,2001:172.

1. 课程价值取向从精英教育转向大众教育

以往的教学大纲刚性太强，要求过高，教学内容存在繁、难、偏、旧的情况，当时的相关调查表明，90％的学生不能达到教学大纲规定的要求。与世界各国相比，我国同一学段教学大纲所规定的知识面较窄，同一知识深度较深。同时对教学内容、教学要求作了统一硬性的规定，缺乏弹性和选择性。这种状况导致大多数学生负担过重，不利于学生全面发展。基础教育不是精英教育，而是要面向每一个学生，着眼于全体学生的发展，因此，那种让大多数学生不能达到要求的大纲注定要退出历史舞台。

课程标准是国家制定的某一学段(或某一学段的某一学科)共同的、统一的基本要求，而不是最高要求，它应是绝大多数学生都能达到的标准。因此，课程标准是一个"保底标准"，而不是"封顶标准"。

2. 课程目标着眼于学生素质的全面提高

原教学大纲关注的是学生在知识与技能方面的要求，而课程标准则着眼于未来社会对国民素质的要求。基础教育的目标是培养未来的建设者，随着21世纪科学技术的迅猛发展、经济的全球化，未来社会对人的素质提出了新的要求。作为国家对未来国民素质的基本要求和纲领性文件，各学科或领域学生素质的要求应成为课程标准的核心部分。

化学课程标准以培养学生的科学素养为主旨，确立了知识与技能、过程与方法、情感态度与价值观三位一体的课程目标，就是因应时代发展的要求，提高未来公民适应现代社会生活的能力而设计的。

3. 从只关注教师的教学转向关注课程的实施

教学大纲，顾名思义是各科教学工作的纲领性文件，教师是教学大纲关注的焦点，缺乏对课程实施特别是学生学习过程的关注。而课程标准则关注课程实施，不仅有对教学的建议，还有对评价的建议，对教科书编写的建议及对课程资源开发与利用的建议，从而将全面贯彻课程目标落到了实处。

4. 课程管理从刚性转向弹性

我国教学大纲对各科教学工作都作了十分细致的规定，以便对教师的教学工作能够起到具体直接的指导作用。教学大纲便于教师学习和直接运用，但是刚性太强，不利于教师创造性地发挥，也没有给教材特色和个性化发展留下足够的空间，不利于教材多样化的实现，无法适应全国不同地区的学校发展极不平衡的状况。

与之相比，国家课程标准是对学生在某一方面或领域应该具有的素质所提出的基本要求，是一个面向全体学生的标准。化学课程标准对教学目标、教学内容、教学实施、教学评价及教材编写等作出了一些指导和建议。但与教学大纲相比，这种影响是间接的、指导性的、弹性的，给教学与评价的选择余地和灵活空间都很大。

三、化学课程标准对于化学教师的意义

化学课程标准作为国家编制、管理和评价化学新课程的基准性文件，它的作用体现在化学课程的方方面面，包括课程实施的全部过程。化学课程标准对化学教师来说具有非常重要的意义①。

1. 化学课程标准可以帮助化学教师认识和理解化学新课程，为化学教师检验和更新化学学科知识提供依据

对化学新课程的认识和理解，是化学教师创造性实施化学新课程与科学指导学生自主选择化学新课程模块的前提和基础。自主研读化学课程标准是化学教师认识、理解、熟悉化学新课程的主要途径之一。化学新课程在内容上发生了许多新变化，增加了部分新内容。对广大一线化学教师而言，虽然化学学科知识可以通过系统的教师培训来获得，但以化学课程标准为依据，分析、比较新旧化学课程的具体内容，查缺补漏，无疑是检验、更新化学学科知识的最有效途径。

2. 化学课程标准对化学教学具有全方位的指导作用

这种指导作用在具体化学教学实践过程中可分为宏观和微观两个层次。

在宏观上，首先，化学课程标准可以帮助化学教师形成积极的化学情感，增加从事化学教学的动力。化学课程标准在"前言"部分中对化学定义、化学科学价值、化学课程性质与定位的描述，以及化学课程标准在"课程目标"和"内容标准"部分的不同阶段、不同模块课程目标进行的详细描述，都将会使化学教师更深刻地体会到化学学科对提高中学生科学素养、促进中学生全面发展的重要价值，从而增强对化学学科的情感。其次，化学课程标准可以帮助化学教师形成先进的化学教学理念。化学课程标准（义务教育和普通高中）在"前言"部分以课程基本理念的形式传递了对新课程背景下化学教师教学理念的新要求，化学教师认真学习领会定会提升教学理念。再次，化学课程标准可以帮助化学教师从总体上把握每一阶段中学化学的教学目标。化学课程标准（义务教育和普通高中）在课程目标部分，以总目标和分目标的形式向化学教师传递了这两大阶段化学教学目的的相关信息。同时，普通高中化学课程标准又在"内容标准"部分详细论述高中必修和高中选修两个分阶段具体课程目标的形式，向化学教师展现了这两个阶段化学教学的具体目标。最后，化学课程标准可以帮助化学教师把握普通高校招生化学科考试的方向，因为普通高校招生化学科考试的命题依据是化学课程标准。

在微观上，首先，化学课程标准是化学教师选择和组织化学教学内容最主要的依据。新课程背景下"一标多本"的教科书格局，必然要求化学教师把教科书内容看作是化学教学内容选择的依据之一，把化学课程标准中的"内容标准"作为化学教学内容选择的最主要依据。

---

① 魏壮伟. 化学课程标准对化学教师的价值[J]. 教育理论与实践，2011(9)：36—37.

其次，化学课程标准可以为化学教师组织课堂教学提供很多有价值的建议和信息。化学课程标准在其“内容标准”和“实施建议”部分，为化学教师有针对性地组织课堂教学提供了各种有价值的建议和信息：一是提供了针对不同教学内容的、具体的、可操作性的“活动与探究建议”；二是提供了适合本单元(或本章节)课堂教学的、可供选择的学习情景素材；三是提供了帮助教师理解科学探究本质与特征的“探究学习案例”；四是提供了许多切合新课程理念的“教学建议”和“课程资源的开发与利用建议”。所有这些“建议”、“素材”和“案例”，都必将会为那些对化学新课程充满困惑和怀疑的、有些不知所措的化学教师组织课堂教学提供非常有价值的“支架”。

3. 化学课程标准可以为化学教师反思课堂教学提供“基本参照点”

课堂教学反思是新课程背景下化学教师检验自身教学效果、提高自身教学水平最有效的方法。作为化学教师课堂教学反思的核心内容，学生学习效果的评价需要具体、明确的“基本参照点”。化学课程标准中的“内容标准”部分较为详细地为化学教师提供某个具体内容学生掌握情况的“基本参照点”(基本要求)。不仅如此，化学课程标准还在“实施建议”部分为化学教师提供了一些操作性较强的、具体的评价建议，如“实施多样化评价促进学生全面发展”、“根据课程模块的特点选择有效的评价策略”等。

化学教师在具体的教学实践过程中应充分利用、认真钻研化学课程标准，并在课程标准的指导下采用多种有效的教学方式，创造性地实施化学教学。

第三节　中学化学课程标准

一、中学化学课程标准的基本组成要素

世界上许多国家都有统一的化学教学大纲或化学课程标准，如日本、澳大利亚、英国、俄罗斯等。我国在不同时期曾颁布过多部化学课程标准(化学教学大纲)，这些课程标准(教学大纲)语言、文字不同，教学内容、教学要求有差异，但一般都含有前言、课程目标、内容标准、实施建议这样一些共同的基本要素。目前我国的化学课程标准也主要由这四部分构成：

案例与分析　普通高中化学课程标准的结构

《普通高中化学课程标准》由课程性质说明、课程基本理念、课程设计思路、课程结构说明、课程目标说明、各模块内容标准和实施建议等7个结构部分组成，各个部分的内容及相互之间的联系可以用图2-1来说明。

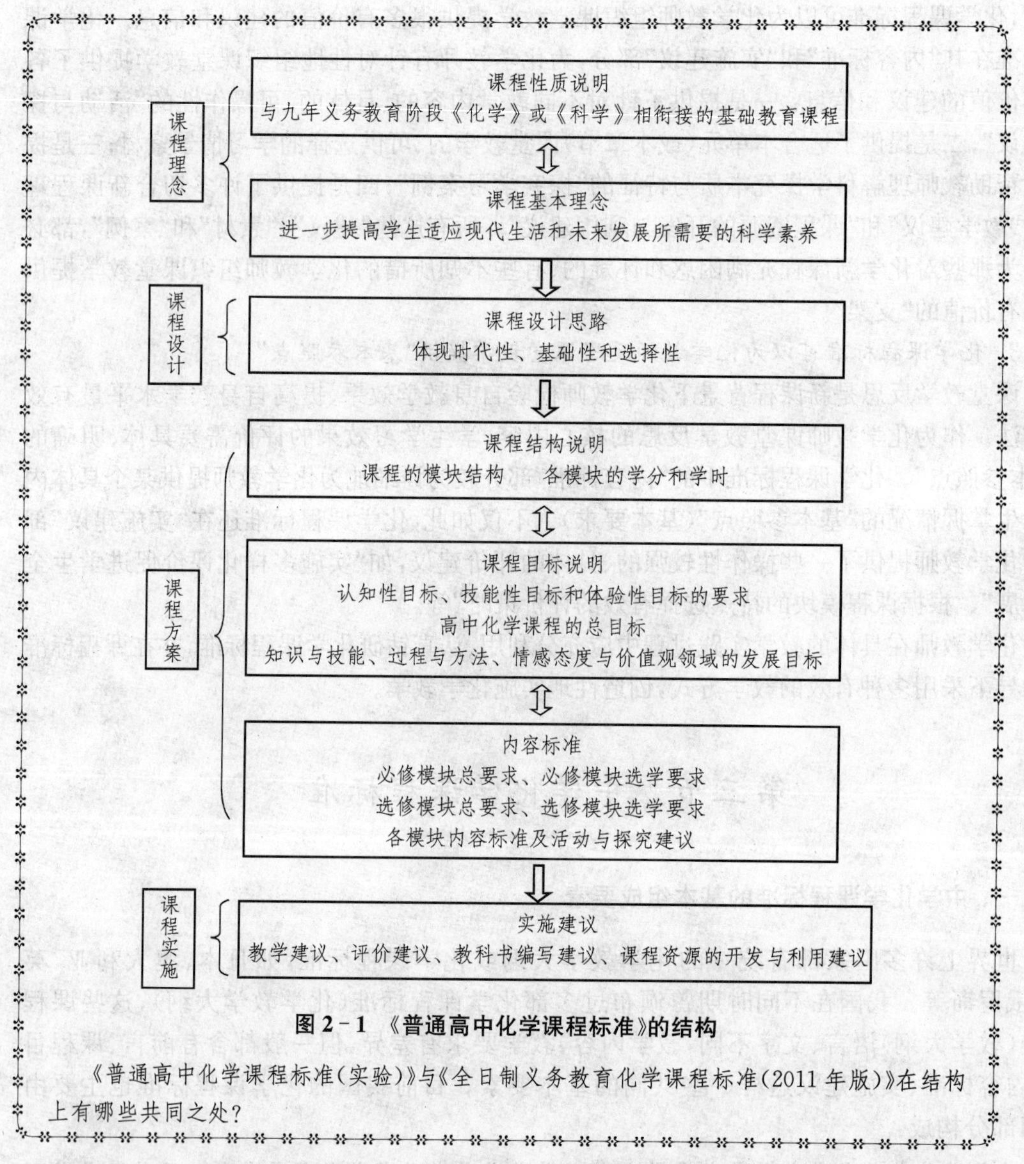

图2-1 《普通高中化学课程标准》的结构

《普通高中化学课程标准(实验)》与《全日制义务教育化学课程标准(2011年版)》在结构上有哪些共同之处?

(1) 前言。主要对化学的定义,化学科学的价值,化学课程的定位、性质,课程的基本理念、设计思路及对目标要求的说明等作了详细的叙述。

(2) 课程目标。主要从“知识与技能”、“过程与方法”、“情感态度与价值观”三个方面对学生科学素养的发展提出了最基本的要求。

(3) 内容标准。以“主题”为单位,规定了学生在化学方面应学习的知识、技能、过程、方法、态度和价值观以及应达到的标准。

(4) 实施建议。主要从“教学建议”、“评价建议”、“教科书编写建议”和“课程资源的开发与利用建议”方面，对如何实施化学新课程提出了针对性策略。

二、《义务教育化学课程标准》解析

《全日制义务教育化学课程标准(2011 年版)》包括“前言”、“课程目标”、“内容标准”、“实施建议”四个部分的内容，其结构如图 2-2 所示。

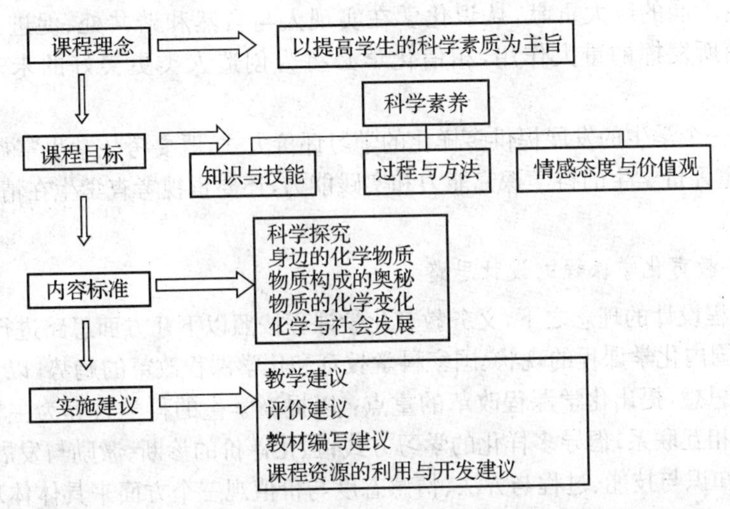

图 2-2 《全日制义务教育化学课程标准(2011 年版)》的基本结构

(一) 义务教育化学课程的基本理念

义务教育化学课程的基本理念以提高学生的科学素养为主旨，以“化学与人类息息相关”、“化学对人类文明发展的巨大贡献”等方面展示化学学科的魅力，通过“以愉快的心情学习”、“从已有的经验出发”、“主动地体验探究过程”、“在熟悉的生活情境中感受化学”等途径促进学生学习方式的转变。从“让每一个学生”、“为每一个学生”、“让学生有更多的机会”、“提供多样化的学习评价方式”要求上体现教师的责任和教学创造力。具体的化学课程理念如下：

(1) 使每一个学生以愉快的心情去学习生动有趣的化学，激励学生积极探究化学变化的奥秘，增强学生学习化学的兴趣和学好化学的信心，培养学生终身学习的意识和能力，树立为中华民族复兴和社会进步而勤奋学习的志向。

(2) 为每一个学生提供平等的学习机会，使他们都能具备适应现代生活及未来社会所必需的化学基础知识、技能、方法和态度，具备适应未来生存和发展所必需的科学素养，同时又注意使不同水平的学生都能在原有基础上得到发展。

(3) 注意从学生已有的经验出发，让他们在熟悉的生活情景和社会实践中感受化学的重要性，了解化学与日常生活的密切关系，逐步学会分析和解决与化学有关的一些简单的实际问题。

(4) 让学生有更多的机会主动地体验科学探究的过程，在知识的形成、相互联系和应用过程中养成科学的态度，学习科学方法，在“做科学”的探究实践中培养学生的创新精神和实践能力。

(5) 为学生创设体现化学、技术、社会、环境相互关系的学习情景，使学生初步了解化学对人类文明发展的巨大贡献，认识化学在实现人与自然和谐共处、促进人类和社会可持续发展方面所发挥的重大作用，相信化学必将为创造人类更美好的未来作出重大的贡献。

(6) 为每一个学生的发展提供多样化的学习评价方式，既要考核学生掌握知识、技能的程度，又要注重评价学生的科学探究能力和实践能力，还要重视考查学生在情感、态度、价值观方面的发展。

(二) 义务教育化学课程的设计思路

在上述课程设计的理念之下，义务教育化学课程按照以下几方面思路进行设计。

(1) 依据国内化学课程的现状、国家科学教育和化学课程改革的趋势，以及基础教育课程改革的指导思想，提出化学课程改革的重点：以提高学生的科学素养为主旨；重视科学、技术与社会的相互联系；倡导多样化的学习方式；强化评价的诊断、激励与发展功能。

(2) 通过知识与技能、过程与方法、情感态度与价值观三个方面来具体体现化学课程对学生科学素养的要求，并据此制定义务教育阶段化学课程目标和课程内容，提出课程实施建议。

(3) 依据学生的已有经验、心理发展水平和全面发展的需求选择化学课程内容，力求反映化学学科的特点，以“科学探究”、“身边的化学物质”、“物质构成的奥秘”、“物质的化学变化”和“化学与社会发展”为主题，规定具体的课程内容。这些内容是学生终身学习和适应现代社会生活所必需的化学基础知识，也是对学生进行科学方法和情感态度价值观教育的载体。

(4) 科学探究是一种重要而有效的学习方式，在义务教育化学课程的内容中单独设立主题，明确提出发展科学探究能力所包含的内容及要求。

(5) 为帮助教师更好地理解“课程内容”，实施课堂教学，在相关主题中设置了“可供选择的学习情景素材”，包括化学史料、日常生活中生动的自然现象和化学事实、化学科学与技术发展及应用的重大成就、化学对社会发展影响的事件等。教师可利用这些素材来创设学习情景，生动地进行爱国主义教育，增强学生的社会责任感，充分调动学生学习的主动性和积极性，帮助学生理解学习内容，认识化学、技术、社会、环境的相互关系，引导学生理解人与自然的关系，认识化学在促进社会可持续发展中的重要作用。

(6) 对课程目标要求的描述所用的词语分别指向认知性学习目标、技能性学习目标和体验性学习目标，按照学习目标的要求设有不同的水平层次，采用一系列词语来描述不同层次学习水平的要求。这些词语中有的是对学习结果目标的描述，有的是对学习过程目标的描述。其中，认知性目标主要涉及比较具体的知识内容，体验性目标主要涉及情感态度价值观内容。

（三）义务教育化学课程的课程目标

《课程标准》依据对未来社会公民科学素养的培养，依据学生全面发展的需要，从学生发展的角度确立了三维目标。这使得课程的目标更加明确，而且在每个维度中又增添了更加具体、更加适应社会和生活需要的内容。同时，强调在学习过程中学会方法，丰富学生的积极情感，形成有意义的价值观。

1. 知识与技能

(1) 认识身边一些常见物质的组成、性质及其在社会生产和生活中的初步应用，能用简单的化学语言予以描述。

(2) 形成一些最基本的化学概念，初步认识物质的微观构成，了解化学变化的基本特征，初步认识物质的性质与用途之间的关系。

(3) 了解化学、技术、社会、环境的相互关系，并能以此分析有关的简单问题。

(4) 初步形成基本的化学实验技能，初步学会设计实验方案，并能完成一些简单的化学实验。

2. 过程与方法

(1) 认识科学探究的意义和基本过程，能进行简单的探究活动，增进对科学探究的体验。

(2) 初步学习运用观察、实验等方法获取信息，能用文字、图表和化学语言表述有关的信息；初步学习运用比较、分类、归纳和概括等方法对获取的信息进行加工。

(3) 能用变化和联系的观点分析常见的化学现象，说明并解释一些简单的化学问题。

(4) 能主动与他人进行交流和讨论，清楚地表达自己的观点，逐步形成良好的学习习惯和学习方法。

3. 情感·态度·价值观

(1) 保持和增强对生活和自然界中化学现象的好奇心和探究欲望，发展学习化学的兴趣。

(2) 初步建立科学的物质观，增进对“世界是物质的”“物质是变化的”等辩证唯物主义观点的认识，逐步树立崇尚科学、反对迷信的观念。

(3) 感受并赞赏化学对改善人类生活和促进社会发展的积极作用，关注与化学有关的社会热点问题，初步形成主动参与社会决策的意识。

(4) 增强安全意识，逐步树立珍惜资源、爱护环境、合理使用化学物质的可持续发展观念。

(5) 初步养成勤于思考、敢于质疑、严谨求实、乐于实践、善于合作、勇于创新等科学品质。

(6) 增强热爱祖国的情感，树立为中华民族复兴和社会进步学习化学的志向。

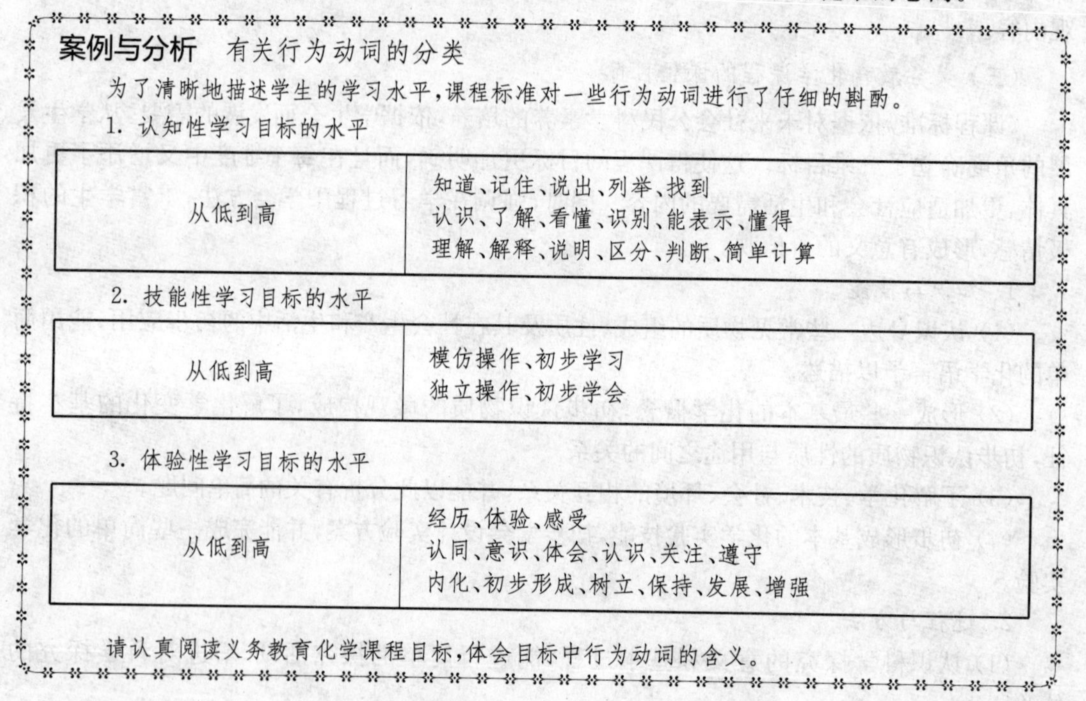

案例与分析 有关行为动词的分类

为了清晰地描述学生的学习水平，课程标准对一些行为动词进行了仔细的斟酌。

1. 认知性学习目标的水平

从低到高	知道、记住、说出、列举、找到 认识、了解、看懂、识别、能表示、懂得 理解、解释、说明、区分、判断、简单计算

2. 技能性学习目标的水平

从低到高	模仿操作、初步学习 独立操作、初步学会

3. 体验性学习目标的水平

从低到高	经历、体验、感受 认同、意识、体会、认识、关注、遵守 内化、初步形成、树立、保持、发展、增强

请认真阅读义务教育化学课程目标，体会目标中行为动词的含义。

(四) 义务教育化学课程的课程内容

课程内容是《课程标准》的重要组成部分，化学课程内容是课程目标得以实现的载体。我国新世纪义务教育化学课程在综合考虑学生已有经验和心理发展水平、化学学科内容特点、化学与技术和社会联系的基础上，确定了5个一级主题，每个一级主题由若干个二级主题(单元)构成，如表2-3所示。

表2-3 义务教育化学课程内容一、二级主题

一级主题	二级主题(单元)
科学探究	增进对科学探究的理解
	发展科学探究能力
	学习基本的实验技能
	完成基础的学生实验

（续表）

一级主题	二级主题(单元)
身边的化学物质	我们周围的空气
	水与常见的溶液
	金属与金属矿物
	生活中常见的化合物
物质构成的奥秘	化学物质的多样性
	微粒构成物质
	认识化学元素
	物质组成的表示
物质的化学变化	化学变化的基本特征
	认识几种化学反应
	质量守恒定律
化学与社会发展	化学与能源和资源的利用
	常见的化学合成材料
	化学物质与健康
	保护好我们的环境

每个二级主题从“标准”、“活动与探究建议”两个维度对学习内容加以说明。以“金属与金属矿物”为例，见表2-4。

表2-4　“金属与金属矿物”内容标准与活动与探究建议

标准	活动与探究建议
1. 了解金属的物理特征，认识常见金属的主要化学性质，了解防止金属腐蚀的简单方法。 2. 知道一些常见金属(铁、铝等)矿物，知道可用铁矿石炼铁。 3. 知道在金属中加入其他元素可以改变金属材料的性能，知道生铁和钢等重要合金。 4. 认识金属材料在生产、生活和社会发展中的重要作用。 5. 认识废弃金属对环境的影响和回收金属的重要性。	① 交流有关日常生活中使用金属材料的信息，利用互联网或其他途径收集有关新型合金的成分、特性和用途的资料。 ② 实验：金属的物理性质和某些化学性质。 ③ 调查当地金属矿物的开采和金属利用情况，提出有关的建议。 ④ 参观炼铁厂或观看工业炼铁的录像。 ⑤ 用实验方法将氧化铁中的铁还原出来。 ⑥ 收集有关钢铁锈蚀造成经济损失的资料，设计实验探究锈蚀的条件，讨论防止锈蚀的方法。 ⑦ 调查日常生活中金属垃圾的种类，分析其回收的价值和可行性。

本单元可供选择的学习情景素材：中国古代在金属冶炼方面的成就，不锈钢餐具，现代汽车、潜艇、宇宙飞船所用的合金材料的发展，我国重要的金属矿产资源及其分布，丰富多彩的金属矿物标本或图片，金属的切割与焊接。

“标准”规定了学习本课程所要达到的最基本的学习要求。对学习要求的描述既着眼于学习的过程，也着眼于学习的结果；既包含了知识与技能的目标，也包含了方法、观念、态度等方面的目标。

“活动与探究建议”中所列举的学生实践活动，为学生自主解决问题提供了课题。但这些活动不要求全盘照搬，在教材编写或教学时可以根据实际情况选择应用，也可以另外增补更适合的探究活动。

（五）义务教育化学课程的实施建议

《义务教育化学课程标准》（2011年版）实施建议部分共分四部分，即教学建议、评价建议、教科书编写建议、课程资源开发和利用建议。

教学建议部分，开宗明义地强调教学目标是全面地发展学生的科学素养。首先，要从促进学生发展出发制订教学目标，统筹兼顾，突出重点，有计划、有步骤地做好教学的整体安排；其次，应努力创造生动活泼的学习情景，力求真实、生动、直观而又富于启迪性；同时还应注重科学方法教育，培养学生的探究能力，力戒教学过于形式化、表面化、教条化；运用现代信息技术，发挥多媒体的教学功能；注意使教学贴近学生生活，联系社会实际；重视学科间的联系，增加跨学科内容；积极进行教学研究，促进化学教学改革。

评价建议部分建议化学课程应建立与之相适应的评价体系。义务教育阶段的化学学业评价，包括形成性评价和终结性评价，都应严格根据本标准来确定评价的目标、测评的范围和方式，以确保学习目标、教学要求和学业评价之间的一致性。应将学生自我评价与通过活动表现评价相结合，同时在纸笔测验中要注重考核学生解决实际问题的能力。评价结果可以采用定性报告与等级评分相结合的方式，这样有助于学生较全面地认识自己在群体中的相对水平，明确发展方向和需要克服的弱点。

教材编写建议从以下几点考虑：从学生的生活经验和社会发展的现实中取材；教材编写要符合学生的思维发展水平；选取适当的题材和方式，培养学生对自然和社会的责任感；提供多样化的实验内容，注重学生实践能力的培养；教学内容的组织必须体现科学方法的具体运用，同时注重对学生学习方法的指导；化学概念要体现直观性、关联性和发展性的特点；习题类型要多样化，应增加开放题和实践题的比例；最后应注意教材编写要有利于发挥教师的创造性。

课程资源开发和利用建议，应重视对化学实验室的建设和投入；提倡因地制宜地合理使用实验仪器和试剂；编制学生实验和科学探究活动指南；编写与教材配套的教师教学用书；及时总结教师教学和学生学习的实践经验；重视利用网络资源和其他媒体信息；善于发掘日常生活和生产中的学习素材；充分利用学校和社区的学习环境。

三、《普通高中化学课程标准》解析

全日制普通高级中学的化学教学，是在九年义务教育的基础上实施的较高层次的基础教育，是科学教育的重要组成部分，它对提高学生的科学素养，促进学生全面发展有着不可替代的作用。《普通高中化学课程标准(实验)》在认真分析化学课程的现状和存在的问题、继承和发扬我国基础教育优势的基础上，汲取先进的教育理念，在化学课程的目标、内容、评价等方面进行了重新定位。

(一) 普通高中化学课程的设计理念

为了构建充分体现普通高中有共同基础、适应不同学生发展并适应时代需要的可选择性的化学课程体系，我国高中化学课程的设计秉持如下基本理念。

(1) 立足于学生适应现代生活和未来发展的需要，着眼于提高 21 世纪公民的科学素养，构建“知识与技能”、“过程与方法”、“情感态度与价值观”相融合的高中化学课程目标体系。

(2) 设置多样化的化学课程模块，努力开发课程资源，拓展学生选择的空间，以适应学生个性发展的需要。

(3) 结合人类探索物质及其变化的历史与化学科学发展的趋势，引导学生进一步学习化学的基本原理和基本方法，形成科学的世界观。

(4) 从学生已有的经验和将要经历的社会生活实际出发，帮助学生认识化学与人类生活的密切关系，关注人类面临的与化学相关的社会问题，培养学生的社会责任感、参与意识和决策能力。

(5) 通过以化学实验为主的多种探究活动，使学生体验科学研究的过程，激发学习化学的兴趣，强化科学探究的意识，促进学习方式的转变，培养学生的创新精神和实践能力。

(6) 在人类文化背景下构建高中化学课程体系，充分体现化学课程的人文内涵，发挥化学课程对培养学生人文精神的积极作用。

(7) 积极倡导学生自我评价、活动表现评价等多种评价方式，关注学生个性的发展，激励每一个学生走向成功。

(8) 为化学教师创造性地进行教学和研究提供更多的机会，在课程改革的实践中引导教师不断反思，促进教师的专业发展。

(二) 普通高中化学课程的设计思路

高中化学课程以进一步提高学生的科学素养为宗旨，着眼于学生未来的发展，体现时代性、基础性和选择性，兼顾学生志趣和潜能的差异和发展的需要。为充分体现普通高中化学课程的基础性，设置两个必修课程模块，注重从知识与技能、过程与方法、情感态度与价值观三个方面为学生科学素养的发展和高中阶段后续课程的学习打下必备的基础。在内容选择上，力求反映现代化学研究的成果和发展趋势，积极关注 21 世纪与化学相关的社会现实问题，帮助学生形成可持续发展的观念，强化终身学习的意识，更好地体现化学课程的时代特色。同时，考虑到学生个性发展的多样化需要，更好地实现课程的选择性，设置具有不同特点的选修课程模块。在设置选修课程模块时充分反映现代化学发展和应用的趋势，以物质的组成、结构和反应为主线，重视反映化学、技术与社会的相互联系。

高中化学各课程模块之间的关系如图 2-3 所示。

必修课程旨在促进学生在"知识与技能""过程与方法""情感态度与价值观"等方面的发展，进一步提高学生未来发展所需的科学素养，提高学生学习化学的兴趣，同时也为学生学习相关学科课程和其他化学课程模块提供基础。必修课程的内容设计，注重对学生科学探究能力的培养，重视化学基本概念和化学实验，体现绿色化学思想，突出化学对生活、社会发展和科技进步的重要作用。

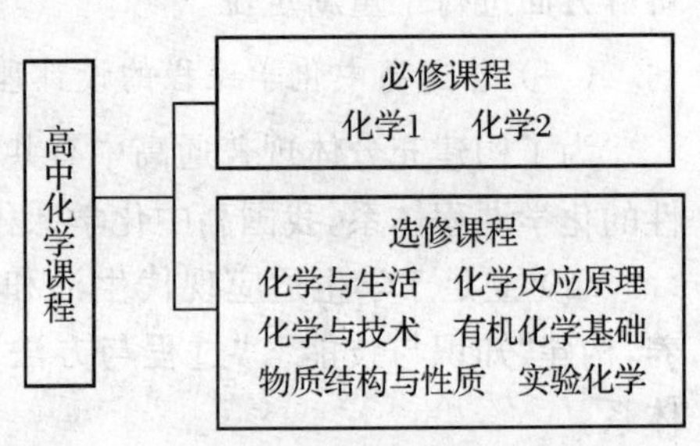

图 2-3　高中化学课程的基本结构

高中化学选修课程是在必修课程的基础上为满足学生的兴趣和未来发展的需要而设置的，反映出课程的个性。选修课程的设计重在提高学生的科学素养，为具有不同潜能和特长学生的未来发展打下良好基础。通过引导学生运用实验探究、调查访问、查阅资料、交流讨论等方式，进一步学习化学科学的基础知识、基本技能和研究方法，更深刻地了解化学与人类生活、社会发展和科技进步的关系，丰富对物质世界的认识。

（三）普通高中化学课程的课程目标

普通高中化学课程目标由课程总目标、三个维度的展开目标和 8 个课程模块的内容标准构成，其结构如图 2-4 所示。

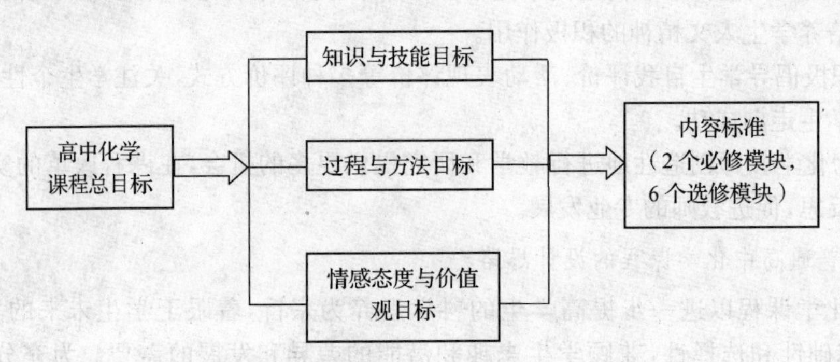

图 2-4　普通高中化学课程目标的结构

高中化学设置多样化的课程模块，使学生在以下三个方面得到统一和谐的发展。

1. 知识与技能

(1) 了解化学科学发展的主要线索，理解基本的化学概念和原理，认识化学现象的本质，理解化学变化的基本规律，形成有关化学科学的基本观念。

(2) 获得有关化学实验的基础知识和基本技能，学习实验研究的方法，能设计并完成一些化学实验。

(3) 重视化学与其他学科之间的联系，能综合运用有关的知识、技能与方法分析和解决一些化学问题。

2. 过程与方法

(1) 经历对化学物质及其变化进行探究的过程，进一步理解科学探究的意义，学习科学探究的基本方法，提高科学探究能力。

(2) 具有较强的问题意识，能够发现和提出有探究价值的化学问题，敢于质疑，勤于思索，逐步形成独立思考的能力，善于与人合作，具有团队精神。

(3) 在化学学习中，学会运用观察、实验、查阅资料等多种手段获取信息，并运用比较、分类、归纳、概括等方法对信息进行加工。

(4) 能对自己的化学学习过程进行计划、反思、评价和调控，提高自主学习化学的能力。

3. 情感态度与价值观

(1) 发展学习化学的兴趣，乐于探究物质变化的奥秘，体验科学探究的艰辛和喜悦，感受化学世界的奇妙与和谐。

(2) 有参与化学科技活动的热情，有将化学知识应用于生产、生活实践的意识，能够对与化学有关的社会和生活问题做出合理的判断。

(3) 赞赏化学科学对个人生活和社会发展的贡献，关注与化学有关的社会热点问题，逐步形成可持续发展的思想。

(4) 树立辩证唯物主义的世界观，养成务实求真、勇于创新、积极实践的科学态度，崇尚科学，反对迷信。

(5) 热爱家乡，热爱祖国，树立为中华民族复兴、为人类文明和社会进步而努力学习化学的责任感和使命感。

化学知识与技能是化学课程内容的重要组成部分，也是科学素养的重要构成要素。化学新课程改革突破了原来的教学大纲完全按照学科内在逻辑所构建的知识体系，呈现出新的特点。根据不同阶段课程设置的目标，新的中学化学课程体系是由义务教育化学、高中必修化学和选修化学三个既相互联系又彼此相对独立的部分共同构成的。各部分课程内容之间既具有连续性，又具有明显的层次性，使中学化学课程知识体系的构建由简单到复杂，由具体到一般，层层递进，逐步丰富、深化与发展。中学化学新课程内容的整体关系如表 2-5 所示。

表 2-5　中学化学新课程内容的整体关系

义务教育化学课程一级主题	高中化学新课程必修模块一级主题	高中化学新课程选修模块
科学探究	认识化学科学	实验化学
	化学实验基础	
身边的化学物质	常见无机物及其应用	有机化学基础
物质构成的奥秘	物质结构基础	物质结构与性质
物质的化学变化	化学反应与能量	化学反应原理
化学与社会发展	化学与可持续发展	化学与生活
		化学与技术

从表 2-5 可以看出，整个中学化学课程是三个阶段、三个层次、两种类型的发展统一体，第一阶段是入门，第二阶段是发展，第三阶段是个性化的深入和提高。每一位高中生都必须经历这三个层次的发展阶段，前两个阶段强调的是共同的全面发展，第三个阶段突出的是多样化、富于选择性和个性化的深入发展。

（四）普通高中化学课程的内容标准

内容标准是《普通高中化学课程标准》的重要组成部分，高中化学的必修课程依据学习时序分为“化学 1”、“化学 2”两个模块，每个课程模块 2 学分，共计 4 学分。选修课程包括 6 个模块，即“化学与生活”、“化学与技术”、“物质结构与性质”、“化学反应原理”、“有机化学基础”、“实验化学”。普通高中化学课程模块及主题内容如表 2-6 所示。

表 2-6　普通高中化学课程模块及主题

性质	模块	内容主题
必修课程	化学 1	① 认识化学科学；② 化学实验基础；③ 常见无机物及其应用。
	化学 2	① 物质结构基础；② 化学反应与能量；③ 化学与可持续发展。
选修课程	1. 化学与生活	① 化学与健康；② 生活中的材料；③ 化学与环境保护。
	2. 化学与技术	① 化学与资源开发利用；② 化学与材料的制造、应用；③ 化学与工农业生产。
	3. 物质结构与性质	① 原子结构与元素的性质；② 化学键与物质的性质；③ 分子间作用力与物质的性质；④ 研究物质结构的价值。
	4. 化学反应原理	① 化学反应与能量；② 化学反应速率与化学平衡；③ 溶液中的离子反应。
	5. 有机化学基础	① 有机化合物的组成与结构；② 烃及其衍生物的性质与应用；③ 糖类、氨基酸和蛋白质；④ 合成高分子化合物。
	6. 实验化学	① 化学实验基础；② 化学实验探究。

各模块的主要目标是：

化学1、化学2：认识常见的化学物质，学习重要的化学概念，形成基本的化学观念和科学探究能力，认识化学对人类生活和社会发展的重要作用及其相互影响，进一步提高学生的科学素养。

案例与分析　化学必修课程的内容要素

从整体上分析化学必修课程的内容构成，可以概括出下列几方面的要素①：

一是化学史与化学方法。包括的内容有：化学科学的性质和研究对象，化学发展的基本特征和发展趋势；物质的组成、结构和性质的关系，化学变化的本质；假说、模型、比较、分类等科学方法对化学研究的作用；定量研究方法的重要作用；实验安全意识，实验技能（物质的检验、分离、提纯和溶液配制），实验方法（实验方案设计、实验条件控制、数据处理等）；化学方法在实现物质间转化中的作用等。

二是化学核心概念和基本理论。包括的内容有：物质的量；物质的分类；电离过程，离子反应及其发生的条件，氧化-还原反应的本质；元素、核素，原子核外电子的排布，原子结构与元素性质的关系，元素周期律，化学键（离子键和共价键）；化学反应中的能量变化，化学反应速率和化学反应限度。

三是常见物质的主要性质、来源及其重要应用。包括的内容有：钠、铝、铁、铜等金属及其重要化合物，氯、氮、硫、硅等非金属及其重要化合物；甲烷、乙烯、苯、氯乙烯、苯的衍生物；乙醇、乙酸、糖类、油脂、蛋白质；常见的高分子材料等。

四是化学与可持续发展的观念。包括的内容有：化学科学对提高人类生活质量和促进社会发展的重要作用；化学物质对生态环境的影响；提高燃料的燃烧效率、开发高能清洁燃料和研制新型电池的重要性；化石燃料综合利用的价值；海水、金属矿物等自然资源综合利用的意义；酸雨的防治和无磷洗涤剂的使用对环境保护的意义；合成新物质对人类生活的影响；化工生产中遵循“绿色化学”思想的重要性。

请思考化学必修课程是如何起到“承上启下”的作用的。

化学与生活：了解日常生活中常见物质的性质，探讨生活中常见的化学现象，体会化学对提高生活质量和保护环境的积极作用，形成合理使用化学品的意识，以及运用化学知识解决有关问题的能力。

化学与技术：了解化学在资源利用、材料制造、工农业生产中的具体应用，在更加广阔的视野下，认识化学科学与技术进步和社会发展的关系，培养社会责任感和创新精神。

物质结构与性质：了解人类探索物质结构的重要意义和基本方法，研究物质构成的奥秘，认识物质结构与性质之间的关系，提高分析问题和解决问题的能力。

---

①　刘知新.化学教学论[M].4版.北京：高等教育出版社，2009：59.

化学反应原理：学习化学反应的基本原理，认识化学反应中能量转化的基本规律，了解化学反应原理在生产、生活和科学研究中的应用。

有机化学基础：探讨有机化合物的组成、结构、性质及应用，学习有机化学研究的基本方法，了解有机化学对现代社会发展和科技进步的贡献。

实验化学：通过实验探究活动，掌握基本的化学实验技能和方法，进一步体验实验探究的基本过程，认识实验在化学科学研究和化学学习中的重要作用，提高化学实验能力。

学生在高中阶段修满6个学分，即在学完化学1、化学2两个模块之后，再从选修课程中选学一个模块，并获得学分，就达到了高中化学课程学习的毕业要求。新的高中化学课程鼓励学生尤其是对化学感兴趣的学生在修满6个学分后，选学更多的课程模块，以拓宽知识面，提高化学素养。建议有理工类专业发展倾向的学生，可修至8个学分；有志于向化学及其相关专业方向发展的学生，可修至12个学分。

每个内容主题从“内容标准”和“活动与探究建议”两个维度对学习内容加以说明。以选修模块《化学与生活》主题1“化学与健康”为例，见表2-7。

表2-7 “化学与健康”的“内容标准”与“活动与探究建议”两个维度

内容标准	活动与探究建议
1. 认识食品中对人类健康有重要意义的常见有机物。 2. 说明氨基酸、蛋白质的结构和性质特点，能列举人体必需的氨基酸。 3. 通过实例了解人体必需的维生素的主要来源及其摄入途径。了解维生素在人体中的作用。 4. 认识微量元素对人体健康的重要作用。 5. 了解合理摄入营养物质的重要性，认识营养均衡与人体健康的关系。 6. 了解人体新陈代谢过程中的某些生化反应。 7. 知道常见的食品添加剂的组成、性质和作用。 8. 通过实例了解某些药物的主要成分和疗效。	① 讨论：食用油脂对人体健康的意义。 ② 实验探究：鲜果中维生素C的还原性。 ③ 调查或实验：食品中的膨化剂。 ④ 查阅某些食品的标签，了解其中的营养成分和所含的添加剂。 ⑤ 实验探究：抑酸剂化学成分的检验。 ⑥ 调查：矿泉水中的微量元素及其作用。 ⑦ 查阅资料并讨论：铅、碘元素对人体健康的影响。 ⑧ 查阅资料：常用药物的成分、结构与疗效。 ⑨ 资料收集：“绿色食品”的发展。

（五）普通高中化学课程的实施建议

《普通高中化学课程标准》实施建议部分同《义务教育化学课程标准》一样共分为四块，即教学建议、评价建议、教科书编写建议和课程资源的开发与利用建议。与义务教育阶段相比，普通高中实施建议部分有了更深层次的规范及要求。

教学建议部分。化学教学要体现课程改革的基本理念，尊重和满足不同学生的需要，运用多种教学方式和手段，引导学生积极主动地学习，掌握最基本的化学知识和技能，了解化学科学研究的过程和方法，形成积极的情感态度和正确的价值观，提高科学素养和人文素养，为学生的终身发展奠定基础。具体要求如下：尊重和满足学生发展需要，指导学生自主选择课程模块；把握不同课程模块的特点，合理选择教学策略和教学方式；联系生产、生活实际，拓宽学生的视野；突出化学学科特征，更好地发挥实验的教育功能；重视探究学习活动，发展学生的科学探究能力。

评价建议部分。高中化学课程评价既要促进全体高中学生在科学素养各个方面的共同发展，又要有利于高中学生的个性发展。积极倡导评价目标多元化和评价方式的多样化，坚持终结性评价与过程性评价相结合、定性评价与定量评价相结合、学生自评互评与他人评价相结合，努力将评价贯穿于化学学习的全过程。具体要求如下：实施多样化评价促进学生全面发展；根据课程模块特点选择有效的评价策略；实施学分管理，进行综合评定。

教科书编写建议部分。高中化学教科书的编写要依据基础教育课程改革纲要和高中化学课程标准，着眼于提高全体学生的科学素养和终身学习能力，要帮助学生掌握化学基础知识、基本技能和基本方法，认识科学的本质，理解科学、技术与社会的相互关系，提高综合应用化学知识解决实际问题的能力。具体要求如下：教科书内容要有鲜明的时代性；教科书编写要处理好各课程模块之间的关系；教科书内容要反映科学、技术与社会的相互关系；教科书内容的组织要有利于学生科学探究活动的开展；习题类型要多样化，要增加实践题和开放题的比例；教科书编写要有助于发挥化学教师的创造性。

课程资源的开发与利用建议部分。充分开发和利用化学课程资源，对于丰富化学课程内容，促进学生积极主动地学习具有重要意义。学校和教师都应努力建设、开发与利用校内外的课程资源，并争取社会各方面的支持和帮助。具体要求如下：加强化学实验室的建设；重视利用信息化课程资源；充分利用社区学习资源；编写配合教科书使用的教师手册等。

第四节 中学化学教科书与课程资源

课程，从广义上说，是学生在学校所获得的全部经验，包括有目的、有计划的学科设置以及其他各种教育活动对学生即时或潜在的影响。国家对基础教育课程的基本规范和质量要求主要体现在课程标准中。教材是使学生达到课程标准所规定的质量要求的主要内容载体，是教师教学与学生学习的主要工具。教材是成套化的系列，不仅限于教科书(将教材等同于教科书是一种约定俗成，读者可以根据语境判断)，讲义、讲授提纲和音像材料等都是教材的组成部分。毫无疑问，在中学化学教学中，最重要的教材就是教科书。化学教科书是根据化学课程标准编制的系统反映课程内容的学生用书，是教师组织教学的主要依据，也是学生学习学科知识与技能的重要载体，因此，它是师生教与学的重要工具。

一、化学教科书编制的基本原则

（一）教科书体系的编排

教学实践和理论研究证明，便教易学的教科书，其体系必须与学生的认知结构相匹配。为了达到这个要求，教科书在编制时必须做到学科知识的逻辑顺序、学生的认知顺序和学生的心理发展顺序三者合理整合，即遵守三序结合的原则。

1. 学科知识的逻辑顺序

学科知识的逻辑顺序是客观存在的。任何一门科学，都有自己的系统，这是客观世界某一领域内各种现象的本质联系的反映。教科书的内容是根据学科教学目的从科学系统中精选出来的符合教学要求的材料，这些材料就是学科知识。学科知识反映该门科学基本的概念、原理、事实、方法，并具有便于传授和学习的特点。因此，学科知识是有自身逻辑顺序的。

中学化学学科知识的逻辑顺序可简要概括为：

(1) 由化学用语入门方可进一步学习化学。

(2) 以物质结构理论为主线，结合元素周期律可串联、整合元素化合物知识。

(3) 以物质的量为核心的化学计算。

(4) 化学反应速率、化学平衡和能量变化是深入研究反应动力学和反应热力学的逻辑起点。

2. 学生的认知顺序

学生的认知顺序是从认识论角度对学生认知规律的概括，是指学生学习知识与技能的认知规律。这些规律相当复杂，在认识过程中往往不是某一条规律孤立地起作用，而是几条规律相互联系、渗透、交错地起作用。这些规律具有普遍性，并非只在化学学习中起作用。简要地说，学生的认知顺序有以下几种：

(1) 从感知到理解。

(2) 从已知到未知。

(3) 从特殊到一般和从一般到特殊的结合。

(4) 在理解的基础上巩固和应用。

(5) 从模仿到创造。

(6) 从易到难和从孤立到综合。

这些认知顺序是人们通过长期实践探索和理论思考得出来的，是经历从古到今中外教学活动检验的，也是一种客观存在。

3. 学生的心理发展顺序

学生的学习活动要受自身的身心发展水平的制约，特别是受自身的认识能力发展水平的制约。学生的心理发展是个动态的过程，不同年龄阶段、不同知识基础，其心智与情感的发展水平也不同。化学教学也是个动态的过程，目前我国从初三到高三均开设化学课，学习者的年龄在十五六岁到十八九岁之间，从心理发展角度说，这也是变化十分剧烈的年龄段，其基本特征是：

(1) 由经验型、直观型逻辑思维向理论型、辩证型逻辑思维转化。

(2) 由好奇、好玩等直接和近景动机向探索未知、追求成功等间接的和远景的动机转化。

(3) 由半机械和形象记忆向理解和抽象记忆转化。

4. 教科书编制中三序结合的方式

所谓三序结合，是指在编制教科书时，要综合考虑学科知识的逻辑顺序、学生的认知顺序和学生的心理发展顺序以及这三种顺序涉及的各种复杂的因素，兼顾三种顺序，达成最佳平衡，从而编出一个合乎科学逻辑、合乎认知规律和学生心理发展水平的教科书。符合三序结合原则的教科书应从知识与技能、过程与方法、情感态度与价值观三方面体现其合理性和科学性。

教学实践证明，凡是违反三序结合原则的教科书，都不便于使用，影响教学质量，缺少生命力。如 20 世纪 60 年代美国的 CBA 化学教科书《化学体系》(*Chemistry Systems*)，其学科知识逻辑非常严谨，但十分抽象艰深，从理论到理论，违反了学生的认知顺序和心理发展思想，结果很快就被中学拒绝了。我国 1978 年编的初中化学教科书，在教学中也出现了三个分化点：第一、二章，第三章和第五章。原因就是第一、二章元素符号、分子式编得太集中，学生掌握不了，影响了学习兴趣；第三章“溶解度”的学习要求太高，温度、浓度同时变化等析出晶体的计算题，超越了学生的认知能力范围，学生因此丧失了学习信心；第五章单质、氧化物、酸、碱和盐的相互关系，教科书用归纳法得出的结论要求学生进行演绎、应用，学生知识准备不够，造成了学习困难。这三个分化点都是教科书未做好三序结合的结果。2000 年的普通高中化学教科书也反映出这一点。高一化学的“物质的量”，高二化学的“同分异构体”、“电离平衡”是高中化学课程学习的分化点，这些内容都是理论知识太集中、太抽象，学生往往是一个知识点没有掌握好，又要转入下一个知识点的学习，不符合学生的认知发展顺序，超出了学生的心理发展水平，教学的效果不理想。

在总结国内外化学教科书编制的经验和教训的基础上，我国的化学教科书编制者比较注意三序结合的原则，也摸索出了一些行之有效的方式，基本以学生认知顺序和心理发展顺序为主，考虑学科知识的逻辑顺序，将学科知识逻辑顺序适当调整变形。其基本方法有如下四点：

(1) 从学生已有的生活经验和将要经历的社会生活出发，通过活动与探究的课程设置形式更有利于学生体验科学探究的过程，学习科学探究的基本方法，加深对科学本质的认识。这有利于发展学生的认知能力，适应学生的认知发展顺序，也符合学生的心理发展水平。

(2) 分散难点，设计合理的知识梯度。科学的系统是严谨的，但比较复杂，常常是难点集中。这样就不符合由易到难、由孤立到综合的认知顺序,而且也可能超越学生的心理发展水平。编写教科书时应设法分散难点,设计合理的知识梯度。如使某些理论知识逐步深化而不是一步到位,使对心智要求较高的计算分散出现等。比如物质结构知识,在初中只讲物质结构的初步知识,包括原子的构成——原子核和核外电子、原子结构示意图、离子、离子化合物等,高中必修模块继续介绍核外电子排布(电子层),元素周期表、元素周期律和化学键,内容比初中深入,要求也高些。高中选修模块《物质结构与性质》介绍原子结构和元素的性质、化学键和物质的性质、分子间作用力与物质的性质,涉及电子层、原子轨道、核外电子排布三大原理、电离能、电负性、晶胞、堆积方式、共价键类型、分子空间构型、杂化轨道理论等较深的概念和原理。这样,从学科知识角度看似乎有些凌乱,但分散了难点,使学生能沿着知识阶梯拾级而上,符合学生认知顺序和心理发展顺序,便于学习和掌握。

(3) 穿插编排理论与元素化合物知识。化学学科知识大致可分为理论知识和元素化合物知识两大类。理论知识逻辑性强,但比较抽象,难度相对较大;元素化合物知识具体、生动,但比较零散,记忆的难度较大。将两者穿插编排,既分散了理解难点,又便于分散记忆,还有利于从元素化合物知识中归纳出基础理论及运用基础理论指导元素化合物知识的学习。

(4) 演示实验与教学内容有机结合。我国的中学化学教科书历来十分重视演示实验的教学功能,这样做更多地考虑了学生的认知顺序和心理发展顺序。因为从学科知识的逻辑顺序的角度来说,讲实验与演示实验的意义是一样的,不同的是学习者的感知程度和印象深浅。演示实验有利于学生学习化学学科知识。

(二) 教科书内容的选择

我国化学教科书是根据教学目的、课程计划和化学课程标准中规定的课时以及学生的接受能力来确定课程内容的。具体操作时,体现了如下选材原则:

(1) 着眼于提高全体学生的科学素养

依据化学课程标准规定的课程总目标,在选材时要着眼于提高全体学生的科学素养。所谓科学素养是对普通公民而言的,是指一个人对在日常生活、社会事务以及个人决策中所需要的科学概念和科学方法的认识和理解,并在此基础上所形成的稳定的心理品质。化学教科书的内容选择要帮助学生掌握化学基础知识、基本技能和基本方法,认识科学的本质,理解科学、技术与社会的关系,提高综合应用化学知识解决实际问题的能力,使学生积极参与社会决策,从科学和社会的角度主动地思考社会问题的解决并付诸行动。

(2) 要有鲜明的时代性

教材内容的时代性应包括以下两个方面:一是根据未来社会对公民素质的要求,注重学生终身学习能力的培养;二是根据化学科学和社会的发展,不断更新教学内容。化学教科书应充分体现社会进步和科技发展的趋势,结合化学学科内容介绍化学科学发展的新成就,力求反映最新的化学观念和思想,并反映化学科学亟待解决的重要课题,鼓励学生关注并投身于科学事业。

(3) 强调基础性,关注学生生活经验与学习兴趣

强调基础性,就是要选择有广泛应用的、有代表性的以及最基本的化学知识。选材要有利于基础知识、基本技能的教学,而不仅仅是关注“双基”发展。这就要求精选教科书内容,突出化学基本原理和核心概念的学习,重视从学生的生活经验出发,选择那些对于学生发展有较高价值,同时又是学生感兴趣并能理解的内容,为培养学生终身学习的愿望和能力并能适应现代化生活打下良好的基础。

(4) 要反映科学、技术与社会的相互关系

化学教科书应使学生了解化学在科技发展和社会进步中的重要作用,知道化学与其他相关科学如医学、生命科学、环境科学、材料科学、信息科学等的紧密联系。化学教科书内容的选择既要反映出化学科学的社会价值、化学科学对现代科学技术发展的贡献,也要适当反映由于人类不恰当地运用科学技术的成果而产生的负面影响,体现社会发展对化学科学提出的新要求,帮助学生理解科学、技术与社会和谐发展对人类的重要作用。

(5) 教科书内容的组织要有利于科学探究活动的开展

科学探究是一种重要的学习方式,也是中学化学课程的重要内容。编写化学教科书时,要重视科学探究活动素材的收集和设计,激励学生积极主动地体验科学探究的过程。教科书编写要精心创设学生自主活动和积极探究的情境,引导学生积极参与探究过程,获取知识,获得亲身体验,学会合作与分享,提高探究的愿望。要通过实验方案的精心设计来鼓励学生通过实验学习化学知识与技能,掌握科学研究的方法。

(6) 要有助于发挥化学教师的创造性

教科书是最重要的课程资源,是教师进行教学的范例。教科书的编写要充分利用学生已有的知识和经验,引导他们理解和体会知识的产生过程,自主建构知识体系,增强进一步学习化学的兴趣。编写教科书时,要在内容、编排体系、呈现方式、学生活动设计、考核评价等方面为教师提供示范和启示,同时应留给广大教师较大的创造空间,使教师在实践中充分发挥教学的主动性和创造性。

二、初中化学教科书的体系与编排

目前,初中化学教科书有 5 种不同的版本,现以人民教育出版社的初中化学教科书(简称“人教版”)和上海教育出版社的初中化学教科书(简称“沪教版”)为例予以讨论。

(一) 人教版初中化学教科书的体系与编排

人教版初中化学教科书编写的指导思想是: ① 以培养学生的科学素养为宗旨,全面体现初中化学课程目标;② 以学生的发展为本,在科学教育中渗透人文教育思想,促进学生的可持续发展;③ 加强实践活动和探究活动,培养学生的创新精神和实践能力;④ 重视学生的生活经验,联系生活、生产和社会实际,突出 STS 的观点,展现化学发展的最新成果,体现化学的应用价值。

1. 教科书的结构

人教版初中化学教科书采用“单元—课题”式的结构，突出主题，具有综合性(见图2-5)。

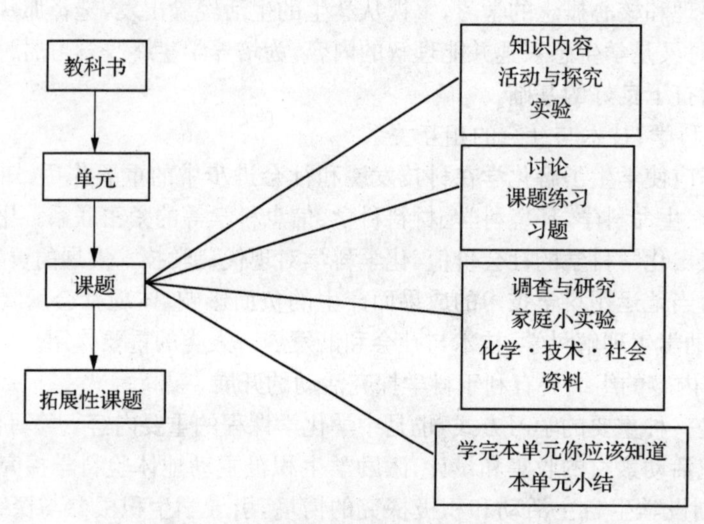

图2-5 人教版初中化学教科书的结构设计

各课题的结构以不同的栏目呈现：

(1) 活动与探究：呈现探究过程，体现探究方法。

(2) 实验：结合内容在课内进行的实验。

(3) 习题：每一课题后的练习和思考。

(4) 讨论：实验分析、知识的应用。

(5) 资料：单纯资料，与内容相关或拓展的知识。

(6) 化学·技术·社会：社会关注的热点问题或新科技知识。

(7) 调查与研究：与内容相关的调查研究活动，供课内外活动用的个人活动、小组活动。

(8) 家庭小实验：利用身边的材料在课外进行的实验，具有趣味性。

(9) 课堂练习：当堂反馈。

(10) 学完本课题你应该知道：课题要点、核心内容或讨论和探究的结论。

(11) 单元小结：对本单元的归纳总结，具有综合性。

2. 教科书的体系和内容

人教版教科书的体系，考虑到知识的逻辑顺序、社会需求和学生的认知规律，采用将学科和社会二者融合的方式编排。与以前的教科书相比，理论性知识和知识的逻辑性相对弱化，实际知识和知识的应用性相对加强。教科书各单元及其内容特点见表2-8。

表 2-8 人教版初中化学教科书的体系

单元	内容特点
一、走进化学世界	生活经验与化学基础知识
二、我们周围的空气	
三、自然界的水	
四、物质构成的奥秘	化学基础知识与化学事实
五、化学方程式	
六、碳和碳的氧化物	化学基础知识与应用
七、燃料及其利用	
八、金属和金属材料	
九、溶液	化学规律与应用
十、酸和碱	
十一、盐 化肥	
十二、化学与生活	化学与社会生活

人教版化学教科书在内容的选择上以课程标准为依据，以学生的发展为本，选择对学生发展有用的知识，并将科学探究作为教科书的重要组成部分，所选内容具有弹性和拓展性。具体内容的安排见表 2-9。

表 2-9 人教版初中化学教科书的内容

单元	元素化合物知识	概念理论性知识	探究活动
一、走进化学世界			对蜡烛及其燃烧的探究；对人体吸入的空气和呼出的气体的探究；给物质加热
二、我们周围的空气	空气成分、氧气	化学反应(化学变化)、物理变化、化合反应、氧化反应、氧化剂、缓慢氧化、催化剂、分解反应	调查研究空气质量问题；制取氧气、氧气的性质
三、自然界的水	水、氢(选学)	化合物、单质、分子、原子、硬水、软水、过滤、蒸馏	分子的运动、水的净化(过滤)、水污染的调查研究、家庭用水情况调查

（续表）

单元	元素化合物知识	概念理论性知识	探究活动
四、物质构成的奥秘		原子的构成、相对原子质量、元素、离子、原子的结构、化学式、化合价、相对分子质量	查阅资料，确定几种食品的元素组成，了解地壳中含量较大的几种元素及其存在；化合价记忆比赛及编写化合价的歌谣或快板；化学式书写练习；了解几种化学药品的成分
五、化学方程式		质量守恒定律、化学方程式、利用化学方程式的简单计算	化学反应中质量变化探究
六、碳和碳的化合物	金刚石、石墨、C_{60}、木炭、二氧化碳、一氧化碳	还原反应、还原性	二氧化碳的制取；关于温室效应的调查研究
七、燃料及其利用	煤、石油、天然气、甲烷、乙醇	燃烧及其条件、化学反应中的能量变化	燃烧的条件探究；设计简易灭火器；燃料探究；关于煤的加工产品的用途的调查研究；酸雨危害的模拟实验；燃料的调查研究
八、金属和金属材料	金属、合金	置换反应、金属活动性顺序	金属活动性顺序探究；金属腐蚀和防护探究；金属废弃物的调查研究
九、溶液		溶液、乳浊液、悬浊液（选学）、乳化、溶解度、饱和溶液、不饱和溶液、结晶、溶质的质量分数	溶解时的吸热与放热探究；洗涤用品的调查研究、溶解探究；绘制溶解度曲线
十、酸和碱	盐酸、硫酸、浓硫酸、氢氧化钠、氢氧化钙	中和反应、酸、碱、盐	指示剂在不同溶液中的颜色变化探究；酸的化学性质探究；碱的化学性质探究；中和反应的实验探究；用 pH 试纸测定一些液体的 pH；溶液酸碱性对头发的影响；测定本地区土壤的酸碱度；测定本地区雨水的 pH
十一、盐　化肥	氯化钠、硫酸钠、碳酸氢钠、碳酸钙、氮肥、磷肥、钾肥	复分解反应、物质的分类（选学）	粗盐提纯；探究初步区分氮肥、磷肥和钾肥的方法；化肥使用情况调查；化肥、农药的利弊调查

(续表)

单元	元素化合物知识	概念理论性知识	探究活动
十二、化学与生活	蛋白质、糖类、油脂、维生素、有机化合物		对食谱营养搭配情况的调查研究;保健药剂的调查研究;几种有机化合物的探究;对服装所用纤维的调查探究;“白色污染”的调查

3. 知识内容的呈现和处理

(1) 精心设计探究活动。人教版初中化学教科书在认真选择探究内容的基础上,注意探究内容的呈现方式。例如,CO_2制取的探究活动,教科书的呈现方式是:研讨装置→比较实验方法→分析装置特点→设计装置→得出最佳方案,这样的设计符合学生的认知水平。

(2) 创设丰富的学习情境。人教版教科书通过创设丰富的学习情境,将学生引入学习过程。一是经验情境,例如,对酸和碱的认识不是从组成开始,而是从醋、石灰水等生活中常见的物质(生活经验)入手,先使学生从经验上认识酸和碱,然后再步步深入。二是实验情境,通过实验事实引出知识内容,使知识的呈现显得可信。三是事实情境,例如,空气的组成从科学史引入,再通过模拟实验,讨论认识结论。四是问题情境,例如,煤和石油是学生知道但了解不深的物质,教科书结合学生已有经验,提出三个问题,将煤和石油与燃料问题联系起来,再进一步探讨。

(3) 淡化概念的严密性。对于知识本身,考虑学生的接受能力,不过分强调知识呈现的逻辑顺序,对于概念的定义也不过于强调严密性。例如,关于“化合价”的概念,以前的初中教科书的定义抽象而难以理解,现在的教科书只说明化合价用来表示原子之间相互化合的数目,注重的是化合价的运用,这样处理,学生易理解。

(4) 设计丰富多彩的图画。人教版教科书中的图画不只是作为插图来呈现,而是作为教科书内容中不可缺少的一部分,它们不再只是单纯地配合知识,而是具有了提供资源信息、说明和解释知识的功能,并逐渐成为知识内容的一部分。其基本功能是:以图代文,提供信息,说明问题;显示实际生活中难以见到的物质或景象;形象生动地说明或解释知识;显现实验的仪器、装置、现象、操作过程和方法等。

(二) 沪教版初中化学教科书的体系与编排

1. 教科书的结构体系

沪教版初中化学教科书的编写以全面落实化学课程标准的理念和目标为根本宗旨,着眼于全面提高学生的科学素养。在这个根本宗旨之下,教科书明确了以下指导思想:① 将生活素材、社会与环境问题,化学科学的核心主题和重要内容,多样化的学习活动、科学方法与探究有机融合并贯穿于教科书的始终;② 无论是教科书的整体框架,还是具体的某个章节的体系,都力图体现从学生身边的物质和现象开始研究,最终又回到对自然、环境与社会中的物质和现象的积极关注;③ 无论在形式上,还是在内容上,都着力体现知识与技能、过程与方法、情感态度与价值观三个维度的课程目标的有机整合和全面落实。

在上述思想的指导下,沪教版化学教科书打破了传统上按照学科体系组织教学内容的方式,结合学生已有的经验(包括认识上的经验和生活上的经验)、社会生活的实际、人与自然的关系以及化学学科的发展,选取最基本的学生未来学习和发展最需要的化学知识、技能、过程、方法和在这个年龄段最需要形成或初步形成的情感、态度、价值观,构成教科书的9章30节5个附录。而承载这些基本内容的载体来自于自然、生活、社会、工农业生产、化学及相关科学、技术、环境的方方面面,有现实的情景,有发展的历史和过程,也有未来变化的趋势,作为学生学习化学的广泛背景。这一内容体系的设计模式可用图2-6来表示。

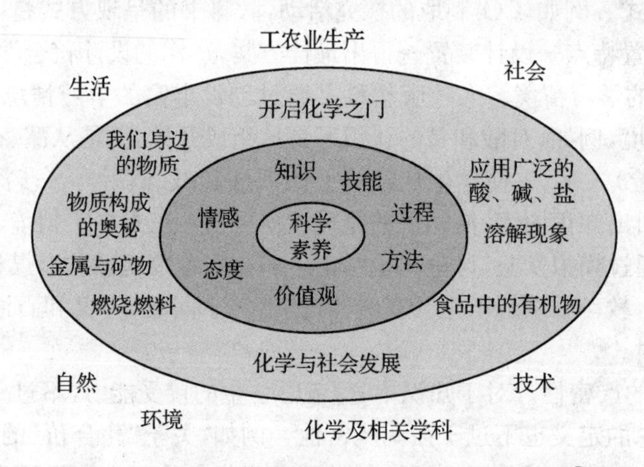

图2-6 沪教版化学教科书的内容体系设计模式①

全书以探究性学习作为主要的学习方式,将"科学探究"作为暗线贯穿始终。按照"从生活走进化学,从化学走向社会"的设计思路,以探究"身边的物质"、"物质构成的奥秘"和"物质的化学变化"为依托,在探究的过程中,逐步形成基本的化学概念,逐步认识化学与社会发展的关系,形成积极的情感、正确的态度和价值观。其中,元素化合物知识以实际生活和社会问题为线索,物质主题与生活主题相结合;概念理论知识与元素化合物知识穿插编排,既有相对集中,又有分散渗透;实验融入活动与探究内容当中,淡化演示实验和学生实验的界限。

① 毕华林.化学新教材开发与使用[M].北京:高等教育出版社,2003:151.

2. 教科书的内容

表 2-10 沪教版初中化学教科书的内容

单元	元素化合物知识	概念理论性知识	探究活动
一、开启化学之门		物理变化、化学变化(化学反应)、物理性质、化学性质、元素(拓展视野)	几种物质的性质探究;加热试管中的火柴头;“烧不坏的手绢”实验;灼烧实验;调查学校所在地区与化学有关的生产活动;查阅、收集有关化学促进现代科技和生产发展的事例
二、我们身边的物质	空气成分、氮气、稀有气体、氧气、二氧化碳、水	混合物、纯净物、氧化反应、化合反应、分解反应	空气中氧气含量的测定;“捕捉”空气实验;调查当地空气污染状况及其危害;不同物质在氧气中燃烧;制取氧气;二氧化碳性质实验及碳酸分解;二氧化碳的制取和性质实验;蒸发;过滤
三、物质构成的奥秘		物质的微粒观、分子、原子、离子、元素、化合物、单质、氧化物、化学式、原子团、质量分数	高锰酸钾的溶解、探究微粒运动的实验;水和空气的压缩实验;对元素的探究;讨论碳、氧两元素为什么组成两种化合物;通过计算说明尿素是纯净物还是混合物
四、燃烧 燃料	煤、石油、天然气	燃烧、完全燃烧、不完全燃烧、爆炸、质量守恒定律、化学方程式、化学变化中的定量计算、干馏、炼焦	燃烧条件的探究、调查灭火方法,说明灭火原理;物质发生化学变化前后质量变化探究;书写化学方程式
五、金属与矿物	铁、铝、铜、生铁、钢、合金、石灰石、生石灰、熟石灰	置换反应	金属物理性质的探究;金属化学性质的探究;造成铁发生锈蚀的主要因素的探究;废金属的危害、回收和利用调查研究;碳酸钙的验证探究;生石灰、熟石灰的性质探究

（续表）

单元	元素化合物知识	概念理论性知识	探究活动
六、溶解现象		溶液、乳化、溶质、溶剂、溶质的质量分数、溶解性、饱和溶液、不饱和溶液、溶解度、结晶	物质在水中分散情况探究；物质溶解时温度变化的探究；加快溶解方法探究；水溶液性质探究；蔗糖溶液质量关系探究；计算并配制一定溶液；物质的溶解探究；绘制硝酸钾的溶解度曲线；结晶实验
七、应用广泛的酸、碱、盐	盐酸、硫酸、氢氧化钠、氢氧化钙	酸性、碱性、酸碱指示剂、酸度、碱度、盐、复分解反应、中和反应、金属活动性	检验溶液的酸碱性；测定溶液pH；浓硫酸和浓盐酸的物理性质探究；稀硫酸和稀盐酸的化学性质探究；检验铵态氮肥
八、食品中的有机物	淀粉、葡萄糖、碳水化合物、油脂、蛋白质、维生素	有机物	淀粉、葡萄糖的检验；蛋白质的特性探究
九、化学与社会发展	氢气、金属材料、无机非金属材料、合成材料、二氧化硫、二氧化氮	能源	氢气的制取、金属材料的调查研究；几种纤维的性质实验；聚乙烯和聚氯乙烯的燃烧探究；二氧化硫的性质探究；水体污染的现状调查及治理探究

3. 教科书内容的组织和呈现

沪教版初中化学教科书在内容的组织和呈现方式上，主要表现在以下几个方面：

(1) 以图片、导言和问题引出新的学习内容。每一章的首页专门设计了一个章图，这些章图蕴含了该章主要的学习内容或学习情境，以其悠远的意境引发学生对将要学习的内容的期待。同时各章都从学生的角度出发，设计了一段亲切而简洁的导言，并提出了3—6个与本章内容密切相关的问题，在帮助学生大致了解所要学习的内容的同时，也激发了学生学习的兴趣。

每一节的标题上都配有一幅与本节学习内容密切相关的背景图片，各节也都使用生动活泼的引言，立足学生的已有知识或生活经验，或者介绍本节要学习的内容与自然、人类或社会的关系（有的节也同时利用了图片进行说明），或者开门见山地（有的节是通过某些栏目）提出所要探究的主题。这些引言在构建学习情境、启迪学生思维、激发学生学习和探究兴趣方面起着重要作用。

(2) 以栏目为支架组织和呈现教科书内容。沪教版初中化学教科书的栏目设置大大突破了以往教科书中“演示实验”“阅读材料”“练习题”等常规栏目，在“节”这一层次下设置了

“你已经知道什么”“观察与思考”“联想与启示”“交流与讨论”“活动与探究”“练习与实践”“拓展视野”等栏目。在“章”这一层次下设置了“整理与归纳”“本章作业”等栏目，呈现出多样化和现代化的特点。

除了作为支架组织和呈现内容之外，栏目的名称还可看作是探究过程中的一些环节，也可以看作是一些学习方式或方法，因此在渗透科学方法教育和对学生进行学法指导方面也具有非常独特的价值。沪教版栏目的功能见表 2－11。

表 2－11　沪教版初中化学教科书栏目的功能

栏目名称	栏目功能
你已经知道什么	提出问题
联想与启示	猜想假设
观察与思考、活动与探究	搜集证据
（结论）	作出解释
交流与讨论	表达与交流

沪教版初中化学教科书的主体内容以这些栏目为支架展开，淡化了传统教科书中平铺直叙和说教的色彩，使得语言生动活泼，简明扼要，充满启发性，具有很强的对话功能，充分体现了学生与教科书、教师与教科书、学生的学习与教师的教之间的互动性，给教师创造性地使用教材和创造性地进行教学提供了很大空间。

（3）采用丰富多彩的图片呈现大量信息。沪教版初中化学教科书中约有 300 幅图片。图片的形式多样，涉及的内容非常广泛，有的用于展示化学实验仪器、装置，说明实验操作过程和方法；有的用于显现化学实验现象、自然界和社会生产生活中的场景；有的用于呈现化学学科和相关技术的最新进展；有的用于模拟物质内部结构的示意图；有的用于生动形象地解释学习的重点、难点；有的用于模拟学生学习某些内容的心理状态；有的用于介绍科学家及其研究成果等等。大量精美的图片一方面对学生的视觉造成强大的冲击，吸引学生阅读与思考；另一方面图片以其独有的真实、直观等特点传达了一些文字所难以表达的信息。从整体上看，这些图片情景交融，形象生动，直观全面地展示了化学中的美，使教科书的人文性、艺术性和科学性同时得到了充分体现，有助于学生开阔视野，领悟更多的化学道理。

三、高中化学教科书的体系与编排

普通高中化学教科书共有三种不同的版本，分别是人民教育出版社出版的化学教科书（简称人教版）、江苏教育出版社出版的化学教科书（简称苏教版）和山东科技出版社出版的化学教科书（简称鲁科版）。以下就人教版教科书作简要分析。

1. 人教版高中化学教科书的体系结构

教科书的体系结构采用了学科中心与社会中心相融合的编排方式，吸收了学科中心和社会中心体系结构各自的优点，综合考虑化学知识的逻辑性、社会需要和学生发展的需要。在教科书中化学知识的逻辑性、系统性相对弱化，联系社会的知识和知识的应用相对加强。

教科书结构采用章节式，《化学 1》和《化学 2》共有 8 章，这些章从不同方面体现融合，突出了"从生活走进化学，从化学走向社会"的课程理念。人教版高中化学必修模块的内容和特点如表 2－12 所示。

表 2－12 人教版高中化学必修模块的内容及特点

<table>
<tr><th>模块</th><th>章</th><th>内容特点</th></tr>
<tr><td rowspan="4">化学 1</td><td>第一章 从实验学化学</td><td rowspan="2">生活经验、社会实际、已有知识与化学基础知识、实验技能、化学规律融合</td></tr>
<tr><td>第二章 化学物质及其变化</td></tr>
<tr><td>第三章 金属及其化合物</td><td rowspan="2">化学基础知识与应用融合</td></tr>
<tr><td>第四章 非金属及其化合物</td></tr>
<tr><td rowspan="4">化学 2</td><td>第一章 物质结构 元素周期律</td><td rowspan="2">化学基础知识、化学规律与化学事实、应用融合</td></tr>
<tr><td>第二章 化学反应与能量</td></tr>
<tr><td>第三章 有机化合物</td><td>有机化学基础知识与应用融合</td></tr>
<tr><td>第四章 化学与可持续发展</td><td>化学与资源、环境、生产生活等社会实际融合</td></tr>
</table>

教科书的总体设计是融合的，各章的设计也是融合的，每章由几节组成，各节的内容注重融合，并具有一定的完整性。例如，"有机化合物"一章由 4 节组成："第一节 最简单的有机化合物——甲烷""第二节 来自石油和煤的两种基本化工原料""第三节 生活中两种常见的有机物""第四节 基本营养物质"。各节的名称体现出与社会的融合。每节从生活或社会角度引入典型有机物（甲烷、乙烯、苯、乙醇、乙酸、糖类、油脂和蛋白质等），紧接着从学科角度介绍相应有机物的知识（组成、分子结构、主要性质和典型反应等），教科书特别注意克服传统教材强调有机化学知识系统性的思维定势，不扩充每一代表物的性质，尽量不涉及类的性质。强调有机化学最基本的核心观点（分子组成结构决定性质决定用途的观点、对有机物进行以实验为主的科学探究的研究观点、有机物跟无机物区别与联系的观点等），再从社会角度解释和说明物质的用途，认识有机物对于社会发展、生产生活和健康的重要性及可能带来的环境问题，把学科知识镶嵌在生活和社会之中。

教科书以"从实验学化学"开篇，强调化学是一门以实验为基础的科学，然后沿着化学用语、元素及化合物知识和应用、原子结构、元素周期律、有机化学的线索安排教材内容。《化学 1》突出化学以实验为基础的特点，重视最基本的化学反应，并通过元素化合物知识的学习体现化学学习的一些主要特点。《化学 2》则是在《化学 1》的基础上突出物质结构和元素周期律的作用，强调化学变化和能量的关系，同时通过有机化合物的知识来进一步介绍物质的结构和反应的有关知识，最终将化学与可持续发展这一大背景相联系，更加显现化学的重要性。

2. 人教版高中化学教科书的呈现方式

教科书各章首页都有一幅与本章主题相关的背景图，一段简短而亲切的导语，激发学生的学习兴趣，帮助学生明确本章的主要学习任务，进行学习定向。每节的标题也配有一幅与本章主题相关的背景图片，以拓展学生的想象。

按照科学探究的基本模式和学生的认知规律，教科书设置了“思考与交流”“学与问”“科学探究”“实验”“资料卡片”“科学视野”“实践活动”“习题”等丰富多彩、极具探究性的栏目，提出大量期待学生思考和解决的问题，驱动学生积极思考、主动探究、参与讨论，进行自主学习、探究学习和合作学习。在呈现方式上，许多栏目(除“科学视野”“资料卡片”和“习题”外)提供了足够的空白之处，让学生随时填写现象、结论和体会等，强化了教科书的“学本”、改善学习方式和使学生、教师、教材三者交互的特点，突破了教材是至高无上的、知识是静态的、学生被动接受的传统呈现方式。学生遵循教科书栏目进行学习的过程，就是全面达成课程目标的过程。

教科书各节内容按让学生主动探究、“做科学”的理念进行设计。各节的基本结构为：

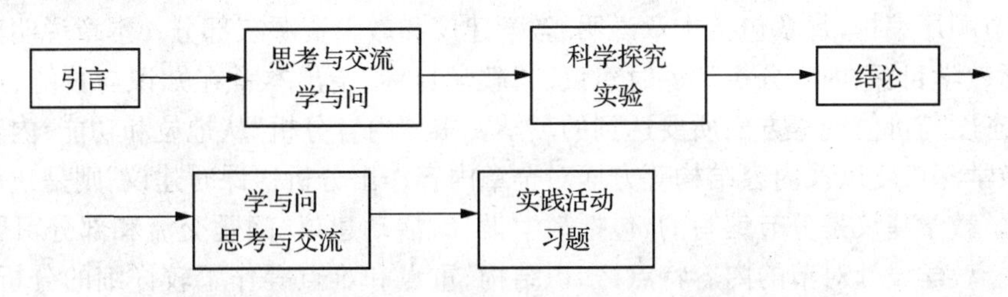

图 2-7　人教版高中化学必修模块教科书的栏目设置

此外，教科书使用了150余幅精美的插图，形式多样、内容丰富、形象生动的图片与课文内容情景交融、相得益彰，有助于学生更好地领悟化学的知识与价值，有助于科学教育和人文教育的融合，强化了教科书的人文性与艺术性及素质教育内涵。

四、化学课程资源

课程资源是指课程要素来源以及实施课程的必要而直接的条件。课程资源的概念有广义和狭义之分。广义的化学课程资源是指有利于构建、实施和管理化学课程，有利于实现化学课程目标的各种因素；狭义的化学课程资源是指形成化学课程的直接因素，例如化学教学计划、化学课程标准、化学教科书、化学教学辅导用书等①。化学教科书是化学课程最重要的课程资源，但不是唯一的课程资源，化学教师应该开发和利用尽可能多的课程资源为课程的有效实施创造条件。

---

①　王祖浩，王磊. 义务教育化学课程标准(2011年版)解读[M]. 北京：高等教育出版社，2012：190.

（一）教师教学用书

教师教学用书通常由教材编写人员进行编写。对于一线教师，特别是农村、边远、贫困地区的教师，使用教师教学用书是非常必要的。在教师教学用书中，对于教科书编写的理念、编写的思想和教科书的特点与特色予以进一步的阐释，可以帮助教师更全面、更深入地理解教科书设计的意图，包括教科书内容的组织方法和编排方式，情景素材的选择与呈现以及栏目的设置与内涵；帮助教师更准确、更有效地把握教学的重点、难点和关键环节。教师教学用书从教学实践层面上提出具体的实施建议，为教师提高课堂教学质量提供了重要的资源保障。

人民教育出版社出版了一套与教科书相配套的教师教学用书（并附有光盘）。现以《化学 1 教师教学用书》为例予以简单介绍。

考虑到《化学 1》是高中化学课程中首先要学习的一个模块，该书首先对整套高中化学教科书的编写进行了说明。详细阐述了教科书的设计思路、教科书的结构，提出了若干使用教科书的建议。从有利于教师理解和体会课程标准，以及更好地使用教科书出发，全书按教科书的章节顺序编排，每章包括本章说明、教学建议和教学资源三部分。本章说明是按章编写的，包括教学目标、内容分析和课时建议。"教学目标"指出本章在知识与技能、过程与方法和情感态度与价值观等方面所要达到的教学要求；"内容分析"从地位和功能、内容的选择与呈现、教学深广度以及内容结构等方面对全章内容作出分析；"课时建议"则是建议本章的教学课时。教学建议是分节编写的，包括教学设计、活动建议、问题交流和部分习题参考答案及说明。教学设计对节的内容特点、知识结构、重点和难点等作了较详细的分析，并对教学设计思路、教学策略、教学方法等提出建议；活动建议是对"科学探究""实验"等学生活动提出具体的指导和建议；问题交流是对"学与问""思考与交流"等栏目中的问题给予解答或提示；部分习题参考答案及说明则是对节后的习题给予解答或提示。教学资源是按章编写的，主要编入一些与本章内容有关的化学知识、疑难问题解答，以及联系实际、新的科技信息和化学史等内容，以帮助教师更好地理解教科书，并在教学时参考。该书还有一个特色，为了丰富化学课程资源，在书的最后编入了科学家谈化学的内容，以开阔教师的视野。

江苏教育出版社也出版了一套与教科书相配套的教学参考书。仍以《化学 1 教学参考书》为例予以简单介绍。全书以教科书的专题和单元为序，设置的主要栏目有：学习目标、课时建议、编写思路、教学建议、疑难解析、实验指导、习题研究、参考资料等。其中"教学建议"在帮助老师把握教科书内容的基础上，从教与学两方面提出思路和建议，并附有若干教学设计片段供教师讨论；"实验指导"对教材中的实验作了进一步的说明和解析，并提出了一些建设性的意见和参考方案，同时根据本专题的内容新增了若干实验；"疑难解析"从知识拓展、教学组织和实验设计等方面提出了具体的要求；"参考资料"从化学学科发展史、化学研究成果的应用、教科书有关知识的拓展、化学与社会可持续发展的关系等方面提供教学素材，帮助教师更好地理解教科书，合理地组织教学过程。该书的最后附有教科书习题的参考答案,供教师参考使用。

（二）网络资源和其他媒体

1. 教学课件

现在,利用教学课件辅助化学教学在中学化学课堂已经比较普遍,特别是在城市中学已经基本普及。教学课件辅助化学教学的功能主要体现在四个方面:一是模拟演示物质的微观结构,如原子模型和分子模型、原子核外电子的运动状态等,帮助学生更清晰地认识物质的微观世界;二是模拟演示化学变化的动态过程,如化合反应、分解反应、复分解反应等,帮助学生进一步理解化学变化的条件和本质;三是模拟演示具有危险性、不适合教师在课堂上演示或学生动手操作的化学实验,如钠与盐酸的反应等(课程标准和教科书中都没有列入这类实验);四是模拟演示一些由于错误的实验操作造成实验失败或仪器损坏的典型实例,如浓硫酸稀释的错误操作等,帮助学生正确掌握实验操作,提高实验水平①。

但是,在使用教学课件辅助化学教学的实践中,需要注意避免一些不良做法。如过分依赖教学课件,该做的实验不做,利用教学课件代替演示实验、探究实验和学生实验,使化学课完全变味;课件取代教科书、取代板书、取代师生之间生动活泼的交流,课堂上从情景设置到得出结论,都由教学课件完整呈现,把教学课件辅助化学教学变成了教师辅助教学课件教学。由于现在获得教学课件的途径比较多(主要来源于网络),有的教师采取简单的"拿来主义"做法,不根据自身特点和学生情况进行恰当的修改,教学效果大打折扣。另外,有的教学课件过于花哨,分散了学生的注意力;有的教师课件呈现速度太快,学生忙于记录,完全没有时间思考。因此,对课件的使用一定要扬长避短。

2. 音像视频和报纸杂志

广播、电影、电视(主要指科教片)和报纸杂志等大众媒体中包含着大量的化学教学资源,教师要善于从中选取合适的、有针对性的相关资源(包括新闻报道、视频、录音、各种案例等)用于化学教学,以此增强化学教学与生产、生活和科学技术发展的联系,促进学生"知行合一",培养学生学习化学的兴趣并加深对化学的理解。例如,在甲烷的教学中,有位教师播放了"可燃冰"的视频,密切联系教学内容,而且让学生了解人类探索新型能源的进展,教学效果很好。

需要注意的是,在选择这些素材作为教学资源时,要防止纯粹为了吸引学生眼球而不顾实际效果的哗众取宠的做法。例如,"燃烧与灭火"是初中化学教学中的重要内容,许多教师为了营造教学氛围,创设了各种各样的"燃烧"的情景视频,包括三国时期的赤壁之火、大兴安岭的灾难之火、北京奥运会的光荣之火等,画面不可谓不壮观,但是在选择这些素材时却没有考虑到与本节课的实质性内容"燃烧的条件"结合起来,使得创设的情景未能成为本节

---

① 王祖浩,王磊. 义务教育化学课程标准(2011 年版)解读[M]. 北京:高等教育出版社,2012:200.

课提出问题、解决问题的基础,教学效果不理想。

3. 网络资源

随着计算机网络技术的迅速发展与普及,互联网上海量的教学信息为广大化学教师提供了极为丰富的资源。化学网络教育资源的内容相比于传统媒体更加丰富多彩,诸如网络化学课程、网络化学试题、网络化学科教学博客、网络化学教学素材、网络化学教学资源网站等。

案例与分析 “离子反应”网络课程资源

运用搜索引擎,如百度(www. baidu. com),输入关键词“离子反应”,瞬间可以搜出 630000 篇与离子反应相关的文档。

百度百科(http://baike. baidu. com)对离子反应进行了比较系统的介绍,包括离子反应的概念、特点、类型、书写、条件、本质等内容。

百度文库(http://wenku. baidu. com)则有大量的文档,包括:离子反应教案、离子反应专题练习、离子反应说课稿、离子反应高考题、离子反应 ppt 等。

高中化学-21 世纪教育网(http://www. 21cnjy. com)提供了大量的有关离子反应的习题。

人民教育出版社网站(http://www. pep. com. cn)呈现了离子反应的教学设计,以及离子反应教学视频课例。

中国知网(http://cnki. com. cn)有大量的有关离子反应知识归纳的文章。

优酷网(http://v. youku. com)有离子反应的高清视频课例。

此外,还有大量的网站载有关于离子反应的资料,不可能一一枚举。有了网络资源,不是担心找不到相关资源,而是面对大量的资源如何选择的问题。每个人对资源的需求不尽相同,如果你来选择,你会选择什么样的资源?

有些出版社、杂志社的网站内容比较丰富,设计比较系统。例如人民教育出版社(http://www. pep. com. cn)提供了由该出版社出版的全套电子教科书,还有大量的教学课件、视频资料、教学研究论文、教学设计、试题、化学史料等。又如,化学教育(http://www. hxjy. org)网站“教学资源”栏目有教案设计、教学课件、实验教学、知识介绍等。

还有一些省、市教研专业网、教育研究机构和学校校园网界面比较清晰,实用性很强。例如,由北京师范大学化学教育研究所主办的“中国化学课程网”(http://chem. cersp. com),北京教育科学研究院主办的“北京教育科研网”(http://www. bjesr. cn),由江苏省教研室和江苏省教科院课程教材研究中心联合主办的“教学新时空”(http://www. jssjys. com),由山东省教研室主办的“山东教学研究网”(http://www. sdjxyj. net)提供了许多教学设计、教学案例、教学参考资料和用于检测评价的具体内容,也很有借鉴价值。

面对海量的网络信息资源,化学教师要提高鉴别能力,不要迷失在信息的海洋中。要清醒地意识到,网络信息存在良莠不齐的状况,切不可盲目照搬。有比较才有鉴别,在使用网络资源时,对于同样的内容多搜集一些信息进行比较,不能采取简单的“拿来主义”的做法,应该对网络信息资源进行选择、组合、优化。

（三）生活、生产和社会资源

新的化学课程强调化学与生活、生产和社会的联系，充分利用生活、生产和社会的资源。化学课程与生产、生活和社会密切联系，不仅可以提高学生的学习兴趣，而且可以让学生切身体会化学科学的实用价值，培养科学态度和社会责任感。

生活中处处有化学。要发掘日常生活和生产中的学习素材，就必须学会用化学的眼光观察生活，接触工农业生产的实际，只有在观察、接触的基础上才可能发现真实的问题，并从这些真实的问题中提炼出有用的学习素材。例如，家用的水壶、热水瓶胆内常会出现水垢，水垢就可以作为探究活动的素材。教师可以指导学生依次弄清水垢形成的原因、水垢的主要成分、水垢存在的危害等具体问题，在此基础上启发学生找到解决问题的化学原理、设计解决问题的方案，学生根据自己设计的方案进行去除水垢的实验，最后还要引导学生反思实验效果。又如，鸡蛋保鲜的问题。夏天气温较高，鸡蛋要放在冰箱里保鲜，否则鸡蛋容易变质。如果家里暂时没有冰箱，有什么方法可以使鸡蛋保鲜呢？教师在进行“二氧化碳的性质”教学时，可以向学生提出上述问题引导学生深入思考。鸡蛋是会呼吸的，鸡蛋壳上有一些肉眼看不到的小孔不断地呼出二氧化碳，如果将鸡蛋放入澄清的石灰水中，鸡蛋呼出的二氧化碳就会与氢氧化钙反应生成碳酸钙从而堵塞鸡蛋壳上的小孔，由此便起到了保鲜的作用。

生产中的化学知识也是比比皆是。例如，为什么古人“三天打鱼，两天晒网”？这是因为过去的渔网是用麻纤维织的，麻纤维吸水易膨胀，潮湿时易腐烂，所以渔网用上两三天后晒两天，以延长渔网的寿命。现在用不着这样做，这是因为现在织渔网的材料一般选用尼龙纤维。在中学化学课程中与工农业生产联系的内容非常多，例如农药、化肥、催熟剂、催化剂、人工降雨、玻璃雕刻、电解与电镀、合金材料、耐火材料、合成纤维、合成塑料、合成橡胶、有机溶剂等。我们可在相关的教学内容中密切联系相对应的工农业生产，如“氯气”一节的教学中，向学生介绍氯气与漂白粉在工业、自来水消毒、战争中的应用等；在“铵盐”一节的教学中，可适当向学生介绍我国目前化肥的生产状况以及各种化肥的科学施肥方法；在“煤和石油”的教学中，重点向学生介绍石油和煤的加工产品在工农业生产与日常生活中的作用；在“原电池”的教学中，可向学生介绍新型电池及应用等。

社会中蕴藏着丰富的化学课程资源。《义务教育化学课程标准(2011年版)》指出：“自然博物馆、科技馆、高等学校、科研机构、化工厂、农科站、养殖(种植)场等都蕴含着丰富的课程资源，可采用参观、访问、讲座、讨论和实习等方式，帮助学生开阔视野，让学生亲身感受化学与社会、科技、生产和生活的密切关系。”现在的学生长期在校园内学习和生活，所学的化学知识与技能基本上来自于教科书和实验室，带领学生有组织、有计划、有目的地走出校门，了解现实生活、生产、科技和社会中化学素材的形成和存在状态，应是学校化学教育教学的基本策略，也是所有学生的期盼和渴望。

自然博物馆的主要任务是在收集自然标本及图书资料的基础上开展科学研究，并面向公众特别是中小学生开展科普教育。自然博物馆与化学科学密切相关。生命的起源就与化学息息相关，任何生物的进化都包含着化学变化。我们所看到的各种动植物化石标本，从它们的形成条件和形成过程都可以用最基本的化学知识"氧化-还原反应""溶解与溶液""有机质与无机盐""矿化与矿物质"等给予解释。科技馆是培养学生科学态度和科学精神、丰富学生的科学知识和科学感受、开阔学生学习视野的学习场所理应成为学校教育教学重要的课程资源。在科技馆里，学生可以亲身感受《课程标准(2011 年版)》情景素材中提到的"现代汽车、潜艇、宇宙飞船所采用的合金材料的发展"，"从石器、青铜器、铁器到高分子合成材料"的变化。例如，在科技馆里我们可以看到形状记忆合金、钛合金以及碳纤维、导电塑料等高科技材料在航空、航天、电气、机械、运输、化工、医药医疗、能源、军工、生活用品等领域的广泛应用，还可以看到许多生动有趣的现场演示或表演。此外，学校还应有针对性地与一些高等学校、科研机构、化工厂等加强联系，有准备地带领学生到现场参观学习。例如，在高中化学课程标准"实验化学"的"活动与探究建议"中提到的红外、色谱、原子吸收光谱、核磁共振等现代化学分析仪器，一般中学没有条件配备，可以带学生到高等学校或科研机构参观。化学教师要了解当地的化工厂分布情况并与厂方加强联系，有计划地带领学生参观学习。例如，在学习"合成氨"内容之后可以参观化肥厂，在学习"氯及其化合物"内容之后可以参观电化厂等。

第五节 中学化学课程实施的评价

在我国的文字中，评价是评定价值的简称。在英语中，评价(evaluate)在词源学上的含义也就是引出和阐发价值。因此，从本质上来说，评价是一种价值判断的活动，是对客体满足主体需要程度的判断。课程评价是教育评价的重要组成部分，它是在系统调查与描述的基础上对学校课程满足社会与个体需要的程度作出判断的活动，是对学校课程现实的或潜在的价值作出判断，以期不断完善课程，达到教育价值增值的过程①。课程实施评价的重点是学业评价，其功能主要是促进学生的有效学习，改善教师的教学，进一步完善课程实施方案。

一、评价的理念与功能

《基础教育课程改革纲要》明确指出，要"改变课程评价过分强调甄别与选拔的功能，发挥评价促进学生发展、教师提高和改进教学实践的功能"，"评价不仅要关注学生的学业成绩，而且要发现和发展学生多方面的潜能，了解学生发展中的需求，帮助学生认识自我，建立自信。发挥评价的教育功能，促进学生在原有水平上的发展"。这是我们进行课程实施评价

① 陈玉琨，等. 课程改革与课程评价[M]. 北京：教育科学出版社，2001：137.

的基本指导思想。

(一) 化学课程实施评价的基本理念

化学新课程对评价提出了新的要求,其中重要的是将促进学生的科学素养的发展作为评价的根本宗旨。新的评价不再仅仅评价学生对化学知识的掌握情况,会更加重视对学生的科学探究的意识和能力、情感态度与价值观等方面。而且,即使是评价学生对化学知识的掌握情况,也更加关注学生对化学现象和有关科学问题的理解与认识的发展,更加重视学生应用所学的化学知识分析和解决实际问题的能力。新的化学课程对评价提出了新的要求,它既包括评价在价值取向、目的标准、功能任务上的重要转变,也包括评价手段和方式上的发展变化。具体表现为:

(1) 由唯认知性评价转向对科学素养的评价。

(2) 由以甄别与选拔为主要目的转向以激励和促进学生发展为根本宗旨的评价。

(3) 由要素性评价转向综合的整体性评价。

(4) 由静态结果性评价转向活动过程与活动结果评价相结合的评价。

(5) 由只针对个体的评价转向对个体与小组相结合的评价。

(6) 由追求客观性和唯一标准答案的评价转向重视个体的认知和理解的相对性评价。

(二) 化学课程实施评价的基本功能

(1) 诊断功能。对教学效果进行评价,可以了解教学各方面的情况,从而判断它的质量和水平、成效和缺陷。全面客观的评价工作不仅能估计学生的成绩在多大程度上实现了教学目标,而且能解释成绩不良的原因,并找出主要原因。可见教学评价如同身体检查,是对教学进行一次严谨的科学的诊断。

(2) 激励功能。评价对教师和学生具有监督和强化功能。通过评价反映出教师的教学效果和学生的学习成绩。经验和研究都表明,在一定的限度内,经常进行记录成绩的测验对学生的学习动机具有很大的激发作用,可以有效地推动课堂学习。

(3) 调节功能。评价发出的信息可以使师生知道自己的教和学的情况,教师和学生可以根据反馈信息修订计划,调整教学的行为,从而有效地工作以达到所规定的目标,这就是评价所发挥的调节作用。

(4) 教学功能。评价本身也是种教学活动。在这个活动中,学生的知识、技能将获得长进,智力和品德也有进展。教学评价的方法有:测验、征答、观察提问、作业检查、听课和评课等。

二、评价的基本类型

化学课程实施的评价由于评价对象、目的和实施时间等方面的不同而有不同的类型。

根据评价对象分类,可以把化学课程实施的评价分为:① 对学生化学学业成绩的评价;② 对教师化学教学质量的评价。

根据评价在教学活动中发挥作用的不同，或者说根据评价目的不同，可把化学课程实施的评价分为诊断性评价、形成性评价和总结性评价三种类型：① 诊断性评价。诊断性评价是指在教学活动开始前，对评价对象的学习准备程度做出鉴定，以便采取相应措施使教学计划顺利、有效地实施而进行的测定性评价。诊断性评价的实施时间，一般在课程、学期、学年开始或教学过程中需要的时候。其作用主要有二：一是确定学生的学习准备程度；二是可以适当安置学生。② 形成性评价。形成性评价是在教学过程中，为调节和完善教学活动，保证教学目标得以实现而进行的确定学生学习成果的评价。形成性评价的主要目的是改进、完善教学过程。在进行形成性评价时不评定等级，只找出不足的原因和所犯错误的类型，要尽量缩减那些判断性见解。为达到形成性评价的目的，往往要频繁地进行，每当一种新技能或新概念的教学初步完成时，就应进行形成性评价。③ 总结性评价。总结性评价也可称之为终结性评价，它是以预先设定的教学目标为基准，对评价对象达成目标的程度即教学效果作出评价。总结性评价注重考查学生掌握某门学科的整体程度，概括水平较高，测验内容范围较广，常在学期中或学期末进行，次数较少。

根据评价内容的不同，化学课程实施的评价可以分为：① 对学生化学知识学习成绩的评价；② 对学生化学动作技能的评价；③ 对学生情感领域达成情况的评价。

根据评价实施的时间分类，化学课程实施的评价可分为：① 单元教学评价；② 学期教学评价；③ 学年教学评价。

根据评价标准和方法的不同，化学课程实施的评价可以分为：① 相对评价，也称常模参照评价，是一种以学生个体的成绩与同一群体的平均成绩或常模团体的成绩相互比较，确定该生的程度或水平的评价方法。这种评价方法可以指出学生个体成绩在群体中的相对位置或名次；② 绝对评价，也称为目标参照评价。这种评价方法，首先是要确定一个评价标准，然后把评价对象与所确定的标准进行比较，并对该评价对象作出判断。绝对评价只考虑评价对象与评价标准间的关系，而不考虑评价对象在群体中的位置。

三、课程实施评价的方式

化学课程实施的评价工作主要是对学生的学业进行评价。根据学业评价所涉及的学习任务不同，评价的方式也有差异，常见的有纸笔测验、学习活动表现和建立学习档案等。教师可以依据认知性学习目标、技能性学习目标和体验性学习目标的学习内容与学习水平，设计合适的学习任务和相应的评价方式，以确保评价具有较高的信度（各次评价结果的一致性）和效度（评价结果反映了实际的内容和水平）。

（一）纸笔测验

纸笔测验能考查学生掌握知识的情况，操作方便，是最常用的学业评价方法。

纸笔测验可以从以下几个方面考查学生的学业水平：观察、描述与解释简单化学现象的能力；初步学会运用所学的知识从化学视角对有关物质的性质、变化进行分析、判断的能力；化学用语的识别与运用能力，简单化学问题的探究能力。

设计纸笔测验的试题，要依据课程标准中的“课程内容”把握学习要求。考核的重点要以基础知识的理解和运用为主，不要放在知识点的简单记忆和重现上；不应孤立地对基础知识和基本技能进行测试，注意联系生产、生活实际，取用鲜活的情景，体现实践性和探究性。

重视选编具有实际情景、应用性和实践性较强的试题。这既能了解学生掌握有关知识、技能和方法的程度，又能突出对学生解决实际问题能力的考查；试题可以有适当的探究性和开放性，但不应脱离学生的学习基础和认识水平，防止以“探究”“开放”之名出现新的繁、难试题。

编制联系实际考查学生能力的试题时，情景要真实，避免出现科学性错误；编制联系实际的化学计算试题时，要根据“课程内容”控制试题难度，不要超越学生的知识基础。

（二）活动表现评价

活动表现评价要求学生在真实或模拟的情景中运用所学知识分析、解决某个实际问题，以评价学生在活动过程中的表现与活动成果。学生可以行动、作品、表演、展示、操作、写作和制作档案资料等方式展示学习的过程与结果。在教学中，活动表现评价可以考查学生的参与意识、合作精神、获取和加工化学信息的能力以及科学探究的能力等。

观察学生在化学实验活动中的表现，可以了解学生参与实验的积极性、实验技能的掌握情况，评价学生观察、描述和分析实验现象的能力以及实验习惯和科学态度等。

通过学生的调查研究活动，教师可以多方面地评价学生运用所学知识获取信息、加工和表达信息的能力，了解学生对化学与社会发展关系的认识。

总之，活动表现评价可以考查学生理解和运用知识的水平、分析问题的思路、实验操作的技能、口头或文字表达能力；了解学生观察能力、想象能力、实践能力和创新能力的发展。活动表现评价还能考查学生主动参与学习的意识、思维的品质、情感态度的变化和合作交流的能力等。

教师要注意从不同类型的学习活动中对学生的表现做多次的观察、记录和分析，结合面谈交流等多种形式提高评价的客观性。还可以在学习活动后组织学生对自己和同伴在学习活动中的表现进行自评和互评，提高总结、反思能力。

案例与分析　某教师布置学生开展主题为“金属材料的利用”的调查研究活动

要求学生从各种媒体（如网络）收集有关金属材料的使用信息，了解金属材料对促进社会发展、提高人类的生活质量做出的巨大贡献；了解金属材料制造、加工、使用中可能出现的对自然资源、生态环境的影响。调查之后，通过对资料的整理、分析，编写调查报告，并通过小组讨论或编写小报，交流、发表所收集的资料和调查研究的结论。

从学生关于“金属材料的利用”调查活动中，教师能了解学生的哪些情况？

（三）建立学习档案

建立学习档案是要求学生把参与学习活动的典型资料收集起来，以此反映自己学习和发展历程。建立学习档案可以促进学生对自己学习和发展状况的了解,学会反思和自我评价;加强学生与教师、同学、家长间的沟通和交流;利用学习档案,教师可以更全面地了解、评价每个学生,反思自己的教学,研究怎样改进教学。建立学习档案是学生自我评价的一种重要方式。教师在教学过程中要注意鼓励并指导学生建立自己的学习档案。

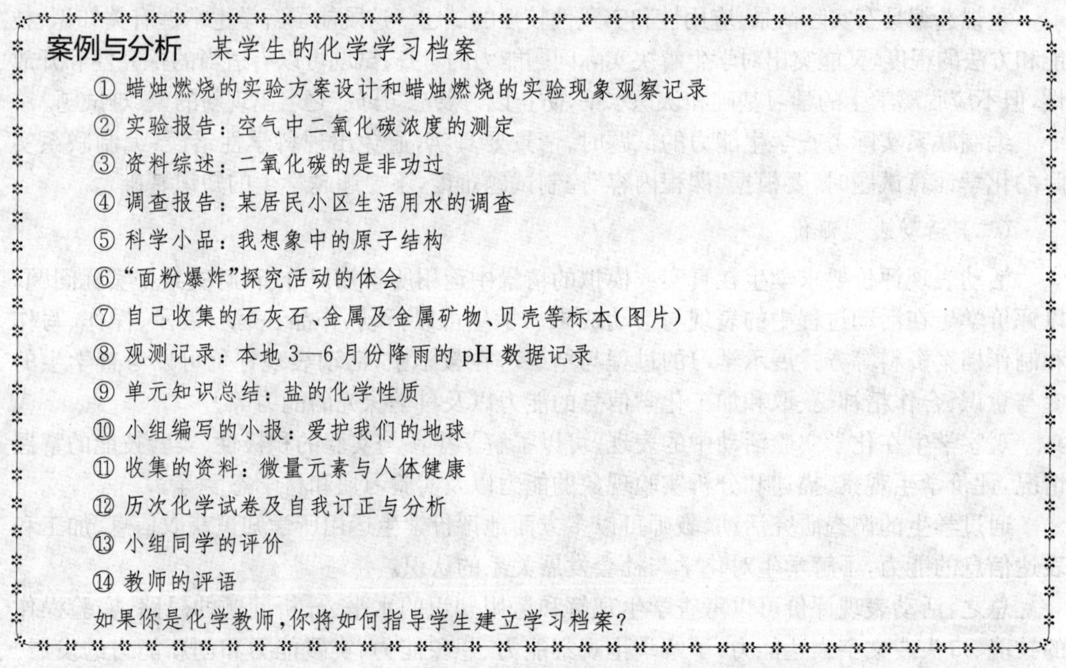

案例与分析 某学生的化学学习档案

① 蜡烛燃烧的实验方案设计和蜡烛燃烧的实验现象观察记录

② 实验报告:空气中二氧化碳浓度的测定

③ 资料综述:二氧化碳的是非功过

④ 调查报告:某居民小区生活用水的调查

⑤ 科学小品:我想象中的原子结构

⑥“面粉爆炸”探究活动的体会

⑦ 自己收集的石灰石、金属及金属矿物、贝壳等标本(图片)

⑧ 观测记录:本地 3—6 月份降雨的 pH 数据记录

⑨ 单元知识总结:盐的化学性质

⑩ 小组编写的小报:爱护我们的地球

⑪ 收集的资料:微量元素与人体健康

⑫ 历次化学试卷及自我订正与分析

⑬ 小组同学的评价

⑭ 教师的评语

如果你是化学教师,你将如何指导学生建立学习档案?

需要注意的是,建立学习档案要充分体现学生的自主性,不能搞形式主义。教师要引导学生做好学习档案的积累和整理工作,提高自觉性,养成良好的习惯。教师要经常查阅学生的学习档案,从中了解学生的学习态度、对知识的掌握情况;对学生获得的进步和发展,应及时给予肯定和鼓励。还要注意从学习档案中了解学生学习上存在的困难和问题,进行有针对性的指导和帮助。要鼓励学生定期整理自己的学习档案,回顾和反思自己的学习情况。可以运用适当方式组织学生展示、交流学习档案资料,帮助学生了解同伴的进步和发展,取长补短。

四、评价工作的实施与评价结果的利用

教师是学业评价的主要承担者,但也需要学生、同伴和家长等予以协助,以保证评价更加全面,评价结果更为可靠。根据评价任务的不同,有的评价活动在学习过程中同步进行,有的则在学习完成之后进行。

(一) 评价工作的实施

教师可通过对学习全过程的考查,确定学生的学业成就、思维发展情况和情感态度等。建议家长对自己子女在校外的学习状况进行评价,比如学习兴趣、态度和习惯等;要求同伴

评价同学在学习活动中表现出来的优缺点；学生个人可对自己的学习现状进行总体分析和总结，反思自己的不足和差距。

在纸笔测验之后，教师应要求学生自己分析试题，以提高他们自我诊断、自主分析、自我反思与评价的能力。试题分析的要点包括错解析因、正确解答、相关知识和体会等。

在学生的实验活动中，应根据评价标准中的每项内容，分别由学生本人、同组同学和教师进行评价，给出相应的分数等级，并进行综合评定。教师给出恰当的评语，指出学生实验中存在的问题。

对有些学习活动的评价，可在同学之间进行。教师事先向学生讲清评价工作的要点和记录的要求。文字力求简明，指向要明确、清晰。

总之，应根据学生的学习任务采用多种评价方法，以全面考查、了解学生的学业成就和发展水平的总体情况。特别要强调过程评价与结果评价并重，要重视作业、课堂提问、试卷讲评这类日常评价的诊断作用。

（二）评价结果的解释与反馈

评价结果要用恰当的方式及时反馈给学生本人，不宜根据分数公布学生的名次。

教师在解释评价结果时应根据评价目的选择不同的参照点。对日常教学而言，测验不是为了确定每个学生在群体中的位置，而是为了诊断教育教学中存在的问题，促进每个学生的发展，因此教师要参照教学目标解释评价结果，努力实施有利于学生发展的参照性评价。

为了帮助学生了解自己的学习状况，增强学习的信心，明确进一步发展的努力方向和需要克服的弱点，评价结果最好采用评语（定性报告，在写实性记录的基础上做的分析性描述）与等级计分（定量报告）相结合的方式来呈现。

注意发挥好评价的激励功能。设计评价内容应顾及大多数学生的实际水平，评价反馈应充分肯定每个学生在学习中所付出的努力，增强他们克服学习困难的勇气，帮助学生发现自己的优点，看到自己的潜力，使学生产生更持久、更强大的学习动力。

要充分利用评价的诊断功能改进教学。可以针对如下问题进行思考：① 学生是否可以继续实施原定的教学计划？② 学生已有的知识基础和能力水平是否可以接受新的课程内容？③ 用什么教学方法才能有效地帮助学生解决学习中存在的具体困难？④ 哪些学生需要接受个别帮助以克服学习障碍？总之，无论是新授课还是复习课的教学，都必须依据诊断和评价所提供的信息来确定教学的内容和方式。

主要参考文献

[1] 刘知新.化学教学论[M].4版.北京：高等教育出版社，2009.

[2] 中华人民共和国教育部.全日制义务教育化学课程标准(2011年版)[M].北京：北京师范大学出版社，2012.

[3] 中华人民共和国教育部. 普通高中化学课程标准(实验)[M]. 北京：人民教育出版社,2003.
[4] 王祖浩,王磊. 义务教育化学课程标准(2011年版)解读[M]. 北京：高等教育出版社,2012.
[5] 王祖浩,王磊. 普通高中化学课程标准(实验)解读[M]. 武汉：湖北教育出版社,2004.
[6] 王后雄. 中学化学课程标准与教材分析[M]. 北京：科学出版社,2012.
[7] 毕华林,等. 化学新教材开发与使用[M]. 北京：高等教育出版社,2003.
[8] 杨承印. 中学化学教材研究与教学设计[M]. 西安：陕西师范大学出版总社有限公司,2011.
[9] 闫蒙钢. 中学化学课程改革概论[M]. 合肥：安徽人民出版社,2006.
[10] 何少华,毕华林. 化学课程论[M]. 南宁：广西教育出版社,1996.
[11] 课程教材研究所. 20世纪中国中小学课程标准・教学大纲汇编(化学卷)[M]. 北京：人民教育出版社,2001.
[12] 郑长龙. 化学课程与教学论[M]. 长春：东北师范大学出版社,2005.
[13] 刘江田.《义务教育课程标准实验教科书・化学》分析[J]. 化学教育,2002(10)：12—16.
[14] 胡美玲.《义务教育课程标准实验教科书・化学(九年级)》的设计思想和特点[J]. 化学教育,2002(3)：7—10.
[15] 唐力. 高中课程标准实验教科书化学(必修)表层结构的比较[J]. 化学教学,2005(11)：21—23.
[16] 唐力. 高中课程标准实验教科书化学(必修)深层结构的比较[J]. 化学教学,2006(1)：31—33.
[17] 李俊. 新中国化学教科书发展简述[J]. 中学化学教学参考,2005(7)：7—9.
[18] 赵宗芳,吴俊明. 新课程化学教科书呈现方式刍议[J]. 课程・教材・教法,2005(7)：70—74.
[19] 孙夕礼,马春生. 新课标三种高中化学必修教材的编写特点分析[J]. 化学教育,2005(7)：16—22.
[20] 孙丹儿,占小红. 苏教版高中《实验化学》模块教材解析[J]. 化学教学,2007(9)：26—28.
[21] 魏壮伟. 化学课程标准对化学教师的价值[J]. 教育理论与实践,2011(26)：36—37.
[22] 吴星,等. 化学新课程中的科学探究[M]. 北京：高等教育出版社,2003.

思考题

1. 中学为什么要设置化学课程？
2. 我国中学化学教材开发经历了哪几个阶段？有哪些主要成果？
3. 中学化学课程标准在中学化学教学中处于何种地位？有何重要作用？
4. 我国中学化学教科书编制的原则是什么？
5. 义务教育化学课程内容的五个一级主题的确定依据是什么？
6. 普通高中化学课程的基本结构是怎样的？这样的结构有哪些功能？
7. 人教版与沪教版的初中化学教科书在编排体系上有什么不同？
8. 人教版与苏教版的高中化学教科书《化学1》、《化学2》在编排体系上有什么不同？
9. 任选一种高中化学选修模块的教科书,分析其结构体系及编排特点。
10. 以“化学能与电能的转化”为例,说明如何开发和利用课程资源？
11. 对学生学业评价的主要方式有哪些？这些评价方式各有什么特点？

第三章　化学教学理论

内容摘要

本章阐述了指导化学教学的基础理论；论述了以实验为基础这一化学教学特征，提出了五条化学教学原则；指出化学教学过程是师生互动的特殊的认识过程；从分析和综合角度归纳了两大类常见教学方法；介绍了化学教学模式和教学策略。

化学教学理论由指导化学教学的基础理论、化学教学特征与教学原则、化学教学过程与教学方法、化学教学模式与教学策略四部分内容组成。

第一节　指导化学教学的基础理论

化学教学过程是特殊的认识过程，其特殊性在于它是个体（学生）对化学学科知识的认识过程，它具有间接性、引导性和和教育性。因此，辩证唯物主义认识论及自然科学方法论、一般教学理论和学习理论是指导化学教学的基础理论。

一、辩证唯物主义认识论及自然科学方法论

（一）辩证唯物主义认识论

辩证唯物主义认识论认为，认识是人脑对客观事物的能动的反映，这种能动作用表现为认识的两个"飞跃"，即由感性认识到理性认识的"飞跃"，由理性认识到实践的"飞跃"。

辩证唯物主义认识论把教学当作"自有其客观规律的过程来研究。教学就其本质或主要内容而言，乃是教师把人类已知的科学真理，创造条件转化为学生的真知，同时引导学生把知识转化为能力的一种特殊形式的认识过程。"[①]"教学是由教师领导身心发展尚未成熟的学生，主要通过学习知识去间接认识世界，发展自身。……由成年人按照儿童不同年龄时期能够接受的形式来教他们认识，并且，首先和主要教他们学会成年人已经认识到了的东

① 瞿葆奎.教育学文集.教学：上册//胡克英.教学论若干问题浅议[M].北京：人民教育出版社，1988：9.

西，包括认识的结果和认识的方法，还同时把发展他们的认识能力作为专门的任务和工作。”①

化学教学过程，从本质上讲，是一种认识过程。从根本上说，它是受认识规律制约的。辩证唯物主义认识论以及据此发展形成的教学认识论揭示了认识过程的一般规律。为人们理解教学过程提供了理论基础。

（二）自然科学方法论

辩证唯物主义认识论是通过自然科学方法论来具体实现它对自然科学的指导作用的。对于自然科学基础知识的教学来说，要做到引导学生实现认识上的两个“飞跃”和学习上的两个“转化”，关键因素在于要正确运用自然科学方法论。自然科学方法论是联结哲学和自然科学的一条纽带。自然科学方法论认为，科学的认识过程和相应的科学方法应该是按照由浅入深、由低级到高级的辩证过程发展和运用的。根据辩证唯物主义认识论，可总结出科学认识过程的一般程序，如图 3－1。

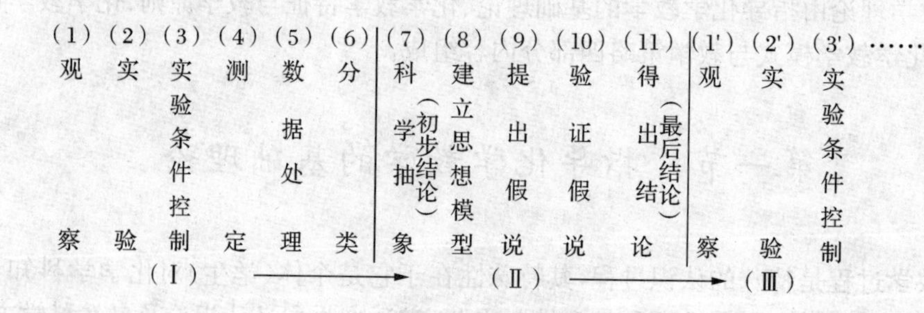

图 3－1 科学认识过程的一般程序

上述过程是就科学认识过程的全过程来考察的。这一过程反映了由感性认识阶段（Ⅰ）到理性认识阶段（Ⅱ），进而到实践阶段（Ⅲ）的辩证发展；其中，（Ⅰ）和（Ⅱ）之间的竖线表示认识过程的第一个飞跃，（Ⅱ）和（Ⅲ）之间的竖线表示第二个飞跃，且具体使用时(1)—(6)可以适当简化和合并，可能需要(7)—(11)的若干次循环。

现代科学教育改革非常重视学生学习方式的转变，尤其鼓励学生在自然科学的学习过程中，更多地参与科学探究活动，强调在探究学习活动中培养科学探究能力，这就使能力的培养与知识技能的获得、方法策略的掌握、情感态度价值观的形成有机地统一起来。

就认识过程来看，科学探究原是指科学家研究自然界的科学规律时所进行的科学研究活动，在这里是指将科学家的探究方式引入学生的学习活动，让学生以类似科学探究的方式学习科学。学生在进行探究性学习时，将运用到观察、实验条件控制、测定、数据处理、分类等具体方法，随后在此基础上进行一定的比较、归纳，形成初步的结论；结论不一定符合预

① 王策三. 认真对待“轻视知识”的教育思潮[J]. 北京大学教育评论，2004，2(3)：14～15.

期，从而产生了新问题，在无法用已有知识进行确切解释时，学生便产生了解决问题的欲望，为解决问题，学生将运用到回忆、比较、推理等方法，根据模糊的感性认识甚至是可能错误的认识提出一定的假设，进而再次从事探究活动进行相应验证，其结果可能符合假设也可能不符合，若不符合又将重新提出假设、设计实验、进行验证。这样的过程并不是简单的累积或循环，在认识层面上讲，学生的认识是在不断发展、进步的。这其中包含着一个由浅入深，由模糊到清晰，由假设到验证，由错误到正确的过程；其实也就是一个从感性到理性、从理性到实践并不断螺旋上升的过程。

科学探究活动的基本环节和步骤可概括为：发现问题、提出假设、验证假设、形成结论、交流质疑等的循环往复和螺旋上升。不难发现，科学探究活动的认识过程正是图 3-1 所示过程的很好实例，它体现了自然科学方法论的观点。

作为一种特殊认识过程的化学教学，必须运用自然科学方法论，遵循认识规律，结合学科特征和教学特征，具体解决教学实际中的各种问题。这样就可以做到，既体现辩证唯物主义认识论对教学过程的指导作用，又避免将教学认识论等同于哲学认识论的简单化倾向。具体地说，化学教学总是从引导学生认识具体的物质和现象开始，从运用已经获得的知识开始，从已知到未知，由感性认识到理性认识，进而通过实践（主要是学习实践）活动去运用化学知识、发展认识能力。例如，让学生进行观察、实验；让他们记录和处理实验数据；让他们进行科学抽象以及运用比较、分类、分析和综合、推理和判断等逻辑思维方法；让他们运用假说等等。在教学形式上，要创造条件让学生亲自动脑、动口和动手，让他们通过感觉器官，进行思维加工，以实现教学过程中的两个"飞跃"和两个"转化"。

二、教学理论

教学理论是依据教育学和心理学等原理探索教学现象较深层次的普遍规律，并为解决具体教学问题提供指导的理论。化学教学理论是建立在一般教学理论之上的。历史上，特别是近现代形成了不少教学理论，它们对化学教学理论有深刻的影响，也是指导化学教学的基础理论。这些理论主要有：

（一）赫尔巴特传统教学论

赫尔巴特（Johann Friedrich Herbart，1776—1841），德国著名教育学家，传统教育理论的主要代表人。他深受瑞士教育学家裴斯泰洛齐（Johann Heinrich Pestalozzi，1746—1827）的影响，在教育史上第一次建立了以心理学为基础的教学理论。他非常重视"兴趣"在教学过程中的作用，并认为教学的最终目的是提高人的道德品质。他创立了"形式阶段说"，把教学过程分为四个阶段：① 明了——给学生明确地讲授新知识，并使学生在学习过程中集中"注意"；② 联想——让学生把新知识和旧知识联系起来，在心理上学生"期待"教师给予提示；③ 系统——要求学生把新旧知识系统化，并在新旧观念联合的基础上作出概括和总结，学生在逐步"探索"中完成任务；④ 方法——要求学生把所学知识用于实际，学生的心理特征是"行动"。赫尔巴特的此"四阶段论"后来被他的后继者改变、发展成为预备、提示、联系、总结、应用的"五段教学法"。

(二) 杜威的实用主义教学论

杜威(John Dewey, 1859—1952),美国著名教育家,实用主义教育思想的创始人。他批评赫尔巴特的"重教轻学"的做法,在教学内容上主张以儿童的亲身经验代替书本知识;在教学组织形式上,反对传统的课堂教学,认为班级授课制"消极地对待儿童,机械地使儿童集合在一起,课程和教法划一";在师生关系中,反对以教师为中心,主张以儿童为中心,提倡"儿童中心论"。杜威重视学生"能动的活动",提出"教育即生活""学校即社会"的教育主张。他认为教学应按照学生的思维过程进行,并指出"教学法的要素和思维的要素是相同的"。这些要素就是:第一,学生要有一个真实的经验情境——要有一个对活动本身感兴趣的连续活动;第二,在这个情境内部产生一个真实的问题,作为思维的刺激物;第三,他要占有知识资料,从事必要的观察,对付这个问题;第四,他必须负责一步一步地展开他所想出的解决问题的办法;第五,他要有机会通过应用来检验他的想法,使这些想法意义明确,并且让他自己去发现它们是否有效。

(三) 凯洛夫的新传统教学论

凯洛夫(1893—1978),苏联著名教育家。苏联在20世纪20年代,由于思想认识上的偏差和教育实践经验的缺乏,产生了否定一切的倾向,出现了"学校消亡论"。在此历史背景下,凯洛夫开始参加苏维埃教育的管理和研究,他尽力以唯物论和辩证法来研究教育学,逐步形成新的教学理论体系,他认为教学过程是一个特殊的认识过程,包括教师的教和学生的学两个方面;他提倡并发展完善了班级授课制度,并认为课堂教学是教学工作的基本组织形式;教师在教学过程中要考虑学生的年龄特点,把最基本的知识传授给学生,同时要发展学生的某些能力;教学方法决定于教学任务和教学内容,但教学方法不是唯一的,而是多种多样的。

(四) 赞可夫的发展性教学论

赞可夫(1901—1977),苏联心理学家、教育学家。他以"教学与发展的关系"为课题进行了长达二十年的研究,提出了学生的"一般发展"的思想。他认为"一般发展"即"心理活动的多方面的发展",强调个性发展的整体性和动态性。以此为指导思想,他还提出实验教学论体系的原则:① 以高难度进行教学的原则。教材要有一定的难度,以引起学生注意,使学生在克服困难中获得知识。当然要掌握难度的分寸,要限于"最近发展区",但不能降低到"现有发展水平"。② 以高速度进行教学的原则。对教材要进行多方面的理解,提高学习知识的质量。③ 理论知识起主导作用原则。教学要教给学生规律性知识,使其举一反三。④ 使学生理解学习过程的原则。让学生学会学习,逐步成为学习的主体。⑤ 使全班学生都得到发展的原则。

（五）布鲁姆的掌握学习教学论

布鲁姆(B. S. Bloom，1913—1999)，美国教育家。他的“为掌握而学，为掌握而教”“只要提供适当的学习条件，世界上任何人能学会的东西，几乎所有的人都能学会”等观点具有世界性的影响。布鲁姆的“掌握学习”基于这样的一种设想：如果教学是系统而切合实际的；如果学生面临学习困难的时候能得到帮助；如果学生的学习具有足够的实践达到掌握；如果对掌握能规定出明确的标准，那么绝大多数学生的学习能力可以达到很高的水平。布鲁姆的掌握学习在实施上分为两个阶段：准备阶段和操作阶段。

布鲁姆还认为，在学校教育中，评价占有十分重要的地位。但是传统评价的目的实际上是给学生分等分类，而对改进教学工作和实现教育目标所起的作用很小，对学生的人格和性格发展产生不利的影响，因此应该使用适应并发展每个学生的能力、以改进教学工作为中心的教育评价方式。根据“掌握学习”的教学模式和步骤，布鲁姆把教育评价分为诊断性评价、形成性评价、总结性评价三类。

（六）苏霍姆林斯基“活的教育学”思想

苏霍姆林斯基(1918—1970)，苏联教育实践家和教育理论家，他特别重视培养学生的个性，要求每个学生都得到个性全面和谐发展，“教育的最重要的任务之一就是：不要让任何一颗心灵里的火药未被点燃，而要使一切天赋才能都最充分地发挥出来”；他提倡对学生进行道德教育，让学生有“同情心”“责任心”，他认为“一个人从社会得到了什么，以及给予了社会什么，这两者之间保持一种严格的和谐”；他也很重视智育，认为智育具有双重任务，即掌握知识，发展智力，通过智育，要让学生形成科学的世界观，要“培养人在整个一生中丰富自己的智慧的需要和把知识应用于实践的需要”；他把劳动教育看成学校教育的一个重要组成部分，认为劳动是“一般发展”和“个性全面发展”不可缺少的途径。

（七）瓦根舍因、克拉夫基的范例教学论

瓦根舍因(Martin Wagenschein，1896—1988)、克拉夫基(Wolfgang Klafki，1927—)，德国教育家。所谓范例教学指通过一些典型的问题和例子使学生进行独立的学习。其主要内容包括：① 三个特性即“基本性”“基础性”和“范例性”；② 三个统一即“问题解决学习与系统学习的统一”“掌握知识与发展能力的统一”和“主体与客体的统一”；③ 五个分析即“分析此内容表示并阐明了什么并能掌握哪些基本知识”“分析儿童掌握的知识和形成的能力在其智力活动方面的作用”“分析该课题对儿童未来的意义”“分析内容的结构”“分析哪些因素使儿童掌握教学内容”；④ 四个阶段即范例地阐明“个”——用典型的事例阐明事物的本质特征，范例地阐明“类”——通过归纳分析掌握事物的普遍特征，范例地掌握“规律”，范例地获得有关世界的和生活的“经验”。

教学论是研究教学一般规律的科学。以上这些经典的教学理论，虽然学术主张不同，关注重点各异，但其研究对象都是教学。这些理论探讨了教学的过程与本质、教学目的与任务、教学原则与方法、教学管理与评价、教师与学生等一系列问题，提出了各自的学说与主张，为化学教学理论研究与建构奠定了基础。

三、学习理论

化学教学是特殊的认识过程，也是学生的学习过程。对于学习，古今中外不少的教育家、心理学家进行了深入的研究，提出过许多颇有价值的思想和理论。

（一）中国传统的学习理论

我国早在春秋战国时期，孔子就提出了"博学"（广泛地获取感性知识和书本知识）"慎思"（学习要多进行认真的思考）"时习"（及时温习已学过的知识）"笃行"（把所学到的知识用于实际生活中）的学习思想；孟子承认学习个体之间的差异，认为教师应该因材施教。朱熹把《中庸》的五段论与孔子的"学而时习之""温故而知新"的观点相结合，提出博学、审问、慎思、明辨、时习、笃行的六段式学习过程。这种学习过程模式基本上成为中国传统学习的经典模式。传统教育家还强调非智力因素在学习过程中的作用，并把志作为学习的前提条件。这样，学习过程实际上是由志、学、问、思、辨、习、行七个环节构成。其中"志"是动力系统，起着发动和维持的功能；"学、习、行"代表着行为操作系统，起着联系主客体的功能；"问、思、辨"代表思维加工系统，起着存储、提炼的功能；"习"主要执行强化和反馈功能；"行"起着评价、检测和反馈的功能。

当然，我国传统的学习理论也有不足之处：如以伦理为中心的人文知识构成学习的主要内容，遏制了人们对自然科学的学习；受继承观念的支配，限制了人们的创造性；受实践理性的思维方式的制约，属于经验描述，理论的抽象思辨不够，影响了理论发展；强调教师权威，"师道尊严"的思想对中国的教育产生了深远的影响。

（二）联结学习理论

桑代克（E. L. Thorndike，1874—1949）是美国著名的教育心理学家，是联结主义理论的创始人，他的学习理论，曾享有很高的声誉，产生了很大的影响。桑代克首创动物心理实验。最著名的是让饿猫逃出特制的笼子的实验。笼子里面有一个能打开门的脚踏板，笼子外面有鱼或肉。将饿猫放入笼内，开始时，只是无目的地乱咬、乱撞，后来偶然碰上脚踏板，打开笼子门，逃出笼子，得到食物。如此重复多次，最后猫一进入笼子即能打开笼子门。桑代克据此认为，学习的实质是刺激（S）与反应（R）之间的联结。他明确指出"学习即联结，心即是一个人的联结系统"。"学习是结合，人之所以长于学习，即因他养成这许多结合。"他把动物这种尝试错误偶然成功的行为叫做学习，他认为学习的过程是经过多次尝试不断减少错误的过程，后人称这种理论为尝试错误论，简称"试误论"。

联结学习理论的主要错误在于摒弃了学习的认知过程和学习者的主观能动作用，简单地用操作性的条件反射来解释人类的学习，带有较大的片面性。

（三）早期的认知学习理论

认知学习理论在20世纪60年代以后迅速得到发展，它源于20世纪初在德国形成的格式塔心理学派。认知派分为古典认知派和现代认知派。

早期的认知学习理论

(1) 苛勒(W. Köhler，1887—1967)的顿悟说。苛勒的学习理论是建立在对黑猩猩的"顿悟实验"的基础上。从1913年到1920年，他对黑猩猩进行了7年的实验研究。他将黑猩猩关在笼中，笼外放着食物，笼内有几根短棒可作为工具，连接起来就可得到笼外的食物。猩猩在未解决这个难题以前，只是静静地审视情境，并摆弄笼中的短棒，突然它似乎领悟了短棒和得到食物之间的关系，接起短棒，伸出笼外取到食物。由此，苛勒认为有机体的学习绝非是桑代克所说的"试误"，而是一种"顿悟"。所谓"顿悟"就是对难题情境的知觉的"完形"作用(有机体的反应取决于对整体的知觉)。顿悟的产生依赖于对问题情境的知觉、经验、情境与经验的结合等因素。学习过程不是一种渐进过程，而是一种迅速完成的过程。

(2) 托尔曼(E. C. Tolman，1886—1959)的认知地图说。托尔曼认为联结说的"S—R"公式应改为"S—O—R"，这里的"O"是中介变量，代表有机体的内部变化，它是影响学习的重要因素。他认为："认知地图"是中介变量"O"的一种形式，对学习有重要的影响。学习的过程就是形成"认知地图"的过程，并不是S和R的联结过程。

托尔曼的"认知地图"被后来的认知理论家采纳，发展成为"认知结构"概念。托尔曼的学习理论既促进S—R理论成熟和发展，又导致学习理论由争议而趋于联合，后期的学习理论家都力图吸取双方合理之处，完善自己的学说。

（四）现代认知学习理论

20世纪70年代以来，心理学家们意识到：以往的学习理论大都从动物的实验中概括出来，不能原封不动地搬到人类的学习中来。因此，他们开始运用新的科学技术和研究方法探讨学生的学习，特别是课堂学习，从而使认知学习理论获得了新的发展：

(1) 皮亚杰(J. Piaget，1896—1980)的建构主义理论。皮亚杰认为，儿童是在与周围环境相互作用的过程中，逐步建构起关于外部世界的知识，从而使自身认知结构得到发展的。儿童与环境的相互作用涉及两个基本过程："同化"与"顺应"。同化是指个体把外界刺激所提供的信息整合到自己原有认知结构内的过程；顺应是指个体的认知结构因外部刺激的影响而发生改变的过程。同化是认知结构数量的扩充，而顺应则是认知结构性质的改变。认知个体通过同化与顺应这两种形式来达到与周围环境的平衡：当儿童能用现有认知结构去同化新信息时，他处于一种平衡的认知状态；而当现有认知结构不能同化新信息时，平衡即被破坏。而修改或创造新认知结构(顺应)的过程就是寻找新的平衡的过程。儿童的认知结构就是通过同化与顺应过程逐步建构起来，并在"平衡—不平衡—新的平衡"的循环中得到不断的丰富、提高和发展。

(2) 布鲁纳(Jerome Seymour Bruner, 1915—)的认知发现说。布鲁纳认为,人的学习过程离不开思维,思维是通过一些概念或规则及其编码形成的所谓概念化和类别化的过程。在该过程中形成的编码系统,就是人的认知结构,它是一种动态的机能组织,处在不断地发展变化之中,它具有高度的概括性和层次性,处在上层的概念概括程度较高,越向底部的就越具体。认知结构的组织性和层次性受教材的组织性和层次性及呈现方式的影响。因此,布鲁纳的学习观非常重视教材的科学、合理的结构。他提倡学校教学应用“发现法”,布鲁纳认为,发现学习并不限于那种寻求人生尚未知晓的事物的行为,还包括用自己的头脑亲自获得知识的一切形式或方法。

(3) 奥苏贝尔(D. P. Ausubel, 1918—2008)的认知—同化论。奥苏贝尔是美国著名的认知派教育心理学家,提出了独具特色的“有意义学习”理论,即“认知同化说(又称认知—接受)”。奥苏贝尔认为,新知识的学习必须以已有的认知结构为基础。学习新知识的过程就是学习者积极主动地从自己已有的认知结构中提取与新知识最有联系的旧知识,并且加以“固定”或者“归属”的一种动态的过程。过程的结果导致原有的认知结构不断地分化和整合,从而使得学习者能够获得新知识或者清晰稳定的意识经验,原有的知识也在这个同化过程中发生了意义的变化。

(4) 加涅(R. M. Gagne, 1916—2002)的信息加工学习论。加涅认为学习过程是对信息的接受和使用的过程,学习是主体与环境相互作用的结果。加涅的信息加工学习论,关注的是学生如何以认知模式选择和处理信息并作出适当的反应,偏重信息的选择、记忆和操作及解决问题,重视个人的认识过程。因此在学习方法上,主张指导学习,给学生以充分的指导,使学习沿着仔细规定的学习程序进行学习。并认为一个完整的学习过程由八个阶段组成,即:① 动作阶段(期待);② 了解阶段(注意及选择性知觉);③ 获得阶段(编码存入);④ 保持阶段(记忆贮存);⑤ 回忆阶段(检索);⑥ 概括化阶段(迁移);⑦ 作业阶段(反应);⑧ 反馈阶段(强化)。

认知学习理论为教学论提供了理论依据,它高度重视学生的主体能动性,研究过程紧密结合学生的学习过程,对教学有较高的指导意义。但认知学习理论较少考虑到情绪、意志等因素对于教学过程的具体作用,也有一定的片面性。

(五) 社会学习理论

阿尔伯特·班杜拉(Albert Bandura, 1925—),美国心理学家,是社会学习理论的创始人。班杜拉认为,联结理论的“尝试”和认知理论的“顿悟”,等,都是通过反应的结果进行学习,它来源于直接经验的学习形式,缓慢而吃力,代价大。他提出,人们通过观察他人(或称“榜样”)的行为而学习,即通过榜样的示范进行的模仿学习,是间接经验的学习,能使人类的学习过程大大缩短。因此,它在人类的学习,尤其是儿童和学生的学习中有极其重要的作用。模仿学习,对于教师指导学生形成正确的技能和良好的行为有重大的意义。

(六)人本主义的学习理论

罗杰斯(Carl Rogers, 1902—1987),美国著名心理学家,是人本主义的学习理论创始人。人本主义主张以人为本,特别重视人的意识所具有的主动性和自我选择性。认为人的意识具有创造性和无限发展的可能性。罗杰斯的"以学习者为中心"的学习观,主张学生自己是知识的探求者,要让学生自我发现、自我引导、自我评价,充分发挥自己的潜能,愉快地、创造性地学习,在扩大知识领域的同时,发展积极的情感,以获得完整的教学效果。

综上所述,由于学习是主观和客观因素相互作用的复杂过程,现实生活中存在着各种各样的学习,目前还没有能解释各种学习的统一的理论,只能用不同流派的理论来解释不同的学习实践。

在化学教学中学生是教学的对象,是学习的主体,化学学习规律是一般学习规律在化学学习中的体现和应用,所以学习理论也是指导化学教学的基础理论。

第二节 化学教学特征与教学原则

一、化学教学的特征

以实验为基础是化学教学的基本特征。我们可以从学科的根本属性和化学教学的实践经验两个角度来论证这一基本特征。

化学学科是以实验为基础的一门自然科学。实验使化学成为一门科学。化学以客观事物为研究对象,以发现客观规律为目标,具有客观性、验证性、系统性三大特征。大量实验事实为化学理论的形成提供了依据,理论的形成与发展还需经实验事实的检验。综观化学科学发展的历史,前进的每一步都离不开化学实验。化学学科是在实验的基础上产生并发展起来的,实验是化学理论产生的直接源泉,是检验化学理论是否正确的标准,也是提高化学科学认识能力、促进化学科学持续发展的重要动力。

化学教学的特征是化学学科特征在教学中的反映,也是辩证唯物主义认识论在化学教学中的体现,是化学教学区别于其他学科的标志之一。化学学科以实验为基础,辩证唯物主义认识论强调感性认识的基础性,因此,以实验为基础也是化学教学的基本特征。

化学实验在化学教学中具有不可替代的重要作用。广大化学教师的教学实践说明,化学实验有助于提供丰富的感性知识,有助于激发学习兴趣,有助于创设认知冲突,从而帮助学生正确地形成化学概念,牢固地掌握化学知识,提高观察问题、分析问题、解决问题的能力。化学实验还是培养学生实验技能和实践意识的主要途径,让学生亲自动手实践,一方面可以学习和掌握各种实验操作技能,同时还能帮助学生形成通过实践探索和认识客观事物的意识。化学实验还有助于培养学生实事求是、严肃认真的科学精神和态度。离开了化学实验的化学教学将会是无源之水、无本之木，无法达成提高学生科学素养的教学目标。

那么在教学中如何体现"以实验为基础"这一化学教学的特征呢？我们认为，主要应该通过以下几个方面：

(1) 让学生做实验和观察现象，体验通过实验探究规律的过程。

(2) 结合实验事实和实验过程，让学生认识化学概念和理论的形成过程。

(3) 结合典型化学史实，让学生了解化学科学的发展进程。

(4) 让学生通过实验并运用已学的知识解决问题，从而巩固知识、发展能力，培养科学态度、科学方法和正确的价值观念。

二、化学教学原则

教学原则是教学论的重要组成部分，是有效进行教学工作必须遵循的基本要求。教学过程有自身客观存在的规律，教学原理是研究者用名词、概念、命题来反映、表述的教学规律，而教学原则是根据教学原理结合教学经验做出的实际结论，提出的行动要求。

教学规律是客观的；教学原理虽是客观的，但带有主观性；教学原则必须有客观基础，但它是人们主观制定的。教学原则是教学实践经验的概括和总结，是教学规律的反映，受到教学目标的制约。教学原则在教学实践中具有重要意义，教师要顺利地开展教学工作，就必须明确教学活动中应遵循的一系列教学原则。

化学教学原则是化学教学实践中应遵循的基本要求和指导性准则。化学教学原则是在教学原则的基础上突出化学学科教学特征，反映化学教学内在规律和要求形成的。化学教学原则的发展概括起来大致呈现两种情形：① 一般教学原则在化学教学过程中的具体应用；② 在遵循一般教学原则的基础上，提出突出化学学科教学特点的教学原则。

我们认为，根据化学教学规律和化学教育目标，可提出以下五条化学教学原则：

(1) "教为主导"和"学为主体"的统一。

(2) 实验引导和启迪思维的统一。

(3) 知识结构和认知规律的统一。

(4) 掌握双基和发展智能的统一。

(5) 面向全体和因材施教的统一。

(一) "教为主导"和"学为主体"的统一

"教为主导"是说教师在教学中要发挥引发、维持、调控等主导作用。"学为主体"是说学习的主体是学生，教学中要发挥学生的积极性和主动性。"教为主导"和"学为主体"的统一就是要处理好教师主导和学生主体的关系，在教师的精心组织下，充分发挥学生学习的主动性。

教与学的对立统一关系是教学的本质关系。这一本质属性在化学教学过程中的集中反映可以用"教为主导"和"学为主体"以及两者的统一来概括。过于强调教师的教，会使教学陷入灌输的误区；而过分强调学生的学，也会导致教学的低效。正确认识和处理好教与学的关系，是教学的基本要求。我国教学实践证明，坚持“教为主导”和“学为主体”的统一是处理教与学关系的基本原则。

教学是为了学生的发展，学生是发展的主体，因此，当代教育特别学强调学生的主体性。《学会生存》一书中指出：“未来的学校必须把教育的对象变成自己教育自己的主体，受教育的人必须成为教育他自己的人；别人的教育必须成为这个人自己的教育。”学生的主体性正是表现在能够主动地探求知识、体验过程，在知识、技能的形成、应用的过程中养成科学的态度，获得科学的方法，逐步形成终身学习的意识和能力。

在教学过程中，学生主体性的发挥离不开教师的引导，教师的主导作用体现在：激发学生的学习动机、启迪学生的思维；对学生的学习方式、习惯给以指导；对学生疑难问题给予及时点拨、讲解。教师是课堂教学行为的设计主体，教师的知识，教师对科学的理解，教师的科学态度、科学方法，教师的不断探求新知识的热情，都对教学和学生产生直接的影响，从这个意义上说，教师是重要的课程资源，这种课程资源的充分利用又有赖于教师的主导性的充分发挥。

教师教和学生学是教学过程的两个方面，它们彼此是对立统一的，教师的教支配着学生的学，教师在教学中发挥主导作用，学生的学是教师教的目的，学生是学习活动的主人，教学过程中教师的教要以学生的主动学习为基础，学生的学要在教师的领导和指引下进行，只有当教师的主导作用与学生的主体作用相结合时，才会产生积极有效的教学活动。教为主导和学为主体是统一的有机体，主导服务于主体，主体需主导的扶持，两者相互联系，不可分割，这样，才能获得课堂教学的最佳效果。教师的主导作用和学生的主体作用的协调活动过程可参阅图 3－2。

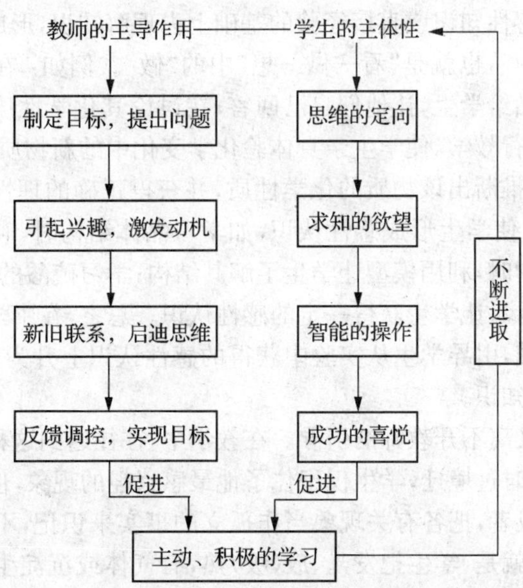

图 3－2　教师主导作用和学生主体作用的协调活动过程

教师的主导性和学生的主体性统一于教学过程中，统一于学生发展和教师自身发展的过程中。教师自身的不断发展是促进学生发展的前提，学生的发展也会反作用于教师，刺激教师不断学习，不断完善。总之，化学教学过程是教师的主导作用和学生的主体性协同活动的过程。

（二）实验引导和启迪思维的统一

“实验引导”包括让学生做实验、观察演示实验、观看实验挂图和听教师讲述实验史料等。总的要求是为学生提供具体、可信的事实和感性知识。启迪思维是说要让学生在开展化学实验的同时积极思考，活跃思维。发现实验现象、实验过程与理论知识的联系，理解实验原理，不仅知道“是什么”“做什么”，还要知道“为什么”。实现“看—做—想”的统一。

实验引导和启迪思维统一是充分体现化学学科特点的化学教学原则。化学是一门以实验为基础的科学。教学中要根据“以实验为基础”这一基本特征，组织运用好各种实验，发挥实验对学生的认识、情感、意志行为以及态度、方法等激励和引导作用。在化学教学中，实验包括学生实验、课堂演示实验、课外活动实验、家庭实验、观看实验挂图和听教师讲述实验等。通过实验教学，可以激发学生学习化学的兴趣，激发学生解决问题的动机，从而能够帮助学生理解和掌握化学知识和技能，训练学生的科学方法，启迪学生的科学思维，培养学生的科学态度和价值观，全面提高学生的科学素养。

中学化学教学的知识重点是双基(化学基础知识和基本技能)，教师要按课程标准要求，把化学的双基知识传授给学生。但化学的双基是人类的间接经验，很多知识只是抽象的科学概念，所以在教学过程中，教师要考虑到学生的认识规律和心理特点，要让学生形成一定的感性认识，使学生在感性知识或直接经验的基础上去理解知识，形成概念。贯彻这一要求的最基本的方法就是实践，也就是“看—做—想”中的“做”。例如：在讲述某些物质的物理性质时，教师可呈现样品给学生，让他们自己回答；在讨论其化学性质时可通过演示实验或学生自己动手做实验进行教学，使学生亲身体验化学变化中的新物质的生成过程，让他们在众多感性知识的基础上推断出该物质的化学性质，并获得正确的理性知识。化学教学还可以借助于某些教学媒体使学生形成感性认识，如学习晶体结构时，利用多媒体课件进行教学；学习简单有机化合物时，利用模型让学生了解其结构；学习硫酸的工业制法时，通过播放硫酸工厂生产流程的录像，让学生获得一定的感性认识。总之，在中学化学基本知识的教学过程中，要以实验作基础，引导学生从实验中获得的感性认识上升为理性认识，让他们真正理解并掌握所学的化学知识。

同时，学生的实验又离不开教师的引导。在教学中，往往遇到这种情况：实验现象琳琅满目，学生情绪亢奋，但时过境迁，学生仅记住了他最感兴趣的现象，但不明白这些现象说明了哪些本质性的问题；或者，把各有关现象当作孤立的事实来识记，不能抓住它们之间的内在联系。最典型的例子就是，学生把发光、放(吸)热，有气体或沉淀生成当作化学反应的本质属性，甚至单纯依据发光、放热来判断某些变化的类型。因此，要重视实验引导，对学生指出：观察实验现象要仔细、全面、客观；在观察时要联系已掌握的知识来思考，要在看清楚的同时想一想这是为什么；要尝试着进行分析、比较，预测和概括出可能的结论；最后，还要判断有没有其他可能性。做实验不能满足停留在"观察"这一级的水平上。比如，同样是做氢气燃烧的实验，发现氢气是无色的，在空气中燃烧火焰为淡蓝色，属于观察的低水平，看到氢气燃烧时罩在火焰上方的烧杯壁还"冒汗"了，这一认识较前者进到高水平；能抓准有新物质生成，并能指证说明，而把各种现象作为化学反应的表征，方属于达到了实验引导和启迪思维统一的高水平，也就是说，要在引导学生观察物质的性质、变化的宏观现象（表征）的基础上，进行积极的思维，达到把握物质的本质属性（微观结构）的目的。

（三）知识结构与认知规律的统一

知识结构是知识内在的逻辑关系和合理组合。认知规律是学生学习知识与技能时客观存在的规则和定律。知识结构与认知规律统一原则要求在化学教学中兼顾学科知识的逻辑顺序和学生的认知规律，既考虑学科知识的完整性、科学性和系统性，又考虑学生学习时的可接受性。

知识结构用简约和概括的形式把化学基本概念、元素化合物知识、化学基础理论等基础知识的相互联系和层级关系反映出来，建构出学科知识体系。这样的组合方式反映了各相关基础知识之间的内在联系，体现了学科基础知识的逻辑顺序；属于学科内的最基本、最普遍的原理和规律，因此，只要使学生切实理解了这些知识组合的含义，就有利于他们联想、再现学过的课程内容，也有利于他们引申、应用这些基础知识去解决某些简单的化学问题或者进一步学习高一级的化学知识。

认知规律是学生学习的一般规律。如从感知到理解、从已知到未知、从特殊到一般和从一般到特殊的结合、从易到难和从孤立到综合等。这些规律具有普遍性，且不以人们的意志为转移。

知识结构与认知规律统一要求在化学教学中既考虑学科知识的完整性、科学性和系统性，又考虑学生学习时的可接受性。例如对元素周期律内容的介绍，教材中一般都不把相应内容归拢在同一章或一节中；而是在介绍元素周期律之前，就有目的安排几个主族的元素化合物知识内容，有意识的让学生发现到一些周期性规律；在学生的认识中有了一定铺垫的基础上，再顺势集中地归纳出"元素周期律"并介绍元素周期表；在系统介绍完元素周期律以后的教材内容里，仍然会有某些地方涉及到对该规律的回顾和应用。另外，注意理论知识和元素化合物知识的穿插；分散难点，分散需要识记的内容；在复习教学中采用知识表解或图解法、对比法、联系法和归纳法等，也都体现了重视知识结构与认知规律统一的教学原则。

要实现知识结构和认知规律的统一，关键在于要把培养思路教学作为知识体系教学的前提，帮助学生把新学得的内容不断地纳入已学得的内容体系中去，使学生认知结构中原有的观念和新的知识建立起实质性的联系，即不断地进行知识点的联结、组块和结构化，以发展认知网络。这里涉及到多种因素：知识的组合方式、学生的认知方式、心理状态、学习态度和学习习惯、学习方法等。教师要善于处理各因素间的关系，方有可能使学生从“学会”达到“会学”这一优化境界。如果我们的教学符合了学生的认知规律，考虑到学生的认知结构，那么我们就容易让学生在原有的知识结构基础上对新的知识进行主动的信息处理，从而做到融会贯通，形成新的合理的知识结构。这样，学生的学习过程才会是一种有意义的建构过程。

（四）掌握双基和全面发展的统一

掌握双基，就是要保证让学生掌握化学学科的基础知识和基本技能；全面发展则指学生各方面能力的协调一致地、可持续地发展。坚持掌握双基和全面发展的统一原则，就是要在形成学生基础知识基本能力的同时，促进学生的全面发展，并为其持续发展打下良好基础。

从出现教育以来，促进人的发展始终是教育的基本目标。到了当代，这一教育目标得到进一步的强化。在迈向知识经济时代的今天，以学生发展为本的教育理念，其内涵更加丰富：以学生发展为本，不仅体现在教育教学过程中要以学生为主体，而且要体现在学生对教育的选择上，要给学生提供更多的选择机会。学生发展的含义也更为宽泛：既包括对知识和技能的掌握，又要求学生在知识的形成、联系、应用的过程中掌握科学的方法；既要培养善于合作、勤于思考、严谨求实、勇于创新和实践的科学精神，又要加强科学态度、价值观、情感和责任感等人文精神的教育，使学科知识与人文内容相联系，使科学教育与人文精神培养相融合；既强调提高所有学生的科学素养，又注重尊重和满足不同学生的需要，促进学生的个性发展。

学生的发展需要以基础知识和基本技能为支撑；同时，学生的发展也会促进双基的巩固和发展。它们之间相互依存、相互促进。例如，让学生切实掌握化学事实、基本概念、原理和规律，掌握实验技能、计算技能和运用化学用语的技能，方有可能运用这些知识和技能去解决某些简单的化学问题。也只有在学生的能力素质不断发展的情况下，才能为他们进一步获取新的、更广泛的基础知识和技能创造更好的条件。在教学中，从整个过程来说，注意精选教材内容，注意联系日常生活和生产、环保等实际，注意组织并完成好实验和实践活动，注意培养学生的求知欲望和科学态度、指导学生的学习方法；从具体的教学内容来说，全面设计基础知识和基本技能的学习目标、培养能力的目标，以及思想教育目标等，采取有效的方式、方法，使这些项目的要求落到实处，是实现掌握双基和全面发展统一原则的基本途径。

本世纪初，我国提出要培养学生的科学探究能力，就是着眼于将学生能力的发展放在学习和解决问题的活动中考虑的。科学探究能力的培养应紧密结合化学知识的教学来进行。如“实验探究温度、催化剂对过氧化氢分解反应速率的影响”“设计实验探究市售食盐中是否含有碘元素”等具体活动。在活动中，既要让学生体验科学探究的过程，发展学生科学探究的能力，又不能忽视了学生对知识、技能的真正掌握，这样才能实现掌握双基和全面发展的统一。

（五）面向全体和因材施教的统一

面向全体是指教学要面向全体学生，坚持培养人的质量要求，保证课程标准要求的实现；因材施教则要求根据学生的不同情况，有差别地进行教学。面向全体和因材施教的统一就是要依据国家课程标准，根据学生的个性差异进行教学。

面向全体和因材施教是一致的。面向全体学生体现了我国大众教育的特点和精神，不容许只注重对少数"尖子"学生的培养，也不容许放弃对差生的教育、帮助，要使全体学生都得到发展。因材施教是我国教育史上历来提倡的教学原则，因材施教要求根据学生的不同特点，采用不同方法教学。当前，坚持因材施教既是适应学生心理、身体发展的个别差异，又是适应我国社会主义建设需要多层次、多规格人才的客观情况。

班华教授在《中学教育学》中指出："个人的发展同集体发展有一定的相关性"，"不论学生成绩怎样，必须对所有的学生进行个别指导"①。对反应迟钝者激励其积极思考，勇于答问，敢于争辩；对口头表达欠条理者，多给以复述与发言机会；对注意力易分散、不专心者，多施以暗示，培养其自控能力；对学习感到过于轻松者，增加其作业的分量和难度；对能力强态度马虎者，给予难度大的作业，严格要求其精益求精等。在个别指导中应特别注重对差生的帮助，对待差生不宜仅仅盯住考试成绩的分数，也不限于帮助解决一些具体的疑难，更重要的在着重帮助他提高学习的信心，激发他们求知的欲望，发展他们观察和思维的能力，增强他们的意志力，指导他们的学习方法。

面向全体和因材施教结合体现了对所有学生要求的统一性和照顾学生个别差异性的关系。统一性指全体学生都应达到课程标准要求，差异性是指教学的时间、过程、内容、方法上根据不同的学生区别对待。统一要求不是要所有学生齐步前进，拉平距离，因材施教既包括对优生特别培养，也包括对差生的补课。

面向全体、因材施教相结合，也体现了集体教学与个别指导的关系。凯洛夫在《教育学》中提出，"教师对班级进行集体工作条件下对学习进行个别指导原则"；克拉因在《教学论》中提出，"在对学生集体进行教育的基础上对学生个别指导的原则"；弗·鲍良克在《教学论》中则提出，"个别化与社会化原则"；巴班斯基在《教育学》中则提出"讲课的和非讲课的以及全班的、小组的和个别的教学形式最优结合的原则"。尽管学者们对问题的表述不同，但其基本精神是一致的，即把集体教学与个别教学结合起来，要充分发挥班级授课制集体性的优点，同时又以个别施教作为集体教学的必要补充。

总之，必须从学生的实际情况出发，承认差别，区别对待，设计出学生成才的最优方案，使每个学生的潜能得到开发，身心得到全面充分的发展。

---

① 班华. 中学教育学[M]. 北京：人民教育出版社，2001.

第三节 化学教学过程与教学方法

一、化学教学过程

化学教学过程是化学教师教和学生学的统一的活动过程。是教师引导学生掌握化学基础知识和基本技能,发展能力,形成正确情感态度和价值观的特殊的认识过程。

化学教学过程是教和学的双边活动过程。教学不是教师一个人的活动,学生是教师教学的对象,更是学习的主体,同时也是课堂教学活动的主体之一。成功的教学是符合学生的认知特点、能够调动学生的积极性、让学生主动参与的活动,是有利于学生自主建构正确的认知结构的活动,是有利于学生发展的活动。相反,脱离学生参与、忽视学生的感受与理解的教学往往事倍功半甚至一无所获。在教学过程中,学生倾听教师的讲解,遵循教师的引导,完成教师布置的任务;教师倾听学生的言语,观察学生的反应,根据学生来调整自己的教学,或加快或减慢,或详细或简练;学生的思想是不可预测的,是千姿百态和充满灵气的,学生提问或回答,对教师就可能是启发,也可能生成新的教学资源;教学的过程也是教师学习、进步的过程。同时,师生之间的感情、情绪也彼此互动:教师的激情将振奋学生的斗志,教师的投入将换来学生的配合;学生的活跃将刺激教师的热情,学生的痛苦将带来教师的苦恼。总之,教学活动中,师生之间相互作用、相互影响、相互制约。

化学教学活动又是特殊的认识过程。首先是认识对象的特殊性。化学教学中学生的认识对象是化学的基础知识和基本技能,这些知识是人类经过漫长岁月已经获得的,对学生而言是间接经验。其次是认识方式的特殊性。化学教学中学生的认识过程是在教师指导下进行的。教师综合考虑教学内容、教学条件、学生已有认知水平等因素,设计出合适的教学方案,从而带领学生完成学习任务。这样的认识过程不同于科学家、艺术家、成年人等的个体认识过程,是由教师引导未成熟的主体通过学习知识、初步探究去认识世界,把大量间接经验和少量直接经验变为学生个体的精神财富,发展学生自身的特殊认识过程。第三是认识目标的特殊性。化学教学中学生的认识目标不仅是化学基础知识和基本技能,还包括过程方法和情感态度价值观。在化学教学中,学生不仅要学习人类已知的知识,还要得到探究未知的体验,初步得到社会交往的锻炼,形成对科学正面的情感和态度。

构成化学教学过程的基本因素有四个:教师、学生、教学内容和教学条件。前两个是人的因素,后两个是物的因素,人的因素是决定因素,物的因素可以通过人的因素的作用发生变化。在四个因素中,教师是起决定性作用的主要因素。有效的教学过程是教师精心安排教学内容、充分利用教学条件和着力发挥学生主观能动性的过程。

二、化学教学方法

教学方法是指在教学过程中，教师和学生为了实现教学目的、完成教学任务而采用的活动方式，包括教师教的方式和教师指导下学生学的方式。教学方法是教学过程四因素相互作用结果的综合体现。教学方法的选择对完成教学任务、实现教学目的具有重要意义。在制定了课程标准、确定了教学内容之后，就必须根据主、客观条件选择并采取有效的教学方法。否则，完成教学任务、实现教学目的就是一句空话。

提高学生的科学素养是化学教学的目标。实现此目标，教学必须既能减轻学生负担，又能提高教学质量。这就要求在教学过程中教师不仅要会教，而且要善教，要以一定的教学理论为指导，科学地选择教学方法，并在实践中不断研究、改进和创新教学方法，从而使教学达到事半功倍的效果，真正提高教学效率。同时，科学的教学方法对提高学生科学素养、发展学生智力及确立良好的师生关系等都具有重要的意义。

（一）化学教学方法的特点

学习和研究教学方法，必须理解其内涵，了解其特征，一般认为教学方法具有如下几方面基本特点：

1. 耦合性

每一种教学方法都是师生相互作用、共同活动的途径，是由教师教和学生学耦合而成的，具有双边性。

2. 科学性

教学方法的科学性是指任何教学方法的确立和选择必须遵循一定的教学规律和学生身心发展规律，以科学方法论作指导，以教学理论、课程理论和学习理论为基础。另一方面教学方法体系本身也具有科学性。

3. 多样性

教学方法多种多样，不同的教学内容、教学目的、教学条件需要不同的教学方法。不同的教育工作者根据其教学实践、教学观念提出的教学方法也不同。

4. 综合性

一般来说，每堂课的教学都须采用多种教学方法，实践证明，只有综合地应用多种教学方法，才能全面地完成教学任务，达到良好的教学效果。

5. 继承性

当代的教学方法不是从零开始的，而是在借鉴和吸收古今中外教育思想和教学方法的基础上形成的，它具有历史继承性。

6. 发展性

教学方法和世间一切事物一样都是发展变化的，它将随着时代的进步，教育观念的更新、实践经验的丰富而逐步发展。

7. 艺术性

教师不能把某种教学方法当作不变的数学公式在教学实践中完全套用，而应根据具体的条件，灵活地、艺术地应用各种教学方法，并对其进行适当的再创造。

（二）教学方法的分类

自古以来，教学方法一直是教育工作者关注的研究课题，到目前为止，已出现了种类繁多的教学方法。面对如此众多的教学方法，人们很难分清各种方法的本质、特点及适用范围，为了在教学实践中有效地选择和利用教学方法，也为了更好地发展化学教学方法，有必要对教学方法的分类进行简单的讨论。

我国早期和前苏联的教学论，常用分析法研究教学，把教学体系分解成课程教材、教学原则、教学组织形式和教学方法几个因素，分别加以研究，然后在教学实际中综合应用。按照这种方法划分出来的化学教学方法有讲授法、谈话法、演示法、实验法、练习法等。

我国近期和西方国家的教学论，常用综合法研究教学。提出的许多教学方法，如发现法、情境教学法、“活动单导学”法、学案导学法、程序教学法、范例教学法、结构单元教学法等，不仅是教学方法，而且常常涉及教学原则、教学组织形式，甚至课程教材。

用分析法和综合法研究教学各有优点。分析法的优点是化繁为简，化多因素为单因素，有利于深入研究教学方法的特点和规律，也便于初学者领会和掌握。综合法比较合乎教学实际。因为教学本身就是一个综合体，难以把课程教材、教学原则、教学组织形式、教学方法几个因素截然分开。综合研究有利于处理好教学中各因素的关系。

为了讨论的方便，我们把用分析法得出的教学方法称为第一类化学教学方法；用综合法得出的教学方法称为第二类化学教学方法。

（三）第一类化学教学方法

1. 讲授法

讲授法是教师主要通过口头语言对学生传授化学科学知识、思想观点和发展学生能力的一种方法。它包括讲述法、讲解法和讲演法。讲授法是历史上流传下来的一种最主要的教学方法，也是化学教学中最基本的方法之一。教师运用其他方法进行教学时，大多伴之以讲授法。使用这种方法，教师可以将化学知识系统地传授给学生，使学生能在较短的时间内获得较多的知识。讲授法往往利用启发的方式，对学生提出问题，引发学生的积极思考。

运用讲授法要求教师：① 讲授的内容要符合科学性和思想性；② 讲授要条理清楚、层次分明、重点突出、富于启发、符合学生的认识规律；③ 讲授的语言要精练准确、生动形象，要做到通俗易懂、快慢适应；④ 注意运用体态语言和直观教具辅助表达，注意讲课的艺术性。

讲授法的缺点是教师占用教学时间多，不利于发挥学生的主体性，不利于学生技能的发展，容易导致学生的被动，使学习成为机械学习。

2. 谈话法

谈话法又称问答法，是教师根据教学目的、要求和学生已有的知识经验，通过师生间的交谈而使学生获得知识、发展智力的教学方法。谈话法的主要特点是：师生之间平等地进行信息双向交流，其中，教师可以提问，激发学生思考，学生可以回答问题，让教师获得反馈信息；教师对学生的回答做出总结评价，让学生也获得一定的反馈信息，通过这样的信息相互传递，师生共同调整教学活动。

从教学任务来说，谈话法主要有引导性的谈话、传授新知识的谈话、复习巩固知识的谈话和总结性谈话。在课堂教学中，无论是哪种形式的谈话，都应设计不同类型的问题，开展不同形式的谈话活动，调动学生的学习积极性。

谈话法的基本要求是：① 根据教学内容和学生的具体情况做好准备工作；② 问题要难易适度；③ 讲究提问的方式和技巧，促使学生积极思考、层层深入；④ 问题要面向全班；⑤ 善于小结，让每个学生都得到反馈信息。

讲授法对教师的预设能力和教学机智有较高要求，经验不够丰富的教师不容易控制谈话的走向和重心。

3. 讨论法

讨论法是在教师指导下，由全班或小组成员围绕某一中心问题相互交流个人看法，相互启发，相互学习从而辨明是非真伪以获得知识的一种方法。讨论既可以是整堂课的讨论，也可以是几分钟的讨论；既可以是全班性的讨论，也可以是小组性的讨论。讨论活动以学生自己的活动为中心，成员之间多方面信息交流，每个学生都可在一定范围之内自由地发表自己的见解，通过反馈信息的获得，逐步调整自己的观点，最终获得对问题的全面理解。

运用讨论法要求教师：① 讨论前布置讨论的课题，指导学生复习有关知识，查阅相关资料并写好发言提纲；② 论题要深浅适当，紧扣主题；③ 讨论中要注意适时激发和引导学生大胆发表观点；④ 讨论结束时要有小结，提出需要进一步思考的问题。

讨论法对论题选择和学生能力有较高要求，论题不合适会导致学生无话可说或众说一词，学生不敢发言或不善于发言也会导致讨论冷场或跑题。

4. 读书指导法

读书指导法又称阅读指导法，是教师指导学生通过阅读化学教材和参考书，使学生加深理解和牢固地掌握知识，以扩大学生的知识领域，发展学生智能的一种教学方法，是培养学生自学能力的一种较好的方法。读书指导法包括指导学生预习、复习、阅读参考书、自学教材几个方面。

化学科学知识的广泛性和化学课堂知识信息的有限性的矛盾以及新的社会形势和课程目标都要求在教学过程中适当运用读书指导法。

运用读书指导法要求教师：① 让学生认识读书的必要性和重要性，培养他们的读书兴趣；② 教给学生正确的读书方法；③ 帮助学生选择合适的书目；④ 运用多种方式如讨论会，交流心得等指导学生阅读，使其逐步养成良好的读书习惯。

5. 演示法

演示法是教师展示各种实物标本、模型、挂图，放映幻灯、电影、电视、录像等或进行演示实验，使学生通过观察获得关于事物及其现象的感性认识，演示法是化学教学中最重要、最常用的教学方法之一。通过演示法进行教学可以激发学生的学习兴趣，集中注意力，使学生获得感性知识，加深对事物的印象，并努力把理论知识与实际知识联系起来，从而有利于形成深刻的、正确的概念。

运用演示法要求教师：① 精心选择演示教具，设计演示实验；② 确保全班学生都能够看清演示活动；③ 指导学生进行正确的观察，并注意引导学生使用多种感觉器官；④ 演示与讲授相结合，做到教师边做边讲，学生边看边想；⑤ 演示后进行总结，让学生把知识与现象联系起来，以挖掘现象背后的本质，形成正确的化学概念。

6. 实验法

实验法是指学生在教师指导下，利用一定的化学仪器、设备进行独立作业，通过观察研究实验现象获取知识、培养技能技巧的一种教学方法。化学是一门以实验为基础的自然科学，化学理论和技术的进步都依赖实验，学生必须通过自己动手做实验或观看演示实验才能深刻地体会化学知识的本质和内涵，才能提高化学操作技能。

实验法是化学教学的一种基本方法。学生课内实验主要分边讲边实验和学生分组实验两种形式。边讲边实验通常指教师讲课过程中学生做的一些实验，每个实验的时间较短、操作相对简单，与讲课内容有非常密切的关联。学生分组实验通常指由学生利用一堂课或两堂课时间独立完成的实验，这样的实验内容比较丰富，操作相对复杂，可以比较充分地培养学生的实验能力。

运用实验法要求教师：① 编制实验计划，做好实验准备工作；② 实验开始时，向学生说明实验目的、要求和注意事项；③ 实验进行时，注意及时给予指导和帮助；④ 实验结束后进行总结，提出要求。

7. 练习法

练习法是学生根据教师的布置和指导，通过课堂及课后作业，将所学知识运用于实际，借以巩固知识，形成技能与技巧的方法。这是各科教学中普遍运用的一种教学方法，按照培养学生不同方面的能力，练习法分为口头(回答)练习、书面(笔答、板演)练习和操作练习三种形式。

在化学教学中，由于每节课中学生要接受的信息量很大，需要培养的技能很多，所以需要学生有计划地加强练习，通过师生的共同努力有效地完成教学任务。

运用练习法要求教师：① 提出任务，明确目的，说明方法；② 练习题要难易适度；③ 练习时注意培养学生自我检查、自我分析、自我更正的能力；④ 适当地进行个别指导；⑤ 学生完成练习后教师要认真仔细地进行分析、总结，及时发现并解决问题；⑥ 练习形式要尽量多样化。

以上七种方法分别体现了以语言传递信息为主、以直接感知为主和以实际训练为主三个方面的特点。

(四) 第二类化学教学方法

1. 发现法

发现法是教师提供适于学生进行再发现活动的教材,促使学生通过自己探索、尝试过程来发现知识,并培养提出问题和探索发现能力的方法。这种方法经过美国心理学家布鲁纳倡导,20世纪六七十年代在西方曾广泛流行。运用这种方法的关键在于编制适于学生再发现活动的教材。编制时要注意三点:① 缩短过程。将科学家原发现的曲折的认识过程加以剪辑,使之变成捷径。② 降低难度。原发现过程对于学生来说往往难度过大,必须降低到与学生认知结构相匹配的程度。③ 精简歧途。原发现可能走过许多不同的道路,但教材应将它们精简成少量歧途,这样一则可以降低学习的难度;二则可以训练学生的分辨能力。

发现法一般按照下面的程序进行教学:① 提出要解决的问题;② 创设特定的情境,即提出与解决问题有关的某些条件,以激发学生认知上的矛盾;③ 学生自己作出解决问题的假设;④ 学生运用阅读、实验、观察、讨论等手段进行探索、发现;⑤ 教师引导学生作出正确的结论。

发现法的优点是有利于发挥学生学习的主体性,激发他们学习的热情;也有利于发展学生的观察能力、分析推理能力和直觉思维能力,培养他们学习科学方法和科学态度;这样,学生习得的知识也比较牢固,并且便于迁移到新的情境中去。

发现法的缺点也较明显:不经济,需要提供给学生充分的资料、设备,耗费的教学时间也远多于传统的讲授法;对未知事物的探索有相当的难度,需要学生有较好的知识准备;探索发现的过程学生的独立性强,教师主导作用的发挥容易受限制;此法更重过程,容易忽视结果、造成学生的知识不系统。

常说的问题探究法在本质上应属于发现法。它的教学以问题为主线,通过师生共同探讨研究,得出结论,最终使学生发现新知识同时也发展能力。其研究过程也与发现法大体相同。问题探究法的特征在于突出了问题的核心地位,可以归作发现法的组成部分。

发现法可在整节课上运用,也可在教学的其中一个环节上体现。例如:在"硝酸的制法"一课的教学中,先创造条件使学生产生问题——如何制得大量的硝酸?引导学生根据已有的知识经验如工业制备硫酸的方法,NO_2和H_2O反应能生成HNO_3等知识引导学生提出假设,然后逐步研究探讨方案的合理性和可操作性,最后得出结论,即可以利用氨的催化氧化法制得硝酸。在师生共同解决了问题的基础上,再一起观看工业制硝酸的录像,使学生印象深刻,达到很好的教学效果。

2. 情境教学法

情境教学法是指教师在教学过程中为学生创造合适的学习情境,并将学生完全融入这个情境之中，让学生在具体情境的连续不断的启发下有效地进行学习。在我国，李吉林首先提出情境教学法，后被许多化学教师接受并运用到化学教学中。

情境教学法的关键是有利于学生学习的具体情境的营造。它要求具有形式上的新异性、内容上的实用性和方法上的启发性。在教学过程中，教师可通过多种方法创设情境，如借用丰富有趣的化学史料带领学生进入科学的发现、创造过程之中；通过一系列的化学事实或化学实验现象使学生感受到化学的神奇力量，激发学生的探索欲望；用巧妙的比喻，幽默的语言，愉快的情绪去愉悦学生，活跃学生的思维，激发情感等。

应用情境教学法要求教师：① 思维活跃，有创新精神；② 精心创设教学情境；③ 在课堂教学中要有感情，并设法以自己的情绪影响并带动学生的情绪，和学生一起融入情境之中；④ 根据需要作精心的点拨、讲解；⑤ 及时总结转化，促进学生的发展。

在化学教学过程中运用情境教学法的形式多种多样，例如教师可以创设一种矛盾情境，让学生在学习的过程中发现矛盾，然后通过矛盾激活思维，使其在不懈探索中解决矛盾。如“氮分子结构”的教学可这样设计：氮元素位于第二周期第五主族，处于元素周期表右上角，是一种活泼的非金属元素，因此氮气性质非常活泼。对吗？显然错了，问题是错在哪儿呢？因为“氮元素”不等于“氮气”，这样不仅使学生认识到元素性质与单质性质的区别，同时又引发出第二个问题：“为什么活泼的非金属氮元素形成的单质氮气的性质很稳定?”这一认知矛盾可以触发学生积极主动地投入到探究氮分子的结构的学习活动中去。上述情境设计，正是基于学生认识因素之间的不协调，在情境中生“疑”，以“疑”促思，以思培智。

教师也可以通过情真意切地叙述化学事实来激励学生学习。如讲硫酸的工业制法时，可诉说酸雨对人类社会和自然环境造成的巨大危害，刺激学生注意环境问题并努力学习解决环境污染问题的方法。

3. *“活动单导学”法*

“活动单导学”法是教师将教学过程设计成若干活动，学生根据“活动单”开展各项活动，教师指导学生活动，从而完成教学任务的方法。充分发挥学生在教学中的主体性，“面向全体学生”“促进学生全面发展”是“活动单导学”的教学理念。

“活动单导学”有三个核心概念，一是“活动”，活动是指“学生主动作用于教学内容的方式及其过程”，包括内在的思维活动、物质操作活动和社会实践活动；二是“活动单”，“活动单”是呈现教学目标、教学内容、活动方案等教学元素的平台，是导学的主要手段；三是“导学”，“导学”就是教师通过创设情境、点拨启迪、评价提升等手段引导学生自主学习，主要包括导趣、导思和导行等。

“活动单导学”的基本课堂教学程序是：“创设情境—实施活动—检测反馈”。“创设情境”是指通过语言、图片、声音和视频等形式创设课堂导入的情境，“情”是激发学生的学习兴趣和学习欲望，“境”是为学生提供学习的认知背景。“实施活动”是指根据“活动单”设计的活动方案开展一系列“活动”，“活动”一般包括以下几个环节：① 自主学习，即学生根据“活动单”确定的教学目标、教学内容等进行自学；② 小组合作探究，学生学习小组合作解决自学中没能弄懂的问题；③ 展示交流，展示小组合作学习的成效及存在的问题；④ 点评提升，师生、生生互评，教师引导学生归纳、提炼教学内容的重点、规律和解题思路、方法、技巧等，突出易错易混易漏的知识薄弱点。“检测反馈”是通过点评、总结、练习等方法对学生个体、小组学习过程与学习结果进行检测评价。

“活动单导学”将教育目的蕴于活动过程之中，充分地让学生动眼看、动耳听、动脑想、动口读、动手写、动手做，最大限度地解放学生，还学生以主体地位，让学生在活动中迸发天性、发挥灵性、张扬个性，不仅重视学生获得知识的对与错、多与少，完成作业的优与劣，更关注学生的态度、情感、能力、责任心以及合作精神等个性品质的培养，注重学生对过程的主体性体验，注重活动过程本身对学生的教育价值。把“活动”作为学生学习的基本途径，借助“活动”来真正确立学生在教学过程中的主体性，真正使学习主体化、活动化。

运用“活动单导学”法，教师必须：① 坚持“面向全体学生”“促进学生全面发展”的教育理念；② 精心设计活动单，特别关注教学目标的“适度”和学生参与的“广度”，即目标兼顾各类学生，尽一切可能调动每个学生参与教学全过程；③ 充分发挥归纳、提炼、点评、反馈等引导作用。

“活动单导学”的化学课例中，通常每课含 3—4 个活动和课堂反馈。如“以物质的量为中心的其他物理量”一课中，含有“活动一：通过探究获得气体摩尔体积概念”“活动二：通过实例理解‘物质的量浓度’的涵义”“活动三：用以物质的量为中心的化学计量解决有关问题”三个活动。每个活动都创设情境，让学生通过阅读、思考和讨论寻找问题的答案，如“活动一”给出了 Al、Fe、H_2O、C_2H_5OH、H_2、N_2、CO 等摩尔质量和密度数据，让学生(1) 探究 1 mol不同聚集状态物质的体积。(2) 猜想影响 1 mol 物质体积的因素。(3) 找出气体的体积、气体的物质的量、气体摩尔体积之间的关系，并讨论影响气体摩尔体积的因素。“活动二”设计了两个活动：一是通过排放的工业废水中酸的定量处理，让学生体会引入“物质的量浓度”的必要性；二是给出了一张体检报告单，其中有 6 项指标是用物质的量浓度表示的，请同学找出这些指标，并计算该体检者 1 L 血液中含有葡萄糖的质量是多少？通过对体检报告单的信息处理，使学生认识物质的量浓度的概念，同时认识化学对人类生活的影响，体会科学进步对提高人类生活质量所做出的贡献。“活动三”让学生完成两个任务：(1) 实验室需要制取标准状况下的氢气 4. 48 L。至少需要称取金属锌的质量是多少？需要量取 4 mol/L的盐酸体积是多少？(2) 标准状况下，用水吸收氨气后制得浓度为 12.0 mol/L 的氨水。试计算制取 1 L 上述氨水需要吸收多少体积的氨气。虽然任务(2)有一定难度，但实践证明各学习小组通过合作学习，还是可以解决的，不但培养了学生主动与他人进行交流和讨论的能力，清楚地表达自己的观点，逐步形成良好的学习习惯和学习方法，同时在一定程度上满足了学有余力学生的学习需要。其后的课堂反馈由六道选择题和两道计算题构成，教师根据学生的课堂反馈给予适当的点评、归纳和补充。

从以上课例可以看到，其教学过程是以学生活动为主完成的，而活动又是由教师精心设计的。活动中，学生的主动性得以充分发挥，在探究中完成知识的学习与掌握，尝试科学方法的运用，发展了学生的组织管理能力、合作能力、探究能力、实践能力、表达能力。

4. 实验探索法

实验探索法是通过实验引发学生积极思维、探索发现、学习知识，并发展能力的一种教学方法。实验探索法是中学化学教学经常使用的一种教学方法。在教学过程中，把学生当作认识的主体，让学生成为新知识的发现者、探索者，使学生在积极的探索过程中获得科学概念，掌握科学方法，形成科学态度。实验探索教学法符合化学学科的特点和唯物主义认识论，是古今中外许多科学家和教育家一直提倡的一种教学方法。

众所周知，以实验为基础是化学学科的基本特征，这使得我们在许多知识的教学中，能够很好地利用实验探索法组织教学并且容易取得很好的教学效果。例如：在初中化学"二氧化碳的实验室制法"一课的教学中，教师在提出问题后，引导学生积极思考，提出制取二氧化碳的可能方法，然后通过师生共同实验，检验各种方法，从而逐步探索出制取二氧化碳的正确方法。在整个教学过程中，学生一直处于主体地位，他们动脑想，动手做，动眼看，通过理论和实践的结合完成了认识的飞跃过程。再如，高中化学人教版教材关于"碳酸钠与碳酸氢钠的性质"的内容中，首先提供有关碳酸钠与碳酸氢钠的水溶性、酸碱性、热稳定性比较的实验步骤，要求学生进行实验，仔细观察实验现象，并分析归纳，自己得出碳酸钠与碳酸氢钠性质异同的结论。通过这种方式组织教学，学生既能巩固实验技能，又能清晰地理解碳酸钠与碳酸氢钠的性质，并发展了学生的观察能力、分析能力。

运用实验探索法要求教师：① 精心进行教学设计(包括实验准备)；② 在实验过程中，引导学生正确观察，刺激学生积极思考，使其做到"看""做""思"的统一；③ 整个教学过程中都要注意逐层深入地诱导学生积极思维；④ 多问少讲，最终让学生自己得出结论；⑤ 适时安排少量练习以强化知识点。

须指出，从综合的角度分类可以得到很多种教学方法，以上几种只是部分代表。每种综合教学方法本身就是涉及面广、集合了多种教学思想的方法，它们的子集之间是可能有相互重合的地方的，它们的区别主要在于侧重点的不同。例如，化学教学中常用的实验探索法就与现行教育普遍提倡的发现法有交叉：因为实验探究法的实验性质是以探究为主的，也可以说是以发现问题、解决问题为目的的，只不过这里的问题是特指化学的问题，是适合用实验的方法来发现规律、从而得以解决的问题。这样的实验探究法毫无疑问就体现了发现法的思想。这里之所以将实验探究法单独列出，是由于它在化学教学中的特殊性和不可替代性。

案例与分析　情境教学法

化学与生活联系紧密，生活中处处涉及化学，从化学在实际生活中的应用入手来创设情境，既可以让学生体会到学习化学的重要性，又有助于学生利用所学的化学知识解决实际问题。例："松花蛋中的化学"教学情境设计

【放映】菜场中加工松花蛋的录像。

【教师讲述】星期天，我在菜场看到一个老太太正在用鸭蛋加工松花蛋。同学们现在看到的，就是我在菜场拍摄的加工松花蛋的过程。当我向老太太询问松花蛋加工的配方时，老太太不肯告诉我，又说是儿子配的，并且好心告诫我不能用手碰，否则手要腐烂的。为了揭开松花蛋加工的秘密，我买了一些加工原料，在实验室里制成了松花蛋加工原料的浸出液。

【投影】教师在实验室中观察加工原料以及取样、溶解、过滤、装瓶的一组照片。

【教师出示松花蛋加工原料及其浸出液，学生观察】

【教师讲述】松花蛋加工原料浸出液中的成分是什么？开始我也不知道。

(有学生小声地讲："自己化验")化验也得有方向，估计里面可能有什么呀！不然就无从下手。我想：我可以到网上找找资料。我在网上搜寻了有关松花蛋的资料，从搜狐网中找到了13744条信息，下载了一些有用的资料。现在介绍给同学们……)

这是一位初三化学教师为新课"盐"所设置的教学情境的片断。教师寥寥数语的描述、生动有趣的录像，以及精心选择的几幅照片，不但一下子就引起了学生高度的关注和兴趣，帮助学生复习了有关物质分离的知识，渗透了科学方法教育和实验意识培养，而且提供了教学活动的逻辑脉络，随后的教学活动就沿着有关问题的解决生动地展开，学生始终怀着极大的兴趣主动地探究、讨论、合作。最后，作为课堂学习的延伸，教师又让学生自己动手做松花蛋……整个一节课产生了很好的效果。

(五) 选择化学教学方法的一般原则

化学教学方法多种多样，各具特点。那么教师如何在教学实践中正确选择和运用教学方法并达到教学方法最优化呢？一般认为，要根据以下几点要求选择教学方法：

1. 所选教学方法符合教学目的和任务

教学方法是为达到教学目的，完成教学任务服务的。不同的教学目的和任务要求运用不同的教学方法，在教学实践中教师必须选择符合教学目的和任务的教学方法。如在"钠"一课的教学中，其教学目的主要是掌握钠的重要物理、化学性质并培养学生的观察能力和分析问题的能力，教师宜选择以实验探究法或演示法为主的教学方法。

2. 所选教学方法符合教学内容的性质和特点

教学目的和任务由教学内容来体现，教学内容的性质和特点不同，选用的教学方法一般也应不同，只有选用的教学方法与教学内容相符合时，才能使教学方法发挥更大的效益。如在元素化合物知识的教学中，一般选用讲解法、实验法、演示法等；在基本概念基本理论教学中一般选用讨论法、讲解法等；在化学用语教学中，一般选用讲解法、练习法等。当然，这种

选用方法也不是绝对的，但一定要保证组合优化的教学方法才能很好地实施教学。

3. 所选教学方法符合教学对象的实际情况

学生是学习的主体，教学方法只有在符合学生的实际情况时，才有利于学生主体性的充分发挥，才能取得良好的教学效果。这就要求教师所选择的教学方法要符合学生的年龄特点、性格特点、认知水平等。如谈话法、讨论法宜在高中使用；实验探索法、问题探索法宜在高年级使用。选择教学方法时还要考虑整个班集体的班风和学风，对于比较活跃的班级可采用讨论法和谈话法，对于气氛比较"沉闷"的班级则不宜多采用这种方法，应适当选用情境教学法、演示法等激发班级处于活跃状态。

4. 所选教学方法符合学校的设备条件

某些教学方法的使用，与学校及当地的设备条件有关，如参观法、实习法、实验法等，如果学校不具备运用这些教学方法的条件，则应选用其他的教学方法。但如果学校具备很好的设备条件，教师则应充分利用其优越条件组织教学。

5. 所选教学方法符合教师自身业务水平和教学风格

教师选择教学方法时要考虑自己的具体情况，根据自身的特点和水平选择教学方法，不要盲目照搬别人的教学方法，要注意扬长避短，形成自己独特的教学风格。如口头表达能力强的教师，可多选用讲授法、谈话法；组织能力强的教师可以选用讨论法、参观法；精通实验的教师可多用演示法、实验法。

6. 要考虑各教学方法的特点和功能

各种教学方法都具有不同的特点和功能，教师要了解各种教学方法的优缺点，便于在选择运用时发挥其最大功效。另外，由于课堂教学的时间有限，教师在选择教学方法时要考虑时间因素，以确保在规定时间内完成教学任务。

教学有法，但无定法，贵在得法。教师必须在教学实践中不断探索对教学方法的最佳优选组合。但这种"最佳"永远是相对的，它将随着教育的发展而不断改变，在教学研究领域中教学方法永远具有特殊的魅力。

第四节　化学教学模式与教学策略

一、化学教学模式

为了寻找和总结有效的教学方法，世界范围内的教育研究者开展了大量的研究。进入20世纪下半叶以来，随着西方教学研究成果的大量出现和建构主义、人本主义等理论研究成果的广泛传播和被认可，用综合视角研究教学方法成为主流。在我国，人们对综合教学方法更习惯地称为教学模式。在研究综合教学方法时通常要分析它所基于的教学理论和反映的教学思想，研究它所能实现的教学目标和实施的程序，其研究成果常被称作教学模式。

黄甫全在《现代教学论学程》中指出：模式不是方法，它与授课、谈话等教学方法不属于同一层次；模式不是计划，计划是它的外在表现，仅此不足以揭示其内在的教学思想或意向；模式也不是理论，至少不仅仅是理论，它还内涵着程序、结构、方法、策略等等远比纯理论丰富得多的内容。

（一）化学教学模式的定义和结构

刘知新先生认为化学课堂教学模式是指“在某种教学理论指导下，所构成的具有一定化学教学结构、教学活动顺序和教学功能的一种教学范型。”①

一个完整的教学模式通常包含五个基本要素：

教学理论——决定了教学实践的形式，从而形成了不同的教学模式，直接影响了其他四个要素的选择；

教学目标——模式所能达到的教学结果，是教学者对某项教学活动在学习者身上将产生什么样的效果所作出的预先估计；

教学环节——教学活动的顺序结构；

教学策略——教学活动中为教学模式服务并体现教学手段和方法的系统决策与设计（详见本节第二大点：化学教学策略）；

教学评价——教学活动效果的测量，评价标准应对照目标、过程、方法、教师素质和教学效果，要既评教又评学，还要评价对课堂教学模式的应用。

教学模式的框架结构如图 3-3 所示：

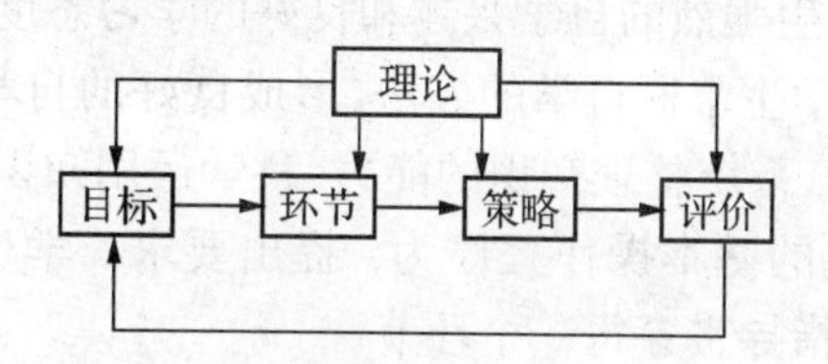

图 3-3　教学模式的框架结构

教学模式的特点在于：

(1) 结构的完整性。任何教学模式都是由一定的指导思想、主题、目标、程序、策略、内容和评价等基本因素组成的，本身都有一套比较完整的组成和结构。教学的各要素组成一个系统，使教学模式的结构具有完整性的特点。

(2) 鲜明的个性。每一种教学模式都有明确的主题、一定的目标、有序的进程和适用的范围，个性强烈，特点鲜明。

① 刘知新. 化学教学论[M]. 2 版，北京：高等教育出版社，1997：158—158.

(3) 体系的简明性。教学模式的结构和操作体系，多以精练的语言、简洁的图表、明确的符号，来概括和表达教学过程。这样，既有利于使零乱纷繁的实际经验理论化，同时又能在人们头脑中形成一个比抽象理论更具体的、简明的框架。

(4) 程序的可操作性。一方面因为教学模式总是从某种特定的角度、立场和侧面来揭示教学的规律，比较接近教学实际而易被人们理解和操作；另一方面教学模式的产生不是为了抽象的思辨，而是为了让人们去把握和运用，因此，它有一套操作的系统和程序。

教学模式的以上特点说明，教学模式能沟通教学理论与实践，既能促进理论的提高，又能促进实践的发展。研究和使用课堂教学模式是教学研究的重要内容，是教研工作的一个切入口。它为我们展示了以往在教学构思中常感到模糊、未知的领域，能站在更高的理论层次，研究教学基本要素以及这些要素间的规律、联系。运用多种优化模式教学，可使个人教学风格更加饱满。各种形式的学习环境有益于学生身心和学业发展，更体现教育生命价值。

当教师进入成熟阶段，他们会对课堂教学模式驾驭自如，或使模式变型，或创造出新的教学模式，或进入高于一般教学模式的"无模式"境界。

(二) 若干常用的化学教学模式

素质教育提出后，广大化学教师在教学实践中不断探索，各种教学模式如雨后春笋般涌现出来，比较典型又基本不相互交叉的有以下几种。

1. 自学—指导模式

(1) 理论依据。"教为主导，学为主体"的辩证统一的教学观；"独立性与依赖性相统一"的学生心理发展观；"学会学习"的学习观。

(2) 教学目标。培养学生强烈的自学兴趣和良好的学习态度，让学生主动参与学习，独立地掌握系统的知识；培养学生掌握自学的方法，形成良好的自学习惯和一定的自学能力，包括：独立获取知识的能力、系统整理知识的能力、科学运用知识的能力。

(3) 基本程序。该模式的基本操作程序为：提出要求—学生自学—讨论、启发—练习运用—评价、小结。教师的指导贯穿每一个环节。

该模式中，教师的职责由系统讲授变为定向指导、启发等作用，其主导作用并未削弱，相反要求更高了。如果教师不能做到这一点，自学就会导致自流，这种模式的优越性就难以体现。这一模式要求学生有一定的阅读能力和知识基础，同时教师要充分相信学生能自学，积极指导学生自学；要设计出要求明确的自学提纲，提供必要的自学材料、参考书、学习辅助工具，要保证学生的自学时间并有一套指导学生自学的方法，如编写学案等。

2. 引导—发现教学模式

(1) 理论依据。这种模式的理论基础是杜威的"五步教学法"、皮亚杰的"自我发现法"和"活动法教学"、布鲁纳的"发现法"等教学法原理。他们认为教学过程是学生参与生活的过程，学生的学习是现有经验继续不断地改造，因此，教学不应该只是教师讲和学生听，而必须通过学生亲身活动去感受和发现。

(2) 教学目标。引导学生手脑并用,积极思维去获得亲身实证的知识;培养学生发现问题、分析问题和解决问题的能力;让学生养成探究的态度和习惯,逐步形成探究的技巧。

(3) 基本程序。该模式的基本操作程序是:提出问题—建立假设—拟定计划—验证假设—形成结论—总结提高。

在这一模式中教师是"引导者"和"顾问"。一方面,教师必须精通整个"问题"体系和和熟悉学生形成概念、掌握规则等思维过程;另一方面又要容忍学生出错,而不是过早判断学生的行为,并鼓励学生大胆质疑。盐类水解、化学平衡等教学可用此模式。

3. 情境—陶冶教学模式

(1) 理论依据。情知教学论。认为教学过程是情意过程与认知过程的统一,人的认识是有意识和无意识心理活动的统一,理智活动和情感活动的统一。

(2) 教学目标。通过情感和认知多次交互作用,使学生的情感得到不断陶冶、升华,个性得到健康发展,同时又学到科学的知识。

(3) 基本程序。基本程序为:创设情境—情境体验—总结转化。

在该模式中,教师是学生情感的"激发者"和"维持者"。因此要求教师应具备多种能力,如表演、语言表达等能力,并充分利用教学机智使学生同自己的情感发展同步,使情境更加入情入理,达到诱导学生情感和促进学生认知的作用。对与生活、与社会关系密切的化学教学内容适合用此模式。

4. 示范—模仿教学模式

(1) 理论依据。示范模仿是人类经验得以产生和传递的基本模式之一,也常是创造活动的基础。费茨和波斯将一个复杂的行为技能的获得概括为三个阶段:认知阶段,即学会行为技能的要求;联系阶段,通过学习使部分技能由不够精确到逐步精确,单个的下属技能逐步结合成总结技能;自主阶段,行为技能的程序步骤已不再需要通过思考完成。

(2) 教学目标。使学生掌握一些基本行为技能,如化学实验技能、化学用语使用技能、化学计算技能等。

(3) 基本程序。该模式主要包括以下四个基本程序:定向—参与性练习—自主练习—迁移。前三个阶段是示范模仿本身所涉及的,而迁移是对模仿的更高要求,是模仿的进一步深化。

在这种模式中,由于技能的形成主要是学生自己练习的结果,因此教师只起了组织者、指导者的作用。该模式应用范围广,实验技能、计算机能等很多技能训练都适宜。

5. 指导—完善模式

(1) 理论依据。该模式的理论依据有:智育心理学中"知识分类学习论"。它把知识分为陈述性知识、程序性知识和策略性知识三类,不同类型的知识需要不同的学习策略。

(2) 教学目标。学生学会一项深加工学习策略后,在整理知识的复习过程中,由"被动学习"向"主动学习"转变。

(3) 基本程序。该模式可分为五个环节:课题动机—引导路径—反馈训练—评价体验—归因强化。

该模式针对教材中部分陈述性知识交叉编排的特点，在章复习时或在“知识的综合应用”和“问题解决”的习题课前，教师指导学生有目的有计划地进行学习和训练，改变复习课以新课的简单重复为主要活动形式的倾向，提高复习课的质量和效益。

还有许多产生于教学实践的教学模式，如洋思中学的“先学后教，当堂训练”模式、杜郎口中学的“10＋35”(课堂教师与学生活动时间分配)模式、衡水中学的“五主”(教师为主导、学生为主体、问题为主轴、思维为主攻、体验为主线)、如皋市“活动单导学”模式(前文将其作为综合教学法的一种，因一种综合教学法亦可认为是一种教学模式)等等。较之以上五种教学模式，这些教学模式更为概括，如“先学后教，当堂训练”模式只突出先后顺序，“10＋35”模式只突出时间分配，“五主”模式突出教学主体和教学思路，“活动单导学”模式突出活动和引导，并不涉及特别的学科和知识类型，因而应用面更广，是更为宏观的教学模式，即便如此，仍然可以从理论依据、教学目标和基本程序三个维度来分析。

教学模式对于教学行为的规范与改进无疑有着积极的作用，是教学理论应用于教学实践的中介环节或桥梁，同时也应看到教学模式应用范围的有限性、发展性、多元性与开放性的特点。任何一个真正具有生命力的教学模式都应该是一个动态开放的系统，其基本结构虽然可以保持基本稳定，但其指导思想、操作程序依然有着不断地充实、完善、发展的空间。

案例与分析 引导—发现模式

以烹制糖醋鱼为情境，探讨乙酸的结构式、酸性和酯化反应。学生在烹制糖醋鱼的过程中学会知识，体验“从生活走进化学”，引导学生学习身边的常见物质，将物质性质的学习融入有关的生活现象的分析解决活动中，体现其社会应用价值。

乙酸学习

【情境】(1) 观看河南电视台《健康中原》节目：醋的作用；(2) 观看糖醋鱼的烹制视频。

【图形】观察教材，说说图中黑、蓝、红球分别表示什么原子，对照乙酸的化学式写出结构式、结构简式、分子式。认识乙酸的官能团。

【方法】分析乙酸的官能团，比较乙酸和乙醇中羟基的不同。

【实物】通过观察乙酸实物，认识乙酸的物理性质。

【情境】糖醋鱼酸甜可口，糖醋鱼的酸味是哪里来的呢？

【任务】探究活动1：(实验)

用多种方法鉴别白醋和白酒(提供的药品有：石蕊溶液、水垢、生锈的铁钉、白糖、石灰乳、纯碱等等)

解决问题：

(1) 乙酸能与水垢、铁锈、铁钉、石灰乳、纯碱等物质反应说明乙酸具有什么性质？

(2) 比较乙酸与碳酸的酸性强弱可以从哪些反应得出？

(3) 乙醇的羟基不显酸性,为什么乙酸的羟基有酸性呢?乙酸的羟基所连的原子团与乙醇的羟基所连的原子团有什么不同?

合作学习

【情境】糖醋鱼中的香味哪里来的呢?我们在做糖醋鱼时为什么要放少量的料酒呢?

【任务】实验探究 2:(实验)

P71 活动与探究栏目【实验 2】(苏教版化学 2)。按教材上的装置(制乙酸乙酯的装置)组装好。装有碳酸钠的试管里有什么现象?生成物的色、态、味怎样?

【系列问题】

(1) 装药品的顺序如何?为什么?

(2) 为什么反应需小火加热?能不能得到纯净的反应产物?

(3) 长导管的作用?导管能否插入饱和 Na_2CO_3 溶液中?

(4) 你认为浓硫酸和饱和 Na_2CO_3 溶液在实验中各起什么作用?请说明理由。

【方法】

探究酯化反应可能的脱水方式

方法:同位素示踪法——研究有机反应机理常用的方法

总结与评价

【情境】解释课前观看的河南电视台《健康中原》节目,醋的五个作用。

【任务】乙酸的断键方式。

学生是带着原有的学习经验进入课堂的,所以教师应该最大限度地让学生自主构建知识体系,教师在建构完固定支架后应该让学生自主探究学习,只有当学生遇到无法完成的任务时才适时的给予帮助。在"自主探究""合作学习""评价总结"阶段,教师起到提供探究所需资源及资料、将太过困难的任务分解成为学生能够探究的课题、促进学生合作、促进学生评价的作用。通过提供探究实验任务、问题、学案等方式来实现。

二、化学教学策略

(一) 教学策略的内涵

迄今为止,国内外学者对教学策略有很多界定,这些界定既呈现出一些共性,又表现出一些明显的分歧。共性表现为:教学策略有一定的目标,是在特定教学情境下,为完成特定的教学任务形成的决策与设计。分歧在于:有的人认为教学策略有一定的理论性,将之视为教学思想、教学模式;有的人认为教学策略就是教学方法;还有的人认为教学策略就是教学方案,在教学策略的归属上产生分歧。那么,教学策略与教学思想、教学模式、教学设计或教学方法究竟有什么区别呢?

1. 教学策略与教学思想

教学策略比教学思想更具操作性。教学策略与教学思想之间有着密切的联系。任何教学策略都是在一定的教育思想指导下形成的，体现了某些教学观念。但是，教学策略与教学思想之间并不具有一一对应的关系，其形态也不相同。

教学思想位于较高层次，属于理论、观念形态；教学策略虽包含有理论，但本质上是属于操作形态的东西，是对教学思想观念的具体化。在同一种教育思想指导下，结合不同的背景、条件，由不同的人来开发，就会形成不同的教学策略。同一种教学策略，也不必然都源于同一种教育思想，而可以源于多种教学原理、教学思想。

2. 教学策略与教学模式

教学策略比教学模式更具灵活性。国外有学者把教学策略看成是教学模式，尤其是北美，有时把教学策略作为教学模式的同义词。诚然，具有可操作性是二者的共同特征，但单从这一点并不能认为这二者是等同的。教学模式具有整体性和程式化的特点，而教学策略则具有部分性和可灵活应用的特点。

教学模式是在某种教学理论指导下，所构成的具有一定教学结构、教学活动顺序和教学功能的一种教学范型。教学模式有整体构架、有操作程序和运行环节。而教学策略则不受整体性和程式的约束，可以是整体性的，如“主体性教学策略”；也可以是具体的，零散的，如“邮件策略”。

3. 教学策略与教学设计

教学策略比教学设计更具迁移性。有人把教学策略看成是教学设计。教学设计是教学活动开展之前的准备工作，是对整个教学活动的计划和安排。教学设计的结果或教学设计的文字表达形式是教学活动方案。许多教学策略是为特定的教学目标和过程设计的，也常常以活动方案的方式呈现。这是教学策略与教学设计相同之处。但教学策略在迁移性和普适性方面与教学设计又有着明显的区别。

一个教学设计常用于一个特定内容的教学过程，而一个教学策略却可以用于多个教学过程。如关于“氨和铵盐”的教学设计只适用于“氨和铵盐”的教学，而“角色扮演”教学策略却可以用于不同的教学过程。当然，进行教学设计时要考虑教学策略的选择与运用，教学策略选择与运用时，又必须通盘考虑教学的整个设计。

4. 教学策略与教学方法

教学策略比教学方法更具思想性。在有的研究中，不少学者把教学策略等同于教学方法，两者在操作性上确实是一致的，两者的区别在于操作所依据的理念。教学策略无论简单的或复杂的，一定是依据某种教育思想设计的，而教学方法则并非都有明确的教育思想基础。

教学策略从层次上高于教学方法。教学方法是具体的可操作的，教学策略则包含有监控、反馈内容，在外延上要大于教学方法。

基于上述认识，可把教学策略定义为：在一定教学理论指导下，为实现某种教学目标，合理选择和组织相关的内容、组织形式、方法和技术，形成的具有效率的特定的操作样式或实施方案。

教学策略具有以下基本特征：第一，思想性。选择或制订教学策略是在一定的教学思想指导下，对教学内容、媒体、组织形式、方法、步骤和技术等要素加以综合考虑的结果。第二，可操作性。教学策略不是抽象的教学原则，也不是在某种教学思想指导下建立起来的教学模式，而是可供教师和学生在教学中参照执行或操作的方案，有关明确具体的内容。第三，灵活性。教学策略根据不同的教学目标和任务，并参照学生的初始状态，选择最适宜的教学内容、教学媒体、教学组织形式、教学方法并将其组合起来，保证教学过程的有效进行，以便实现特定的教学目标，完成特定的教学任务。

（二）常用的化学教学策略

可以从不同的角度归纳和分类教学策略，如可以从认知过程四要素的角度将教学策略分为以下四类：

(1) 激起认知动因的策略。真正的学习需要学习者全部身心的参与。每个学生头脑里的认知结构和意向状态互为学习的前提，并且互相促进。情感化和技术化现在正成为激起认知动因教学策略研制的主要方向之一。

在化学教学上人们设计了许多策略来激起学生的认知动因。如利用新闻媒体上关于化学品事故的报道激发认知动因、利用反常实验现象激发认知动因、利用化学与生活的联系激发认知动因等。

(2) 组织认知内容的策略。学生头脑里的知识体系是由课程、教材、教学方案的结构和序列转化而来的，因此必须追求最便于学生理解和应用的呈现方式。

在化学教学中，结构图、表格、概念图、物质转化关系等是常用的组织认知内容的策略，将元素化合物知识和理论知识穿插呈现、复杂概念的学习分层次螺旋上升等也是组织认知内容的策略。

(3) 优化认知方式的策略。最有效的学习应是让学生在体验和创造的过程中学习。中国古代教育家推崇的教学过程是“道而弗牵，强而弗抑，开而弗达”(《学记》)，以此达到教学的最高境界。

有经验的化学教师会非常注意采用优化学生认知方式的策略，采用探究学习、自主学习、合作学习等教学策略。边讲边实验、讨论、辩论、参观、竞赛等也是可以用于优化认知方式的策略。

(4) 利用认知结果的策略。化学教学中有一类问题是很突出的：学生知识遗忘率高，教师教学针对性差，造成教学目标的达成度比较低。解决这些问题，应注意对学生学习结果的了解和正确利用。教学目标达成的最佳控制必须利用反馈策略。实际上，反馈作为适应技巧，可以调节学生的学习行为和调整教师的施教行为。让学生自己出试题、建立错题本、进行一题多解和多题一解等活动都属于利用认知结果的策略。

也可以从学习类型的角度将教学策略分为以下两类。

(1) 直接教学策略。直接教学策略适用于事实、规则和动作序列的教学，这类教学的结果一般来说代表认知、情感和技能领域中复杂水平较低的行为。如元素符号、核外电子排布规律、物质的量浓度溶液配制方法的学习等都是事实、规则和动作序列的教学。直接教学策略基本上是一种以教师为中心的策略，主要由教师提供信息。教师的作用是以尽可能以直接的方式把事实、规则和动作序列传达给学生。通常采用讲授法，同时要求有很多的师生互动，包括问与答、复习与练习、学生错误纠正等。

（2）间接教学策略。间接教学策略适用于与概念、模式和定理、规律有关的教学，这类教学的结果一般来说代表认知、情感和技能领域中复杂水平较高的行为。根据现象、事实、数据、推理、验证等得出结论、概括大意、形成概念或定义、发现联系或关系的教学就是间接教学。间接教学策略包括先行组织者策略、利用问题引导探索和发现的策略、利用前概念的策略等。

教学策略的研究优势在于其灵活性。一个很具体的教学方法设计是创造了一种教学策略，一个很完整的教学系统的设计也是开发了一种教学策略。因此，每个教师都可以结合自己的教学实践发展新的教学策略，一个大的研究团队也可将教学策略的开发作为研究目标。

根据教学目标、教学内容、自己条件和学生状况，选择和设计教学模式或教学策略，是提高教学效率的最重要途径之一。

案例与分析　优化学生认知方式，促进化学教学

【苏教版“铁化合物之间的转化”教学片断】教师展示新制 $FeSO_4$ 溶液，溶液呈浅绿色，教师加一滴 KSCN 溶液，溶液显淡黄色，提问：Fe^{2+} 遇 SCN^- 不显色，实验中为什么显淡黄色？学生猜测可能是 Fe^{2+} 被空气中的氧气氧化、生成的少量 Fe^{3+} 与 SCN^- 生成了有色物质，类推 Fe^{2+} 还可能被其他氧化剂（如双氧水、氯水）氧化，教师继续滴加一滴双氧水，溶液变成血红色，学生很高兴，解释原因：过氧化氢将 Fe^{2+} 氧化成 Fe^{3+}，Fe^{3+} 与 SCN^- 生成更多的 $Fe(SCN)_3$，故颜色加深。教师故意继续滴加双氧水，溶液又变成棕黄色！学生很惊讶，Fe^{3+} 的水溶液显黄色，猜想可能是过氧化氢将 SCN^- 氧化了，如何证明？学生讨论、要求再滴加 KSCN 溶液，教师依言操作，溶液果然出现血红色，学生总结检验 Fe^{3+} 的注意事项。教师继续提问：如何保存 $FeSO_4$ 溶液？学生想到 Fe^{2+} 极易被氧气氧化，只能设法将 Fe^{3+} 还原成 Fe^{2+}——加入还原剂铁。学生分组实验，向血红色溶液加入过量铁粉，血红色褪去，溶液显浅绿色；向血红色溶液加入过量铜粉，血红色褪去，溶液显淡蓝色；向血红色溶液加 2 滴 KI 溶液，溶液还是红色！如何“看到”生成了碘？学生讨论后加入 CCl_4：溶液分层，下层油层显紫红色！学生在愉悦中书写化学方程式。

【评述】教学从探究 $FeSO_4$ 溶液变质开始、到寻找保存 $FeSO_4$ 溶液方法结束，课堂结构紧凑，一气呵成。教师对教材零散的实验进行整合，巧妙以 $Fe^{3+}+3SCN^-=\!=\!=Fe(SCN)_3$ 实验现象为“指示剂”，将 Fe^{2+} 的氧化反应、Fe^{3+} 的还原反应串在一起，实验现象鲜明、生动，学生通过直观观察、大胆假设、动手实验、解释建构，不仅高效掌握“铁三角”转换关系，还深刻理解了实验操作的精妙之处（检验 Fe^{3+} 受加入试剂的顺序、量的影响）。

【观念建构】“宏观看现象、微观想结构、符号来表征”，这是学习化学的三部曲，实验是培养学生想象力的最佳心象系统。因此，“无论如何强调实验都不过分”，所以教师要对教材进行整合：增加、改进实验、调整实验顺序，让实验说话、让实验传情，充分发挥实验的教学功能，采用优化认知方式的策略，促进学生思维在宏观、微观和符号系统中流畅转换，让课堂充满魔幻般的色彩。

主要参考文献

[1] 刘知新.化学教学论[M].3版.北京：高等教育出版社，2004.
[2] 王策三.教学论稿[M].2版.北京：人民教育出版社，2005.
[3] 吴俊明，杨承印.化学教学论[M].西安：陕西师范大学出版社，2001.
[4] 范杰.化学教育学[M].杭州：浙江教育出版社，1992.
[5] 田慧生，李如密.教学论[M].石家庄：河北教育出版社，1996.
[6] 吴杰.教学论[M].长春：吉林教育出版社，1986.
[7] 刘克兰.教学论[M].重庆：西南师范大学出版社，1990.
[8] 钟启泉.现代教学论发展[M].北京：教育科学出版社，1988.
[9] 刘舒生.教学法大全[M].北京：经济日报出版社，1991.
[10] 董操.新编教育学[M].北京：教育科学出版社，1998.
[11] 田本娜.外国教学思想史[M].北京：人民教育出版社，1994.
[12] 刘知新.化学教学系统论[M].南宁：广西教育出版社，1996.
[13] 刘知新.化学学习论[M].南宁：广西教育出版社，1996.
[14] 杨先昌，等.化学教育学[M].南昌：江西教育出版社，1995.
[15] 潘菽.教育心理学[M].北京：人民教育出版社，1998.
[16] 王祖浩.关于化学教学原则的思考与构想[J].化学教育，1996(8)：
[17] 丁非.“活动单导学模式”下的课堂筹划与设计[M].天津：新蕾出版社，2009.
[18] 高文.现代教学的模式化研究[M].青岛：山东出版社，2000.
[19] 黄甫全，王本陆.现代教学论学程(修订版)[M].北京：教育科学出版社，2003.
[20] 乔伊斯著，荆建华译.教学模式[M].北京：中国轻工业出版，2002.
[21] 鲍里奇.有效教学方法[M].易东平，译.南京：江苏教育出版社，2009.
[22] 耿莉莉，吴俊明.深化对情境的认识，改进化学情境教学[J].课程·教材·教法，2004，3(24)：74—76.
[23] 肖中荣.促进学生化学观念建构的课堂教学策略[J].化学教育，2013(1)：39.
[24] 胡金平.走出教学模式功能认识的误区[J].教育发展研究，2013(22)：76—80.

思考题

1. 指导化学教学的基础理论有哪些？你是如何认识的？

2. 化学教学特征是什么？结合你学化学的感受谈谈你对化学教学特征的理解。

3. 在中学化学教学中，遵循哪些教学原则可提高化学教学质量？结合教学实际，谈谈你对化学教学原则的理解。

4. 如何选择、运用教学方法？在使用教学方法时应注意什么问题？

5. 调查某一中学化学教师使用教学方法的情况，分析其优缺点。

6. 从期刊或其他文献中寻找一篇介绍一种中学化学教学模式的文章，谈谈你对文章的理解。

7. 什么是教学策略？请你设计一个化学教学策略。

第四章　化学教学设计和实施

内容提要

本章主要介绍了化学教学设计的基本概念、基础理论，阐述了化学教学设计的基本程序和方法，介绍了实施中学化学教学设计的要求和优化措施，并列举了高等院校化学教育专业的学生应具备的教学基本技能。

教学是一项简单的活动吗？我们每一个人都曾坐在教室中听老师讲课，如果将教学看成是老师把课本上的知识讲给学生听，那么我们会认为教学是很简单的一件事。但是，事实并非如此！当你为上好一节课而绞尽脑汁地准备时，当你发现需要根据课堂情境对你的预设做出调整时，当你在课堂上回答不出学生所提的问题时，你就会意识到教学究竟有多复杂！教学是一项培养人的社会活动，在这一活动中，学习者掌握一定的知识和技能，发展智力，培养能力，身心获得健康的发展。为了实现教学目标，教师必须依据一定的教学思想或理念，对教学活动进行周密的思考和设计。开展化学教学的前提是设计教学方案，而化学教学设计的实施就是将设计方案转化成教学现实，达到教学目标的过程。一名合格的化学教师，应该具有设计化学教学方案，开展化学课堂教学的能力。什么是教学设计？怎样进行化学教学设计？怎样开展化学课堂教学？这是本章的重点内容。

第一节　化学教学设计概述

一、教学设计

（一）教学设计

教学是通过信息传播促进学生达到预期的特定学习目标的活动，是指有组织、有计划的教与学的活动的总称。“设计”一词在《现代汉语词典》中的意思为，“在正式做某项工作之前，根据一定的目的要求，预先制定方法、图样等”。进行任何一种有目的的活动，为了实现预定的目标，都需要预先作出安排和策划。设计在正式进行活动之前完成，是对活动中可能出现的情况的一种构想，设计时要考虑活动中的问题并提出解决问题的方法，为活动的实施提供依据和方向。设计是对将要进行的活动的一种策划，这种活动不曾出现过或者不是已有活动的简单重复。因此，设计具有超前性、预测性、想象性和创造性的特点。参照以上对“教学”和“设计”的解释，可以将教学设计定义为：在进行教学活动之前，根据一定的目的、要求，预先构思并制定教学活动方案的过程。

如何使教学过程科学有效？依据系统论的思想，世界上的一切事物都可看作是系统。“系统”(system)一词出自希腊语“systema”，就是部分组成整体的意思。系统论的基本思想方法，是把研究对象看为系统，从系统整体出发，在普遍联系、运动变化、发展过程中考察事物，能够辩证地处理系统内部和外部的关系，实现系统整体最优化。

系统是指由若干相互联系的要素(或部分)结合而成具有特定功能的有机整体。要素指事物必须具有的实质或本质性的组成部分，结构指的是要素间合乎规律、相互联系的方式，功能指的是系统所具有的功效和作用。系统的结构决定了系统的功能。

系统方法就是运用系统论的思想、观点，研究和处理各种复杂的系统问题而形成的方法，即按照事物本身的系统性把对象放在系统的形式中加以考察的方法。它侧重于系统的整体性分析，从组成系统的各要素之间的关系和相互作用中去发现系统的规律性，从而指明解决复杂系统问题的一般步骤、程序和方法。

教学过程本身可以视为一个系统，这一系统包括学习者、教师、教学材料及教学环境等成分。教学设计的主要目的在于用系统方法创设一个有效的教学系统，因此教学设计亦称为教学系统设计。教学系统设计首先是把教育、教学本身作为整体系统来考察，即把教学系统作为一个整体来进行设计、实施和评价。创设教学系统的根本目的是帮助学习者达到预期的目标。其次，教学系统设计是应用系统方法研究、探索教学系统中各个部分之间及部分与整体之间的本质联系，并在设计中综合考虑和协调它们的关系，使各部分有机结合起来以完成教学系统的功能。在教学系统设计过程中，一般要通过学习内容分析、学习者分析形成制定教学目标、教学策略的基础；通过教学目标的制定、教学策略的设计、教学媒体的设计以及评估优化等逐步形成教学方案，并在实施中对设计方案进行反馈修正以取得最好的效果。

(二) 化学教学设计

化学教学系统就是指由相互作用、相互依赖的若干要素(或部分)结合而成的、具有一定化学教学结构和相应的教学功能的有机整体。化学教学系统的构成要素有：人的要素(教师、学生)，物的要素(化学课本、化学实验仪器、各种直观教具等)和观念要素(思维方法、科学方法等)。这些要素之间的相互作用、相互依赖、相互制约又构成系统输入和输出之间复杂的运行过程，也就是我们常说的化学教学过程。化学教学系统的功能就是通过化学教学过程运行的结果来体现的。为了发挥化学教学系统的功能，化学教师需要根据化学教学目的、教学任务和教学目标，结合化学教学内容、学生的实际水平和具体情况，以及教学条件和环境，对不同层次的化学教学系统进行规划、设计[①]。

所谓化学教学设计，就是运用系统方法分析化学教学背景，确定化学教学目标，建立解决化学教学问题的策略，选择教学媒体，设计并实施教学方案，评价反思试行结果和对设计方案进行反馈修正的过程。

化学教学设计具有如下特点：

（1）理论性。化学教学设计必须依据现代教学理论、学习理论和传播理论等，对教学过程的诸要素进行优化设计，以保证设计的科学性和合理性。

（2）系统性。化学教学设计必须运用系统方法，从教学系统的整体功能出发，综合考虑教师、学生、教材、媒体、评价等各个方面在教学中的地位和作用，使之相互联系、相互促进、相互制约，产生整体效应，以保证教学设计中的“目标、策略、媒体、评价”等诸要素的协调一致。

（3）差异性。化学教学设计必须以学习者为出发点，将学习者的特征分析作为教学设计的依据。

（4）应用性。化学教学设计理论具有极强的应用性。教学设计能使化学教学具有明确的方向性、自觉性和有序性，能有效地提高化学教学活动的效率。通过教学设计，可以很好地将教学理论与教学实践结合起来。在化学学科教学实践中，教学设计可以反映教师的教育教学理念以及教育教学理论水平。

二、教学设计的不同水平

教学设计的水平与人们对教学的认识密切相关。在社会发展的不同历史阶段，教学设计有着不同的特点。对教师而言，其理论水平、教学理念、教学经验等也影响其教学设计的水平。总的来说，教学设计历经了设计意识由朦胧到清晰、理念由自发到自觉、操作由经验到规范的发展过程。根据其不同的发展水平和特点，可以把教学设计划分为四种不同的水平[②]：

（1）直感设计——设计者（通常是教师）主要根据自己的主观愿望或者直观感觉来进行的教学设计。

在近代教育产生以前，人们主要根据自己的主观愿望或者直觉来进行教学设计，设计者的设计意识很弱，但随意性、盲目性很强，教学设计既无理论指导，又无经验辅助，系统性很差。虽然局部设计可能有可取之处，但一般来说，直感设计是低级的、原始的，设计质量较差，实践效果没有保证。这种直感设计不但存在于近代教育产生之前，现在也仍可以从缺少经验的新教师那里看到它的影子。

---

① 江家发. 化学教学设计论[M]. 济南：山东教育出版社，2004.

② 吴俊明. 化学教学设计及案例[M]. 北京：人民教育出版社，2002.

(2) 经验设计——设计者(通常是教师)以教学实践中积累的经验为主要依据,以过去教学的经历为模板进行设计。

随着教学实践经验不断积累,教学逐步进化到经验设计水平。这时的教学设计主要以教学实践中积累的感性经验为依据,自觉性有了提高,目的性有了增强,但仍缺乏系统的、严格的规范,设计质量受经验丰富程度和理性水平影响,实践效果仍然难以保证。目前,许多教师仍在使用经验设计这种传统的设计方法,导致教学效果难以稳步发展。因此,在课程改革的新形势下,应注意经验设计的消极影响。

(3) 实验(辅助)设计——设计者先根据某些理论或假说进行验证性教学实验,然后在总结试验情况、形成实践规范的基础上进行的教学设计。

当教学的感性经验被总结成规律(或假说),上升为理性的认识,且人们试图用它们来指导教学实践,开始进行各种局部实验乃至大规模实验,总结出教学实践规范,把它作为教学设计的依据和辅助手段,此时教学设计进入试验(辅助)设计阶段。由于教学规律比较深刻地概括了更为广泛的教学实践经验,设计的依据比较可靠,这种设计的自觉程度进一步提高,能在一定范围保证一定的教学效果,也对理性认识起到了检验、修正、完善、发展作用,能促进教学水平的提高和成熟。但设计质量还要受试验内容和水平的影响。

(4) 系统设计——依据比较完备的教育理论,运用系统科学方法进行的教学设计。

系统科学方法的主要特点是:它把研究对象看为系统,从系统整体出发,在普遍联系、运动变化、发展过程中考察事物,能够辩证地处理系统内部和外部的关系,实现系统整体最优化。系统设计注重遵循教学系统的运行规律,自觉运用相关的科学理论处理系统内的构成要素之间以及系统与环境关系等问题。它能够使教学理论有效地指导教学实践,使教学效果具有较强的可预见性。

按照系统论的观点,化学教学是一个多要素的复杂系统,化学教学系统就是由这些相互作用、相互联系的若干要素(或部分)以一定结构方式结合形成的、具有特定功能的有机整体,教学系统及其运行具有一定的规律。全面地认识这些规律,并且以此为基础进行教学的系统设计,即为教学设计的系统设计阶段。也就是按照一定的规则和程序综合地了解和分析教学问题,设计问题的解决方法和活动步骤,并对方法和步骤进行预测和优化。该过程具有很强的理性和规范性,可以避免零散性、片面性和局限性,使系统的各组成部分之间以及系统与其外部环境之间达到协调、和谐的状态,从而提高系统的整体功能水平,保证教学取得较好的效果。系统教学设计使教学理论准确地转化成实践,有效提高了教学设计的水平,它的形成是教学设计质的飞跃。作为一名中学化学教师,应该自觉地利用教学规律进行系统设计,以全面地、科学地实施素质教育,大面积地提高中学化学教学质量。

三、化学教学设计的层次

教学系统是有层次的，它可以大至一门课程，小至一个课时甚至其中一个阶段。根据化学教学系统不同层次的目的、要求和作用，可以把化学教学系统的设计分为课程、学期（或学年）、章（或单元、课题）、课时和局部教学设计五个层次。它们之间是整体和部分、系统和要素之间的关系。

（一）课程教学设计

课程教学设计是指化学教师在一门化学课程教学开始之前，对该门课程教学从整体上进行规划、设计的过程。课程教学设计主要解决课程教学的总体规划，制定课程教学的蓝图和宏观方法。高中化学新课程实行模块课程，对每一课程模块的教学都要进行课程教学设计。设计的内容主要有：

(1) 依据课程标准确定课程教学的任务、目的和要求；

(2) 根据课程教学的任务、目的和要求规划、组织和调整教学任务；

(3) 依据课程内容、教科书内容和其他教学资源确定化学教学内容；

(4) 构思课程教学的总策略和方法系统，主要是根据教学内容和学生的特点，以及所在学校教学资源情况，确定探究点和学与教的方式；

(5) 确定课程教学评价的目的、标准、模式和方法等；

(6) 在上述工作基础上，制定课程教学的课程标准或课程教学计划。

（二）学期（或学年）教学设计

它是化学教师在一学期（或一学年）开始之前，在对学期（或学年）化学教学系统进行全面构思和预想的基础上，所提出的学期（或学年）化学教学系统的综合、整体设计方案。它是在完成课程教学设计之后，在了解学校学期（或学年）教育教学计划；通读和初步研究教材；了解过去，特别是上学期（或学年）学生的学习基础、学习能力和动机因素以及学习表现等方面的一般特点和发展可能性；了解教学资源和物质条件的基础上进行的。它在保证学期（或学年）教学任务的完成、教学目标的达到方面起着重要作用。

学期（或学年）教学设计方案，通常包括：

(1) 考虑本学期（或学年）教学工作与前、后学期间教学工作的联系；

(2) 学生情况的分析；

(3) 本学期（或学年）的教学目标和基本要求、教学内容和学习安排、教学重点、难点和关键、教学评价；

(4) 化学课外活动的形式和内容、化学教学方法改革的设想；

(5) 在上述工作基础上，制定学期（或学年）教学计划。

学期（或学年）化学教学设计方案可以采用文字叙述形式或表格形式（如表 4－1）。

表 4-1 学期(或学年)化学教学设计方案

年 月 日

<table>
<tr><td>班级</td><td></td><td>教材</td><td></td><td>总学时</td><td></td></tr>
<tr><td>周学时</td><td></td><td>任课教师</td><td colspan="3"></td></tr>
<tr><td colspan="6">学期(或学年)教学目标和要求</td></tr>
<tr><td colspan="6">学期(或学年)教学重点、难点、关键</td></tr>
<tr><td colspan="6">学生情况分析</td></tr>
<tr><td colspan="6">学期(或学年)教材简要分析</td></tr>
<tr><td colspan="6">学期(或学年)教学方法的改革规划和主要措施</td></tr>
<tr><td>周次</td><td>起止 年 月</td><td>第×章
××(时数)</td><td>演示实验
学生实验</td><td>直观教具
电化教具</td><td>备 注</td></tr>
<tr><td></td><td></td><td></td><td></td><td></td><td></td></tr>
<tr><td colspan="6">课外活动(形式和内容)</td></tr>
<tr><td colspan="6">教学测量与评价</td></tr>
</table>

(三) 章(或单元、课题)化学教学设计

章(或单元、课题)化学教学设计在通常情况下是制定章的化学教学设计方案,有时为了进行教学改革实验或复习的需要,往往把某些有密切联系的、分布在教材不同章节的教学内容归并到一起构成一个单元。例如,把原子结构、分子结构和晶体结构归并为一个单元;把溶液、电解质溶液和胶体归并为一个单元;把卤素、氧和硫、氮和磷、硅等非金属归并为一个单元等。

章(或单元、课题)教学设计是在课程教学设计和学期教学设计的基础上提出的。课程教学设计为化学学科教学工作拟定了目标。学期教学设计为一学期的化学教学工作拟定了总体规划,提出学期的努力方向,而不要求它对化学教学工作作出具体详尽的规定。章(或单元、课题)教学设计是要对一章或一单元的教学工作作出较为详尽的规划方案。它较之学期教学设计在内容上更为详细,在要求上更为具体,也更便于教师执行。它的内容主要包括:

(1) 确定章(或单元、课题)的教学任务、目标和要求。在制定章或单元教学目标和要求时,要明确规定出化学教学基础知识和基本技能、学生能力的培养、思想政治教育、科学态度培养和科学方法训练等方面的要求;

(2) 确定章(或单元、课题)的具体教学内容;

(3) 分析章(或单元、课题)教学内容的特点、在整体教材中的地位和作用,明确教学重点、难点和关键,拟定章(或单元、课题)教学进度的划分、教学的评价方案等;

(4) 确定章(或单元、课题)教学的结构、策略和方法系统,包括怎样把握章(或单元、课题)内容的内部联系和外部联系、怎样搞好重点内容的教学、划分各课时的教学内容,确定学习方式,确定完成单元(或章、课题)化学学与教活动所需的化学教学资源配置清单;

(5) 规划章(或单元、课题)化学学习评价的内容和形式;

(6) 在上述工作基础上,制定章(或单元、课题)教学计划。

章(或单元、课题)教学设计也同样可以采用文字叙述或表格的形式(如表 4-2)。

表 4-2 第×章(或单元、课题)教学设计方案

<table>
<tr><td>班级</td><td></td><td>教材</td><td></td><td>章(或单元、课题)学时数</td><td></td></tr>
<tr><td>章(或单元、课题)课题</td><td colspan="2"></td><td colspan="2">第×章(或第×单元)</td><td></td></tr>
<tr><td colspan="6">本章(或单元、课题)教学目标和要求</td></tr>
<tr><td colspan="6">本章(或单元、课题)的教学重点、难点、关键</td></tr>
<tr><td colspan="6">本章教材的简要分析</td></tr>
<tr><td>周 次
(日/月—日/月)</td><td>第×节
×××(时数)</td><td>教学方法</td><td>实验、教具</td><td colspan="2">备 注</td></tr>
<tr><td></td><td></td><td></td><td></td><td colspan="2"></td></tr>
<tr><td></td><td></td><td></td><td></td><td colspan="2"></td></tr>
<tr><td></td><td></td><td></td><td></td><td colspan="2"></td></tr>
<tr><td colspan="6">本章成绩考查</td></tr>
<tr><td colspan="6">本章课外活动</td></tr>
<tr><td colspan="6">本章小结</td></tr>
</table>

(四) 课时化学教学设计(或称化学教学程序设计)

课时化学教学设计是在课程教学设计、学期(或学年)教学设计和章(或单元、课题)教学设计基础上,根据具体的教学条件,以课时为单位进行的教学设计。它比章(或单元、课题)教学设计方案更为具体和详细。课时化学教学设计不是课本的简单照搬,是教师结合本人的情况、学生的实际、学校的条件、每课时教学内容的特点、教学方法和教学手段等因素进行整体地、综合地思考,为最优地完成教学目标而进行创造性劳动的结晶,因此它是教师进行课堂教学活动的重要依据,是检验课时教学效果和做好教学评价的重要参考。它主要包括下列工作:

(1) 确定本课时的教学目标,教学重点、难点;

(2) 构思本课时的教学过程、具体的教学策略和方法;

(3) 选择和设计教学媒体;

(4) 准备课时教学评价和调控方案等；

(5) 在上述工作的基础上，编写课时教学方案（简称教案，又称课时教学计划）。

课时教学方案也可以采用表格的形式（如表4－3）。

表4－3　课时教学方案示例

<table>
<tr><td colspan="3">年级　　班　　任课教师</td><td colspan="2">年　月　日</td></tr>
<tr><td>课题</td><td colspan="2"></td><td>课本</td><td></td></tr>
<tr><td colspan="2">教学目标</td><td colspan="3"></td></tr>
<tr><td colspan="2">教学重点、难点</td><td colspan="3"></td></tr>
<tr><td colspan="2">教具</td><td colspan="3"></td></tr>
<tr><td colspan="5">教学过程</td></tr>
<tr><td>教师活动</td><td colspan="3">教学内容</td><td>学生活动</td></tr>
<tr><td></td><td colspan="3"></td><td></td></tr>
<tr><td>分析评价</td><td colspan="4"></td></tr>
</table>

在以上各层次的教学设计中，课时教学设计是大量和经常进行的一种教学设计，其内容比较具体和深入。在后面的讨论中，我们将以课时教学设计为主要对象。

（五）局部设计

在进行教学设计时，除了要设计教学的整体结构，即进行系统设计外，还需要对某些重要环节、关键片段等分别作具体的局部设计，例如导入设计、过渡设计、结尾设计、板书设计、实验设计、练习设计、技术媒体设计等等。

如果没有局部设计，就不能使教学设计达到比较深入和精细的程度，就不能使教学设计达到较高的艺术水平和科学水平，也难以保证设计方案的实施效果，影响其可靠性，系统设计会停留在粗糙、模糊和概略状态。但是局部设计必须在系统设计指导下进行，才能不偏离方向，在整体方案中起到应有的作用。在完成各局部设计后，还需要在系统设计指导下作整体的协调。

因此，研究教学设计时，既要注意研究整体的系统设计，又要注意研究局部的具体设计，使两者相互配合、相互补充，有机地统一起来。

四、化学教学设计的程序

化学教学设计过程大体上可分为设计准备、构思设计和评价优化三个主要阶段。就课时教学设计和单元教学设计来说，各阶段的主要工作是：

1. 设计准备阶段

① 教学理论的选择与掌握；② 教学任务分析；③ 教学内容选择与分析；④ 学习主体的

调查与分析；⑤ 教师的自我分析；⑥ 教学条件和教学资源的调查与分析。

2. 构思设计阶段

① 教学目标设计；② 教学策略设计；③ 教学情境设计；④ 教学媒体选择与设计；⑤ 教学过程设计；⑥ 设计总成与教案编制。

3. 评估优化阶段

① 教学效果预测；② 教学方案评估与选择；③ 教学方案的调整与优化。

五、教学设计的基本要求

1. 以系统论观点作指导

教学设计侧重于教学系统的整体性分析。要自觉了解各系统各要素之间的相互联系，注重教学各方面的相互配合，从系统整体出发来处理问题，从全局和全过程出发处理好各方面的配合和各阶段的衔接，做好总体协调以及系统与环境的协调工作。

2. 以科学、系统的教育教学理论和学习理论为基础，遵循教育教学规律

理论的指导是教学设计从经验层次上升到理论、科学层次的一个基本前提。依据科学、系统的教育教学理论和学习理论进行教学设计，就是要求教学设计符合教学规律。如果所做的教学设计不符合教育教学规律，教学就会出现随意性或经验化，影响教学质量。因此，在进行教学设计时，要广泛吸取各种理论的合理之处，把它们整合为比较全面的理论，用来作为教学设计的基础理论。同时，要注重通过教学试验来对选择的理论以及制订的方案进行检验、修正，以此为基础建立科学、合理的教学活动规范。

3. 要从教育教学的主体出发、从实际效果出发

教育教学的主体是学生，学生的知识基础、学习兴趣、学习态度、认识水平、学习能力等都直接影响教育教学的效果，所以，在进行教学设计之前，要充分了解和掌握学生各方面的情况，有针对性地进行设计。要从提高实际效果的需要出发，认真研究教学的实际条件，了解各要素的特点，准确地把握教学的起点和潜在可能性，做好效果预测工作，在此基础上制订既可行又能充分发挥学生主体能动性的目标和活动方案，注重活动方案的可操作性。

第二节　化学教学系统各环节设计与教案编写

化学教学设计之前必须首先弄清教学的起点、终点、条件以及构思设计原理，初步作出方案设想并估计其实现的可能性，即要做好教学设计的准备工作。然后，再对教学目标、教学策略、教学情境、教学媒体、教学过程等各个环节进行设计。最后，综合各种构思编制出化学教学设计方案。

一、化学教学设计的准备工作

在化学教学设计的准备阶段，设计者主要应该形成教学的理念和教学设计的指导思想，明确教学任务和学生的学习需要，弄清教学的起点、终点和条件，初步作出方案设想，估计实现的可能性并进行适当的调整。具体的工作主要有：

1. 学习、钻研理论，形成教学理念

教学理念是人们对课程教学的理性认识，是人们对教学活动的看法和持有的基本的态度和观念，是人们从事教学活动的信念。教学理念决定着课程如何实施，也决定着课程实施的效果。在化学教学设计的准备阶段，设计者要学习、钻研各种教学理论、学习理论及教学主张，结合化学教学实际进行选择、整合，形成先进的教学理念。在当前的基础教育化学课程改革中，需要树立下列理念：① 化学教学要面向全体学生，以培养人为主旨；② 化学教学要以提高学生的科学素养为重点，促进学生全面发展；③ 教学要贴近生活、贴近社会，注意跟其他学科相联系；④ 既重视学习结果，也重视学习过程；⑤ 要努力培养学生终身学习的愿望和能力，让学生乐于学习，也学会学习，增长发展潜能；⑥ 实施多样化教学评价，帮助学生增强发展信心，促进学生在知识与技能、过程与方法、情感态度与价值观等方面都得到更好的发展。

2. 钻研化学课程标准，分析教学任务

化学课程标准是化学教学工作的指导性文件。在进行化学教学系统设计之前，要深入领会其精神，领会课程标准对本节教材的要求。同时，为满足社会需要，促进学生的品德、智力、情感、意志、动机全面健康发展，为使学生形成良好的知识结构和能力结构，要根据化学课程标准认真分析当前的教学中具体的教学任务是什么？在满足学生的内部需要方面，又有哪些迫切任务？要考虑到教学对象的特点，为本教学阶段选择最重要的、具有特殊迫切性的和具有现实可能性的任务。

在确定教学任务时，要力求全面，还要注意负担合理，能跟其他阶段的教学任务协调和配合。

3. 钻研教科书，分析教学内容

学期(或学年)教学系统设计之前要研究教科书，以便了解全部教科书内容，做到心中有全局。章(或单元、课题)教学设计之前的研究教科书，目的是掌握各章间的内在联系，确定本章教材的教学目标、重点、难点。课时教学设计之前的研究教科书，是为确定本节教科书的教学目标、难点、重点、研究本节教学方法等问题打下基础。这样从全局到局部的钻研教科书，可以对每一节教科书的教学，从整体上加以认识，使整个教学过程的教学任务体现在各级教学之内，前后衔接得很好，乃至一课一课地完成各节教学目标之后，最终也完成了整体的教学任务。

对于教科书的分析、研究，要做到彻底理解教科书内容(包括课文插图、实验、注释、附录等)，准确把握教科书内容的逻辑结构。还应把有关的习题做一遍，明确习题的编排意图，以便做好习题的处理计划。在钻研教科书的过程中常常需要参阅一些有关的书刊,阅读参考书刊的目的不是在课堂教学中增加过多的内容,而是为了充实自己,拓展自己的知识面,提升自己的认识能力,进一步理解和掌握教科书的内容。也可以适当选一些读物,用于因材施教。

但是研究教科书不等于很好地掌握了教科书的深度、广度和教学目标,也未解决如何教的问题,还必须在化学课程标准的指导之下,对教学内容进行分析。

一般应从如下几个方面分析:

(1) 分析本节(或课题)内容的已有知识基础及本节内容和前后章节(或单元课题)的联系

分析本节(或课题)内容的已有知识基础及本节(或课题)内容与前后章节(或单元课题)的联系,是在单元教材分析的基础上进行的。例如,"氧气"在人民教育出版社的化学(九年级上册,2012 年 5 月第一版)中,是"第二单元 我们周围的空气"的课题 2 的内容,课题 1 是"空气",课题 3 是"制取氧气"。

对于"氧气"这一课题,已有知识基础是:小学《科学》里已经学到空气中有氧气、一些物质能在氧气中燃烧;初中化学在此内容之前学生学到的物理变化、化学变化、物理性质、化学性质等概念,以及本单元的第一课题"空气"中空气的组成、氧气与人的关系、氧气的用途等知识。这些已有的知识基础有利于本课题氧气的物理性质、化学性质的教学。通过本课题的教学,可以为进一步理解化学变化和化学性质等概念提供事实,对此前学到的上述概念起到巩固作用。本课题所学的氧气的性质可以用来解释前面学习的氧气的用途,并且可以自然引出下一课题"制取氧气",因为研究和认识氧气,不仅要知道氧气的用途和性质,还要知道如何获得氧气——氧气的制法。本课题所涉及到的具体物质和化学反应,为后面建立分子、原子、混合物、纯净物、单质、化合物、氧化物、化学式、化学方程式等概念打下了知识基础。

(2) 分析本节(或课题)教科书中的科学内容

分析教科书的科学内容应该做到:第一,逐字逐句地推敲定义、定律,做到正确地理解;第二,正确地掌握物质的性质和变化;第三,避免在教学中单纯强调科学性而忽视学生的接受能力,或只注意学生的接受能力而忽视了科学性的两种倾向。前者会使学生学习困难甚至失去信心,后者会使学生形成模糊的甚至错误的概念。例如,推敲化合反应的定义:"由两种或两种以上的物质生成另一种物质的反应,叫做化合反应",其中"两种或两种以上""一种"是关键词,表明了这个定义是根据反应前后物质种类数的变化来下定义的。又如,推敲教材中概括氧气的化学性质的一段文字:"这说明氧气的化学性质比较活泼",文中提"比较"而未提"最"活泼的气体,是为以后讲氟气、氯气的化学性质比氧气还要活泼留下伏笔。从以上例子不难看出,分析教科书的科学内容,可以增进教师对教科书的理解和掌握,教学时保证教学内容的科学性。还应注意教科书中留下的伏笔,重视教科书对概念逐步加深、扩大的系统处理，循序渐进地开展教学。

(3) 分析本节(或课题)教科书与“科学、技术与社会”相联系的内容

化学与“科学、技术与社会”天然有着很密切的联系。例如，氧气对学生来说是一种非常熟悉的气体，在“空气”这一课题中，“氧气”这一段的文字以及“图 2－5 氧气的用途”，比较集中地反映了化学与科学、技术与社会的联系。在“氧气”这一课题的教学中，可以突出氧气的性质(理性知识)与其实际用途的联系，这样既巩固了学生对氧气性质知识的掌握，又能让学生初步了解物质的性质决定用途、用途反映性质这一化学基本观念。此外，在“氧气”这一课题中，教材列举了生活中缓慢氧化的例子，如动植物的呼吸、食物的腐烂、酒和醋的酿造、农家肥料的腐熟等，引导学生关注生活中的化学现象，从化学的视角认识生活中的自然科学知识，让学生感受到化学与生活密切相关，进一步激发学生学习化学的兴趣。

(4) 分析本节(或课题)教科书中蕴含的思想内容

教科书中蕴含着丰富的思想内容，如科学方法、科学态度、核心观念、辩证唯物主义观点等等。例如，“氧气”这一课题中，教科书编写氧气的化学性质，是把氧气放在与碳、硫、磷、铁等反应中去观察认识的，体现通过实验来研究物质及其变化的科学方法，也体现了客观事物是相互联系的辩证唯物主义观点；教材是在实验的基础上归纳出化学反应的文字表述式，体现了化学表述式是客观事实的记载，不能由人的主观意识去臆造的观点；借助实验，不仅能让学生掌握氧气的化学性质，更主要的是培养学生科学的实验方法和严谨的实事求是的科学态度，为以后更好地利用实验探究自然科学知识打下基础。

(5) 分析本节(或课题)教科书在培养能力方面的特点

分析本节(或课题)教科书在培养能力方面的特点，能更好地进行掌握知识与培养能力统一的教学。例如，对“氧气”这一课题，可以采用自主学习和实验探究相结合的教学方法，培养学生的自主学习能力和实验探究能力。在本课题的实验教学中，学生需要观察和描述实验现象，并根据实验现象得到结论，并且从具体到抽象、从个别到一般地归纳出几个反应的关键属性，形成化合反应和氧化反应的概念，所以实验教学不仅可以培养学生的实验探究能力，还可以培养学生的观察能力、表达能力和思维能力，而在引导学生设计实验的过程中更能培养学生的创新能力。

(6) 分析本节(或课题)教科书中各段内容间的联系及本节教材的中心内容

分析本节(或课题)教科书中各段内容间的联系及本节的中心内容，可以为教学中合理地组织教材，加强系统性，抓住主要矛盾，突出重点打下基础。例如，对“氧气”这一课题，教材各段内容间的联系以及本课题教科书的中心内容可作如下的分析：本课题包括氧气的性质和化学反应两部分。第一部分介绍氧气的物理性质，然后通过带火星的木条、硫、铁等几种物质在氧气中反应所发生的现象，总结出氧气的化学性质；第二部分是在第一部分的基础上，通过实验和讨论，得出化合反应和氧化反应的概念。此外，教科书还介绍了缓慢氧化，以区别通常的燃烧。物质的性质分物理性质和化学性质。因物理性质一般从表面上就可以观

察到，而化学性质必须通过化学变化才能观察到。教学上根据由表及里、由简单到复杂的认识过程，通常都是先介绍物理性质，后介绍化学性质。本段教科书也是氧气的物理性质在先，氧气的化学性质在后，这是符合学生认识规律的。物质的性质决定其用途，学习氧气的化学性质，才能够解释前面所学的氧气的用途；学习了体现氧气化学性质的那些化学反应，才可能阐明化合反应、氧化反应的概念，也才可能进一步研究燃烧、爆炸、自燃等现象的本质，因而氧气的化学性质是本节的中心内容。

4. 了解学习主体、分析学情

学生是学习的主体，教学能不能成功，关键是看学生能从教学中获得什么。影响学生学习的因素很多，既有认知因素如学生的智力发展水平、学习的技能技巧、认知基础、认知风格等，也有非认知因素如学生的学习兴趣、态度、需要、意向等，还有社会因素如家庭背景、学生间的交往、相互关系以及师生间的关系等。对学生学习情况的分析，要综合以上因素，尽可能作出全面而准确的分析。由于学生的情况在不断地变化，了解学生的实际是一项经常性的工作，可通过观察学生表现、研究教学档案、跟学生谈话、课堂提问、批改作业、测验和试卷分析等方法作经常了解。在教学设计的准备工作中，应着重研究学生已学知识、技能(包括其他课如物理、数学的有关内容)有哪些与本节有联系，巩固程度如何，新近在学习情绪、学习能力方面出现了哪些问题等。明确教授新课的基础，看教学能否促进学生的发展，能在多大程度上促进学生的发展，以便在确定课时计划的重点、难点、教学方法和设计教学过程等时，能从学生的实际出发，为每位学生的发展创造合适的学习条件，制订出比较切合实际的课时计划。

如何分析学情呢？由于学生的智力发展水平、已有知识基础、学习兴趣、学习态度、认知风格、学习环境等因素都会影响学生的学习。因此，应尽可能从以上方面综合分析学生情况，这些方面都是因材施教的基础。具体而言，主要是分析下面的几个问题：

学生的“已知”。这里的“已知”是指学生已经具备的、与本节内容相关的知识经验和能力水平等，它决定了教与学的起点。

学生的“未知”。“未知”是与“已知”相对而言的，它既包括通过学习应该达成的教学目标中所包含的未知知识与技能等，还包括实现教学目标的过程中所涉及到学生尚不具备的知识与技能等。明确“未知”，才能确定教学中学生可能遇到的障碍，也才能确定教学的重点和难点。

学生的“能知”。“能知”就是通过这节课教学，学生能达到怎么样的目标要求，它决定学习终点(即学习目标)的定位。

学生的“想知”。所谓“想知”，一方面是指除教学目标规定的要求外，学生还希望知道哪些目标以外的东西；另一方面是指学生对所学知识的兴趣、热情和对新知识的好奇心，反映学生的学习态度和学习动机等。

学生的“怎么知”。“怎么知”反映学生是如何进行化学学习的，它体现学生的认知风格、学习方法和学习习惯等。

学情分析不能停留于表象，要通过观察、访谈、调查、提问等方式进行深入的了解，并在此基础上设计相应的教学策略。

案例与分析 学情分析

以下是三份苏教版《化学1》"硝酸的性质"的学情分析，试加以比较，并说明你认为应该如何分析学情。

学情分析1：学生在初中已经初步接触到硝酸，了解硝酸是一种实验室和化工生产中常用的酸，而且学生已学习了氧化-还原反应的相关知识，同时也具备了一定的实验观察技能和分析实验的能力。

学情分析2：化学是一门以实验为基础的科学，学生通过直观生动的实验来学习，才能留下深刻的印象，也最具有说服力。教学时，注意及时创设问题情景，引导学生对实验现象进行分析。同时利用富于启发性地思考问题，活跃学生思维，点燃学生对化学学习的好奇心，使他们产生对化学现象本质的探索，学会或增强分析总结问题的能力。在学习 HNO_3 用途时，使学生明确物质的性质决定物质的存在和用途的基本原理，引导学生寻找知识间的相互联系，掌握科学有效的记忆方法，提高识记的效果。

学情分析3：学生在初中已经初步接触硝酸，并知道硝酸是一种常见的酸、具有酸的一些共同性质。经过《化学1》前面章节的学习，学生已经掌握有关氧化-还原反应的实质，并知道物质的氧化性或还原性和其组成元素的化合价有密切的关系。此外，学生已经掌握实验探究是学习元素化合物知识的基本方法，而且知道可以从物质类别和元素化合价两个角度来认识物质的性质。这些认识和研究物质性质的角度和方法可以迁移至硝酸的学习中，并在此得到进一步的应用和巩固，这是本节课的重点。本节内容介绍硝酸是氧化性很强的酸，学生对相应的实验探究会比较成功，但对浓、稀硝酸的氧化性的区别和对应还原产物的不同可能会产生一定的理解困难。因此在教学中采用比较的方法，学生通过观察两者实验现象的差异，认识浓、稀硝酸的氧化性的区别和对应还原产物的不同。此外，由于受知识水平的限制，学生对硝酸用途("常用来制备……染料、塑料、炸药……")只作了解，其中的化学原理还有待于后面的深入学习。

5. 教师的自我分析

教师在进行教学系统设计之前，必须要对自己的教学思想、教学能力、化学知识水平、多媒体技术的使用技能等方面进行全面的分析和充分的估量。明确自己的长处和短处，有意识地在教学设计中扬长避短，或有意识地矫正自己的短处，才能不断提高自己的教学水平。

6. 教学条件和教学资源的调查和分析

初步确定完成教学任务需要哪些外部条件(仪器、试剂、设备、材料、图表、模型、技术媒体及其软件、资料等)，了解这些外部条件是否具备，若不具备有无替代方法或能否自己制作。调查在外部环境中有哪些教学资源可以利用，考虑如何用好外部资源。此外，要确定完成教学任务需要多少时间，教学计划规定的时间能否满足需要，若不满足，则需要作出相应的调整。

二、化学教学目标设计

1. 教学目标及其相关概念

教学目标作为教学的出发点和落脚点，它决定着教学的主攻方向，决定着一节课的教学内容、重点难点、学习层次水平，也影响着教学策略的选择以及教学的深广度，并制约着教学活动的全过程，因此，它是教学活动的灵魂。什么是教学目标？如何制定教学目标？要回答这些问题，首先要明确与教学目标相关的几个概念：

(1) 教育目的。教育目的是把受教育者培养成为一定社会需要的人的总要求。教育目的是根据一定社会的政治、经济、生产、文化科学技术发展的要求和受教育者身心发展的状况确定的。它是教育工作的出发点和最终目标，对整个教学活动起着统贯全局的作用。

(2) 培养目标。培养目标是不同性质或者不同阶段教育如基础教育、高等教育、职业教育等的培养要求。培养目标是在教育目的的指导下，由教育行政部门根据各级各类学校所承担的培养任务、培养对象的年龄特点和知识水平而制定的，一般不涉及具体的学习领域。

(3) 课程目标。课程目标是某一门课程本身应达到的学习结果，是指导该门课程编制的准则。课程目标一般是在充分体现教育目的和培养目标的前提下，兼顾社会需求、学生特点和学科要求而制定的。

教学目标通常是由教师依据课程目标，结合学生的实际情况制定的教学活动中学生要达到的预期结果。它既与教育目的、培养目标、课程目标相联系，又不同于教育目的、培养目标和课程目标。教育目的、培养目标、课程目标是制定教学目标的依据，在课程目标和教学目标引导下的课程及课程实施则是实现教育目的、培养目标的重要手段。

根据教学系统的层次结构，教学目标有课程教学目标、学段（或者学年、学期）教学目标、单元（课题）教学目标和课堂（课时）教学目标之分，其中课堂教学目标是日常教学中最基本、最具体、最具有可操作性的目标。

2. 教学目标的分类

20 世纪 50 年代以来，布卢姆等人提出了教学目标分类理论，将教学活动所要实现的整体目标分为认知、情感和动作技能三大领域，每一领域由多个亚类别组成，子类间具有层次性。其中，布卢姆本人提出了认知目标的分类，情感目标和技能目标的分类是由克拉斯沃尔(David Krath-wohl)和哈罗(Anita Harrow)分别于 1964 年和 1972 年提出来的：

(1) 知领域的目标分为识记、领会、应用、分析、综合、评价[①]；

---

① [美]B. S. 布卢姆，等. 教育目标分类学：第一分册　认知领域[M]. 罗黎辉，等，译. 上海：华东师范大学出版社，1986：191.

(2) 情感领域的目标分为接受或注意、反应、价值评估、组织、个性化[①]；

(3) 动作技能领域的目标分为知觉、准备、反应、自动化、复杂的外显的反应、适应、创新[②]。

借鉴布卢姆的教育目标分类思想，国内外不少人对教学目标的分类进行研究，在理论与实践方面做出了可贵的探索。2001 年，我国教育部颁发的《基础教育课程改革纲要(试行)》对课程目标从"知识与技能""过程与方法""情感态度与价值观"三方面提出了要求，构成了新课程的"三维目标"。

3. 教学目标的制定

制定教学目标时，要从学生的实际情况出发，通常应该选择位于学生的最近发展区内，即能促进学生做出努力并且经过努力能够达到的层次要求，要注意各类教学目标之间的相互联系、相互促进、相互制约。在提出知识与技能目标的同时，要考虑过程与方法、情感态度与价值观等方面的目标，注意培养学生的学习兴趣、科学态度和科学精神。在制定教学目标时，还要注意因材施教，既要注意班级集体以及学习困难学生的特点，面向全体学生订出基本的教学目标，又要针对学有余力的学生，提出适当的较高要求，使教学目标具有一定的弹性，使全体学生都能充分的发展。

制定单元教学和课时教学目标时，首先要确定最重要的任务是什么，然后对任务进行分解，使教学任务具体化。在确定教学内容并且认真阅读、研究教材的基础上，列出全部教学要点，把握教学重点。接着在了解和研究学生以及班级集体的特点、学习基础和可能性基础上，对教学任务和教学要点、教学重点作适当的调整，拟定各教学要点应达到什么教学水平，制定出具体的教学目标。教学目标一般用可以观察或测量的行为动词来描述，这样有利于教师合理地选择教学方法、妥善地组织教学过程、准确地评价教学结果，也能使教师将教学的意图清楚地传达给学生，让学生主动地把握自己的学习过程。明确、具体的教学目标应当指向具体的学习结果。

课时教学目标的表述，一般包含四个要素(简称 ABCD 法)：行为主体、行为表现、行为条件、表现程度。由于教学目标陈述的是学生经过化学学习后的行为、感受的变化，因此，行为主体是学生；行为表现是学习要求达到的结果或者作出的表现，通常以动宾词组形式呈现；行为条件，是对行为对象的限制；表现程度是指作为学习结果的行为的最低标准，是对行为动词的限定。

在目标的表述中，主语通常可以省略，例如，(学生)认识水的组成；(学生)了解元素的概

---

① [美]D. R. 克拉斯沃尔，B. S. 布卢姆，等. 教育目标分类学：第二分册 情感领域[M]. 施良方，等，译. 上海：华东师范大学出版社，1989：198.

② [美]A. J. 哈罗，E. J. 辛普森，编. 教育目标分类学：第三分册 动作技能领域[M]. 施良方，等，译. 上海：华东师范大学出版社，1986：169.

念等。在陈述目标时，不同学习类型的目标用不同的行为动词。对于认知性学习目标，可以用知道、了解、认识、理解、解释、说明等；对于技能性学习目标，可以用初步学习、初步学会、独立操作、完成、学会、掌握等等；体验性学习目标，则可以用感受、体验、体会等等。不同的词汇代表着不同的水平，具体用什么词汇依据学生的特点和具体的内容要求而定。对同一水平的学习要求，也可用多个行为动词进行描述。下表是陈述不同学习类型目标的行为动词及其水平层次(表4－4)。

表4－4　陈述不同学习类型目标的行为动词及其水平层次

学习类型	行为动词	水平层次
认知性学习	知道、作出、识别、描述、举例、列举 了解、认识、能表示、辨认、区分、比较 理解、解释、说明、判断、预期、分类、归纳、概述 应用、评价、使用、解决、检验、证明 创造、设计、生成	知道 了解 理解 应用 创造
技能性学习	初步学习、模仿 初步学会、独立操作、完成、测量 学会、掌握、迁移、灵活运用	模仿 独立操作 灵活运用
体验性学习	感受、经历、尝试、体验、参与、讨论 认同、体会、认识、关注、遵守、赞赏、重视、珍惜 形成、养成、具有、树立、建立、保持、发展、增强	感受 认同 形成

如果对教学目标要素理解和把握得不够准确，在表述目标时常常会出现一些错误：① 以教育目的代替教学目标。如“把学生培养成良好的公民”“使学生成为德智体全面发展的人”；② 行为主体错位。如出现“培养学生……”“使学生……”“帮助学生……”等表述，其暗含的行为主体是教师。③ 含糊其辞，难以评价。如“提高学生的科学素养”“培养学生的价值观”等。

在教学设计中明确提出教学目标，有利于明确教学工作的方向，也有利于做好教学过程和教学评价的设计与实施。从教学实践来看，教学目标制定不当，确实会对教学起负面作用，例如，如果只制定认知目标，忽视其他方面，就可能使教学只关注知识的传授，不利于学生生动、活泼、主动地学习。

下面是化学教学目标设计的一些事例：

【例1】　初中化学第二单元“课题2　氧气”(人民教育出版社，2012年5月第一版)的教学目标

【知识与技能目标】

1. 认识氧气能与许多物质发生化学反应，氧气的化学性质比较活泼；

2. 认识化合反应、氧化反应；

3. 学会描述化学反应中的一些反应现象。

【过程与方法目标】

1. 学习通过实验来研究物质及其变化的科学方法；

2. 学习从具体到抽象，从个别到一般的归纳方法。

【情感态度与价值观目标】

1. 养成实事求是，尊重事实的科学态度；

2. 逐步树立"性质决定用途""用途体现性质"的辩证观点。

【例 2】 高一化学"氨"(必修 1(人教版)第四章　第四节　"氨　硝酸　硫酸")的教学目标

1. 通过实验感知氨气的物理、化学性质；

2. 通过对实验现象预测、观察、解释，参与知识的形成过程；

3. 根据氨的性质推断氨的用途，体会性质决定用途的思想；

4. 通过实验的改进设计，用常见的生活物品完成实验，认识到创新无所不在。

三、化学教学策略设计

1. 教学策略的内涵

策略是为达到某种目的所使用的手段或方法。在通常意义上，教学策略是以一定的教育思想为指导，在特定的教学情境中，为实现教学目标所采用的手段和谋略。它具体体现在教与学的交互活动中，既包括教师在教学活动中对教学内容、教学手段和教学方法的调控，又包括教师对学生的学习活动和学习方法的调控。教学策略的设计主要研究教学顺序的确定、教学活动的安排、选用和教学方法的选择等一些教学具体问题。

2. 化学教学策略的设计

化学教学策略，是为了解决教学问题、完成教学任务、实现教学目标而确定师生活动成分及其相互联系与组织方式的谋划和方略。它由相互联系着的教导策略和学习策略两部分组成，教导策略以学习策略为基础。学生形成学习策略的基本规律是：从无意识、不自觉的外部控制到有意识、自觉的外部控制(包括提出要求、诱发、指导等)，再经过学习主体有意识的自我控制(元认知控制)，转化为自动的、习惯的自我调节和控制，逐步由低级(外部的、不自觉的)向高级(内部的、自觉的)发展。教师在制定帮助学生形成学习策略的工作计划时，应该遵循上述规律。

教学策略在内容构成上具有三个层次：第一层次是影响教学处理的教学理念和教学思想；第二层次是对达到特定目标的教学方式的一般性规则的认识；第三层次是具体教学手段和方法。通常，在对教学任务、学生情况和教学条件进行分析和研究之后，设计者就可以自觉或不自觉地依据某种教学理论(或假说)从总体上形成某种教学思路，即形成高层次的教学策略。

【例 3】“化学式”的教学思想

化学式的教学是在元素和元素符号之后进行的。这时再单纯要求学生记住化学式的种种书写规则，常常会降低学生学习化学的兴趣，并且常常会出现学生背得出书写规则，却写错化学式的情况。如果让学生作为“探索者”，自己总结出书写规则，并且组织竞赛性或游戏性练习，有助于提高他们的学习积极性，推动他们主动地学习，取得较好的教学效果。

由此形成“化学式”的教学思想：让学生从教师出示的若干化学式中发现、总结化学式的书写规则，并通过趣味性练习活动初步学会写简单的化学式。

【例 4】 高一化学“元素性质与原子结构的关系”的教学思想

在该节内容之前，学生已学过原子结构与元素周期律的知识，知道物质的性质是由物质的结构所决定的，因此，学生可根据已学知识对同一周期和同一主族的性质递变作出猜测。

但仅有猜测是不够的，应该引导学生从理论和实践两个方面去进行验证，从而不仅让学生掌握了同一周期或同一主族元素性质的递变规律，而且，也学会了一种科学研究和思考的方法。

由此形成“元素性质与原子结构的关系”的教学思想：

(1) 提出问题，让学生推测同一周期、同一主族元素性质的递变规律；

(2) 利用已学过的理论知识进行验证；

(3) 进一步用实验进行验证；

(4) 在得到结论的同时，对学生进行科学方法的教育。

在教学思想形成后，为了以重点内容的教学为主线，同时顾及难点的解决，把全部教学内容组织起来，在教学思想或教学理论指导下建立起较为稳定的教学活动结构框架和活动程序，并且用适当的方式来描述，就形成中层次教学策略(又称教学模式)的设计。它是教学理论的具体化，又是教学经验的一种系统的概括。它既可以从丰富的教学实践经验中通过理论概括而形成，也可以在一定的理论指导下提出一种假说，经过多次实践后形成。

【例 5】“元素性质与原子结构的关系”教学模式的设计

根据上述教学思想，设计“元素性质与原子结构的关系”的教学模式为：

提出问题—推测结论—理论验证—实验验证—得到结论—应用

在设计中层次教学策略时，可以在常用的一般教学模式中选择适宜的教学模式。实际上，在选择教学模式后，常常要根据具体情况对选择的一般教学模式作变通处理。有时，还可以对不同的教学模式作剪接组合，形成一些复合的教学模式。

教学策略设计的第三个层次是具体教学策略的设计，又称教学思路设计。它是教学思想、教学模式的细化和具体化，同时又加入了艺术创造的成分。设计具体教学策略时，需要运用经验和创造性思维设想实际操作步骤及其可能性，通常没有固定的程式。

【例 6】 高一“元素性质与原子结构的关系”教学思路的设计

同一周期、同一主族元素金属性与非金属性的递变规律
↓
学生推测得到初步结论
↓
引导学生根据所学原子结构以及元素周期律的知识从理论上进行验证
↓
引出判断元素金属性、非金属性强弱
↓
利用实验验证第三周期元素金属性、非金属性的强弱
↓
小结元素性质与原子结构之间的关系
↓
提出新的情境，让学生学会运用结论

不同类型的化学知识有不同的学习策略，比如元素化合物以及化学与社会、生产和生活实际联系的化学事实性知识，是物质及其变化的宏观表现，比较直观具体，一般不会存在理解上的困难。但元素化合物知识比较零散，学生难记，所以可以采取多种感官协同记忆策略、联系-预测策略、知识结构化策略等。概念和原理等理论性知识比较抽象、难理解，需要结合各种各样的具体事例分析、概括，从而把握同类事物的共同关键特征。采用的学习策略可以是概念形成策略、概念同化策略等。化学用语、化学实验、化学计算等技能性知识的学习，则需要用多重联系、练习-反馈策略等；学生对化学学科的认识、好奇心、兴趣、科学态度等情意类内容的养成策略，则是挖掘知识的多重价值，让学生主动参与、合作交流等。

四、化学教学情境设计

1. 教学情境的内涵及价值

情境是指“一个人进行某种行动时所处的社会环境，是人们社会行为产生的具体条件。”①教学情境是指根据教学目标和教学内容创设的、引起学生积极认知活动和情感反应的学习环境。创设教学情境，就是教师出于教学目的的需要，依据一定的教学内容，创造出某种认知情境和情感气氛，用以激发学生的学习动机，使学生形成良好的求知心理，主动积极地参与对所学知识的探索、发现和认识过程。教学情境可以贯穿于全课，也可以用于课的开始、课的中间或课的结束。

情境作为课堂教学的有机组成部分，其价值至少体现在以下几个方面：

(1) 激发学生的内在学习需要。苏霍姆林斯基说过：“如果教师不想方设法使学生产生

① 夏征农. 辞海[M]. 上海：上海辞书出版社，2000：1193.

情绪高昂和智力振奋的内心状态，就急于传播知识，那么这种知识只能使人产生冷漠的态度。而没有情感的脑力劳动就会带来疲倦，没有欢欣鼓舞的心情，学习就会成为学生学习的负担。"好的情境能激发学生的内在学习需要，让学生情绪高昂地投入学习的状态之中，并可以不断地维持、强化和调整学习动力。

(2) 让学生体验学习过程。学生的学习过程不应是被动地接受信息的过程，而是理解信息、加工信息、主动建构知识的过程。适宜的情境可以帮助学生理解、组织丰富的学习素材和信息，从而有利于学生主动地建构和探究，有利于学生经历和体验知识的发生和发展过程。

(3) 发展学生的能力。适宜的情境在为学生提供生动、丰富的学习素材的同时，还提供在实践中运用知识的机会，让学生在生动的应用活动中理解所学的知识，了解问题的前因后果和来龙去脉，进一步认识知识的本质，灵活运用所学的知识科学地思考问题，发展学生应用知识分析、解决问题的能力。

2. 化学教学情境的创设

在化学课堂教学中创造积极良好的教学情境非常重要，创设情境的途径、方法也多种多样。以下列举几种在课堂教学中创设化学教学情境的方法。

(1) 利用实验来创设情境

以实验为基础是化学学科的重要特征之一。化学实验作为解决科学问题的重要手段，能呈现、强化、突出物质的各种性质和变化，富有真实性、认知性和应用性，便于人们观察、学习和研究。利用化学实验创设教学情境，不仅有助于激发学生学习化学的兴趣，还能帮助学生理解和掌握化学知识和技能，更重要的是能启迪学生的科学思维，训练学生的科学方法，培养学生的科学态度，加深学生对科学本质的理解，对全面提高学生的科学素养有着极为重要的作用。

【例 7】 "盐类的水解"的导入

将镁条插入 $CuCl_2$ 溶液，仔细观察现象。如何解释此现象？如何验证你的解释是否合理？盐溶液的酸碱性有怎样的规律呢？

学生通过观察可以发现镁条表面有红色固体出现，同时产生无色气泡。对于前一现象，在学生预料之中，不难解释，因为学生已有的知识经验是：较活泼的金属能够将较不活泼的金属从其盐溶液中置换出来，那么，在 Mg 与 $CuCl_2$ 溶液反应时，Mg 置换出 Cu，即镁条表面有红色固体出现。那为什么此时镁条表面有无色气泡产生呢？这一现象让学生认识到全面观察实验现象、尊重事实、严谨细致的重要性：既要仔细观察预料之中的现象，也要留意预料之外的现象。同时也让学生意识到已有知识经验对于解决当前问题的局限性：他们的已有知识无法解释此现象。更激发了他们的好奇心：此现象背后的微观本质是什么？由此引发对盐溶液的性质及其性质背后本质和规律的探究。

再如，帮助学生认识"离子反应及其发生的条件"时，教科书(人民教育出版社，化学必修1)安排了实验[2－1]："1. 向盛有 5 mL $CuSO_4$ 溶液的试管里加入 5 mL NaCl 溶液。2. 向盛有 5 mL $CuSO_4$ 溶液的试管里加入 5 mL $BaCl_2$ 溶液。"通过对上述实验现象的分析，引导学生得出，$CuSO_4$溶液与$BaCl_2$溶液反应的实质是SO_4^{2-}和Ba^{2+}的反应，从而引出离子方程式的概念和书写步骤。

（2）通过活动创设情境

活动是人的基本生存方式，也是人的发展的必要方式。主体在从事改造自然和社会的实践活动中，将外在于人的一切客体信息转化为自身的知识经验、审美情趣；同时又通过分工、交流、协商，把人类历史所积累下来的丰富的知识、经验、智慧内化为己有。思维、意识是活动的内化，是由活动促成的，离开了人的活动，它就会变得不可理解，也不能发展。在教学中，利用活动创设情境，可以让学生通过活动形成对客体的认识，也可以获得对主客体相互作用过程的认识。老师告诉学生结论，不如让学生自己去探索；告诉学生感受，不如让学生获取自己的体验；告诉学生技能要点，不能代替学生的动手实践。活动不仅仅关注知识结果，而且关注其中的过程。

化学教学中除了实验活动之外，还可以设计其他活动。如对“物质的量”概念的提出，可以设计这样的活动：

【例 8】 “物质的量”的导入

分别取 20 g 的黄豆、绿豆、大米，请同学（2 人一组或 4 人一组）数这些豆子、米有多少粒。要求：最短时间内准确地数出来。

颗粒越小，数目越多，数起来越困难，同学为了快而准确地数，就自然会将它们分成“一堆一堆”的来计数。从这个活动可以得出，当我们要计数化学上的原子、分子等微粒时，我们也可以“一堆一堆”地计数，从而迁移到在化学微观世界里也需要这样的一个“堆量”，即“物质的量”。

一般在引入物质的量的时候，通常会举例：12 个小物品称作一打、500 张纸称作 1 令、20 根香烟装成一盒，类似的例子很多。但这样的类比，呈现的是一种既有事实，学生听了，仅仅是知道生活中有这么一些计数方法。而当学生亲自参与完成一个计数活动，在活动中遇到了物体数额大、数不清的情况，这时学生下意识或者有意识地选择了“一堆一堆”的计数方式，并设定其中一堆是多少，显然，这种选择是自然生发出来，是在任何类似情境中都必然会出现的选择，是在活动中自然形成的认识。再将这种认识迁移到计数化学上的原子、分子等更小的微粒，可以让学生认识到在化学微观世界里也需要这样的一个“堆量”，这样“物质的量”这一概念的出现就有了必要性、有了依据。当学生在活动中自觉或不自觉地使用“堆量”时，也许他们并未觉得这有何特别之处，但当把这种行为与科学家的做法相联系，他们就会认识到原来他们的做法与科学家有相通之处，这是何等奇妙！这样的活动能让学生感受知识的形成过程。这样获得的知识不是外在强加的，而是学生自己发现的，可以让学生对知识产生亲切感。

（3）通过科学史实创设问题情境

在化学教学过程中合理运用科学史实，可以使教学不只局限于知识本身的静态结果，还可以追溯到它的来源和动态演变，揭示出反映在认识过程中的科学态度和科学思想，使学生学到发展知识和运用知识的科学方法，认识科学的本质。在化学发展的历史长河中，涌现了无数优秀的化学家，这些化学家的工作、经历也为教师创设问题情境提供了丰富的素材，通过这类问题情境的创设，能激发学生学习兴趣，能给学生启迪和激励。

【例 9】 在学习"溴"时，引入与溴的发现相关的史实

科学史实 1：1824 年法国化学家巴拉尔在研究盐湖中植物的时候，将从大西洋和地中海沿岸采集到的黑角菜燃烧成灰，然后用浸泡的方法得到一种灰黑色的浸取液。他往浸取液中加入氯水和淀粉，溶液即分为两层：下层显蓝色，这说明溶液中有碘，碘遇淀粉变蓝；上层显棕黄色，这是一种以前没有见过的现象。为什么会出现这种现象呢？经巴拉尔的研究，认为可能有两种情况：一是氯与溶液中的碘形成新的氯化碘，这种化合物使溶液呈棕黄色；二是氯把溶液中的新元素置换出来了，因而使上层溶液呈棕黄色。巴拉尔又采用多种方法试图分解这种物质，都没有获得成功，于是巴拉尔断定这种物质不是氯和碘的化合物，而是一种与氯和碘都相似的新元素。1826 年 8 月 14 日法国科学院审查了巴拉尔的新发现，对巴拉尔的发现给予很高的评价，并将这种元素命名为 Bromine（中文译名为溴），含义是恶臭。值得一提的是，巴拉尔取得这一成就时，年仅 23 岁，是大学里默默无闻的助手和学生，他以严谨、科学的态度抓住了成功的机会。

科学史实 2：溴的成功发现，在整个欧洲影响很大，但当时德国化学家李比希却极度懊悔。原来在四年前，李比希曾收到一瓶棕红色的液体，这是一位德国商人给他的，据说是海藻灰的滤液。商人希望李比希能分析说明这瓶液体的成分。以当时李比希的实验设备和实验技术，完全有条件从这瓶液体中发现新元素溴。但是，李比希根本就没有做认真的化学分析，就断定瓶中之物是"氯化碘"，然后就把这瓶液体放在柜子里，一放就是四年。1826 年 8 月 14 日，法国化学家巴拉尔宣布，发现了新元素溴，这种元素性质介于氯和碘之间。李比希看到了巴拉尔的报告以后，马上意识到他以前对那瓶液体的判断是不妥的，后经重新化验，证实其中确实含有溴。就这样，李比希与溴的发现失之交臂。为了警戒自己，李比希把那个贴氯化碘标签的瓶子放在一只被他称为"错误之柜"的箱子里，永远作为一种教训。事实证明，李比希对无机化学、有机化学、生物化学、农业化学都做出了卓越的贡献，而且为化学事业培养了一大批第一流的化学家，俄国的齐宁、法国的日拉尔、英国的威廉姆逊、德国的霍夫曼、凯库勒等。

科学史实 3：1825 年，一个年仅 22 岁的青年人，德国海德堡大学的学生罗威，正对家乡的一种矿泉水进行氯气处理，产生一种红棕色的物质。这种物质用乙醚提取，再将乙醚蒸发，则得到红棕色的液溴。所以他也是独立发现溴的化学家。

借助以上科学史实，不仅可以展现溴的发现历程，更让学生认识科学是在实践探索中不断发展的，科学的发现需要科学家们敏锐的观察力和求真、求实、严谨的科学态度。

(4) 利用化学与日常生活、生产、社会的结合点创设情境

化学科学与生产、生活以及科技的发展有着密切联系，对社会发展、科技进步和人类生

活质量的提高有着广泛而深刻的影响。在化学教学中，当学习者了解所学知识与日常生活、生产、社会的联系，认识到所学知识的重要价值时，往往能激发他们学习的积极性。因此，教师可从化学与日常生活、生产、社会的结合点入手，以文本、实物、图片、模型和视频资料等多种形式创设情境，使学生有机会运用所学的知识来认识生产、生活中与化学有关的问题，发现化学与生产、生活的联系，体会化学学习的重要性。

【例 10】 高一"无机非金属材料的主角-硅"的导入

硅的氧化物及硅酸盐构成了地壳中的大部分岩石、沙子和土壤，约占地壳质量 90%以上。看看这些含硅的物质——黏土、沙子、玻璃、陶瓷、水泥、计算机芯片、硅太阳能电池和光导纤维、有机硅塑料等(用多媒体展示图片，也可以让学生看各种含硅物质如玻璃、水泥、计算机等的实物)。自古至今，人类从使用天然硅的化合物到制得高纯的单晶硅、纯二氧化硅以及制备出性能优异的硅有机化合物，硅一直在人类的生活中扮演着重要角色，随着社会的发展和技术的进步，人们不断发掘出硅及其化合物的新用途，尤其是光纤通信使我们今天的生活发生了革命性巨变。为什么硅及其化合物的用途这么广泛呢？我们说性质决定用途，结构决定性质，那么，硅的性质与它的结构有什么必然联系呢？下面我们就一起来认识无机非金属材料的主角-硅。

以上情境可以让学生认识到，物质是由元素组成的，世界万物都是由为数不多的元素组成的；且化学变化是化学元素的原子重新结合的过程，化学元素的种类在化学反应中不发生变化。学习化学之前，我们看玻璃、水泥、陶瓷，它们是截然不同的物质，学习这节内容之后，我们知道，这些截然不同的物质都含有硅元素，都是硅酸盐产品。这是"从化学视角来认识我们周围的物质世界"的极好例证。从硅在人类发展进程中扮演的角色的变化，则可以看出人们对物质的探索、认识是不断发展、永无止境的，科学是一个不断探索的过程。

五、化学教学媒体的选择和设计

(一) 教学媒体及其分类

媒体(media，意为中介、媒介、工具)指存储和传递信息的工具。教学中的媒体指直接介入教学活动过程中，能用来传递和再现教育信息的现代化设备以及记录、储存信息的载体等。狭义的教学媒体包括黑板、教科书、图片、投影、录像、计算机等教学工具；广义的教学媒体包括参观、讨论、实验等。

化学教学媒体是在化学教学过程中，用于负载化学教学信息以实现经验传递的手段和工具，通常分为传统教学媒体和现代教学媒体两大类。现代教学媒体是以现代电子信息技术为基础来存储、传递教育信息的载体或工具。教学媒体一般由两个相互联系的方面构成，一是硬件，即用以传递教学信息的各种教学设备，如：幻灯机、投影仪、电影放映机、电视机、扩音机、录像机、录音机、电子计算机等；二是软件，即承载教学信息的各种教学片、带，如幻灯片、投影片、录音带、录像带、光盘、影碟、计算机课件等。传统教学媒体是指在现代教学媒体出现之前常用的实物、实验器材和装置、模型、图表以及语言、教科书、板书等。

随着科学技术的进步，教学媒体的种类愈来愈多，为了方便研究，人们通常将教学媒体分为以下几种类型：

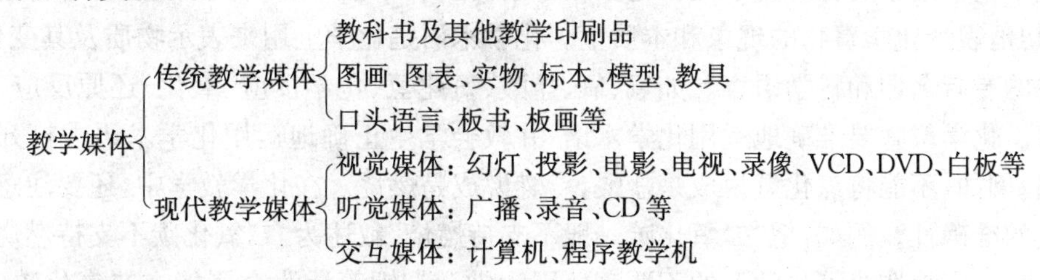

（二）化学教学媒体的选择

在选择教学媒体时，首先应根据教学目标确定所要传递的信息内容和具体要求，再根据教学方式、教学组织形式、各种媒体的功能特点和学生特点等因素选择最适宜的媒体。

在选择教学媒体时还应遵循以下原则：

(1) 目标性原则。目标性原则要求媒体的使用目标和教学目标一致，教学媒体的使用能够促进教学目标的达成，提高教学效果。

(2) 科学性原则。教学媒体所表达的内容要正确，要能够反映事物的客观面目，在科学性、思想性上不能有错误。进行模拟仿真时，图像、色彩、动画等要反映事物的客观面目，而不能一味追求表现效果，导致学生对教学内容的误解或不准确的理解。

(3) 实验优先原则。化学是一门以实验为基础的科学，化学实验在各种媒体的选用中要优先被考虑。除了污染比较严重、或者比较危险、不便于实际观察的实验外，应该尽量做实验，尽量减少用计算机模拟和放映录像来代替实际的化学实验。因为化学实验能够提供多方面的信息，具有多种功能，不仅如此，为了培养学生的创新能力和实践能力还应该大力加强化学实验教学。

(4) 有效性原则。能清晰地、完整地向所有传递对象传送有关的教学信息，实用性和表现力强。有时还要求能有效地逆向传输信息，具有较好的交互性。

(5) 最优化原则。最优化原则是指把选用教学媒体的过程放在整体教学设计中，充分考虑教学的各种因素，协调教学媒体与教学其他方面的关系，使教学媒体的功效服从于整体教学设计，以取得最佳教学效果。为了达到教学最优化，教师需要综合考虑各种因素，选择合适的媒体，在合适的前提下，使选择的媒体最大程度地发挥其功能。

（三）化学教学媒体的设计

1. 化学教学语言的设计

语言是师生间传授知识、交流思想、表达感情的重要工具，跟教学效果有着密切关系。语言是思维的外壳，教师的教学语言在发展学生思维能力方面具有特别重要的作用。因此，化学教师的教学语言不仅要符合语言学的一般规律，满足语法上和逻辑上的要求，还要反映化学事物的现象和本质，具备教育和教学的条件。具体的要求是：

(1) 语言要符合科学性并富有思想性

化学教学语言要符合科学性。化学教学语言的科学性，具体体现在正确地引用化学术语，确切地表达化学事物的现象和本质上。化学术语是化学上用来表示物质及其变化、化学概念等的专有名词和科学语言。如氢、氧、盐酸、氯化氢、化学反应、氧化-还原反应、化学元素等等。化学教师要准确地运用化学术语，并教会学生正确地运用化学术语去打开化学思维之路，例如，不能将氯化氢说成是盐酸，点燃说成是燃烧。在化学教学中，还要注意叙述化学事实的准确性。例如，把“二氧化碳一般不支持燃烧”叙述为“二氧化碳不支持燃烧”，去掉了“一般”二字就造成了科学上的不严密。因为钠、镁、钾等活泼金属能在二氧化碳中燃烧，只不过由于学习上的阶段性，当时还未学到钠、镁、钾等活泼金属。因此，在用教学语言描述二氧化碳的这一性质时，就必须加上“一般”二字，为以后学习这一部分知识，科学地留下伏笔。化学教师还要讲清化学概念的字、词、句，注意区分易混淆的概念，防止用日常生活概念代替化学概念。

化学教学语言还要注意思想性。化学教学内容中蕴藏着丰富的辩证唯物主义观点，因此，教师要挖掘“观点”，将“观点”教育融于“双基”教育中。还要重视化学史的教育，在教学中充分利用一些生动的化学史资料，对培养学生的科学态度有着重要意义。例如，在“稀有气体”教学中，可利用雷利根据由氨制得的氮气与空气中制得的氮气质量相差 5/1000 进而发现氩的事实，培养学生实事求是、精益求精、善于质疑的科学态度；在“元素周期律”的教学中，可向学生讲述门捷列夫在发现元素周期律的过程中表现出的卓越的预见力和批判精神，培养学生坚持真理敢于创新的科学态度。

(2) 语言要具有启发性、逻辑性

化学教学语言要有启发性。教学语言是否具有启发性的主要标志，在于能否引起学生的积极思维。化学教学语言启发学生思维的形式是多种多样的。在一节课的开始，为了给学生开展思维活动创造良好的前提，常从引起学生的注意、兴趣和造成悬念，终至激发学生的求知欲来组织引入新课的语言。例如，讲质量守恒定律时，可讲述一段启发性语言：“前面我们已学过不少化学反应，知道物质在一定条件下能否与其他物质反应是由物质的本性决定的，这是质的方面。如果某一反应能发生，我们又会想到另一个问题，那就是，在这个化学反应中，反应物和生成物之间有没有量的关系呢？今天我们就来研究这样的问题。”这样，学生既复习了以前学习到的旧知识，又提出一个使人急盼解决的问题，引起学生的求知欲望。

化学教学语言要有逻辑性。在化学课中抓住教学内容的内在矛盾及其发展，以提出矛盾再解决矛盾的方式来组织教学语言，有利于呈现学科知识的内在逻辑，也有利于发展学生的逻辑思维能力。

例如，在氧化-还原反应的学习中，通过对 $CuO+H_2 \xlongequal{\triangle} Cu+H_2O$ 反应的深入分析，学生认识到得氧和失氧是同时发生的，即氧化反应和还原反应是同时发生的，这样将原有彼此独立的氧化反应、还原反应联系在一起成了氧化-还原反应。学生有了这个认识以后，再看碳、硫、磷、铁与氧气的反应，很容易判断它们都是氧化-还原反应，包括 $Fe_2O_3+3CO \xlongequal{高温} 2Fe+3CO_2$ 这类不属于四类基本反应类型的反应，也能将它归为氧化-还原反应。此时同学不仅感受到能用氧化还原反应的概念解释所学过的反应，增加了一个认识化学反应的视角，而且能认识到氧化和还原是同时发生、相互依存的，是同一事物的两个方面，是对立和统一的完美结合。接下来老师提出："这个概念是不是也能用来分析没有氧元素参加的反应呢？"显然不能。例如，$2Na+Cl_2 \xlongequal{} 2NaCl$、$Cl_2+2NaBr \xlongequal{} 2NaCl+Br_2$ 这些反应，它们是不是属于氧化-还原反应呢？能否找出与前面的氧化-还原反应有共同之处？在 $CuO+H_2 \xlongequal{\triangle} Cu+H_2O$ 的反应中 Cu 元素和 H 元素在得氧和失氧时，自身有什么"参数"发生改变？而后面的这些反应是不是也有什么"参数"发生改变？由此引导学生得出从化合价角度定义的氧化-还原反应的概念。这样前面的矛盾就得到了解决。但接下来又产生新的矛盾：为什么失氧的还原过程一定伴随着的是化合价的降低？而得氧的氧化过程元素的化合价一定升高？其背后的本质原因是什么？由此探讨出：化学反应过程中的化合价升降的本质是发生电子的得失或转移。这样又可以从电子的得失或转移的角度给氧化-还原反应下一个新的定义。至此，从前面看物质的宏观组成到此处看电子得失或转移的微观本质，学生对氧化-还原反应的认识不断拓展和深入。接下来，提出新的问题：我们能看得见氧化-还原反应中电子的转移吗？怎样的实验能够让我们相信真的有电子的转移？再引导学生设计并完成一个能"看见"电子转移的实验。这样，随着一个又一个矛盾的提出和解决，学生不仅始终处于积极思维的状态，还会感受到自己参与了知识的发现过程，沉浸在有趣的智力活动之中。

从这个例子也可以看出，为了发展学生的逻辑思维能力，化学教学语言必须具有逻辑性和系统性，为此，教学语言必须精炼，层次分明，条理清楚，既有书面语言的规范，又要口语化，句子比较简短。

化学教学中也可以采用形象的比喻。教学语言采用形象的比喻，最能唤起学生的想象与思维，但要注意，比喻要恰当，要符合科学性和思想性。

【例 11】 初中化学"煤和石油"导入语设计

七百多年前，意大利人马可波罗根据他的中国之行，写成一本《东方见闻录》。在这本游记中，他以惊奇的语言向当时的欧洲人介绍了"中国黑石头"。马可波罗所说的"中国黑石头"是什么？它有什么用途？……

2. 板书、板画的设计

板书、板画是教师配合讲授，利用黑板和粉笔书写、绘画，用以传递教学信息的一种手段。恰当的板书、板画，可以为学生的学习提供视觉信息，提供学习内容的要点和结构，为识记、保持、再现学习内容提供线索，为师生将注意集中于共同内容提供现实载体。

板书的内容主要包括：① 课题名称；② 授课提纲，包括研究的思路、步骤、知识的系统结构等；③ 教学要点和重点，包括重要的定义、原理、规律、化学符号、数据、性质、制法、用途、方法、过程、结论、注意点和学习要求等；④ 补充材料和其他内容，包括图表、例证，以及为了帮助学生听清、听懂而作出的文字说明、提示、图示和生僻字词等。

根据板书内容的重要性和系统性要求，通常把板书分为主板书和副板书。主板书包括上述①②③项中的大部分内容，它们能形成比较完整的体系，写在黑板的显著位置并尽量保持、不轻易擦去。副板书主要作为帮助学生听明白的辅助手段，或者是主板书的辅助和补充，它们一般不需要长时间保留，书写位置没有严格的规定。

板书、板画设计应注意以下几点：

(1) 板书、板画的内容应突出教学重点。在教学中，板书、板画的内容应突出讲授内容的中心和关键，为此，要用简洁明了的文字和图形来表达讲授内容。化学用语本身就是表达物质及其变化的科学缩写。化学仪器装置图、各种流程图、示意图等均有统一的简明画法。因此，它们应是用来表示化学课板书、板画的主要内容和工具，这也是化学课板书板画的特征。

(2) 板书、板画的安排要能引导和控制学生的思路。课堂教学中，教师往往是随着自己的讲解，将一些重点的内容板书出来。学生看着黑板上的板书，听着教师的讲解，就会边听边思考着教师在黑板上所提示的课题，板书的内容就可以引导和控制学生的思路，使学生定向注意和定向思考。设计板书、板画时，教师也应设计好讲解语言，使两者相得益彰。

(3) 板书、板画的设计要有助于学生理清教材脉络，加深对所学内容的理解。学科知识是有内在逻辑的，知识与知识之间都有一定的内在联系，有一定的知识结构。这种知识结构如用口头语言表达就不太容易全面把握。利用板书表达知识结构，既帮助学生理解知识，又能让学生一目了然地看清框架，理清脉络。

(4) 板书、板画的安排要有计划、准确、简洁，富有启发性、示范性、艺术性。教师必须事先考虑好：哪些板书、板画是要保留到最后的？哪些是可随讲随擦的？保留的位置在黑板的哪个位置？以及字、画的大小，行列的间距等都应计划安排妥当，使板书、板画显得整齐、清晰和美观。

板书的常见形式有提纲式、图解式、表格式、综合式等，通常因教师风格、教学内容和教学策略而异。教师在课堂中要不断地观察学生的反应，书写板书应做到字迹清晰、醒目，且不要连续长时间板书，避免学生注意力分散或干扰学生注视板书。

3. 化学模型、标本、挂图

化学模型、标本、挂图，是化学教学中常用的媒体形式，通过展示实物、模型、图表等为学生提供直接的感性认识，使学生通过视觉而获得知识信息，这是提高教学效果的最简便、最有效的渠道。

标本(或样品)是实物教具，在教学过程中展示标本，可使学生对所展示物质的真实存在和外观特征，获得深刻的印象和感性认识。如，在讲解硫的知识时，出示各种硫单质的标本，能很好地让学生感知硫的存在形态，并引起学生学习的兴趣。

模型是实物模拟品。例如炼铁高炉、接触法制硫酸的工厂设备流程模型、原子的电子云、原子结构、分子结构、晶体结构等示意模型。做成立体模型，会使人产生近似实物的实体感。同时还可按教学的需要，做成活动的、能拆卸、装配的立体模型，在课堂上可边讲边装配，便于教师示范，学生练习。

在化学教学中，可根据教学需要，做成纸片模型、绒面模型、磁力黑板模型、比例模型、球棍模型等。制作时应防止出现科学性错误，同时要生动、形象、直观，突出重点。

化学挂图是化学教学上常用的图表、图形，例如元素周期表、化工生产工艺流程图、原子结构、分子结构、晶体结构示意图、各类物质的相互关系图等。这些图表一般在化学教科书中都能找到，但为了讲解时便于分析、说明，指导学生观察，集中学生注意力，增强教学效果，也需要放大绘制成挂图。

4. 化学实验教学的设计

"以实验为基础"是化学教学的最基本特征，因此化学实验教学设计是化学教学设计中最重要的内容之一。化学教学实验可分为演示实验、随堂实验(边讲边实验)和学生实验等三类，其中演示实验数量最多。充分发挥演示实验的作用是实验教学设计的主要部分。

在进行实验设计时，必须注意以下问题：

(1) 目的明确，具有针对性。化学实验的教学设计必须依据教学目标，为教学目标服务。如为了让学生掌握钠的化学性质，必须配合以钠在氧气中的燃烧、钠与水反应等实验。同时，为了完成培养学生观察能力、思维能力等的教学任务，可以将钠与水的反应有针对性地设计成探索性实验，以使学生通过这个实验，学会观察，学会思考，学会概括、总结出现象背后的本质。

(2) 鲜明直观，富有趣味。教师在进行实验设计时，要通过种种手段增加实验的直观性和现象的鲜明性，从而使所有的学生都能清晰地观察到实验现象，更有效地引起学生感知。如，利用投影实验可以放大实验现象，还可节省药品；讲电解质概念时，如果用音乐贺卡中的集成块代替小灯泡，接入导电性实验装置，当美妙的音乐响起时，学生会异常欣喜，也了解了溶液的导电性。

(3) 精心设计，富于启发性。精心设计实验教学，设法提高每个实验的智力价值，使整个教学充满启发性、思考性，有利于发展学生的能力。如，初中化学"分子"一节教学过程中，可设计两个趣味实验：一是在两个 50 mL 烧杯中分别倒入氨水和蒸馏水，各滴入几滴无色酚酞，然后将两个烧杯放在一起，罩玻璃罩，片刻后发现盛蒸馏水的烧杯中也逐渐变成红色；二是将精确量取的 50 mL 酒精和 50 mL 水混合，发现混合后的体积少于 100 mL。这种与日常生活相悖的情况，必然可以引起学生的积极思维。

(4) 科学、简洁、安全可靠、绿色化。无论是自行设计的实验，还是改进的实验，或配合演示实验的讲解，都必须保证科学性。在保证科学性的前提下，实验要尽可能简单明了，同时，安全可靠、绿色化也是实验教学的重要要求。实验失败，特别是一些危险情况，不但会影响师生的身心健康，而且会造成学生对化学实验的恐惧心理。化学实验教学也应该遵循绿色化学原理，设计一些对环境及人体没有影响的环境友好实验，并且要在实验中体现绿色化学的5R(Reduction，Reuse，Recycling，Regeneration，Rejection)要求：减量，重复使用，将可以循环利用的物质尽量循环，变废为宝，不使用有毒有害的物质、不产生有毒有害物质等。

根据实验教学设计的原则和教学需要，可补充一些实验内容，甚至改进实验手段，从而便于学生观察和思考。实验教学中还可改变实验主体，改演示实验为学生实验，以培养学生的动手能力、创新精神和创造能力。还可调整实验时序，改验证性实验为探索性实验，使学生学会利用学过的知识去解决问题或发现新的规律，激发学生的学习动机。

5. 现代教学媒体的设计

多媒体教学是一种现代的教学手段，多媒体包括幻灯片、投影片、教学录像片和计算机课件等。多媒体教学，具有形象、生动、直观、信息量大、内容规范有序等特点，一些在传统教学手段下难以表达的教学内容或难以观察的现象也可以通过课件形式显示出来。实践证明，多媒体教学的优势是显而易见的，文字、符号、图表的颜色和大小以及图像动静等千变万化，是"粉笔黑板"形式难以代替的。

投影技术在教学过程中具有真实性、直观性、高效性的特点，可辅助化学实验，放大实验效果，增加可见度，让细微变化展现在学生面前；可替代部分黑板板书，有助于师生之间快捷交流，提高教学效率。

制作投影片之前，应以课程标准为依据，精心选择教材中的重点和难点问题为题材。制作的内容要准确，线条清晰，色彩鲜明，绘制工整，尺寸适当。如果画面简单，可手工制作，画面不宜手工制作的，可考虑翻摄法或印刷法，为了表现变化过程等内容，还可选择、设计特技方法制作。编写文字解说和使用说明，可在制作完成后进行。

教学中还可利用电视、录像等生动逼真的动态图像，演示化学实验或创设实验情景；利用电视拍摄和放映速度的调节，可将实验中的一些瞬间变化呈现出来，可将变化慢的反应过程如金属的锈蚀等缩短为较少时间；可形象地表示微观的物质结构，并能将传统媒体无法表现的一些自然景观、工艺流程表现出来。

由于计算机技术的迅猛发展，计算机辅助教学(Computer Assisted Instruction，CAI)已被中学化学教师广泛使用。其中，根据教学目标编制、用于课程教学的程序软件称为课件，一般由教学内容信息和教学控制结构所组成。课件的开发过程通常包括如下内容：① 课件规划。拟定课件的编制目的、教学内容、目标、要求、分节和结构方式；明确课件的适用对象、范围和支持环境，编写或选择适当的教材蓝本。② 教学设计。确定各节的CAI模式和课件类型、教学方法和策略。根据教学内容要素划分教学单元，确定各教学单元向学习者传授哪些学习内容、提出哪些问题、各种可能的应答反应、对应答反应如何判断、反馈以及转移控制结构。根据课件的支持环境选择适宜的信息输入方式，通过对原始材料的再创造编制出流程框图。③ 输出设计。为了提高信息传送效率，要选定适当的信息表现形式(例如文字、图像、声音等)。显示器是最主要的输出设备，要根据它的显示特性精心设计信息显示位置(如划分课文显示区、插图区、问题显示区、反馈信息区、操作提示区等)，设计显示的技巧(如色彩、闪烁、字体、大小、反相、滚动、动画等)，画出附有注解说明的屏幕设计图系列。④ 程序编制和调试。用适当的程序设计语言编写各单元的程序，并在计算机上初步调试，最后将各单元程序组接成课件，再进行整体调试。⑤ 试用、修改。使课件在实际应用中进行修改，以便使课件符合学生实际，使教学效果更好。

随着计算机网络技术的迅速普及，互联网上丰富的教学信息为网络化化学学习提供了广阔的前景。信息网络不仅可以快速地提供各种内容信息，而且可以提供语音、声像等交互式的学习环境，使学习者可以根据自己的需要选择学习过程，真正实现因材施教，使教育民主化、个性化的追求成为可能。让学生学会通过网络获取信息，不仅能改变学生的学习行为，而且对学生终身学习能力的培养有着积极的作用。

在化学课堂教学中，要合理地运用多媒体。多媒体的使用是教师教学、学生学习的一种手段，使用媒体的目的是为了达到教学效果的优化，促进学生的发展，因此，多媒体的使用要做到以学生为中心，要做到多媒体与教学的各因素的合理整合，实现课堂教学的有效性。如果多媒体呈现的信息太多，会导致教师为完成预设好的教学环节而无暇顾及学生的学习活动，学生来不及思考，也就不能积极、有效地建构知识，因此，要避免把计算机变成为“满堂灌”的电子板书和高科技题海。此外，不能用模拟实验代替真实实验，不能用失真的、甚至有科学性错误的动画来描述微观世界运动图景。

六、化学教学过程的设计

教学过程，即指教学活动的展开过程，是教师根据一定的社会要求和学生身心发展的特点，借助一定的教学条件，指导学生主要通过认识教学内容从而认识客观世界，并在此基础之上发展自身的过程。教学过程设计，就是设计课堂教学的实施程序和步骤，描述教学过程中教师、学生、学习内容、教学媒体等基本要素在课堂教学过程中的关系，其核心环节是教学活动设计。

教学活动的设计主要体现在两个方面：一是学生活动的设计，即明确他们在认知、行为和情感等方面的活动内容、活动形式及活动顺序；二是教师活动的设计，即明确教师如何引导、辅助学习活动。新课程主张教学过程应以问题和任务为驱动，以探究学习、自主学习及合作学习为主要形式，使学习活动真正成为学生建构知识的过程，成为学生学会学习和形成正确价值观的过程。因此，教师在教学过程中应创设能引导学生主动参与的教育环境，激发学生的学习积极性，培养学生掌握和运用知识的态度和能力，使每个学生都能得到充分的发展。

在进行教学过程设计时，要注意设计合理的教学线索，使静态教学内容动态化。教学线索包括知识线、问题线、情境线、活动线、认识线等。教学过程中要让学生掌握哪些内容，这些内容有何内在的逻辑性关系(知识线)，围绕哪些问题展开(问题线)，提供什么样的情境素材(情境线)，学生怎样参与(活动线)，学生在认识上有何发展(认识线)等等，对这些方面的深入分析，可以构建出知识线、问题线、情境线、活动线、认识线等教学线索。

七、化学教学设计总成与说课

所谓化学教学设计总成是指对化学教学各环节局部设计的综合和合成。

化学设计总成着重于具体地处理好系统整体与部分、部分与部分以及系统与环境之间的关系，力求使系统协调、和谐、自然，能有效地发挥其功能，使各阶段活动、各领域活动相互衔接、相互配合，形成自然、流畅的教学活动整体过程。它不是各局部设计的简单拼凑，而是在系统结构设计指导下的整体结合和协调。在这一阶段，通常还要对整个教学过程设计以及各环节设计作艺术的审视、加工、调整和润饰，力求科学性与艺术性统一。

化学教学设计总成的具体结果可以以教案和"说课"等方式表示。

(一) 教案

以课时或课题为单位，对教学目标、教学重点和难点、教学过程等进行设计和安排的具体教学方案，就叫做教案。教案形式多种多样，常用的有综合式、纲要式和图解式等。

1. 综合式教案

这是化学教师常用的一种教案的书写形式。包括：课题、课时教学目标和要求、教学重点和难点、实验仪器和药品、电化教具和其他直观教具、教学内容和教学过程、与教学过程序列相对应的教与学的方法、板书设计、课后分析和评价等内容。有的对教学各阶段应注意的事项和具体要求也都作了较为详细的文字叙述，必要时画出实验仪器装置图以及其他图表。这种形式的教案，能把教师对教学过程的构思和设想都详尽地反映在书面上。它便于教师的教和学生的学，它不仅是年轻教师也是有经验的教师最经常使用的一种教案形式，可参看附录(教案示例一)。

2. 图解式教案

根据教学内容的特点和进行科学方法教育的要求，可以采用以实验简图(包括实验仪器和实验装置)、方框、线条为主，文字、符号为辅的形式来设计课时化学教学系统。这种教案就是图解式教案。这种教案的主要优点是：生动直观、形象易懂、重点突出；采用的科学方法、学生的科学认识、逻辑思维、教学内容各要素的逻辑结构、教师和学生的活动以及它们之间的联系全面鲜明、直观地呈现在设计方案里；便于教师执行和检验；有助于发展学生的认识能力、科学方法的训练和知识的系统化。这种教案，从内容上看可繁可简，形式上也可不同，参看附录(教案示例二)。

图解式教案常用在按科学方法的基本程序来设计课时教学过程和随堂实验，以及学生的阶段复习总结等方面。

3. 纲要式教案

教师根据个人的具体情况、习惯和使用上的方便，可以简化教案的内容。纲要式教案就是这种用少量关键性文字、图表和符号(包括化学用语)设计的课时教学程序实施方案。由于它简明、形象、重点突出、一目了然，所以便于教师掌握整体教学内容及其内在联系，便于实施和检验。如果将它作为板书内容也便于学生理解和记忆，参看附录(教案示例三)。

这种教案表面上看比综合式教案简化了许多。但它要求教师对课时教学内容构成要素、各要素之间的联系、学生的情况、教学手段的选择、教学阶段的安排相当熟悉，要经过深思熟虑和不断提炼方能写成。它能督促教师在改革化学教学、提高课时化学教学质量方面做到深入思考、反复推敲。

(二) 说课

“说课”是我国教学改革中涌现的进行教学研究的有效形式，最初是1987年由河南省新乡市红旗区教研室推出的。当时主要是指授课教师在充分备课的基础上讲述自己的教学设计及其理论依据，然后由听众评说，确定改进意见，再由教师修改、完善教学设计。

“说课”作为开展教研活动的一种形式，现在已经广泛使用。“说课”是教师在特定的场合表述自己执教某具体课题的教学设想、方法、策略及其组织教学的理论依据等。也就是说，“说课”是教师将自己教学设计的思维过程外显化。

“说课”一般包括分析“教什么”“怎样教”“为什么这样教”及“教得怎么样”等问题。具体而言，主要涉及教学背景分析、教学程序设计的分析、教学设计的评价或教学效果的预期等。与教案设计不同的是，说课应该更侧重于诠释教学设计的理论依据，突出教师的教学理念。

1. 说课与备课、上课的区别

(1) 说课与备课的区别

备课是教师在吃透教材，掌握教学大纲的基础上精心写出的教案。它有明确的教学目标，具体的教学内容，有连贯而清晰的教学步骤，有启发学生积极思维的教学方法，有板书设计和目标测试题等。备课的特点是在于实用，强调教学活动的安排，只需要写出做什么，怎么做就行了。而说课，则是教师在总体把握教材内容的基础上，说出在教学过程中，教师对各个环节具体操作的想法和步骤，以及这些想法和采用这些步骤的理论依据。简单地说，说课主要是回答了自己为什么这样备课的问题。因此，说课教师不能只按照自己写好的教案把上课的环节作简单概述。

(2) 说课与上课的区别

说课与上课有很多共同之处。如，说课是对课堂教学方案的探究说明，上课是对教学方案的课堂实施，两者都围绕着同一个教学课题，从中都可以展示教师的课堂教学操作艺术，都能反映教师语言、教态、板书等教学基本功。一般来说，从教师说课的表现可以预见教师上课的神情。从说课的成功，可以预见其上课的成功。说好课可为上好课服务。因为说课说出了教学方案设计及其理论依据，使上课更具有科学性、针对性，避免了盲目性、随意性。而上课实践经验的积累，又为提高说课水平奠定了基础。这些反映了说课与上课的共性和联系。但说课与上课之间也存在着明显的区别，主要表现在以下方面：

说课与上课要求不同：上课主要解决教什么，怎么教的问题；说课则不仅解决教什么，怎么教的问题，而且还要说出“为什么这样教”的问题。

说课与上课的对象不同：上课是课堂上教师与学生间的双边教学活动；说课是课堂外教师同行间的教研活动。上课的对象是学生，说课的对象是具有一定教学研究水平的领导和同行。由于对象不同，因此说课比上课更具有灵活性，它不受空间限制，不受教学进度的影响，不会干扰正常的教学；同时，说课不受教材、年级的限制，也不受人员的限制，大可到学校，小可到教研组。

说课与上课的评价标准不同：上课的评价标准虽也看重教师的课堂教学方案的实施能力，但更看重课堂教学的效果，看重学生实际接受新知、发展智能的情况；说课重在评价教师掌握教材、设计教学方案、应用教学理论以及展示教学基本功等方面。虽然一般认为，说课水平与上课水平具有正相关关系，但也有例外，即某些教师说课表现不差，但实际课堂教学却不理想。一个重要原因是上课比说课多了一个不易驾驭的学生因素。学生不是被动灌输的听众，而是随时参与并作用于教学活动全过程的主体。教学中如何调动学生积极思维，如何机智处理教与学中的矛盾，有效控制教学进程，这些能力需要教师在上课中自觉、能动地表现出来，而说课则往往涉及不到或较难充分表现。

2. 说课的内容

(1) 说教材

教材是实施课堂教学的最基本依据，也是说课的基本依据。对教材的整体了解和局部把握是上好课也是说好课的一个重要方面，说课质量的高低，取决于对教材分析的深广程度。

说教材，即说明所授课内容在全册教材或某章节中所处的地位及依据、确定教学目标(包括知识技能目标、过程方法目标和情感态度与价值观目标)、确定该课内容的重点难点。

① 教学内容的分析

教学内容的分析主要包括：分析本节课内容在教材知识体系中的地位和作用；分析本节教材所涉及的知识基础及其与前后章节的联系；分析本节教材中有关联系工农业生产以及日常生活实际的内容；分析本节教材中所包含的辩证唯物主义观点、科学方法、科学态度等；分析本节课内容在培养学生能力方面的特点等。

② 教学目标的确立

在对学习者分析进行分析的基础上，确立教学目标。教学目标是指教学活动的主体在具体教学活动中所要达到的预期结果、标准。这里所说的教学目标，一般指课时目标。确立教学目标，要根据课程标准、教材、学生学习的特点及发展，从知识技能目标、过程方法目标和情感态度价值观目标等方面来进行整体设计。

教学目标制约着教学设计的方向，对教学活动起着指导作用，因此教师要紧紧抓住教学目标，以充分的理论依据和实践经验说明实现教学目标的进程、步骤、组织以及教学目标向学习目标转化，目标实现程度的检测等方面的基本思路。

③ 确立教学的重点、难点

教学重点就是最能反映教学目标的内容。确立教学重点的依据主要是：第一，教材方面的依据。包括知识上的重点、能力上的重点、情感上的重点、行为上的重点。第二，学生方面的依据。这一教学内容对于学生知识结构的完善、能力的培养等方面的影响。第三，社会生活实际方面的依据。这一教学内容与社会生活实际的联系以及联系的紧密程度。

教学难点，是学生难以理解和掌握的知识。教学难点具体来讲有以下几个方面：第一种是对于学习的内容，学生缺乏相应的感性认识，因而难以开展抽象思维活动，不能较快或较好地理解；第二种是在学习新的概念、原理时，缺少相对应的已知概念、原理作基础，或学生对已知概念、原理掌握不准、不清晰，使学生陷入认知困境；第三种是已知对新知的负迁移作用压倒了正迁移作用，即已学过的知识在对学习新知识时起了干扰作用，因而在已知向新知的转化中，注意力常常集中到对过去概念、原理的回忆上，而未能把这些概念、原理运用于新的学习之中，反而成为难点；第四种是教材中一些综合性较强、时空跨越较大、变化较为复杂的内容，使学生一时难以接受和理解，而这些内容往往非一节课所能完成的，又是教学中的大知识板块。在教学实践中常见的教学难点与教学重点有三种关系：一种是与教学重点相同的教学难点，即既是教学重点，又是教学难点；一种是教学难点并不是重点，但与重点有着直接关系的教学难点；一种是与重点无关或没有直接关系的教学难点。确定教学难点也要依据教材知识体系和学生认知能力以及教学条件等，并要具体分析教学难点和教学重点之间的关系。

(2) 说学情

深入分析课程标准和教材，在于把握教学目标和内容。但仅仅把握教学目标和内容是不够的，因为学生是学习的主体，学生情况制约着学习的开展，影响着目标的达成，是以学生为中心的教学理念的具体落实。因此，学情分析也是说课必须突出的一个方面。

(3) 说教法与学法

说教法和学法，结合具体的教学内容和学生实际，说出本节课要选出怎样的教法和学法才能达到课堂教学的最优化。

说教法，就是根据本节课内容的特点和教学目标要求，说出选用的教学方法和教学手段，教学方法多种多样，但没有哪一种是普遍适用的。这就是所谓的"教学有法，教无定法"，为了达到教学方法的优化，常常在现代教学理论的指导下，选择最基本的一种或几种教学方法综合使用，达到优化课堂教学过程的目的。教学方法的制定与选择受教材内容、学生特点、教学媒体、教师特长以及授课时间的制约。一般的情况下，根据教材的知识内容确定主要的教学方法，本源性知识常常采用以观察、实验为主的探索方法，培养学生的观察能力、实验能力、分析归纳以及独立思考能力；派生性知识一般采用以讲授为主的教学方法，如讲授、讨论、自学的方法，培养学生推理能力、演绎能力、抽象思维能力和利用旧知识获取新知识的能力。

说学法，即说明在教学过程中，针对所授课内容的难易程度结合学生的实际情况，告诉学生掌握知识的方法或技巧，亦即学法指导。因此，教师在制定教给学生知识的方案时，更要考虑教会学生学习的方法和观察和思考问题，并提出观点的方法，所谓“授之以鱼”不如“授之以渔”就是这个道理。恰当的学法指导，有助于学生对基本知识，基本概念及结论的理解，有利于学生掌握和运用这些知识，概念和培养的能力，给学生学习带来事半功倍的效果。

(4) 说教学手段

教学手段是多种多样的，教师可结合不同的教学内容将多种教学媒体如挂图、幻灯、录像带、录音带、电影片段、新闻图片等引进课堂。多样化教学手段的运用，直观性强，实用性大，可以增强学生的感性认识和学习兴趣，给学生留下的印象深，效果好。因此，教师的说课应说明在教学过程中，根据教学内容的具体需要，准备采用哪些教学手段以及采用这些手段的好处。当然，切勿为手段而手段，一定要从教学内容和效果出发，同时，教学手段的选择也应从学校的实际情况出发。

(5) 说教学程序

说教学程序，即说教学过程的安排以及为什么这样安排，一般分为说教学过程(流程、阶段)和说教学结构的特点两方面，在说课的实践中，可以偏于过程，也可以偏重于结构，还可以将过程与结构组合起来说。

说教学过程一般包括：说教学总体思路和环节；说教学环节与方法、手段之间的联系；说教学中的教与学的活动安排，并说明这样安排的目的和将要达到的预期效果。下列问题均属教与学活动的内容，可以各有侧重地作些阐述。教学过程中要掌握的学科内容是什么(知识线)，围绕哪些问题展开(问题线)，这些问题能起什么作用，提供什么样的情境素材(情境素材线)，学生怎样参与、如何组织(活动线)，学生可能会出现哪些问题；教师有什么应对措施，有哪些思维障碍需要克服，采取哪些措施，学生的认识有何发展(认识线)。此外，还可说说突出重点、突破难点的具体做法。如果在课堂教学的总结与延伸以及习题练习上有一定创意，或占有比较重要的课堂地位，那么可以对自己独特的创见作适当说明，如通过怎样的内容、形式与方法实现知识与思维活动的适度拓展。此外，板书是直观教学的组成部分，很能体现教师的教学风格，尤其颇有特色的板书，更要加以说明。要说出板书结构和设计的意图。

教学结构是教师对教学具体程序的归纳。说教学结构一般包括：说清教学总体构思和各个教学板块；每个板块的表述要充分体现是什么、为什么、怎么样；要突出教与学的双边关系；适度交代重点怎样突破，难点如何化解。现代教学强调教与学的互动、情境创设与情感体验。创设情境、架设桥梁；探究新知、自主构建；回归生活、解决问题；布置作业，课外延伸。这就是一种组合式板块状的说课表达。

3. 说课形式

目前，说课活动有了新的发展，形式更加多样。一般形式可以分为备课以后，上课以后和评课以后的说课，是教师个体更深内涵、更高层次的备课，在专家评议后进一步作修改，成为集体备课的结晶。

(1) 备课以后的说课

备课以后的说课，是目前组织教研活动和教学基本功竞赛中说课的主要形式。教师在充分备课的基础上，把自己怎样进行备课，备课时进行的教学设计、教学安排设想以及估计学生的达标程度和盘托出，供专家们评说。

(2) 上课以后的说课

如果说课是在上课之后进行的，由于已经有了课堂实践的检验，可以在前述说课的基础上，结合自己上课的感受进行说课。

这时，说课的内容包括自己怎样进行备课和教学中实际是怎样处理的，侧重面有所变化。结合上述要点，重点说明上课过程哪些方面体现了备课意图，包括对学生达标情况的分析，说明自己做了哪些改变和调整，作调整的意图和效果，包括对自己上课的效果和感受进行评价，提出进一步改进的设想等。

(3) 评课以后的说课

如果说课是在评课之后进行的，或者经过了前述说课之后和评课之后，说课者可以谈自己备课的特点和发生的疏漏，谈自己上课的效果和感受，指出自己上课的进程与备课的意图吻合程度及其原因，自己做出调整的原因和作用，分析学生达标度与实际达标度的区别和可能的原因。同时，对于专家组的评课结合自己的感受进行必要的说明。说课的组织者则可以进一步展开讨论，在此基础上综合评价施教者和专家的讨论，提出值得进一步研究的问题，提高说课的理论层次。

总之，说课应该清晰地说明教学设计，呈现教学实施方案，对教学效果进行预期，并充分阐述以上设计中所蕴涵的教学思想、教学理念。

第三节　化学课堂教学

化学课堂教学又称上课，它是教学工作的中心环节，对备课、课外辅导、批改作业、成绩考核等环节具有支配和决定作用。如果上课这个环节抓得不好，其他环节抓得再紧，也是舍本逐末，收效甚微。因此，要提高教学质量，就必须抓住课堂教学这个关键，上好每一堂课。

一、化学课堂教学的基本步骤和要求

（一）化学教学的准备工作

1. 准备实验和其他传递教学信息的媒体

上课前，教师对演示实验和学生实验都必须亲自试做，通过预试实验检验所用试剂、仪器和设备是否符合要求，探索和掌握最佳的实验条件，以确保实验成功，并做到现象鲜明、安全正确、时间合适和效果最佳。此外，如何引导学生观察、实验，通过实验对学生进行哪些科学方法的训练以及怎样去训练等都要做到心中有数，在上课之前还要对所准备的实验用品进行一次清点，不可有半点马虎。

图表、模型和多媒体课件在准备妥当之后，课前还要进行认真检查，对 PPT、视频等课件要预先放映，检查它的实际效果，播放的顺序、时间、速度等要准确把握，屏幕的大小、位置、亮度、清晰度等要配置好。

课前的准备是一项复杂、细致的工作，教师要认真负责，切不可粗心大意。

2. 修正并熟悉教案

上课前，教师还需要进一步熟悉自己设计的教案，以达到在课堂上能灵活地、熟练地运用和执行教案设计的内容。对一节课的教学内容、教学程序和步骤、各种教学方法和科学方法的配合、教学媒体的使用以及教学语言等都应非常熟悉。对如何启发和引导学生、教师的活动如何和学生的活动协调起来，如何控制教学和取得反馈信息等都应结合教案考虑成熟。此外，做好默讲是教师掌握教案不可缺少的一步，对于新教师来说，进行试讲是很有必要的。在熟悉教案和默讲（或试讲）的基础上，对原设计的教案中一些考虑不周之处，还需要进行修改，使之更趋完善。

（二）课堂教学的开始部分

组织教学、检查复习、明确目标、新课导入等这类教学环节属于课堂教学过程的开始部分。

“组织教学”的目的是安定课堂教学秩序，使学生做好上课学习的思想准备，准备好学习用具，将注意力集中到教学活动中来。组织教学应贯穿整堂课的始终。在课型结构中，之所以把组织教学放到第一位，是因为从课一开始就需要组织教学。教师自进入教室开始，镇静、从容、亲切的举止，振奋的精神，充沛的感情，上课必要的礼节以及检查学生出席情况，新颖、别致的“开场白”，提问引起的深思等，都会起到安定课堂教学秩序的作用，继而直到下课，教师都要留心观察学生情况，使之始终保持注意力高度集中的状态。为此，除需根据不同的教学活动适当做好学生听讲、观察、讨论、实验等的组织工作外，主要的还是靠教学的生动性和启发性、逻辑性，不断激发学生的求知欲和引导学生积极开展思维活动来实现组织教学。最后，按时结束一堂课和认真布置好课外作业，也是完成全堂课教学所应重视的。否则随意“拖堂”或“草草收兵”，都将会引起教学秩序的混乱。

“检查复习”的目的主要是检查学生掌握知识、技能和完成作业以及能力的发展情况，以便督促、帮助学生提高作业质量和复习巩固学习新课所必需的基础知识、技能(包括前一堂课和以前学过的)，建立新旧知识的逻辑联系，并引入新课。由于前后知识的联系，往往上节课的作业也是本节课知识的基础，因此，检查作业和刺激学生回忆、复习旧知识可结合起来进行。

“明确目标”的目的主要是采用适当的方式让学生知道一节课的教学目标和学习要求，以使学生为学好一节课做好知识、认识和心理上的准备。

“新课导入”是在课堂教学进入一个新的教学内容或教学活动之前，教师根据一定的教学目标，教学内容特点，有意识、有目的地运用教学媒体，通过适当的方式引入新课。其目的是在知识内容上承上启下，在情感上激发学生学习兴趣，调动学生学习积极性，力求在最短的时间内使学生精力集中，以饱满的精神状态、高涨的情绪、足够的知识储备进入新课学习。在化学教学中导入新课的方法多种多样，常用的有：自然过渡导入、实验导入、类比导入、问题导入、化学史导入、悬念导入等等。

(三) 课堂教学的中心部分

课型结构中的教授新课(新授课中)、学生进行实验操作(实验课中)、学生进行练习(练习课中)、复习(复习课中)等这类教学环节都属于课堂教学的中心部分，是完成本课时教学目标的主要部分。所以一堂课的成败在很大程度上取决于这部分教学质量的高低。这就要求教师根据每堂课的教学目的和要求，掌握好内容的深广度，恰当而熟练地运用教学原则和教学方法，教学语言力求做到清楚、准确、精炼、生动，板书做到有计划、准确、简洁而具有启发性、示范性和艺术性，演示实验紧密配合教学。同时，要灵活地使用教案，由于课堂上的情况常有变化，教师在执行教案时，就要从实际出发，灵活地使用教案，针对临时发生变化的情况，对教案作部分修改，以适应变化了的情况，使课堂教学收到较好的效果。还要注意课堂教学中的信息反馈，在教学过程中，要及时了解学生学习的情况，并及时给予评价。为了尽快调控课堂现状，教师必须采取多种方式方法，为学生尽快提供反馈信息创造条件。

(四) 课堂教学的结尾部分

课型结构中的总结巩固、提炼升华、存疑拓展、布置作业等这类教学环节都属于课堂教学过程的结尾部分。

总结巩固。在新课结束后，教师用精简扼要的语言，把本节课的中心内容加以系统概括，使学生对新形成的概念深刻化；或提问检查学生对本节课内容的理解程度，并针对检查出来的问题及时加以解决，巩固所学的知识；也可以通过组织学生讨论总结、练习和阅读教科书以达到巩固知识的目的。总而言之，总结巩固是使新知识能稳固地纳入学生的认知结构中的一种教学行为，所以，它是课堂教学过程的中心部分的延续。

提炼升华。课堂教学结尾不是简单重复已讲的主要内容，而是对所学内容进行提炼与升华。简单的重复和提炼升华是处于不同层次的做法。前者是原封不动重复，后者则是在原有基础上的发展和提高。提炼和升华主要有两方面：一是对内容梳理归纳，使之关系更清楚，联系更紧密，脉络更清晰；二是把内容背后蕴涵的深层次的东西揭示出来，如学科观念、思想方法等。

存疑拓展。一堂好课的结尾也是下一堂课好的开端，课堂教学结束时为下一堂课留下疑问、悬念，这会使学生对后面的学习充满期待，也可以引导学生去拓展知识。因此，课堂结束时，可以提出新的问题，把课内知识向课外延伸，造成悬念，激发学生去探索新的问题的欲望。

布置作业。给学生布置课外学习任务，例如，解化学习题、做课外小实验、写实验报告、阅读教科书等。课外作业能使学生进一步加深理解、巩固课堂所学的知识，熟练技能和培养学生的能力等。课外作业是课堂教学的延续和发展，应予重视。布置作业时，要提出明确的要求，有时还需提示或示范。因此，在课堂教学的结尾，应为布置作业留下足够的时间。那种在下课铃声中草草布置作业，或在下课后侵占学生休息时间来布置的做法都是不可取的。

在实际的中学化学教学中，具体到每一堂课，不一定各个环节俱全，但课堂教学的三个基本步骤一般都应体现，同时教学中应使它们有机地联系为一个整体，由一个部分过渡到另一个部分时，应注意用简短的逻辑引言使之自然衔接，避免学生思维松弛。在时间分配上，中心部分是主要的，应分配得多一些，不要在开始和结尾部分占用过多的时间，影响主要内容的教学。古人常用“凤头、猪肚、豹尾”来形容写作，意思是开头要精彩亮丽，中间要充实丰富，结尾要响亮有力，好的课堂教学也应如此。

二、中学化学教师教学基本技能

教学技能是顺利完成某种教学任务的活动方式，它往往既含有操作的成分，又含有心智的成分，对取得良好的教学效果，实现教学的创新，具有积极的作用。教学技能与教学理论知识、教学能力是相互联系的。教学理论知识、教学能力是掌握教学技能的前提，并制约着掌握教学技能的速度和深度。反过来，教学技能的形成和发展亦有助于教学理论知识的掌握和教学能力的发展。教师要想形成自己的教学风格，达到艺术化教学的水平，就必须在熟练掌握教学技能的基础上，不断探索、不断创新。

中学化学教师教学基本技能主要包括化学课堂教学的基本技能和化学学习活动的组织、指导技能。

(一) 化学课堂教学的基本技能

1. 化学课堂教学语言技能

教学语言是教师完成教学任务的主要和基本的工具，是职业语言的一种。化学教学语言是由基本语言技能和适应教学要求的特殊语言技能两方面构成。基本语言技能是在社会活动中，人人都必须具备的语言技能，它包括语音、吐字、音量和语速、语调和节奏、词汇、语法等方面。特殊语言技能是在课堂上，教师根据一定的教学目标、教学内容、教学对象出发组织自己的语言，它有独特的表达方式和结构，它又可分为讲解技能、提问技能等。

(1) 基本语言技能应达到的要求

① 用标准普通话朗读、讲课、交谈

《高等师范院校学生教师职业技能训练大纲》中规定，普通话是教师的职业语言，用普通话进行教学工作是合格教师的必备条件。讲普通话没有达到一定的水平无法进行教学语言的训练。高等师范院校学生的普通话水平应达到国家教育主管部门制定的《普通话水平测试标准》二级，即能用比较标准的普通话进行朗读、讲课和交谈。

② 吐字清楚

教学语言还要求吐字清楚，否则会影响内容的表达，或者使学生感觉到听课吃力而产生厌倦心理。造成吐字不清的原因是发音器官(唇、齿、舌)在发相应的字音时不到位，或者说话语速太快。因此讲话速度要保持适中，还要有意识地针对自身发音的缺陷进行矫正，并经常练习，就会克服吐字不清的问题。

③ 保持特有的音量和语速

音量是指声音的大小。说话声音太小，听不清楚；声音太大，讲话人很容易疲劳，而且使听的人也不舒服。讲课的音量最好控制在教室里安静的情况下，坐在最后一排的学生也能听清楚。课堂音量还要注意保持，有些人讲话只听到前半句而听不到后半句，课堂上要求教师把每一句的最后一个字都清清楚楚地送进学生的耳朵，换句话说，就是要保持音量。

语速是指讲话的速度及其变化。课堂教学中语速要适中，语速过快，超过学生接受、加工信息的能力，学生则难以接受讲授内容；若语速过慢，教师教学节奏变缓，单位时间内所讲述内容就会减少，这势必会降低教学效果，语速过慢也可能会导致学生思维活动受抑制，这同样也会干扰教学效果。当然这并非意味着课堂教学语速要自始至终保持匀速。教师应根据教学内容和要求以及学生的知识基础和心理状态来调整语速。如对于易懂的内容语速可略快些，但要注意吐字清晰；提出问题则应缓慢些，要给学生留有思考的时间。

④ 抑扬顿挫的语调与徐疾和谐的节奏

语调是指讲话时声音的高低升降、抑扬顿挫的变化。从所表达的内容出发，运用高低变化、自然合度的语调，可以大大加强口语表达的生动性。

节奏是指语言的音量、语速、语调等要素的有秩序、有主次、有节拍的变化。这与前面所说的语速有联系，但不是一回事。课堂口语的语速为每分钟200至250字，但每个字所占的时间并不一样，有的音长一些，有的音短一些，句中句间还有长短不一的停顿，这些由音的长短和停顿的长短所构成的快、慢变化，就是节奏。善于调节音程的徐疾变化，形成和谐的节奏，同样可以加强口语的生动性。

⑤ 丰富的词汇

词是语言中能够独立运用的最小单位，是语言系统中最基本的建筑材料，如元素、化学等。我们在平时要阅读大量的化学专业书及其他书籍，积累丰富的词汇，从而能使自己在众多的词汇中选择最能表达教学内容的词汇，或用灵活多样的词汇帮助学生理解有关的化学知识。

⑥ 正确使用语法，注意语言的逻辑性

语法是用词造句的规则，这种规则不是哪个人或机构规定的，而是某一民族在形成民族共同语言的长期历史过程中形成的。按照这一规则，大家都懂，违反这些规则，则无法交流。

语言的逻辑性是指在组织一段语言时要合乎逻辑规律，思路要顺畅，层次感要强，这也是化学学科本身的要求。因为化学学科本身就有很严密的逻辑性。同时，教师语言的逻辑性也能培养学生的逻辑思维能力。

2. 讲解技能

讲解是通过口头语言描述情境、阐述道理、推理论证、传递教学信息的一种教学方式。讲解的实质是通过语言对知识内部的各层次及各层次的内在联系进行剖析，从而使学生掌握事物的本质规律。

(1) 讲解技能的构成要素

① 语言。任何讲解都离不开语言的运用，这里不仅包括有声语言，还包括体态语言：手势、身姿、表情、目光等。两种语言配合使用，能发挥最大的信息输送效果。

② 精心组织。讲解的目的是为了向学生传授知识，因此，讲解的语言与日常说话不同，要根据教学目的、内容、学生认知特点等精心组织和策划，要能激发学生学习的积极性，要让学生听得懂，要揭示前后知识的内在联系，以形成系统性的知识。因此，精心组织构成了讲解技能的要素。

③ 表达顺序。每个教学内容的讲解都需要一定的讲解顺序，这个顺序要和教材中化学知识的逻辑顺序相一致，要和学生的认知规律相一致。总体来说就是要按照由浅入深地引入、展开、总结这一顺序进行。

(2) 讲解技能的要求

① 清楚。即发音准确，吐字清楚，音量适中，语调注意抑扬顿挫、轻重缓急。讲解时的语言清晰还要依赖于思路清晰，这就要求教师认真揣摩教材思路、认真揣摩学生思路之后，再按知识内在的逻辑关系及学生的认知程序备教案，以形成精炼、严密符合科学方法的教学思路，按这样的思路讲解，使人感觉层次分明，学生易于接受。

② 准确。准确的讲解体现在学科性，要用化学术语来表达事物的现象和本质；体现在科学性，对于易混淆的概念应讲清区别，表达准确，如固态、液态、气态物质的反应，分别应用“加入”“滴入”和“通入”等词语，容器中气体装满后，称作“逸出”，液体装满称作“溢出”等；化学讲解语言还应遵循语言规律，不能读错字，不能带语病；教师在教学过程中承担着培养学

生思维能力的任务，因此，教师还要特别注意使自己的语言表达合乎逻辑，具体表现在要按事物自身发展变化的顺序来讲解，要按知识、概念间的逻辑顺序来讲解。例如，讲过元素符号后讲化学式，讲过化学式后讲化学方程式。

③ 精炼。按照信息论的观点，如果可以用较少的信息单元表达的信息，却用较多的信号单元来表达，则有一部分信号单元是多余的，反而会降低信息传递的效率。因此，讲解的语言要精练，具体表现在：第一是要力求简洁。必须清除讲解语言中过多的口头禅和下意识地重复。除定义、结论外，应尽量做到语意不变而表达形式变化多样，避免机械的、乏味的重复。语言的简洁还应体现在尽可能使用化学术语来表达化学事实，如检验氧气的方法可用"余烬复燃"。第二是要有针对性地讲解。讲解中可以针对内容中的关键字、词、句进行讲解，做到重点突出，而不是事无巨细都以长篇大论加以解释，如对电解质的概念应着重讲清"或""化合物"等字；"化学键"的概念要突出"内""相邻""强烈的""相互作用"等字、词，即使语言简练，又能使学生抓住事物的本质。

④ 启发。施教之功，贵在引导，妙在开窍。教师要善于在学生处于"愤悱"之时，用启发性的语言给予恰当的点拨引导，促使学生开动脑筋，积极主动地去探求解决疑难的途径。教师可抓住以下时机进行启发诱导：当学生的思想局限于一个小范围内无法"突围"时；当学生疑惑不解，感到厌倦困顿时；当学生各执己见，莫衷一是时；当学生无法顺利实现知识迁移时。

⑤ 机动。所谓语言的机动性是指教师讲课的语言要跟学生当时的思想、接受情况联系起来，教师应该根据学生实际情况，灵活机动地使用教学语言，按计划讲授的同时，注意观察学生的反应情况。如果发现学生迷惑不解，教师就应及时地改变计划。只有这样，教师的教才能与学生的学统一起来，做到学思同步，达到教与学和谐统一。

3. 提问技能

提问是教师提出问题让学生思考、回答并由教师作出相应评价的教学行为方式。因此，它是教师在课堂教学中进行师生交流的重要手段，是检查学生的学习，促进学生的思维，实现教学目标的一种重要方式，是教师在教学活动中所做的比较高水平的智力活动。

提问的历史可以追溯到古代。古希腊的思想家、哲学家、教育家苏格拉底主张通过对话使学生发现"真理"，他称之为"产婆术"。他母亲是产婆，他借此比喻他的教学方法。他母亲的产婆术是为婴儿接生，而他的"产婆术"教学法则是为思想接生，是要引导人们产生正确的思想。我国古代教育家孔子的教育方式和儒家经典《论语》都是以提问为主要形式的。

(1) 课堂提问的功能

提问之所以受教育者的青睐，是因为教师巧妙的提问能够有效地点燃学生思维的火花，激发他们的求知欲，并为他们发现、解决疑难问题提供桥梁和阶梯。其主要功能如下：

① 激发学生的学习动机和兴趣。适宜的提问能够激发学生的好奇心，使学生产生探究的欲望，迸发学习的热情，产生学习的需求。

② 为学生提供参与机会。它能给学生提供参与教学过程、发表看法、与老师和其他同学沟通交流的机会，能很好地激发学生的主体意识，激励学生积极参与教学活动。同时，提问是向每一个学生提供回答问题的机会，要使内向害羞或成绩较差的学生也参与课堂教学，让所有学生意识到教师期望并赞赏每个学生投入和参与课堂教学。

③ 促进学生的学习。学生的学习是以积极思维活动为基础的，学生的思维过程往往又是从问题开始的。提问是教师对学生学习的一种支持行为。提问过程能引导学生逐步地去分析和解决矛盾，并突出主要矛盾和次要矛盾的主要方面，从而让学生很好地掌握教学的重点和难点。提问也能向学生提供一个同化和反思知识的机会。

④ 培养学生能力。通过提问可以培养学生的思维能力、表达能力等。课堂提问能引起学生的认知矛盾并给学生适宜的紧张度，从而引发学生积极思考，培养思维能力。学生在回答问题时，也培养了学生的口头表达能力。

⑤ 反馈教学信息。提问可让教师迅速获得反馈信息，如根据学生对有关问题的回答来判断学生的掌握情况、诊断学生学习的困难，在此基础上，教师可对教学过程及时作出相应的调整，使教学系统优化。

⑥ 创造和谐的教学氛围。提问可以活跃课堂气氛，促进师生之间的情感交流，创造和谐的教学氛围，吸引学生的注意。因此提问是进行课堂教学管理、维持良好课堂秩序的常用手段之一。

(2) 提问的分类

提问有多种分类方法。根据化学学科的特点以及教学内容、教学目标和学生认识方式交叉考察，可将提问分成回忆型、理解型、应用型和评价型四种类型。

① 回忆型提问。一种是二择一提问，教师提出问题后，要求学生回答"是"与"否"。例如，教师提出"水是由氢元素和氧元素组成的吗?"，学生回答"对"，就属于这类提问。这种提问是一种低层次的提问，它允许学生有50%的猜测。回答这类问题，一般多是集体回答，因此，不容易发现个别学生的学习情况。另一种是要求以单词、词组或系列句子回答的回忆提问。它包括对概念、规律、技能等的温习和回忆。例如，教师提出"什么是元素?"，学生回答"具有相同核电荷数的同一类原子的总称称为元素"就属于这种类型的提问。以上两类提问都限制了学生的独立思考，没有表达自己思想的机会。这类提问用多后，表面看上去课堂气氛很活跃，但学生并没有较高级的思维。因此，这类提问的使用应该有所节制。一般在导入阶段为了复习旧知识或对某一问题进行论证需要引用某些概念、原理、技能时使用。

② 理解型提问。此类提问要求学生不仅要识记有关知识，而且要理解，并根据自己理解的程度将旧知识的形成和结构作出改变，再行回答教师提出的问题。例如，教师提出"氧气的化学性质有什么特点?"，学生要对教材中的内容完全了解后才能回答。

理解提问一般用于对新学知识与技能的检查，了解学生是否理解了新授知识。因此，可用于某个知识点讲解之后或课程结束时。学生在回答这些问题时，因没有现成的答案，就必须经过自己的理解、组合才能表达。此类提问能培养学生抓本质的能力，能培养学生的即兴表达能力，并利于教师掌握学生的学习情况，因此，它是较高级的提问。

③ 应用型提问。此类提问要求学生对已知信息进行加工整理，然后才能解决教师提出的问题情景。因此，它属于“应用”的范畴。例如，教师提出“怎样鉴别强电解质和弱电解质?”，这里教师建立了一个简单的问题模型，让学生运用新获得的知识和回忆过去所学得的知识来解决新的问题。这又称运用提问。有的运用提问要求学生识别条件和原因，或找出条件之间、原因之间与结果之间的关系；有的运用提问能激发学生的想象力和创造力；有的要求学生根据已有的事实推理，想象可能的结论，这些都属于运用提问。

④ 评价型提问。这是一种系统性综合提问，要通过认知结构中各类模式的分析、对照和比较方可作出解释和回答。它包括概念的评价、方法和技能的评价、原理的评价等，还可以对有争议的问题提出看法，即评价各种观点、思想方法等。如氨催化氧化反应中如何来选择催化剂呢？这就需要学生从各催化剂的催化效能、价格、取得的难易程度等多种角度来分析、比较方可作出评价。因此，该种提问是一种高级提问。

(3) 提问的方法

提问可根据教学内容、教学意图及学生的认知水平的不同而采取多种方法。一般有：

① 口头直接提问。由教师通过口头语言提出问题引起学生思考，然后由学生回答的一种形式。

② 书面提问。教师通过黑板板书或投影仪等提出问题，由学生口头或书面回答的提问。

③ 列出问题表让学生边阅读边思考答案。

④ 显式提问。在集中全体学生注意之后，让大家思考某个问题并要求解答。

⑤ 隐式提问。在讲解过程中设疑立障，引发学生的积极思维，但不要学生正式作答。

提问可以是单向性的师问生答，也可以是多向性的师生之间或学生之间的相互问答。各种提问方法的选择取决于化学课堂教学的实际需要。

4. 使用副语言行为的技能

教学中的副语言行为是以语言为基础并且配合语言活动进行的。斯蒂沃克在《教学与教学语言》一书中说：“如果说言语交际是用来叙述细节的，非言语交际则为言语交际提供了叙述所需的纸张和解释所依赖的背景。”副语言行为没有形成一种独立的语言系统，但是有着重要的作用：副语言行为能够使语言具有感染力，增加语言的表现力；它能在一定程度和一定场合代替语言，或者弥补口头语言在形象性方面的缺陷；副语言行为跟语言行为配合，不但可以增加信息的内容，而且可以使信息实行多通道传输和多器官感受，使信息传输更加可靠和有效，并且能促进学生的全面发展。前苏联教育家马卡连柯指出：“只有当一个人能用十五种至二十种声调来说‘到这里来’，只有学会脸色、姿态和声音的运用并能作出二十种风格韵调的时候才能成为出色的教师。”可见，掌握副语言行为并正确运用它，对教师来说是多么的重要。

副语言行为在化学课堂教学中的应用主要有下列方面:

(1) 传递情感、反馈信息

人的身体的许多动作都能表达自己的情感意向。例如,点头表示同意、摇头表示否定、皱眉表示不满、咂嘴表示批评、挥手表示肯定、拍头表示疑惑、拍拍肩头表示亲热、竖起拇指表示赞赏等等。教师应当善于运用副语言行为向学生传达自己的情感意向,促进学生搞好学习。

面部表情是最常见的副语言行为,它能表达人的多种多样的感情,人们能够通过表情了解彼此的情绪、体验,乃至思想、愿望和要求。

课堂教学活动是在知、情两条线的相互作用、相互制约下完成的。在课堂上,教师的表情应随着教学活动的开展作相应的变化。例如,当学生回答问题时,流露出专注的神情;当学生踊跃讨论时,流露出兴奋的神情。良好的情绪可以加速人的认识过程,而认识过程的加速又能引起良好的情绪效果。教师应当凭借自己的情绪色彩来感染、激发学生的求知欲,形成轻松愉快的教学气氛。实践证明,学生不喜欢那种缺少微笑的机器人似的教师。教师板着面孔讲课,学生会产生压抑感、沉闷感。

在教学中,教师还应善于通过观察学生的表情等行为来了解学生的学习情况,收集教学反馈信息,及时地采取相应措施,调整教学过程,力求师生感情的协调和共鸣。

(2) 协调组织教学活动,调控教学过程

教师的指点、挥手等举止能对教学过程产生调控作用。例如,教师肃立沉默能使教室秩序安定下来;教师适当的走动和手势能使学生活跃、积极开展思维活动和其他活动;教师从容不迫和镇定的举止可以稳定学生情绪,使他们消除对实验的畏惧,对学习充满信心;而手舞足蹈和无意识的频繁动作会使学生分散注意,降低学习效率。

人们称眼睛是心灵的窗户,"目以传神"这一词语恰到好处的表明了目光的特殊交际功能,对教师来说,这种功能更有着特殊重要的意义。

在课堂上,教师的目光必须"面向"全体学生,不能"目中无人"。一方面,要时刻注意用自己的目光去感知学生的反应,从学生的目光中感知他们的领悟、疑惑、思考、赞同、不满等表示,及时调节教学速度和难易程度;另一方面,教师要正确运用目光,传递信息。例如,当学生流露出骄傲情绪时,教师应给他以持重的鞭策的目光;当学生面临困难缺乏信心时,教师应投以鼓励的目光;当学生积极发言回答正确时,教师应报以赞许的目光等等;使学生不闻其声,但知其意。要杜绝冷漠无情、凌厉威逼、凶悍暴怒的目光。

(3) 形象直观地教学,增强语言的表现力

利用副语言行为可以帮助学生形成某些表象。例如,在讲解金属的延展性时,用两手作细丝状背向移动解释"延",用五指张开的手在平面上画圈说明"展",可以使学生对延性和展性的含义留下深刻的印象。

有时还可用手势代替某些模型。例如在讲解甲烷的分子结构时,可以让学生蜷起无名指和小指,把拇指、食指、中指叉开,和掌部一起做成四面体模型,体验甲烷分子的立体空间结构,转动手腕说明二氯甲烷为什么没有同分异构体。

(4) 进行实验操作教学

一些简单的实验操作常常可以用手腕进行示范、提示,甚至用于让学生进行练习。例如,用手势具体地示范振荡试管中的液体时"三指捏,两指蜷,转动手腕,(管)底画弧"的操作方法;用手的来回平动提示怎样往试管里送入固体粉末;用并拢的四指轻拍另一只手的掌部提示倾倒液体试剂时的标签位置;把手提到眼睛水平位置来提示用量筒读取液体体积时液面应有的位置等等。

(二) 引导、指导学习活动的技能

要想使学生的学习顺利进行,教师的教学引导、指导既要遵循学生身心发展的基本规律,也必须遵循学习的基本规律。因此掌握必要的学习理论,了解学习本质和发生、发展的原理和规律,运用科学的方法引导、指导学生进行学习,是现代新型教师必须具备的教学技能。在化学教学中,学生的学习活动主要有:课内的听课、记笔记、思考、观察、实验、讨论、练习、自学、探究,以及课外的复习、作业、预习、收集资料、实践活动等等。引导、指导学习活动的基本内容就是要指导学生养成良好的学习心理状态和学习习惯,掌握科学的学习方法和学习策略,形成自主学习的能力,主动、有效地完成学习活动。教师应该不断提高、改进自己指导学习活动的技能,促进学生主动和富有成效地学习。本节对部分指导技能进行讨论。

1. 指导听课、记笔记

课堂听课和记笔记是目前最常见的化学学习活动。学生在课堂上只有专心听课,开动脑筋,才能在教师的引导下,深入理解所学知识,与此同时学习到教师分析问题、解决问题的思维方法。指导学生听课、记笔记时,要让学生注意的要点有:

(1) 目标明确、全神贯注。即要明确听课的学习目标,要有严肃的学习态度,全神贯注,做到眼、耳、手、脑并用。

(2) 开动脑筋、积极思维。要积极思考老师解决问题的思路、方法、结果等等,不但重视结论(结果),也重视过程,特别是分析、论证、推理的过程。

(3) 认真记录、科学记忆。记笔记时,为了方便理解、记忆,要学会选择内容,主要记讲课思路、内容纲要、疑难问题、重要补充、学习要求和注意点等;还要学会用简明、扼要的文字、符号做好笔记。

2. 指导讨论

讨论是在教师的引导下,同学间相互质疑、论辩、启发、补充,共同求得问题解答的一种学习活动。它要求学生具有一定的知识基础、思考能力和讨论习惯;要求教师有较强的组织能力和丰富的经验。组织讨论的难点在于控制讨论的方向和时间,使它有较高的效率,而又不影响学生的积极性,能使学生有更多的收获。为此,教师要注意:

(1) 精心设计讨论的问题。问题难易要适宜，对问题的讨论最好能配合实验、阅读、作业等活动来展开。教师还应该预测学生在讨论中可能出现的新问题，准备好应对的措施。

(2) 鼓励学生积极参与讨论。要求学生在认真思考、准备的基础上各抒己见，积极、大胆地参与讨论、相互切磋。必要时，可以在课前公布讨论题，以便学生提前准备，还要引导学生复习有关知识、阅读教材、收集资料，以及准备好必要的发言提纲。

(3) 适时帮助学生排疑解难。尽量让学生自己分辨是非、纠正错误、得出正确的结论，不轻易表态或包办代替。注意掌握时机，适时、适量地介入讨论，以确保讨论不偏离主题和顺利进行，引导帮助学生排疑解难。

3. 指导练习

指导练习是教师通过帮助学生成功地完成课堂练习，达到学会知识或技能目标，保证教学顺利进行的行为。这里的课堂练习是指学生的独立练习，它一般出现在教师讲解、示范和教师指导下的学生练习之后。教师指导练习的核心内容是使学生集中注意于练习活动且有效地进行练习，强调帮助学生对内容意义有进一步的理解和内化，强调帮助学生提高对知识技能掌握的熟练和自动化程度。为此，教师要注意：

(1) 练习前，帮助学生做好对知识、技能理解和运用的准备。有研究表明，学生准备程度越好，那么学生独立练习时的专心程度就越高。因此，在独立练习前，要对学生进行充分的讲解、示范和指导，让学生对知识技能的理解和运用做好准备。一般说来，在学生开始解题练习之前，教师要引导学生复习有关知识，进行审题和解题指导，讲清要求和格式，必要时要通过例题进行示范。讲解例题时，要着重讲清解题思路。

(2) 精心准备练习题。要有明确的目的，要均衡安排好独立练习的题量和题型，既要保证学生对同一题型问题的充分练习，又要使他们尽量接触多的题型。练习题要具有典型性、思考性、开放性和趣味性，联系实际，难度适当，数量适宜，要尽量减少重复练习。

(3) 及时收集反馈信息。在学生练习时，教师要巡视检查，并向练习中有问题的学生及时提供帮助。对完成较好、较快的学生提出要求较高的补充练习。对于复杂的练习活动，可以按照“分步练习—完整连贯—熟练操作”顺序分阶段组织练习。如果时间允许，可以抽选少数学生来演示练习过程，组织全体学生观摩、评论。

(4) 做好练习讲评、总结。在学生完成练习后，教师要及时地进行讲评，也可以组织学生互评、自评。最后，要做好练习总结，在学生有了实践体会的基础上，总结审题、解题或操作的规律，加深、发展学生有关知识技能的理解，提高学生应用知识技能的熟练化水平。为巩固练习效果，还可以适当布置一些课后作业让学生进一步练习。

4. 指导自学

化学课程中的自学，包括阅读、实验、思考、解决问题、复习、表达等活动，课前预习也属于这一范畴；狭义的自学仅指学生独立地阅读教科书。为提高学生的自学能力，教师在指导学生自学时，要注意：

（1）让学生认识自学的任务和价值。引导学生认识到“学会学习”是自学的首要任务。自学是培养创新意识和实践能力的基础载体，一个人只有具备了自学能力，才能适应学习型社会，才能增加自身的发展潜能。

（2）让学生掌握自学的方法。学生要学习的不仅仅是知识、技能，更重要的是思维方式、学习方法、学习习惯。教师要让学生逐步学会自己收集、选择学习材料，并学会自己确定学习任务、学习重点、学习程序和学习方法等，掌握自学的方法。

（3）让学生逐步掌握学习各类化学知识的规律。例如，对理论性知识要注意产生有关概念、原理、定律的事实依据，要学会通过抽象、概括和推理自己得出结论，要了解有关知识的应用及其范围；对事实性知识，要联系生活实际或实验现象，弄清物质的结构、性质、用途与制法之间的联系和规律性；对技能性知识等，要在理解其含义及背后的化学概念原理的基础上适当练习，熟练运用等等。

（4）及时了解学生的自学情况。要关注学生在学习过程中的感受和体验，让学生体验自学本身始终是充满快乐的。要及时了解学生的自学情况，鼓励自觉学习的习惯和善于质疑的精神，从而让学生树立自学的信心。

5. 指导探究

探究学习是学生学习化学的一种重要方式，也是培养学生探究意识和提高探究能力的重要途径。探究学习的核心是在教师的指导下，由学生自己来探求知识、解决问题。指导探究活动，教师应充分调动学生的积极性，引导他们发现问题、提出问题、分析问题、解决问题，促使他们自己去获取知识、发展能力。为此，要注意：

（1）精心创设问题情境。探究活动必须以问题为载体，且问题必须真实、具体，有意义，具有探究性，具有一定的思维含量。任何问题的出现都离不开一定的情境，创设问题情境，就是在教学内容和学生认识之间制造一种不协调或冲突，将他们引入一种与问题有关的情境之中，使之形成问题意识，激发认识冲突。在化学教学中，应注意创设与现实生活密切相关的、能引发学生思考的问题情境，激发学生探究的兴趣，增强探究动力。

（2）灵活应用多种活动方式。在教学中必须根据设计的问题情境，选用相应的活动方式。哪些问题适合学生独立探究，哪些问题需要合作探究，应该在备课时有所预设。但是，在教学中更应该由学生自主选择问题探究的活动方式。教学过程中应倡导合作学习，合作学习的本质在于学生能够根据自己的需要，主动与他人进行畅所欲言的探讨交流。合作学习可以有多种形式，同桌、前后桌、学习小组、向老师咨询请教等，都是合作学习的很好方式。

（3）重视自主探究活动的过程。以问题为载体的学生自主探究活动，关注的不只是结果，而必须是一个思考问题、解决问题、交流发言、总结归纳的活动过程。当呈现问题情境后，必须给学生一定的活动时间和空间，由学生去动脑、动手、动口。鼓励学生自己设计实施方案，自己去观察、尝试、探索、实践，允许学生在探究中出现错误，使学生在自由、和谐、轻松的气氛中探究，充分地表现自己的才能。通过这样的探究活动过程，才能帮助学生有效地领悟知识、学习方法、感受思想，才能使学生对问题探究活动本身留下深刻的印象。

(4) 营造激励思考的情感氛围。要使学生的问题探究活动成为有意义的活动，必须努力营造积极、和谐的情感氛围，真正使学生能够自由地、自觉地学习。教师在教学过程中要相信学生，相信学生能够自主学习、自主探究；要尊重学生对学习方式的选择、对问题的独立见解。学生的学习激情、课堂的情感氛围，关键是要靠教师去调动和营造。在探究活动中特别要要激励学生敢想敢说，敢于质疑提问，允许学生有自己的思想见解和学习方式，鼓励学生与同伴争论、教师争论。

(5) 积极提供有意义的帮助和指导。高水平的自主探究活动，更需要教师提供恰当的帮助和指导。教材编写受课程内容、目标要求的限制，对许多问题不作详细阐述，只是直接给出结论。因此，在教学中要注重选择能引发学生的兴趣、具有多方面联系的材料，或者提供学生进行实验探究所需要的实验仪器药品等，以便学生通过多条途径进行探究，使学生亲历探究过程并发现规律。

(6) 及时予以总结评价。提高学生自主探究活动的水平，还必须重视对活动的总结评价。一方面，要引导学生对自己的探究过程进行总结反思，分析在探究活动中学到的知识、方法、得到的启示、产生的疑问等；在此基础上引导学生进行自我评价，自己的注意力是否集中、自己思考问题的方法是否正确等。学生对自己学习过程的反思和评价，不仅有利于自己深刻认识所经历的各个过程和步骤，形成认知结构，总结学习方法、学会学习，而且有利于培养学生自我调控的意识和能力，增强主体意识，提高学习的积极性、自觉性。另一方面，教师要引导同学之间互评，促进学生在认同、批判不同观点的过程中学会欣赏、接纳他人，学会评价；教师自己也要及时对学生的情感态度、科学方法、思维水平、语言表达等予以指点和评价，使学生能够及时获得正确的认识、发现存在的问题，加深对问题的理解，增强探究信心。

第四节　化学综合活动的设计与实施

课外化学活动课和综合实践活动课都是化学综合活动的表现形式。

化学活动课是指在学科课程以外，有目的、有计划、有组织地以学生为主体，开展实践性教育活动的过程。它的基本特点是：学生有参加活动的自主性和选择性；活动的内容有广泛性、伸缩性和趣味性；活动的形式具有多样性与灵活性；活动的开展具有实践性和开放性。它已是我国基础教育现代课程体系中的重要组成部分，是构成素质教育教学体系的必要条件。通过活动可以使学生扩大视野，增长知识，动手动脑，培养科学素养，发展个性特长，增进身心健康，生动、活泼、主动地得到全面和谐的发展。化学活动课是全面贯彻教育方针的一项重要措施；是建立以课堂教学为基础，课内与课外相结合的教育体制的重大问题；是落实基础教育课程改革理念的基本途径之一。

综合实践活动是《基础教育课程改革纲要(试行)》所规定的小学至高中的必修课程。作为第八次基础教育课程改革的结构性突破,综合实践活动致力于打破沉闷的学科教学,倡导学生的自主活动,促进学生发展。这是对学生学习方式的一次革命,使学生真正走向大自然,走向社会,走向自己感兴趣的事物。依据国家对高中课程改革的要求,综合实践活动课程作为高中必修课程占据八个学习领域中的一个领域,并作为学生毕业的必备条件之一。综合实践活动课程的学分为 23 学分,占学生 144 毕业学分的 15.9%,其比例之大,可见此课程的重要地位。

综合实践活动由研究性学习、社会实践、社区服务三个方面组成,是与学科并列而不是从属或依附于学科的综合课程,在整个课程结构中具有独立的地位,对学生的发展具有独特的价值。它需要采用与其他学科不同的实施方式。综合实践活动是"课程",作为课程,综合实践活动不同于传统意义上的课外活动,具有课程的规定性;作为国家课程计划中独立设置的课程,综合实践活动不是可有可无的,而是必须开设、实施的。

一、化学综合活动的内容和形式

无论是课外化学活动课,还是涉及化学的综合实践活动,都可以通过多种多样的形式开展。从内容上分,主要包括社会、生活活动;科学、技术活动;文艺、艺术活动等,涉及到人与自然、人与科学、人与社会、人与人等方面。从组织角度分有群众性活动、小组活动和个人活动。

(一) 群众性活动

这是组织全体或多数学生参加的一种带有普及性的全面提高的活动形式。主持人可以是授课教师,也可以是学生骨干。活动方式主要有以下几种:

1. 化学专题讲座

这种方式容纳的人数较多,不需要仪器设备等物质条件,只要有一间较大的教室作场地就可以了。讲座的内容比较广泛,可以涉及各方面的知识。例如,"中国化学史话""元素周期律发展史""元素的故事""光导纤维"等。

讲课人可以是本校教师,也可以是校外专家、一个或几个学生。讲课时间以一节课为宜,因为时间一长,青少年的注意力容易分散,容易影响课堂纪律。最好在大家兴趣正浓时结束,给大家产生一种悬念、向往和追求。

2. 放映科教电影和录像

其内容以配合教材、扩大知识面为主,但不宜用来代替化学实验。人数以 1—2 个班为宜,放映时要配以教师的适当讲解,以发挥该种形式的更大优势。

【资料】 科教视频

美国科普节目《流言终结者》(MythBusters),自 2002 年以来已经播出 100 多集,广受欢迎。该片制作小组用科学的方法针对各种广为流传的谣言和都市传奇进行实验。

中央电视台科教频道的"我爱发明""原来如此""走近科学""探索发现"等栏目有一些节目，蕴含丰富的化学知识，可以作为激发学生化学学习兴趣、扩大知识面的资源。例如：

化学魔术——可褪色墨水

魔幻化学——2011国际化学年全国趣味化学实验设计大赛

打假记(一)——劣质白酒快速检测

打假(二)——碘盐检测

灭火先锋——泡沫灭火弹

3. 组织参观和现场教学

为了扩大学生的知识视野，贯彻理论联系实际的原则，增强学生学习化学的兴趣，教师可以就近选择化工厂、化学试剂厂、制药厂的车间、化学科研单位或大学的有关科研室作为参观对象。应该注意的是，学生参观的内容经过技术人员、科学研究人员或教师的讲解应能被学生理解和接受。

4. 化学竞赛

化学竞赛对于发展学生思维能力、表达能力和实验操作技能等具有重要的意义，它也是发现人才、选拔人才的有效途径。

这种形式的课外活动，从准备工作中的命题到竞赛中的评议以及组织工作都由化学教师进行。化学竞赛又分为化学智力竞赛和化学实验竞赛。化学竞赛一般是先进行预赛，从各班选拔出优秀代表2—4人准备参加正式竞赛，参加竞赛的成员虽然是少数，但参与竞赛的是大多数。

智力竞赛可以采取抢答、必答、抽签抢答等多种形式。可以在一个年级进行，每班抽3—4人作代表(其中男女同学有一定的比例)，其他同学旁听。形式有回答问题、看图和录像回答、动手做、上台贴画、笔答等。中间穿插化学谜语、实验表演等，以活跃气氛。

【资料】"常见的化学谜语"举例

学而时习之(打一化学反应条件)——常温；

考卷(打一化学用品)——试纸；

下完围棋(打一化学名词)——分子；

敢怒不敢言(打一物质)——空气；

完璧归赵(打一化学名词)——还原；

怒发冲冠(打一化学名称)——气态；

金属之冠(打一化学元素)——钾；

水上作业(打一化学元素)——汞；

无水是生，有水就热。(打一化学物质)——石灰；

杞人忧天(打一化学实验操作)——过滤。

实验竞赛需要一定的仪器药品，耗时间较长，且需要裁判人员，所以参加人数不能太多，通常用于复赛或第二轮比赛。其内容可包括化学基本操作、物质制备、物质鉴别和设计实验等。这种活动对于鼓励学生认真实验，重视操作的规范和熟练有一定的作用。

5. 化学晚会

化学晚会与其他形式的课外活动不同,它有着文艺活动的特点,给人以轻松愉快的感受和美的熏陶,它能融科学性、思想性、知识性、趣味性为一体。因此,化学晚会是备受学生欢迎和喜爱的一种课外活动。这种形式能吸引数量较多的学生参加,但准备和组织工作则以为数不多的学生为主,演员尽可能全部由学生担任,在可能的情况下组织评奖。

6. 化学展览

化学教学中,教师用过的图表、自制的实验仪器装置、实物标本、模型,学生课外活动小组的成果、化学课外阅读小组的读书报告、学生的笔记、实验报告等都可以作为展览的内容。这样可以帮助学生掌握化学知识,鼓舞学生的学习热情。展览中应注意科学性与艺术性的结合。

(二)小组活动

小组活动有利于因材施教,在化学活动课程中应用较为广泛。小组活动人数在20人左右,不宜太多。可采取自愿报名、教师协商批准的办法确定小组人员。活动中要做到:固定教师、固定活动地点(如实验室、科技活动室等)、固定活动时间(如两周一次)、固定活动内容。内容可以有探索性实验、模型教具制作、收集标本、阅读课外书籍、出版墙报、解决简单的实际化学问题等。此外还可协助教师准备实验、废物利用、训练玻璃灯工技术、熟悉仪器、药品的性能等。

小组活动的共同特点是把重点放在让学生利用已学的化学知识去亲自动手操作上。它对培养学生运用知识、动手操作的能力以及激发学生学习化学的兴趣方面,有着积极的作用。特别是以实验为重点的活动小组,通过实验,不仅可以培养他们的操作能力、巩固和深化化学知识,而且有助于培养他们独立地设计实验、思考问题、分析问题和解决问题的能力,有利于培养探索精神和开阔知识视野。

(三)个人活动

这类活动在教师指导下独立进行,可充分发挥每个学生的积极性、创造性,丰富学生的个人生活,培养他们独立工作、刻苦钻研的精神,养成读书的良好习惯。

主要内容有:① 阅读化学参考书,教师给予必要的指导,教会他们作摘记,写心得,归纳知识,撰写小论文;② 自找材料,开展家庭小实验。

总之,化学活动是一个广阔的天地,在那里,学生大有作为。

案例与分析 自制实验仪器用品——巧用雪碧瓶

聚酯塑料(雪碧、可乐、矿泉水瓶等的材质)机械强度较好,有良好的抗酸碱性,但耐热性差,遇热易变形,利用聚酯塑料的这些特性,可以制作简易非加热型化学仪器用品。

(1) 制作实验器具如药匙、"纸"槽、表面皿等。将空的雪碧瓶剪成所需的器具形状,微微加热定型即可。由雪碧瓶制得的"纸"槽与真的纸槽相比,使用更加方便且经久耐用。

(2) 制作漏斗、井穴板、烧杯、废液缸等。将空的雪碧瓶、矿泉水瓶等的上口剪下来，倒置，可以做漏斗；剪下雪碧瓶的瓶底可以做井穴板；根据需要，也可以剪出钟罩、烧杯、废液缸等。

(3) 制作防护面罩或防护眼镜等。将空的雪碧瓶剪成所需的防护面罩或防护眼镜的形状，微微加热定型即可。

(4) 根据需要，你还可以用雪碧、可乐、矿泉水瓶制作集气瓶、洗瓶、净水器、启普发生器等等仪器。

请讨论还可以开展哪些类似的小制作活动。

案例与分析 家庭小实验——食品包装材料的保鲜效果研究

(1) 收集各种食品包装材料如塑料袋、保鲜膜、防油纸、某些金属或合金箔等等；

(2) 查阅资料，了解影响食品变质的因素以及各种食品包装材料的化学成分、性质；

(3) 自行设计实验测试上述材料的性质及保鲜效果；

(4) 根据实验现象、数据，分析如何安全高效地选择、使用食品包装材料。

请讨论开展此家庭小实验可能遇到的困难和解决办法。

二、综合实践活动课程

综合实践活动课程，着眼于改变学生以单纯地接受教师传授知识为主的学习方式，为学生构建开放的学习环境，提供多渠道获取知识，并将学到的知识综合应用于实践性学习中，促进学生形成积极的学习态度和良好的学习策略，有助于学生获得亲身参与研究、探索的体验；培养发现问题、解决问题以及收集、分析和利用信息的能力；学会与他人分享与合作；形成科学态度以及对社会的责任心和使命感。这种新型的课程对学校的各项工作提出了新的挑战。

综合实践活动课程具有综合性。无论从性质上还是组织方式上看，综合实践活动课程与传统意义上的综合课程都有明显不同。传统意义上的综合课程是两门以上学科结合而成的课程，本质上依然是一种学科课程。综合实践活动不是学科知识之间的结合，而是经验的综合或整合，即强调学生自主选择知识和经验，重视直接经验和生活实际问题的解决。

综合实践活动作为一个国家规定的课程领域，是由学校自主开发，学校在课程内容以及课程实施上享有很大的自主权，体现了国家赋予学校和教师的课程自主权；综合实践活动本质上具有生成性、开放性，而不是一个预设的封闭系统。因此，在综合实践活动的实施中，教师不能以现成课程的忠实执行者自居，而应当成为一个课程的创造者，教师应充分发挥自身的各种能力，引领学生进行自由创造，使教师成为课程建设的参与者，课程资源的创造者。

对综合实践活动进行设计时，要根据教育内容和目标对学校内外可利用的教育资源予以充分的考虑。有时甚至是根据教育资源条件来设置综合实践活动的目标和内容。具体地可以从以下几个方面来考虑：

第一，充分利用自然环境资源。要引导学生尽可能以日常生活中看得见、摸得着的事物或现象作为学习的素材，使他们从现实生活中发现问题并寻找解决问题的途径。要根据地区的生活环境决定学习素材，比如，同样是环境教育，在城市，可选择“生活垃圾”、“化学与工业环境污染”等为题；而在农村，可选择“土地资源”、“化肥污染”等为素材。

第二，充分利用社会人员资源与条件。如积极利用共建单位或学生家长等社会关系，为化学综合实践活动创造条件；根据学习内容的需要，通过多种形式发挥社区中各种人员的积极作用。

第三，充分利用社会所提供的物质条件。如交通、通讯设施、图书馆、文化馆等文教设施。在制作活动中，因地制宜地利用当地的自然与物质条件，如选择丰富与低廉的木、石、土等，还可以有效地利用废物。

第四，充分利用地区独特的文化历史资源。如利用各种历史文化遗产、健康的民俗活动等进行历史和爱国主义教育；在少数民族地区，开展促进民族平等和交流的活动。

第五，利用校园特有的物质条件和学校文化。可以开展适合突出学校特色的活动，使综合实践活动的学习和校园文化建设结合起来。如：将综合实践活动与学校的绿化、美化结合起来；利用已有的校际间交往关系，通过交换信息，开展相同专题的社会调查和研究等。

综合实践活动的方式多种多样，采取哪种方式和活动形式是由学习目标、内容及学生的心理发展水平决定的。与学习目标和学习内容的设定不同，对于形式和方法，教师不必细化到每一个细节，为了引导学生的自主学习，教师要有意识地在时间和空间上给学生留有余地，使学生能够根据学习目标和内容自行设计和确定活动的形式和方法。

三、研究性学习

研究性学习是指学生在教师指导下，从学习生活和社会生活中选择和确定研究专题，主动地获取知识、应用知识、解决问题的学习活动。

研究性学习是教育部 2000 年 1 月颁布的《全日制普通高级中学课程计划(试验修订稿)》中综合实践活动板块的一项内容。以课题探究为核心的研究性学习是贯穿于综合实践活动所有内容和所有过程的主导性学习方式，其根本目的是发展学生探究能力。

研究性学习主要通过模仿或遵循科学研究的一般过程，学生自主选择一定课题，通过资料检索、观察、调查、测量等方法收集大量事实或文献资料，并运用实验、实证等方法展开课题研究，分析并解决问题，最后撰写成实验报告或研究报告。现阶段在中小学主要采取小组合作研究形式，高中阶段的学生可以个人独立进行探究。

(一) 化学研究性学习的类型

根据活动的性质和目的，化学研究性学习又分为认知型、技术型、应用推广型、综合型和宏观型①。

① 望忠明，望亚玲．关于化学研究性学习中几个问题的探讨[J]．教育探索，2002(10)：61—62.

认知型的研究性学习包括研究对象的描述、判断与解释，有关规律的探究，机理的原理和探究，影响因素和因果关系的认识等。例如：外界条件对碘化钾稳定性影响的研究、钢铁制品锈蚀条件的研究、对极值解决取值范围计算题的研究和认识、混合溶液中溶质质量分数常见问题分析、晶胞题型的解决方法研究与探讨等。

技术型的研究性学习主要研究条件的控制和实现，装置设备的设计、制作和改进，方法和手段的研究，操作方案的研究等。例如：无污染氯气实验装置的研究、制取氢气时硫酸浓度的研究等。

应用型的研究性学习包括对已有知识的应用方法、应用方案、应用结果的研究，应用中出现的各种问题的研究以及一些决策咨询研究等。例如：生活中几种简易水处理方法的研究、关于含碘食盐的日常保存的研究等。

综合型的研究性学习兼有认知、技术、应用的研究，实际的研究性学习大多是这个类型。例如：常见含银废物中银的回收研究、制取纯净氢氧化铜的研究和关于延长电池使用寿命的研究等。

宏观型的研究性学习是以宏观角度开展研究或者是关于研究对象的系统性研究(包括对象系统的组成、结构、分类、特点、发生发展及母系统、子系统、环境等的研究)。例如：本地生活垃圾的调查、无磷洗衣粉为何难以推广的研究等。

研究性学习的分类还有其他方式，如：根据研究活动的主要形式和方法，可以把研究性学习分为实验型、调查考察型、文献型、实践型和思维讨论型等。

(二) 研究性学习的基本步骤

(1) 确定课题。研究性学习课题要依据学生兴趣、生活和文化背景、自然资源等来确定，课题发现主要靠学生平时养成的好思考的习惯和对问题敏锐的洞察力。教师一方面可以通过建立个人问题库，让学生人手一本问题本，随时把学习、生活、娱乐中受启发、感兴趣和想弄清楚的问题记下，并在一段时间后召开一个问题发布会，让其他同学来回答这个问题，回答不了或不满意的，被确定为探究主题；另一方面，可以对学生进行问题发现的思维训练。思维训练方法主要有以下几种：第一，纵向寻根究底法，即通过对某一公认的社会现象或自然现象的观察，思考其内在实际状况和本质，看表象与实际、现象与本质之间是否一致，并思考不一致的原因，让学生知其然又知其所以然；第二，横向触类旁通法，即通过关注事物之间的内在联系，学会对事物是非、真伪、优劣比较，并拓展思维的广度和深度，培养问题发现的敏感性；第三，逆向假设推理法，即根据事物之间的关系——因与果、现象与本质、条件与结论作演绎思维和发散思维来发现问题。

(2) 制订方案。研究性学习方案应包括课题名称、研究计划、必要条件准备、时间进展表、预期结果这几项。研究计划又包括目标、途径、分工。在制订计划时，目标要切合实际，要达到对自然、社会中的现象、原理及其原因的理解；方法途径要根据一般思路进行，先对前人就这一问题的研究状况调查(包括概念查询)，接着研究这一问题的现状(通过变换场所进行调研），最后提出解决这一问题的方法；分工上要根据学生特长和潜在资源（家长）情况进行；必要条件比如文献资料（书、报、刊物）、经费、时间、人力（父母、老师或社团的协助）资源、实验设备、调查时的问卷、录音设备、照相机、地图等。

(3) 实施方案。方案实施阶段学生要进行文字取材和事实取材，即文献资料的检索与摘录，到实地的调查、观察、测量、实验；在此基础之上对文字资料做去粗取精、去伪存真的加工处理和对数据资料作汇总、分类、比较、分析、推理、解释等；最后是撰写实验报告或论文。在探究方式上，社会领域内的问题往往以社会调查方式为主，调查的同时有录像、照相等信息处理活动，调查后有问题探讨和策略或改革方案的提出；以自然事物为课题的研究性学习则以观察、测量、实验为基本活动方式。

(4) 课题总结。总结包括对过程与结果的反思与评价，主要通过交流、答辩形式完成。反思注重于学生对该主题"明白了什么道理""掌握了什么方法""打算怎么进一步研究"等方面。评价要根据综合实践课重结果更重过程的原则，以发展性、过程性评价为主，采用"自我参照"标准，而非"科学参照标准"。

（三）化学研究性学习课题的选择

指导学生选好课题是活动成功开展的关键。课题的选择既要考虑学生兴趣爱好、学科基础、学校研究的条件及学校所处的地理环境，又要考虑学生能力发展问题。课题的选择要遵循由浅入深、循序渐进的原则。学生开始接触研究性学习时，可以由教师按学生的知识水平选择较为简单易行的课题。随着活动研究的深入，学生研究水平达到一定层次时，再指导学生选择较难的课题，以提高研究性学习的实效性。化学研究性学习课题主要是指对某些化学问题的深入探讨，或者从化学角度对某些日常生活和其他学科中出现的问题进行研究。要充分体现学生的自主活动和合作活动。研究性学习课题应以所学的化学知识为基础，并且密切结合生活和生产实际。研究性课题的选择来源：

(1) 生活实践。研究性学习强调学生通过亲身实践获取直接经验，理论联系实际是真正学好化学，培养学生能力最有效的途径。在日常生活和工农业生产中蕴含着大量的化学知识，因此在教学中选择联系生产、生活中学生能看到但不懂其原理或缺乏进一步研究的实际问题作为课题研究的内容，可以激发学生学习的兴趣，养成善于运用知识和关心生产、生活实际的习惯。

(2) 跨学科的综合性问题。现代技术的发展，使学科在高度分化的同时出现了综合化和整体化的趋势，出现了综合学科，如环境科学、材料科学、能源科学等。因此可以选取化学与其他学科相联系的综合性问题，如能源开发、吸烟危害健康、电冰箱与臭氧层、人体与微量元素等，以培养学生综合应用知识解决问题的能力。

(3) 热门话题。随着现代科技的飞速发展，科学技术对社会的渗透与影响越来越大，科学社会化和社会科学化成了当前科学与社会之间关系的真实写照。选取化学与现代社会发展相联系的热点问题，如温室效应、环境保护、能源利用、垃圾与环境、化学材料应用、化学武器等作为课题研究的内容,不但可以帮助学生理解科技发展和社会发展的相互联系,体会学习化学的重要性,而且提高了学生关注社会的责任感。

(4) 化学实验。化学实验是学生化学学习中能动的实践活动形式,本身就是一个创造性的探究过程。可以开发适合学生研究性学习的化学实验,注意从生产和生活实际中挖掘素材设计实验方案。如钢铁的腐蚀和防护、燃烧和灭火、气体和固体物质在水中的溶解等。这些都可以设计出很好的研究性实验,引导学生对化学实验进行延伸和拓展,培养学生掌握科学的研究方法。也可以在一定的情境中引导学生主动策划、自行设计综合性实验,培养学生的实验设计能力①。如:石蕊溶液中通入 SO_2 后不同时间段现象分析和探讨、如何验证碘盐中的含碘量、怎样提高"氢氯爆鸣实验"的成功率等。

【资料】 可参考的化学研究性学习课题

(1) 酒精可燃与不可燃的临界浓度的研究;(2) 无污染氯气装置的研究;(3) 关于含碘食盐的日常保存的研究;(4) 无磷洗衣粉为何难以推广的探研;(5) 城区生活垃圾处理状况的调查;(6) 厨房生活垃圾的再利用;(7) 处处可见的动态平衡;(8) 用植物色素制取代用酸碱指示剂及其变色范围的测试;(9) 绿色能源离我们多远;(10) 有机消毒剂应用的初探;(11) 化肥对土壤的影响;(12) 农药污染的影响;(13) 部分废品的回收利用;(14) 石材粉尘污染的调查;(15) 本地区工业废水污染情况;(16) 废电池的危害和处理方法;(17) 农村生活用水调查;(18) 工厂密集度和生活环境的关系;(19) 溪水的调查;(20) 大气污染对农作物的影响;(21) 生活中的化学;(22) 生活垃圾;(23) 居室污染;(24) 厨房里的化学;(25) 化妆用品的副作用;(26) 食品污染;(27) 目前家庭装修装饰材料中的主要成分对人体健康的危害;(28) 废电池处理现状;(29) 修正液对人体的危害;(30) 中学生营养与健康,等等。

(四) 化学研究性学习实施案例

【案例 1】 化学元素与人体健康

1. 选择研究课题阶段

教材中简单介绍了碘元素与人体健康的关系,现将研究性学习的课题扩充为"化学元素(包括氟、碘、硒等)与人体健康的关系",这样的切入既能加深学生对化学元素与人体健康关系的了解,帮助其更好地把握卤族元素的物理和化学性质,还能激发学生学习化学、应用化学知识的热情,增强其学习的内在动机。

2. 课题设计阶段

课题选定之后,在教师的指导和协调下,学生根据在研究中分工的不同,共分为三个组:"资料调查组""社会采访组"和"问卷访问组"。各组自行推选组长,并讨论设计本组的研究计划和行动纲要。

① 徐剑峰.化学研究性学习课程的课题选择及实施途径[J].教育实践与研究,2003(10):56—57.

(1) 资料调查组主要负责资料的收集和处理工作；

(2) 社会采访组主要是深入超市和商场对顾客、营业员进行实地采访，以了解公众对化学元素和人体健康的理解程度以及部分关系人体健康的热门商品的销售情况；

(3) 问卷调查组主要负责设计调查和采访的问卷，进行调查并分析、处理调查数据等。每组又根据侧重不同分为若干小组，负责工作中的某项具体操作。如“资料调查组”又分为“碘组”“氟组”“硒组”等。

经过这一阶段，本次研究性学习活动已基本准备就绪。教师已成功地调动起学生的参与积极性，并且通过学生自主分工、设计活动纲要等活动培养了学生的活动组织能力和创新能力。

3. 研究课题实施阶段

在这一阶段中，各组根据前一阶段所制定的计划，在教师的指导和组长的带领下，利用课余时间开展研究性学习活动。

(1) 资料调查组。在图书馆、校图书馆等处查找书籍和利用 Internet 网进行资料检索，收集大量化学元素与人体健康关系的信息，并对信息进行了初步的分类、取舍处理；

(2) 社会采访组。与多家超市、商场进行联系，被允许进行采访。通过采访，发现人们使用保健品时所存在的一些误区以及对相关知识的缺乏；

(3) 问卷调查组。完成调查问卷的设计和印制，在同学中分发并回收大部分问卷，筛选甄别后进行数据统计。本阶段是此次研究性学习活动的重点，学生在教师指导下，积极走向社会，开动脑筋，克服困难，各小组均在规定时间内完成了各项工作。

4. 课题总结阶段

在这一阶段，各小组在教师指导下将前几个阶段所得的资料数据整理、汇总，撰写论文和调查报告，进行成果汇报和展示，全班对本次研究性学习活动进行讨论总结。

(1) 资料调查组。依据收集到的资料撰写并提交科研小论文十余篇，分别针对某种元素，从各方面结合具体实例阐述其与人体健康的关系；

(2) 社会采访组。就采访到的真实情况撰写调查报告，得出结论——人们已具备了在日常生活中摄取一些与健康密切相关的化学元素的意识，但相关知识却极其匮乏，甚至带有一定的盲目性；

(3) 问卷调查组。依据问卷调查所得数据，就人们对化学元素与人体健康的认识撰写调查报告，得出类似于“社会采访组”的结论。

本阶段是对此次研究性学习活动的总结，各组学生纷纷将研究成果拿出来汇报、展示，同时对其他小组的成果提出自己的意见和观点，大家进行讨论，并得出结论，还共同提出将“资料调查组”的调查成果在学校范围内进行推广宣传。

【案例 2】 用米做原料酿制饮用酒

课题组人员：高一学生，共 8 人。

实施过程：

1. 问题的提出

记得曹操的《短歌行》"对酒当歌，人生几何……何以解忧，唯有杜康。"说的是酒能解忧。但也有"抽刀断水水更流，举杯消愁愁更愁"之说，这是怎么回事呢？李白斗酒诗百篇，酒真那么神奇？我们曾经从电影中看到过，红军长征，路过贵州茅台镇时，红军当时缺医少药，就用茅台酒洗伤口，挽救许多红军伤员的生命；也有人嗜酒如命，烂醉如泥；也有人醉酒驾车肇事。我们能看到酒，闻到酒香，听人谈酒，看人喝酒。可不知酒是什么东西，化学成分是什么，怎么制造的，从而激起我们对酒的探究欲望。

2. 探究步骤

(1) 听讲座，了解史实、酒的化学成分、乙醇的生理作用、酒的酿制原理。

(2) 查阅资料，了解酿酒的工艺过程。

上网搜索"酿酒工艺流程"，发现有不同的酿制工艺。

(3) 交流讨论，确定工艺流程。

经过讨论，综合各工艺优点，结合本校实际，经化学老师指导我们确定如下酿制工艺：

① 配料：5 kg 的米、12.5 kg 的水、0.025 kg 的酒曲。

② 操作过程：水加米，浸泡 6—10 小时，6 小时左右放酒曲搅拌均匀。第 2 天开始，冬天每天搅拌 2 次；夏天每天搅拌 1 次；连拌 3 天，再封口在 20 度左右发酵 20 天。在发酵时，酒坛外面可听到冒出气泡声。

③ 蒸馏：将发酵物放在铝锅内蒸馏，冷凝收集蒸馏物即得饮用酒。最初的少量馏出物应弃去，因为最初的少量馏出物中，甲醇的含量高，不能饮用。在蒸馏过程中，每隔一段时间用酒精度表测定蒸出物的酒精度，收集 50 度以上的蒸馏物。

(4) 按确定工艺，实施操作。

酿制工艺既已确定，我们就分头准备相关材料：米、酒坛 2 只、酒曲。按确定的配比投入酒坛内发酵 20 天。

(5) 蒸馏。

进行蒸馏操作，控制好温度，浓香的酒出来了。我们边蒸，边每隔一段时间用酒精度表测酒精度。起初蒸出的酒酒精度达 75 度，然后酒精度不断降低，最后我们收集混合酒精度为 50 度的蒸馏物。

(6) 品酒。

3. 总结与体会

交流感想、收获、体会：

在做蒸馏操作时，我看到酒一滴一滴地滴入瓶子时，我不由感叹：我们学习知识也像收集烧酒一样，持之以恒、点点滴滴地聚集知识。

在酿酒过程中，大家团结协作，相互帮助，共同探讨问题，真像一个家庭一样和睦融洽。这次研究性学习实践活动让我们感到十分愉快，希望老师以后有更多、更有趣的课题让我参与，化学真是一门很有趣的课程，它密切关系着你的生活，使你的生活多姿多彩。

我们在这次活动中，了解很多有关酒的知识，这是我之前所不知道的，感谢老师给我们这次活动的机会，让我们乐在其中，并收获知识和经验。从这个活动中得到很多，最主要的是认真和坚持……

4. 指导老师评价

在整个活动过程中，每位同学在每个活动环节始终洋溢着一种难以言喻的激情。在一个环节完成后，都迫不及待要进入下一个环节，由此可见同学们的求知热情。个别同学平时上课时，学习的积极性不是很高，而在这样的活动中，每一个环节却都做得非常认真。用他们自己的话说：让我们乐在其中，并收获知识和经验。平时部分同学学习积极性不高，不是学生不愿读书，而是我们没有激发他们的兴趣，没有教给他所需要的东西。

主要参考文献

[1]　刘知新.化学教学论[M].2版.北京：高等教育出版社，1997.

[2]　查有梁.教育模式[M].北京：教育科学出版社，1997.

[3]　何吉飞.中学化学教与学的优化.上海：上海教育出版社，1997.

[4]　刘家勋.现代教育技术[M].大连：辽宁师范大学出版社，1998.

[5]　田慧生，李如密.教学论[M].石家庄：河北教育出版社，1999.

[6]　黄甫全，王本陆.现代教学论学程[M].北京：教育科学出版社，1998.

[7]　林承志.化学课程与教学论[M].北京：北京师范大学出版社，2012.

[8]　刘知新.化学教学论[M].3版.北京：高等教育出版社，2004.

[9]　吴俊明，杨承印.化学教学论[M].西安：陕西师范大学出版社，2003.

[10]　郑长龙.化学课程与教学论[M].长春：东北师范大学出版社，2005.

思考题

1. 什么是化学教学设计？化学教学设计的功能是什么？
2. 化学教学设计的基本要求和原则是什么？
3. 选定中学化学课本的某一章，设计这一章的化学教学方案。
4. 选定中学化学教材的某一节，制定课堂教学程序方案，并进行试讲。
5. 选定中学化学教材的某一节，制定说课稿，并进行试讲。
6. 举例说明优化化学教学设计的措施有哪些。
7. 结合中学化学教材的内容，设计一课外活动的方案，并在中学某一年级进行试行。

第五章　化学学习理论

内容提要

本章主要介绍了化学学习理论的基本概念，阐述了化学学习的内容、化学学习过程和化学学习实质；讨论了初高中学生学习化学的心理特点；介绍了学习动机的分类、化学学习动机的分析、化学学习动机的激发与维持应遵循的原则。从心理学角度探究化学学习中学生的感知觉规律、记忆的规律、注意规律与化学学习之间的关系；说明了化学学习中陈述性知识和程序性知识的区别、联系以及各自的教学策略。

第一节　化学学习概述

学习是个体通过经验获得的行为或行为潜能的相对一致的变化过程，它是人类最有意义的基本活动。学习能力关系到每个人的生存与发展，也关系到人类社会的延续与进步。学习的特征表现为：① 学习是行为或行为潜能的变化。变化是衡量学习是否发生的重要标志。这种变化可以是外显的、可观察的，如学会观察、实验操作，也可以是隐性的、潜在的，如某种能力、态度等。② 学习引起的行为变化是相对一致的。一旦掌握了某种技能，即使一段时间没有实践应用，过段时间后通过学习会很容易掌握。③ 学习是由经验引起的。在个体的成长过程中，随着年龄增长也可引起某些行为的变化，这种变化属于本能表现而不归为学习。只有经过后天练习或者经验带来的变化，才称之为学习，如某种知识技能、智力或品德的习得。

对于化学学习，国内外广大化学教育工作者不断探索化学的教育目标、教学内容、教学方法、教学手段以及评价体系等。同时，在教学方法和手段的探索过程中，也时刻关注教师和学生的心理研究。这些研究使人们对化学学习过程的认识不断深化，但也存在两方面的问题：一方面是各种教育心理学流派的研究理论，如行为主义、认知理论、建构主义理论等没有学科化，在实际化学教学应用中难以借鉴；另一方面是化学学习研究成果不够系统化。化学学习理论吸收教育学、心理学的研究成果和化学学科学习事实相融合，并上升到理论的高度，对广大化学教师的教育教学具有重要的实践指导价值。

一、化学学习的内容

化学学习是在特定环境下引起特定行为变化的一种学习，既有其自身的特点和规律，也符合教育心理学的一般规律。化学的学习内容非常丰富，我们只有将其内容加以分类，才有利于深入探讨。

20 世纪 70 年代，美国心理学家加涅(R. M. Gagne，1916—2002)根据学习所获得的结果类型不同，将学习分为五类：言语信息学习、智力技能学习、认知策略学习、态度学习和运动技能学习。根据学习内容的复杂难易程度将学习分为八类：信号学习、刺激-反应学习、连锁反应、言语联想学习、辨别学习、概念学习、规则学习和问题解决学习，这八类学习之间具有累积和层次关系，即后一种学习要以前面的学习作为前提条件和基础。美国教育心理学家布卢姆(B. S. Bloom，1913—1999)将学习分为认识学习、技能学习和态度情感学习三个领域。并根据学习的要求将各类学习分为不同的水平层次，如认知领域的学习分为记忆、理解、简单应用、复杂应用、综合与评价等六个不同的等级。根据以上几种学习的分类学说，我们按学习内容对化学学习进行分类(如图 5-1)。

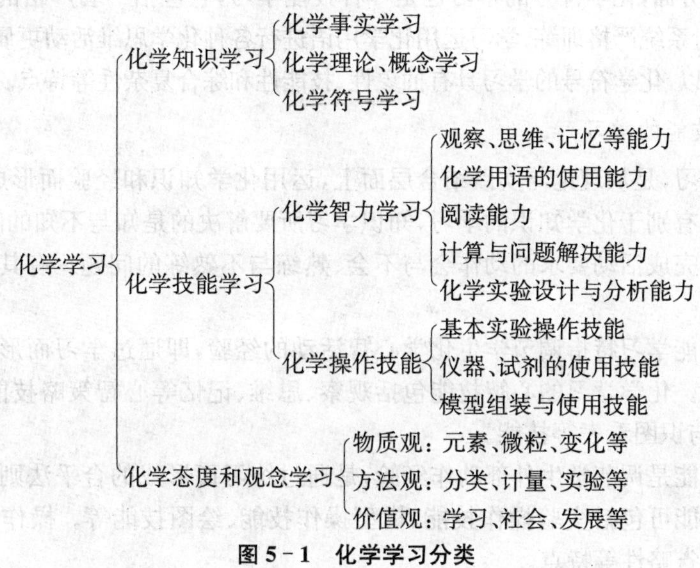

图 5-1 化学学习分类

(一) 化学知识的学习

化学知识是化学学习的基础，它处于促进学生化学智力结构形成和发展的核心地位，化学技能学习、科学态度和观念的学习，都要以化学知识为依据或紧密结合化学知识的学习而展开。

化学事实的学习是学生各种学科能力形成的基础，为深入学习化学提供感知素材或直接经验。化学事实性知识主要包括各类化学物质的性质、用途等事实，各种化学反应的现象事实，有关的描述性事实信息等各种感性认识。这类学习在化学学习中也发挥着激励学生的知、情、意、行的作用。化学事实学习主要依靠注意、感知觉、表象、联想、记忆等认知操作活动进行。从认知层次看，是感知水平的较低层次的学习。化学事实学习的最大特点是直接性、生动性和具体性。

化学概念学习包括化学基本概念、原理和规律等知识的学习，对于建构学生的认知结构起着关键作用。从认识层次看，属于高级层次的学习，是在化学事实学习的基础上，认识活动从生动的直观到抽象的思维转化的结果。学习过程中主要依靠丰富而具体的思维活动及运用科学抽象、思想模型、逻辑分析与综合，从抽象到具体等方法。化学概念学习的主要特点是其抽象性、层次性和系统性。

化学符号是化学学科的特殊语言，化学符号的学习是一种较为综合的学习，它是以化学事实和概念学习为基础而进行的更高层次的认识活动。化学符号具有抽象性，是对化学物质的二次抽象的产物，是一种高度形式化的语言。例如物质的化学式符号，它反映的不仅是物质的名称意义，而且包括物质的名称、组成元素、元素质量百分比组成、物质微粒的构成等多方面的含义。学生只有全面掌握了物质变化实质和科学概括的方法原理，才能逐渐达到熟练掌握运用的水平。另一方面，化学符号的学习也是一种技能学习，它包括一套严格的书写和使用规则，需要学生进行系统严格训练，学习运用化学用语进行各种化学思维活动更属于高层次的认知技能学习。所以，化学符号的学习具有抽象性、技能性和综合复杂性等特点。

（二）化学技能的学习

化学技能学习，是从理论与实践结合层面上，运用化学知识和经验而形成的活动方式。化学技能的学习有别于化学知识的学习，知识学习所要解决的是知与不知的问题，而技能的学习所解决的是完成活动要求的动作会与不会、熟练与不熟练的问题。有其独特的学习过程和阶段。

化学心智技能学习特指调节学生化学心智活动的经验，即通过学习而形成的合乎法则的心智活动方式。化学学习的心智技能包括观察、思维、记忆等心智策略技能，实验设计与记录技能，阅读与识图看表等技能。

化学操作技能是调节学生外部动作经验，是通过练习而形成的合乎法则的操作活动方式。化学操作技能可包括实验操作技能、模型操作技能、绘图技能等。操作技能具有外显性、展开性、不可省略性等特点。

（三）态度和观念的学习

化学态度和观念学习是和化学知识及技能的学习活动紧密相连的，它们对形成学生的科学世界观与方法论、实事求是和锲而不舍的良好心理结构有深刻影响，可以看作行为规范的学习。化学态度和观念的学习，总体而言，包括建立正确的科学观、自然观、学习观、物质观及辩证思维观，同时学会学习及研究的基本方法；从具体内容看，化学观念或态度的培养包括好奇心、尊重理论与事实、理性认识本学科对人类发展的价值、合作精神等。这类学习的实质及目的是使学生建立从事化学科学的学习及研究所必需的良好的品德或行为规范。

值得注意的是，一个新知识的学习究竟属于上面哪种类型，取决于教学的先后顺序，学生已有知识的性质及掌握情况，以及教师的教学方法。这一分类角度及方法旨在突出和强调学生已有知识及认知结构对新知识学习的重要作用及影响，它实质上是知识的应用与迁移关系的分类。

二、化学学习的过程及特征

中学生学习化学知识的过程，是在化学教师的指导下认识物质的组成、结构、性质以及变化规律，并形成化学技能，发展智力、培养能力的复杂而又有规律的认识过程。这是认识主体的实践和主观能动的过程。它的主要特征如下：

（一）学生的化学学习具有高效、快速和受控性

学生的化学学习是在教师的指导下，有目的、有计划、有组织地进行的。学生在学习过程中，以化学教材为媒介，在规定的时间里根据国家颁布的教学计划完成一定的学习任务，实现教学大纲所规定的目的和要求。在学习顺序上，总是由宏观到微观，由定性到定量，由描述到推理，由静态到动态，由简单到复杂。因此，这一学习活动过程的明显优点是：它具有较高的效率和较快的速度。但学生的化学学习是在教师的启发和指导下进行的，因而又使这一学习过程具有明显的受控性。为此，化学教师必须深入了解学生学习化学的规律，运用启发式的教学方法，寓思想教育于化学教学之中，激发并提高学生正确的学习动机，不断地调动学生学习化学的主动性和积极性，使他们在化学学习过程中化被动为主动，充分发挥学习的主体作用，满怀信心努力掌握化学基础知识和基本技能，并在学习化学知识的过程中，培养和发展自己的多种能力，如观察能力、思维能力、实验能力、自学能力以及科学态度、科学方法和创新意识。

（二）化学实验、化学思维和化学语言是学生化学学习的特征手段

学生在教师指导下的化学学习，是对人类获得的化学认知的精华的再认识，在这一认识过程中，化学实验是基础，有关化学的概念、定律、规律都是从化学实验的客观事实中抽象和概括出来的。因此，学生要学好化学的基础理论知识，必须仔细观察每一个化学课堂演示实验，并认真思考，从中得出正确的结论。在自己动手做实验时，同样要仔细观察，并认真操作，努力掌握化学实验操作的基本技能。

实验、观察是和思维密不可分的。思维使人们透过现象看本质，思维使人们从宏观领域进入微观世界。因此，思维是人们深入地认识化学世界的锐利武器。在学习过程中，既需要用形象思维来形成化学事物的表象、意象和想象，又需要用抽象思维来进行概括、判断和推理。因此，学生在化学学习中，从思维的角度看，需要进一步培养和发展记忆能力、抽象推理能力和丰富的想象力等。

语言是思维的外壳，是交流思想的工具。化学语言以简洁、规范形式概括着人们的化学经验，是形成和传递化学知识的重要工具。

三、化学学习的实质

概括地讲，化学学习的实质是学生原有化学心理结构的改变和新的结构的形成，表现为化学学科知识结构的完善和相关技能的提高。化学学习首先符合一般学习本质。

（1）教育学的角度。化学学习是学生在教师指导下，有目的、有计划、有组织地获取化学知识，形成化学技能、发展学科能力，培养科学态度和方法的特殊过程。

（2）心理学的角度。化学学习是学生获得和积累有关化学知识及经验的过程，即化学心理结构的构建过程。这种心理结构主要包括认知经验结构、动作经验结构、情感经验结构。具体而言，学生学习化学就是使化学事实、化学概念原理和规律等知识在学生的心智中组合形成认知网络的过程。

化学学习除了具有接受性、构建性和有意义性等特点，还具有特殊的学科特征。

（1）化学学习是以观察和实验为基础的特殊认识过程。化学学科本身的发展是以实验为基础的，化学实验既是化学学科的研究手段和方法，也是化学学科的重要知识构成。化学实验为学生认识化学问题、理解化学原理提供了具体、形象的感知对象和条件。同时观察新奇的化学现象，满足了学生的好奇心，激发了他们的求知欲。

（2）化学学习要求宏观、微观相结合的思维方式。化学作为研究物质组成、结构、性质以及变化规律的一门学科，既研究宏观物质的性质与变化，也研究物质微观上的组成与结构，而化学符号是研究和交流化学知识的工具。美国《国家科学教育标准》认为化学学习的三大领域包括：可观察现象的宏观世界，分子、原子、离子水平的微观世界，化学式、化学方程式、元素符号构成的符号与数学世界。化学学科的内容特点决定了化学学习就是学习者在心理上形成化学特有的“三重表征”——宏观表征、微观表征和符号表征（图 5－2）。

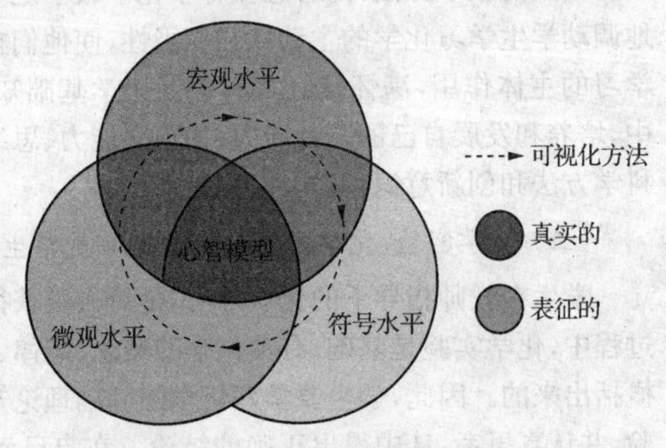

图 5－2　化学三重表征关系

学习化学就是要求掌握物质的宏观表现与微观结构的关系，并使用化学学科特定的图形或符号在头脑中进行简约的理解、认识和呈现。在化学教学实际中，需要学生善于灵活运用宏观与微观相结合、共性与个性相结合、辨析比较等思维方式进行思考和模型的建构。同时，化学思维过程也总是和化学词汇联系在一起的，学生在学习化学过程中必然是思维与语言同步发展。

第二节　中学生学习化学的心理特点

根据我国学制，中学时期包含着人的少年期（11、12岁—14、15岁）和青年初期（14、15岁—17、18岁），这一阶段正是一个人长身体、长知识、立志向、增才干，初步形成人生观和世界观的关键时期。教育工作者需要了解中学生的化学学习心理特点，采取适当的措施，有目的、有计划地促进中学生心理健康地发展，进而有效地提高中学化学教学质量。

一、初中学生学习化学的心理特点

初中学生的年龄，正处于儿童与青年的过渡时期，这个时期学生处在一种半幼稚半成熟的状态，心理发展的总的特点是：充满着独立性和依赖性、自觉性和冲动性、成熟性和幼稚性的错综复杂的矛盾。所以教师既要尊重他们合理的建议与要求，又要注意积极地加以正面引导。在学习化学时，他们主要表现出来的心理特点是：

（一）好奇心盛，求知欲旺

初中化学的教学是化学学科的启蒙教育。以实验为基础的化学，学生感到新奇而有趣，他们精力旺盛，好动、好想、好问，他们喜欢实验，更爱自己动手做实验，他们常会发出各种疑问，好奇心盛、求知欲强而又富有幻想，急切地盼望懂得许多化学知识，并希望能解释日常生活中许许多多的化学现象，他们往往勇于打破砂锅问到底，在课堂上除了问与课本有关的内容外，还会问得更深更广。比如，为什么水分子是由两个氢原子和一个氧原子构成？芝麻酱加水为什么越搅越稠？刀放在淘米水中为什么不容易生锈？等等。教师对此千万不能泼冷水，相反要鼓励这种探求精神，能讲的就要耐心地讲明白，暂时不能讲的或者告诉他们今后何时会学到，或者提供参考书让他们自学，或者课后师生共同讨论。教师在教学过程中要尽可能以实验为引导或联系学生日常生活经验，提出与其知识水平相接近的新颖有趣的问题，不断诱发学生的好奇探究心理。

不过初中学生学习化学的兴趣爱好变化比较大，化学教师要通过丰富多彩的教学活动，激发并培养学生学习化学的浓厚兴趣，从而形成强大的学习动力。

（二）模仿性好，可塑性大

初三学生已经以有意注意为主，注意的稳定性大大增强，观察力也日趋活跃，变得越来越深刻细致，知觉的敏锐性和精确性有所增强。教师的言谈举止，板书板画，实验操作等，都会给学生留下深刻的印象，自觉不自觉地进行模仿和表演，所以教师应该严格要求自己，各方面给学生以良好的示范。

初中学生正是身体发育最迅速，生理、心理变化最显著，最容易接受新事物，他们具有较大的可塑性。正因为初中生可塑性大，模仿性好，所以教师要特别注意这一年龄阶段的学生的生活和学习的环境、所交的朋友，帮助学生健康地成长。

（三）自尊心强，自控力差

由于知识经验的增加，自我意识的觉醒，思维的独立性和批判性的发展，初中阶段的学生追求较多的独立自主，他们喜欢怀疑，争论，不再会像小学生那样轻信教师、家长的意见和书本中的现成的结论，甚至对权威的观点也进行挑战，提出不同的见解。初中学生的这种思维特点往往不易被教师所理解和接受，因而常被斥为“狂妄”“不听话”和故意“对抗”。初中生希望自己的个性为他人所理解，自己的人格能被别人尊重，自己的成绩能够被肯定，实验能自己动手做。教师在学习过程中要特别注意保护学生的自尊心，循循善诱，鼓励并引导他们独立思考，而不是压制他们。据报道，澳大利亚中小学一贯地注意培养学生的自信心，任何伤害学生自尊心的行为都被认为是严重的错误，老师决不对学生说“你真笨”“你不行”之类的话，学生做对十道题和做对五道题，教师都会说“很好”。美国通用电气公司年轻的总裁杰克・威尔士的成功，跟他母亲对他的鼓励分不开。杰克小时候有口吃的毛病，但他母亲却对他说：“这并不是什么缺陷，只是你心里想的比嘴上说得快而已。”正是母亲对儿子的这种理解和鼓励，使杰克・威尔士增强了自信心。我国也曾有一位教师跟一个学习成绩差的学生之间达成了默契——“左真右假”，保护了该学生的自尊心。原来这位学生成绩差，他怕别人笑话，上课时不管自己是否会答，总是举手，但每每叫到他，又总是答不出来，老师没有批评他，个别和他谈心，才知是这么回事。为了保护他的自尊心，他们两人约定：若是真会该生就举左手，若是假会就举右手。以后，他每次举手总能回答出来，学习成绩大有长进。

一般而言，这个年龄段的学生，好动不好静，思维不够周密，有时明知危险，还会不顾后果地去做。这是自制力差又跟好奇心紧密相连的结果。如教师说不能随便把试剂混合起来，但仍有学生悄悄地把实验桌上的各种试剂混合，想看看到底会有啥结果。这不仅造成浪费，并且可能酿成事故。教师除了加强教育外，还可做一些补充实验，让他们真实感知那样做的严重后果。

初中学生学习化学的心理状态，最主要的是：要动手试一试，动脑想一想。如果这种心理状态得不到满足，学生学习化学的兴趣就会降低。化学学习成绩的分化，首先取决于学生学习化学心理的发展水平的分化。教师必须重视这个问题，在教学中充分运用化学实验，满足学生动手试一试的心理要求，同时尽可能运用从宏观到微观，从现象到本质的逻辑推理的教学过程，满足学生动脑想一想的心理欲望，使化学教学尽可能变成推理的过程。对初中生而言，思维能力中归纳推理能力普遍较好，而演绎推理能力普遍较差，教学中教师要充分发挥归纳推理能力的优势，又要努力培养和提高演绎推理能力。

二、高中学生学习化学的心理特点

依照我国心理学界的一般看法，青年初期是指十五六岁到十七八岁，相当于高中阶段。

心理学研究指出，儿童心理发展既有阶段性，又有连续性。下一阶段的一些特征上一阶段末尾已开始萌芽，而上一阶段的一些特征在下一阶段开始时常常还留有痕迹，各年龄阶段存在一些交叉。

高中学生学习化学时，除了继续保留初中生的一些特点外，主要具有下列一些特点：

（一）情绪较易激动，情感丰富多彩

情绪是人的需要是否得到满足而产生的一种体验。情感是另一种比较深刻而持久的体验，是人对周围现实与个体需要之间关系的反应，人的情感是多种多样的：有与生物性需要相联系的低级情感，如饥寒引起的痛苦之感等；有与社会性需要相联系的高级的社会情感，如对祖国、对亲人的爱，对敌人、对丑恶事物的恨等。情感和人对自己和事物的关系的认识，以及对事物的评价而引起的态度密切相关。高中生较易动感情，有时遇到一点小事，就会被感动，或是振奋、激动、热情，或是愤怒、争吵、消沉。他们的情绪来得快，平息得也快。他们往往可以为真理和正义做出惊人的壮举；相反，有时候也会做出一些蠢事。因此，有的心理学家把青年期说成是急风怒涛时期。但总体来说，现在高中学生的情感倾向于“冷静”，好比“热水瓶”，含而不露。他们的兴趣、爱好变得广泛起来，常常对自己喜爱的事物、学科、活动等表现出极大的热忱，他们对自己信服的人和关心自己的人表现出羡慕、钦佩或感激。随着知识的增多，智力的发展，许多高尚的情操如集体荣誉感，正义感，爱国主义，为真理而奋斗的热忱等逐步形成。高中学生已能较明确地意识到自己当前的学习和未来升学、就业有着密切的关系，因此，学习活动对他们而言已经具有了走向未来新生活的意义。高中学生的兴趣更加广阔，他们的学习兴趣具有明显的选择性，他们对某一门学科的兴趣，一方面与他们对这门学科学习的深入程度有关；另一方面也与他们选择未来的生活道路的志愿有关。如果教师能够积极引导，高中学生常常对自己所喜爱的学科表现出强烈的求知欲，并且能够刻苦学习，取得优异成绩，甚至在这个过程中还表现出一定的创造才能。但是，另一方面，由于他们的经验不足，自控力正在形成，当个人需要和愿望得不到满足时便容易出现强烈的不满情绪。学生在化学学习过程中，总是以教师为榜样，教师的言行举止对学生学好化学常起着举足轻重的作用。化学教师应十分重视这一问题，并努力使学生具有浓厚的学习兴趣和稳定、积极的学习情绪。为此，教师要尽力做好一切教学工作，并认真研究自己的工作和学生学习心理之间的关系。如不可小看演示实验前的准备工作，因为实验准备工作做不好，就会使学生分散注意力产生厌烦情绪，诸如铁夹生锈无法调节高度，药品久置失效而使反应不能成功等这些问题，如果在同一实验过程中连连出现，必然会降低学生对该实验的兴趣。倘若连续几次实验都不能得心应手，学生则会对实验丧失信心。所以，化学教师充分做好实验的准备工作，使学生在实验中保持良好稳定的情绪，这对激发和维持学生化学学习兴趣所起的作用是不容忽视的。在学生分组实验时，要充分注意实验室的环境氛围，事先打开排风扇排除异味，实验中保持良好的通风条件，尽可能避免因恶劣环境造成 学生的压抑心理。与此同时，通过向学生介绍古今中外优秀科学家的动人事迹，使学生具有模仿的愿望和学习的需要，从而对化学实验及化学学习产生积极的情感。

(二) 思维品质渐佳，自我意识增强

儿童和少年的思维，主要表现为从具体形象思维向抽象逻辑思维过渡发展，而青年的思维，主要表现为从形式逻辑思维逐步向辩证思维过渡发展。高中学生能够进行理论思维(经验思维主要是指在缺少理论的指导下凭直接的经验所进行的抽象概括活动；理论思维是从一般原理、原则出发，或在理论上进行推理，做出判断、论证的思维)，是因为他们通过学习或接触社会掌握了更多的抽象概念、一般的原则、原理、法则、公式等，并经常运用这些知识去理解各种事物的本质和解决新问题的缘故。随着理论思维的发展，高中学生对化学实验中的各种现象的因果解释，越来越感兴趣。他们在学习过程中，会越来越多的发现一种结果往往可以由许多不同的原因造成，或者一种原因也可能造成许多不同的结果，这些都以条件为转移，他们已经知道原因和结果之间的联系，不都是一对一的关系。他们正在形成辩证思维能力。

高中学生的思维已经具有自己的独立批判性。他们喜欢探求事物的根源，喜欢怀疑和争论，他们愿意独立地思考问题，他们也会出现自我批评的态度，他们对别人提出的思想观点，一般不轻信盲从，要求有逻辑的说服力，进行逻辑的论证。有时又比较固执，一旦认为这些是自己深思熟虑的结果，常常不大轻易放弃自己的意见。

由于他们积累了一定的知识经验，愿意独立思考，能进行理论思维，加上较少保守，富于想象，所以他们常常会提出一些新的设想、新的见解、新的方法去解决问题，因此在思维上表现出更多的创造性。著名的高斯定律就是他在学生时代提出来的，爱因斯坦的相对论的酝酿就在中学阶段。

高中阶段的学生正处于心理发展成熟期的前奏阶段，化学教师要通过化学知识的理论教学和实验教学，大力培养和发展学生思维的广阔性、深刻性、灵活性、逻辑性、敏捷性、发散性、收敛性、批判性和创造性等优秀品质。

心理学上所说的自我意识，是指人对于自己以及自己和周围关系的一种认识，包括自我观察、自我评价、自我体验、自我监督和自我控制等等形式。高中学生的自我意识有了进一步的提高。自我意识并不是与生俱来的，它是人在社会实践中，由于言语和思维的发展，逐渐地把自己当作主体从客体中分离出来，认识到自己的存在，认识到自己和别人的关系，认识到自己的力量和义务等等而逐步形成和发展起来的。高中阶段的学生比初中学生的自我意识大大增强，他们的内心世界比初中生宽广丰富得多。他们能够进行较长时间的独思、反思，他们会根据自己的爱好、兴趣、特长以及社会的发展需求设想自己的未来，并且具有自我实现的强烈愿望。在高中阶段，如果学生因种种原因，对化学感兴趣，学得好，他会选取择"化学"专业作为自己进入高等院校学习的志向。所以，高中阶段是一个人的辩证唯物主义世界观和人生观逐步形成的关键时期。

化学教师要通过自己的教学工作，以及自身的态度、作风、道德、品质对学生潜移默化，并与学生交知心朋友，建立民主、平等、友好的师生关系，积极引导并把他们培养成为有理想、有道德、有文化、有纪律的一代新人。

三、中学生的个性差异

学生的个性差异表现在很多方面，而与学习密切相关的通常是能力倾向差异，具体表现在三个方面：智力和已有知识经验的差异；成就动机及相应的个性差异；学习风格差异。其中智力对学习活动有根本性影响，成就动机对学习过程中的努力程度起作用，学习方式或学习倾向主要调节学习活动本身。

（一）学习风格的差异

学习风格是学生持续一贯的带有个性特征的学习方式，是学习策略和学习倾向的总和。其中学习策略是指学习的一般方法，学习倾向包括学习态度、动机、意志及对学习环境、学科内容的偏爱等。

学生在学习中偏爱的信息加工方式不同是形成学习风格差异的认知因素，表现在对外界信息的感知、注意、思维、记忆、问题解决等认知方式差异。在教学过程中，教师要充分考虑学生感知的优势通道，针对学生偏爱的学习方式进行教学。

（二）成就动机的差异

学生学习动机、焦虑性和坚持性是影响他们学习情感意志的要素。例如焦虑性，即面对当前或预计对自尊心有潜在威胁的情境表现出的反应倾向，按其性质可分为两类：一是正常焦虑，即由客观情境的威胁引起的焦虑；一是过敏性焦虑，即由自尊心缺失或严重伤害引起的恐慌。一般来说，焦虑水平过高或过低，学习效率都不高，只有适当才保持最高的学习效率。教师要针对不同的学生适当调整他们的学习动机，使之维持在最佳的学习状态，并对不同的学生采用不同的评价标准和不同的激励措施，以培养他们坚定的学习意志。

（三）智力的差异

智力是处理抽象观念、处理新的问题情境或学习适应新环境的能力。智力由许多不同的心理能力构成，从而表现出智力的质的差异。例如，有的学生言语理解能力特别强，而有的学生则表现出较高的空间想象能力。因此，改革教学的方式，适应学生的智力差异，促进学生智力的发展非常重要。

第三节 学习动机与化学学习

一、学习动机的分类

人们从事任何活动都有一定的原因，这种原因或是来自个体内部的需要，或是来自外部环境的某种推动力为个体所意识。因此，动机就是推动和指引人们从事各种活动的动因。

动机是由需要引起的，当人的某种需要不能得到满足时，内部就产生一种力量，这种内驱力就唤起个体产生行动的动机。学习动机是学生对学习需要的具体表现，同时由于它受社会、学校、家庭、个人等多方面的影响，因此，它又是一种比较广泛的社会性动机，正因为这样，学生的学习动机是多种多样的。

根据我国中学生的学习实际，学习动机可主要作如下分类：

(一) 内部(在)动机与外部(在)动机

根据学习的动力来源划分，可将动机分为内部动机和外部动机。内部动机是指学习者对学习活动本身感兴趣，学习的目的在于获得化学知识，求知欲是内部动机的集中体现；外部动机是指人们由外部诱因所引起的动机，即学习的目的不是认识活动过程和获取知识本身，而是与学习成就有关的奖赏或惩罚，如教师或家长的赞许、奖励以及训斥、嘲讽等。教育实践表明：两种动机都是学生学习过程所需要的，但内部动机所起的作用更为强烈而持久。因此，化学教师应竭力使学生的外部动机转化为内部动机，在学习难度较大、需要较长时间来学习的内容时，更应该发展和增强学生的内部动机。

(二) 直接近景性动机与间接远景性动机

从学习动机来源的远近和起作用的久暂来划分，动机可分为直接近景性动机与间接远景性动机。直接近景性动机是由学习活动本身引起的，表现为对学习化学内容和学习活动的直接兴趣和爱好；间接远景性动机指向于化学学习活动的结果与价值，是学生本人的理想、信念等在学习上的体现。后一类动机具有较大的稳定性与持久性。实践表明，这两种动机往往可以同时存在于一个学生身上，相互联系，相互补充。但从总体上看，间接远景性学习动机对学习具有更大的推动作用，需要化学教师特别加以培养和激发。

二、化学学习动机的分析

学生在校学习的主要动机集中反应在成就动机(追求成就、希望获得成就的动机)上，即为成就的动机。成就动机主要由认知内驱力、自我提高的内驱力、附属的内驱力三个部分组成。

(一) 认知内驱力——内部学习动机

认知内驱力是一种指向学习任务的动机，即是一种要求了解和理解的需要，要求掌握知识、技能以及系统地阐述问题并解决问题的需要。这种内驱力主要是从好奇的倾向，如探究、操作、领会以及应付环境等有关的心理素质中派生出来的。学生的这些好奇心与探究的倾向，最初只是潜在的动机力量，只有通过实践活动，并在其中不断取得成功时才能逐渐形成和稳固下来。所以学生对化学学科的认知内驱力或兴趣，绝不是天生的，而是在化学学习过程中，由于多次获得成功，从而体验到满足需要的乐趣，最初的求知欲逐渐得到巩固，形成一种比较稳固的学习化学的动机。化学学科的认知内驱力与化学学习之间的关系是互动互惠的。认知内驱力对化学学习起推动作用,化学学习又转过来增强认知内驱力。这就是说,在学习化学的过程中,学生如果能不断地获得成功的学习经验的话,那么成功的学习经验又会使学生在随后的学习中产生获得进一步满足的期望。由于这种动机指向学习化学任务本身(为了获得化学知识),满足这种动机的奖励(即获得化学知识)是由学习化学本身提供的,因而这种动机被称之为内部学习动机。这是一种最重要和最稳定的动机。因此,化学教师的主要职责之一是要让学生对所学的化学知识本身感兴趣,并使学生在学习过程中不断取得成功,使学生的求知欲形成一种比较稳固的学习动机。

(二)自我提高的内驱力——外部动机

自我提高的内驱力是由学习者因自己的胜任或工作能力而赢得相应地位的需要,即尊重和自我提高的需要而产生的。它促使学生把自己的行为指向当时学业上可能达到的成就,并在这一成就的基础上把自己的行为指向今后在学术上和职业方面的目标。如某学生化学学习成绩名列前茅,便会得到同学的羡慕、钦佩,在班级或年级中具有较高的地位,因而使得"尊重的需要"得到满足,这些可进一步提高努力学习的积极性。中学生在校期间如果化学学习成绩突出,对化学兴趣浓厚,可能会促使他将该学科专业作为报考高等院校的志愿,成为自己终身职业的目标。

自我提高的内驱力是把一定成就看作赢得一定地位和自尊心的根源。成就的大小决定着地位的高低和是否满足自尊需要,所以这是一种外部动机。它对激励学生学好化学同样是十分重要的。化学教师要及时利用学习反馈,让学生时时体验"进步""成功"的喜悦,从而激起学生学习的热情。切忌让学生在学业上屡遭失败,这样会使学生产生焦虑心情。更不可采用惩罚的手段,严重地伤害学生的自尊心,因为它会导致学生志向水平的降低,引起回避和退缩反应,使学生丧失学习化学的信心。当然,也不可过分强调自我提高的动机的作用,否则会助长功利主义的倾向,因满足而不会产生持续深入学习的愿望。

(三)附属内驱力——外部动机

附属内驱力是学习者为了获得自己所附属的长者们如家长、教师等的赞许和认可而取得赏识的一种需要。如学生学习成绩好,他便会得到老师的赞扬、父母的宠爱、学校的奖励等。具有附属内驱力强的学生,因有高度的附属感,一般而言,在班上学习成绩较好。

因为附属内驱力只是为了满足教师、家长的要求,从而保持得到长者们的赞许和认可的需要,所以它也是一种外部动机。该动机随着年龄增长在强度上会有所减弱,并且会从父母逐渐转向同龄伙伴,来自同学的赞许会成为一个强有力的动机。

学习动机对于学习发挥着明显的推动作用,要有效地进行长期的有意义的学习,动机是不可少的。但是动机的强度和学习效果之间的关系不是一个直线型的关系。学习动机的过强和过弱都对学习不利。动机的强度与学习的关系,可以用一条"倒U形曲线"来表示,这种动机与学习效率的关系的描述称之为叶克斯-多德森(Yerkers Dodson)律。根据布鲁纳的观点,学生理想的动机水平处于冷淡与狂热、激动之间为好。动机过强或过弱,不但对学习不利,而且对动机的保持也不利。所以对学生的过分要求,如在较短的时间内重复抄写几十遍,题海战术,频繁的考试与竞赛活动等,都会适得其反。心理学家认为,动机的中等程度的激发或唤起,对学习效果的影响才是较为理想的。

三、化学学习动机的激发与维持

学习动机的激发,是指潜在的学习动机转化为学习的行动。前面已经论述,学习者的学习动机包括较持久的内部动机和较短暂的外部动机,所以要使学生坚持长期学习,教师必须不断维持学生适当强度的学习动机。

(一)学习动机的激发与维持的一般原则

1. 首先满足学习者低级层次需要的原则

学生的学习动机是他们对学习的需要,这是属于较高层次的需要。根据马斯洛需要层次论,人的需要分为两大类:第一类为缺失性需要(基本生理需要、安全需要、归属与爱的需要、自尊需要);第二类为成长需要(认知需要、审美需要、自我实现需要)。人必须首先满足缺失性需要后,才会有成长需要。因此,化学教师要想调动学生学习的积极性,首先要考虑学生的归属、爱和自尊心的需要是否得到满足,化学教师以及学生所在的班集体,要给学生以归属感、亲切感和自尊感,应绝对禁止对学生的嘲讽、辱骂和体罚。

2. 内部动机作用为主,外部动机作用为辅的原则

内部动机对学生化学学习的作用是稳定而持久的,因此,我们坚持通过培养学生对化学学习的兴趣来调动学生学习的积极性。化学学习兴趣有直接兴趣和间接兴趣。学生对化学学习的直接兴趣可以说从“绪言课”就已经开始了,但是他们对化学学习的间接兴趣必须经历一个长期的认识和亲身体验的过程,因此,当我们强调内部动机对化学学习作用的同时,也要重视外部诱因的作用。心理学家认为,教师、家长和同学都是重要的学习动机源,他们的微笑、认可、赞许都会对学生的学习产生重要的激励作用。

3. 正确运用外部鼓励的原则

外部奖励的正确运用,不但有助于学生当前的化学学习,而且可以促进学生内部学习动机作用的发展。最初,学生可能为取得老师和家长的欢心而学习,这时外部奖励恰当,伴随着他们掌握一定的基础知识以后,他们的认知兴趣得到发展,当广泛的认知兴趣成为学生的人格特征时,他们将不需要或很少需要外来的鼓励而能自觉进行学习。对于学生化学学习上的奖励,不应侧重于奖励学生的智力,而应侧重于奖励他的努力与进步。因为学生智力的高低,自己难以控制,如果侧重于奖励智力,那么,高者会因此而骄傲自满,低者会因此而自暴自弃。如果奖励侧重于个人的努力与进步,这是人人都可以办到的,这样就会鼓励积极进取的人格特征的形成。这对于培养学生坚强的意志去战胜化学学习上的困难是十分有

益的。

（二）激发与维持化学学习动机的主要措施

1. 激发与维持内部化学学习动机的措施

内部学习动机是较稳定而持久的，它的激发与维持依赖于使学生对化学学习产生较浓厚的兴趣，并且随着学习的深入能从直接兴趣转向持久的间接兴趣。这就要求化学教师牢牢抓住课堂教学这块主阵地，精心设计，上好每一堂化学课。比如，"创设问题情境"可以激发学生的学习兴趣。什么叫做"创设问题情境"呢？这是指化学教师在讲授新知识前，提出与新内容有关的一些问题，引起学生的好奇与思考，这就是"创设问题情境"。这样做，就在教学内容和学生求知心理之间制造了一种"不协调"，形成悬念，把学生引入有关的情境之中，使他们的注意、记忆、思维凝聚在一起，从而达到智力活动的最佳状态。这是激发学生认知兴趣和求知欲的有效方法。不过化学教师所提出问题应符合要求，即要小而具体，新而有趣，难度适当，富有启发性。研究表明，学生的认识兴趣同学生的基础知识相关，只有那些学生想知道而眼下又不知道的知识才能激起学习的兴趣，因此，课堂教学内容不但要新颖有趣，而且要有适当的梯度（从易到难，由浅入深，循序渐进）、密度和难度。加之生动活泼的教学方法和教学手段（如电影、电视、投影、计算机辅助教学等）的运用，变化丰富的随堂习题、模拟、游戏等，均可不断地引起学生新的探究活动，继而激发起更高水平的求知欲。另外，在课内的模拟、游戏以及化学的课外活动中，教师要因势利导，促使学生学习兴趣的正迁移。学习的迁移不但表现在原有知识、技能对以后获得的新知识、技能的影响，而且表现在学习态度、学习方法对以后学习活动的影响。布鲁纳在《教育过程》一书中，曾把"原理与态度的迁移"看成是"教育过程的核心"。化学教师要巧妙地利用迁移规律，把学生对这些活动的兴趣转移到化学学习上来。

2. 激发与维持外部化学学习动机的措施

研究表明，通过反馈让学生了解自己学习的结果，对学生能起到激励作用。因为学生知道自己的成绩后，一方面，可以产生进一步学好的愿望；另一方面，让学生及时看到自己的缺点和错误，能够及时改正或弥补不足，这对继续提高学习成绩、激发上进心是有显著成效的。实验和实践都证明，反馈对于提高学习成绩起着十分重要的作用，如果没有反馈，学生不知道自己的学习结果，则会缺乏激励，很少进步。因此，化学教师在教学过程中，要努力做到：

（1）及时批改作业、练习和试卷。因为"及时"了，才会给学生留下鲜明、深刻的印象，让学生能及时地改正错误，弥补知识缺陷，增强进一步学好化学的信心。

（2）正确的评价学生的学习结果。批改作业要认真、细致，必要时所写的眉批，评语要使学生受到鼓舞和激励，具有针对性、启发性和教育性。要正确地运用表扬和批评。表扬和批评的作用，主要是对学生的学习活动给予肯定或否定的强化，借以巩固和发展学生正确的学习动机。一般而言，表扬、鼓励要比批评、指责会更有效地激励学生产生积极的学习动机。因为前者会使学生产生成就感，后者会挫伤学生的自尊心，严重时甚至会让学生丧失自信心。为了增加评价的有效性，化学教师的评价必须客观、公正。同时，要对学生进行教育，使他们正确对待分数，正确对待评价。另外，教师还必须注意学生的年龄、性格等特征，对自信心差的学生，要多一些鼓励与表扬；而对于过分自信的学生，则要在表扬的同时，指出他的不足之处，防止骄傲自满，停滞不前。

此外，适当地开展一些化学竞赛也是激发和维持学生学习积极性和争取优良成绩的一种有效手段。多数学生在竞赛的情况下，学习的兴趣和克服困难的毅力会增强。但是过多的竞赛，则会产生消极影响，加重学生负担，有损学生的身心健康，学习成绩差的学生还会因失败而丧失信心。

第四节　认知规律与化学学习

认知主要是指高级的认识过程，是人们获取知识经验并对信息进行加工处理的过程。化学学习中的认知操作包括注意、感觉、知觉、表象、表征、记忆、思维、问题解决等认知心理活动内容。现代认知心理学以信息加工的观点解释人的认知过程，它将人看作是一个信息加工的系统，认为认知过程就是信息加工过程，包括信息的输入、编码、贮存、提取。这些认知活动的操作，既是化学知识学习的实质和核心，也是化学学习能力培养、化学智能发展的基础。它们在化学学习活动中不仅客观存在，而且具有各自特定的内涵、活动机制、活动过程和条件。因此，了解、熟悉并灵活运用化学学习中的认知操作规律，对提高化学教学质量、促进教学改革具有重要的现实意义。

一、注意规律及其在化学教学中的应用

注意本身不是一种独立的心理过程，而是伴随着其他心理过程而产生的心理现象。如果脱离了感知、记忆、思维、想象等心理过程，注意就不复存在了。人类一切心理活动的进行都离不开注意，学生的学习活动无时无刻不伴随注意而发生。一个会学习的学生，往往注意力非常集中，一个有经验的教师，通常会根据学生课堂表现，适时地调整教学方法，以吸引学生的注意力。

（一）注意概述

注意是心理活动对一定事物的指向和集中，通常所说的“专心致志”“聚精会神”主要就指“注意”。注意的指向性指的是从众多的事物中选择出要反映的对象；注意的集中性指心理活动高度地关注某种对象，以全部精力保证对选择对象进行鲜明清晰的反映，而对其他的无关活动进行抑制。例如，学生在课堂上观察化学演示实验时，将注意力有选择地指向讲台上的实验装置和实验药品，这是注意的指向性；同时还要克服自身的疲倦、排除其他干扰，而将注意力集中在化学实验现象上，这就是注意的集中性。

根据产生和保持注意时有无目的性和意志努力程度的不同，把注意分为无意注意、有意注意和有意后注意三种。

(1) 无意注意，即事先没有预定目的，也无需作意志努力的注意，刺激物的特点和个体的主观状态是引起无意注意产生的两个基本条件。例如，在安静的教室里，突然一位同学的文具盒掉在地上，大家都会不由自主地向他望去；学生在观察实验现象时往往容易被一些新奇或特殊的现象吸引，既可能对教学起促进作用，也可能妨碍学生关注事物的关键属性。

(2) 有意注意，有预定目的，需要作出意志努力的注意。有意注意是一种高级的注意形式，它是在人的实践活动中发展起来的，学科学习过程中，有意注意最初是通过教师与学生的交往实现。教师的言语指示从学生从周围的对象中区分出学习的对象或对象的重要属性，使学生的注意产生选择性、行为服从于学习活动或与教学目标相联系的任务。随着学生知识的发展，这种外部支持逐渐转变为内部言语的方式来控制、调节和维持意识的稳定选择。

(3) 有意后注意，指有明确的目的但不需要或者很少需要意志努力参与的注意。有意后注意是有意注意高度发展后的一种特殊的注意形式，是高级类型的注意，具有高度的稳定性。如化学教师准备取液体药品时，手拿试剂瓶就会自然地将手心对着标签的操作。

(二) 注意规律及其在化学教学中的应用

1. 注意的稳定性

注意的稳定性是指在同一对象或同一活动上注意所能持续的时间，注意的稳定性有狭义和广义之分。狭义的注意稳定性是指注意保持在同一对象上的时间，例如，当我们倾听一种微弱的刚刚能听见的声音(如钟表的滴答声)时，我们时而能听见这个声音，时而又听不见，尽管我们这时仍集中注意倾听着。广义的注意稳定性是指注意保持在对一定活动的总的指向上，而行动所接触的对象和行动本身可以发生变化。例如，学生在完成作业的过程中，可能要看教科书，要写字或演算，虽然他所接触的课文，所写的字句或数字时刻在变化着，但是他的注意仍集中于完成作业这一项总的任务上。

注意稳定时间的长短与年龄有关。一般 5—7 岁的儿童每次注意稳定的时间约 15 分钟；7—10 岁儿童每次注意稳定的时间约 20 分钟；10—12 岁儿童每次注意稳定的时间约 25 分钟；12 岁以后的人每次注意稳定的时间约 30 分钟。

注意的稳定性是相对的，为了保持学生课堂注意力的集中，教师要做到：科学安排课堂活动的时间分配，在课堂上连续的讲授时间应控制在 20 分钟左右，并且，重要内容要优先讲解；教学内容要选择多种呈现方式，充分调动多种感官刺激，以加强刺激强度；教学方式要灵活多变，以防学生学习活动单一与僵化；教学进程中要适时、适度地调节课堂气氛，防止学生注意衰减；要尽可能地优化教学环境，防止无关刺激对正常教学的干扰。

2. 注意的分配性

注意的分配性是指在同一时间内，“注意”被分配到不同的对象和活动中的比例，它与对象及活动的内容、性质及个体的情绪、生理因索、熟练程度等因素有关。例如：学生在观察演示实验的同时还要听教师讲解，此时的注意该如何分配，就必须根据教学的要求和教学内容等方面来确定。

作为化学教师，除了一般教师应注意的内容（如教师服饰的颜色和款式、教学材料的交替变换频率等）以外，还要做到：化学实验操作技能的科学化、熟练化、自动化。教师的实验操作不仅是确保教学顺利进行的保障，而且是学生学习化学实验基本操作的示范，教师的不合理操作可能对学生引起误导，教师不熟练操作可能对学生情绪、课堂秩序造成影响，进而影响学生对重要信息的关注。将实验操作与言语指导协调起来，做到边演示边讲解，切忌只有动作没有声音的独自实验或只有声音没有操作的讲解实验，即便是实验装置、实验现象、反应原理等板书内容，也应与实验操作同步进行。加强课堂组织教学技能训练，并在教学实践中不断积累经验。课堂组织教学包括课堂引入、新课讲授、课堂练习、课堂实践、课堂讨论及课堂总结等内容，在每一个项目教学中，应根据注意的指向性和集中性恰当地将学生的注意引导到相应项目中来，例如教师在演示氢气还原氧化铜的实验中，教师不能只是提醒学生观察实验现象，应具体地说明"请学生观察试管中氧化铜粉末的颜色变化、试管中是否产生水珠"等，这样学生的注意力就不至于分散。

3. 注意的转移

注意的转移是指注意的中心根据新的任务，主动地从一个对象或一种活动转移到另一对象或另一活动上去。"注意"转移的时间及质量，取决于前后活动的差异及个体对前一活动的态度，一般转移的时间为1—2秒，但前一活动高度紧张，前后内容联系少，则转移困难，所花费的时间要多一些。在教学过程中，教学情境的内容设计要与新授课内容在时间、空间上接近，并引导学生关注相应的重要信息，以确保学生的注意力从教学情境向教学内容的顺利转移。例如在讲授初中化学"二氧化碳的性质"时，教师经常会先让学生观看"死狗洞"的故事画面，观看结束教师应立即关闭动画，并引导学生转移活动，思考狗进入山洞死亡可能的原因，进而展开讨论。要正确把握学生活动转移时间。在课堂教学过程中，教师经常会要求学生进行观察、倾听、书写、思考等活动，当学生从一项活动转移为另一活动时，教师要根据全班同学的完成情况，待多数已经完成后，方可进入下一环节。例如教师在黑板上板书化学反应方程式后，要给学生保留观察或记笔记的时间，不能立即继续讲解或操作实验。

（三）集中学生注意力的教学策略

依据注意的影响因素及相关注意理论，科学地采取一定的教学策略，不仅有利于教学的有序展开，而且有利于教学的高效进行。

1. 优化教学环境，防止学生分心

所谓教学环境是指学生周围的所有物质，包括声、光、电、文字、图画、仪器、设备等。化学教学中经常需要带仪器、模型等实物进入课堂，如果教师一开始就将这些实物摆放在讲台上，势必影响学生听课的注意力，教师应该先摆放在讲台下面，待需要使用这些实物时再一一呈现给学生。此外,教学中经常需要对物质微观结构、危险化学反应、化学故事等制作多媒体课件,这些课件也不要附带影响重要信息的无关动画或图片,以免分散学生的注意力。

2. 改进教学方式,引起无意注意

化学演示实验通常要求操作简便、现象明显,明显的现象无疑能够引起学生有益的无意注意,同样,在多媒体教学课件等直观教具中"动画"比"图片"更能够引起学生无意注意;进行酸碱等滴定操作时,溶液从无色变为红色观察更为敏感。因此,在教学过程中,有意识突出重要信息的颜色变化、有目的地制作教学课件,都将有利于引起学生的无意注意。值得一提的是,化学中的很多微观结构模型,如氯化钠等物质的晶体模型、甲烷等有机物球棒模型,对于部分微粒之间大小比例、作用力及颜色等做了适当的夸张或改变,与实物并非完全一致,这就要求教师在讲解这些模型时给学生予以正确说明和解释,如在氯化钠晶体模型中,氯离子为绿色,实际为无色,模型只是为了突出氯离子与钠离子的区别,而甲烷的球棒模型中,碳原子与氢原子并非由一根棍棒联结,而是看不见的化学作用力,这样就可避免无意注意给学生带来误导。

3. 把智力活动与实际操作相结合

新课程理念特别强调"体验",不仅是体验所学知识的实际价值,更是体验实践过程的愉悦。化学课堂教学中的实验操作、课外研究性学习课题研究或化学科技小制作都属于实际操作范畴,我们应该鼓励学生克服畏难情绪、恐惧心理,大胆让学生开展实践探索。例如学生自制鞭炮,自做水中花园、魔棒点灯等趣味实验等,学生将在实践中所遇到的问题带入课堂学习,他们的学习目标更加明确,注意力更加集中。

4. 加强学生意志锻炼

学生的学习过程大多情况下是一种有意注意,而有意注意必须要用意志来维持,因此,在教学过程中,严格要求学生,对学生不良的注意习惯及时制止,有意识培养其良好的注意习惯,将有利于注意品质的提高。

二、感知规律及其在化学教学中的应用

认知过程是一个非常复杂的过程,是人由表及里,由现象到本质地反映客观事物特征与内在联系的心理活动。人类对于世界的认知首先是从感觉和知觉开始的,同时,人们还能以感知过的事物形象为基础,通过想象而创造出新的形象。总之,人类通过认知过程,能动地反映着客观世界的事物及其关系,从而为人们认识环境和改造环境提供了可能。

(一) 感觉与知觉

1. 感觉

心理学中的感觉是指人脑对直接作用于感官的刺激物的个别属性的反映,是一种最简单的心理活动现象,是一切较高级、较复杂的心理现象的基础。人们看到物体的某种颜色,听到物体发出的某种声音,闻到物质散发出的某种气味,感受到自身对水或食物的饥渴,都

是外界物体个别属性通过人体感官作用于人脑引起的心理现象，这就是感觉。

根据感觉器官和接受的刺激信息，心理学一般把感觉分为两大类——外部感觉和内部感觉。视觉、听觉、嗅觉、味觉、触觉等是外部感觉；机体觉、运动觉、平衡觉等是内部感觉。在学生学习化学过程中，经常需要通过调动自己的感官，倾听教师的讲解，观看化学实验中物质颜色的变化，闻一闻化学反应中物质气味的变化，摸一摸反应容器温度的变化，以达到获取化学知识的目的。因此，感觉这一心理活动也就成为学生学好化学的基础和前提。

2. 知觉

知觉是人脑对直接作用于感觉器官的当前客观事物的各种不同属性、各个不同部分及其相互关系的综合反映。人们通过感官获取了外部世界的信息以后，并非一直保留在头脑中不变，而是要经过头脑的综合、分析等加工，并产生对事物的整体印象，这种人脑对事物整体的反映就是知觉。知觉是人脑对感受到的外界信息的初步加工，是对事物整体属性的能动反映。

知觉与感觉既有区别又有联系，从过程上来看，知觉建立在感觉的基础之上，是刺激物作用于感官产生的，同时又含有意识对客体的觉察、分辨、识别、确认等活动成分，具有直观性和初步的概括性。感觉与知觉的过程如图 5-3 所示。

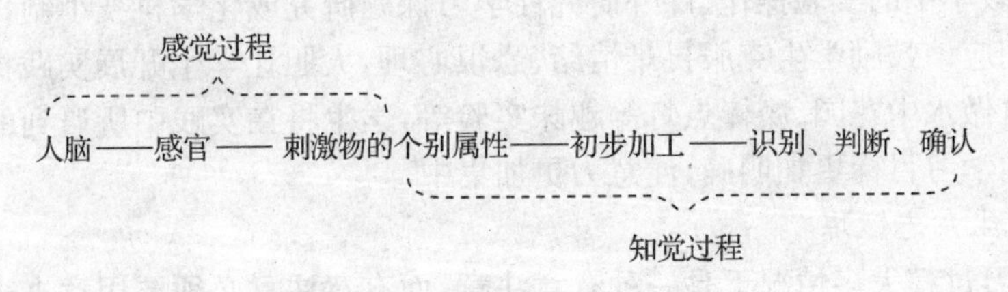

图 5-3 感觉与知觉的过程

3. 感知觉的影响因素

影响感知的因素主要包括主客观两个方面。

客观变量是指刺激物本身的强度、差异、动静等特性，如声音高低的程度、气味浓烈程度、状态变化幅度等。不同的特性引起不同的感知，同一特性不同强度也会引起不同程度的感知。主观变量包括主体对事物的态度、需要、兴趣、爱好；主体对活动的预先准备状态；主体本身的认知经验、已有知识、情感体验等，都将直接影响主体对于感觉到的外界信息的加工水平。

（二）感知规律

1. 感觉的规律

视觉与明度有关，所看到的物体各个部分明亮对比度越大越清晰；与可见光波长有关，一般为 380—780 nm，在所有可见光中，人们通常对 500—625 nm 光比较敏感，也就是红色、橙色和黄色敏感。

听觉与音调和音响有关，人的听觉频率范围是16—20 000 Hz，其中1 000—4 000 Hz是人耳最敏感的区域，且1 000 Hz的声音持续的时间至少要10毫秒。音响强度大，听起来响度高，对人来说，响度的阈限为0—130分贝，人们普通谈话响度约为60分贝。

触觉与人体部位有关，一般来说，额头、眼皮、舌尖、指尖的触觉感受性较高，手臂、腿其次，胸腹部、躯干较低。

温度觉与身体不同部位的温度和接触面积有关，若刺激温度高于皮肤表面的温度，则引起温觉；相反，则引起冷觉，一般来说，身体裸露部位温度为28℃，前额为35℃，衣服内为37℃，且受刺激的皮肤接触面越大，温度觉越高。

嗅觉是由气味的气体物质引起的，这些物质作用于鼻腔上部的黏膜中的嗅细胞，产生神经兴奋，因而产生嗅觉。嗅觉的感受阈受许多因素的影响，人类对不同性质的物质感受性不同，对同一物质的嗅觉也因环境条件、身体状况不同而不同。

味觉是由化学溶液中的物质引起的，一般来说，舌尖对甜味比较敏感，舌中对咸味、舌两侧对酸味、舌后对苦味比较敏感。

2. 知觉的规律

知觉的整体性。知觉的整体性是指当我们知觉的客观事物，由不同的部分或不同的结构组成时，我们并不把它们知觉为个别孤立的部分或结构，而倾向于把其知觉为一个统一的整体的特征。

知觉的选择性。知觉的选择性是指人在知觉客观事物时，有选择地从复杂的刺激环境中以少数事物为知觉对象加以优先知觉，而把其他部分当成背景。例如，学生认真听讲时，经常把教师的语言以及黑板上的字作为知觉的对象，而把其他的声音以及墙上的其他东西作为知觉的背景。知觉者的需要、兴趣和爱好，当时的心理状态，一般的知识经验，以及刺激物对人的意义是否重要等等，都在一定程度上影响着知觉的选择性。如初中生第一次观察镁条燃烧实验，往往关注的是发出了强烈的亮光，而不会观察到白色固体生成。

知觉的理解性。知觉的理解性是指人们以过去的知识经验为基础，力求对知觉对象作出某种理解与解释，使它具有一定的意义并用词语加以标志的特征。知觉的理解性受个人已有的知识与经验的影响。知觉的理解性与言语提示有着密切的联系。教学中的师生对话对知觉理解具有指导意义。如在教学中，教师常常会使用生动活泼的语言来帮助学生加深对学习内容的理解，特别是当对象本身的标志不明显时，通过言语的指导和提示可以唤起人的过去经验，补充知觉的内容，形成清晰、完整的理解。

知觉的恒常性。在知觉过程中，当知觉的条件在一定范围内发生变化时，知觉映像却保持相对不变，这就是知觉的恒常性。常见的知觉恒常性有亮度恒常性、形状恒常性、大小恒常性、颜色恒常性等。例如，把粉笔放在暗处，煤块放在太阳底下，煤块实际上反射出的亮度要远大于粉笔，但我们还是把粉笔知觉为白的，而把煤块知觉为黑的，这是亮度恒常性。知觉的恒常性依赖于人们的经验。客观事物具有相对稳定的结构和特征，经过我们的感知后，其关键特征会储存在我们的大脑中，当它们再次出现时，虽然外界条件发生了变化，但无数次的经验矫正了来自每个感受器的不完全的甚至歪曲的信息，大脑会将当前事物与大脑中已有的事物形象进行匹配，从而确认为感知过的事物。

（三）感知规律在化学教学中的应用

感知活动是学生学习化学的基本活动，结合学科特点，来指导学生学习化学，不仅可有效提高化学教学效果，而且有利于学生把握化学的学习特点和学习方法，有利于学生学会学习。

1. 物质的物理特性及化学性质的教学

根据感知的选择性，作用于感觉器官的刺激物必须达到一定的强度，才能被我们清晰地感知。人们对敏感的颜色、浓烈的气味、耀眼的光芒、对象与背景差异大以及变化的状态等感知程度高，而对于热、电等隐蔽的相对静态的不太敏感。因此，化学教师在给学生展示化学试剂的物理状态或化学变化时，应增强背景的衬托，如在试剂瓶或试管后面放置一张白纸；在滴定指示剂的选择时，应选择从不敏感到敏感颜色的变化，如从无色变为红色。

当然，在学生观察化学反应现象时，不仅要引导学生观察主要的、明显的化学现象，而且还要善于捕捉稍纵即逝的化学现象和不太明显的颜色变化，以培养学生的观察能力和辩证思维能力，激发其创造意识和求异思维，例如在观察金属单质锌与硝酸的反应时，有意识引导学生观察是否产生气泡；观察高锰酸钾制取氧气的实验时，有意识让学生闻一闻所产生的氧气是否具有异味。

2. 化学用语的教学

化学用语是化学独特的语言系统，包括化学元素符号、化学式、化学反应方程式等。它不仅具有形象、直观、通用等特点，而且具有一定语言规则，是学生学习化学的重点和难点所在。因此，教学过程中，教师要从多角度帮助学生充分认识、全面感知，尤其是符号的大小写、上下标等容易忽视的内容所代表的含义，更应该引导学生予以关注，并在板书中运用红色粉笔引起学生注意，在习题中设计变式练习，增加感知经验。

3. 化学实验的教学

在化学实验仪器的识别、连接、操作等教学中，由于品种杂、数量多、操作规程多，学生直观感觉经验不易进一步形成知觉意识，造成对这些零散知识的死记硬背，加重学生负担，而且运用起来不能搬家。因此，教师不仅要引导学生知道是什么，而且要让他们意识到为什么，应该怎么样，通过学生自己亲手动手体验，增加知觉的恒常性，进一步促进表象、表征等其他认知活动的展开。

4. 化学教师语言指导

教师通过生动活泼的描述、鲜明形象的比喻和合乎情理的夸张等形式，帮助学生对事物进行感知和对化学概念、化学原理的思维，有助于唤起学生丰富的表象，加深对知识的理解。教师的言语虽然有时不如实物直观，但它却更灵活、经济、方便，尤其是它不受时间、地点及设备条件的限制，因此，在化学复习课、习题课等课堂教学实践中得到广泛使用。

5. 直观教具的应用

在相对静止的背景上，活动的物体更容易被感知。因此，教师在直观教学时，多采用活动教具，设法使教具变静为动。例如，教学中使用活动性教具、演示实验、放幻灯片、教学电影或录像等，容易吸引学生的注意力，可以起到很好的教学效果。

具体学科教学中，化学教学中的直观教具包括化学实物、化学模型以及化学多媒体课件等。由于实物直观是在接触实际事物时进行的，所以通过实物直观所获得的感性知识与实际事物具有直接的联系，它在实际生活中有着良好的定向作用，有利于激发学生的求知欲望，有利于培养学生的学习兴趣。但是物质观往往难以突出客观事物的本质属性，并容易受时间和空间的限制。因此，教学中经常会使用到化学模型、有机结构模型等，它可以摆脱实物直观的局限性，突出事物的某些重要特征或本质过程，扩大直观的范围，提高直观效果。

化学教学多媒体的制作中，由于动画比图片感知效果好，图片比文字更加直观，因此，对于重要信息通过动画或图片展示，以文字作相应的辅助说明，往往能起到最佳效果。

三、记忆规律及其在化学教学中的应用

随着科学技术的日新月异，人们对记忆力的要求越来越高。如何使学生增强记忆能力，提高他们的学习效果？关键在于引导学生积极运用记忆规律，创造记忆的有利条件，选择恰当而有效的记忆方法。

（一）记忆概述

传统的观点认为，记忆是人脑对过去经验的反映。人们感知过的事物、体验过的情绪、思考过的问题和从事过的活动，都会在头脑里留下一定的“痕迹”，在一定条件下都会重现出来。例如，遇到一位老朋友，你能叫出他的名字；曾经看过的电影，你多少还会记得一些情节。由于记忆，人才能保持过去的反映，使当前的反映在以前反映的基础上进行，使反映更全面、更深入。也就是有了记忆，人才能积累经验，扩大经验。

信息加工的观点认为，记忆是人脑对外界信息的编码、存贮和提取的过程。记忆是一种积极能动的心理活动，这表现在人不仅对外界信息的摄入是有选择的，而且信息在人脑中也不是静止的，而是在编码、加工和贮存。研究证明，输入到脑中的信息只有经过编码才能记住，只有将输入的信息汇入已有知识结构时才能在大脑里得到保留。信息能否提取和提取的快慢，与编码的完善程度以及贮存的组织结构有密切联系。

记忆同感知一样也是人脑对客观现实的反映，但记忆是比感知更复杂的心理现象。感知过程是反映当前直接作用于感官的对象，它是对事物的感性认识。记忆反映的是过去的经验，它兼有感性认识和理性认识的特点。记忆的基本过程有识记、保持和再现三个基本环节。

所谓心理表征，是指客观事物的物理特征在大脑中的存储方式。例如在学生学习完金属钠以后，教师请学生描述金属钠的大小、形状、颜色、性能、用途等特征时，学生对金属钠的

关键特征进行全面的描述即为心理表征。尽管没有什么心理表征会像真实物体当面呈现时那么逼真,但它们能让大家了解金属钠的一些重要特点。心理表征保存了过去经验中最重要的特征,从而使你能够把这些经验再现。

(二)记忆规律

1. 感觉记忆

感觉记忆保持的时间,在视觉范围内最多不超过1秒,在听觉范围内保持的时间约在0.25—2秒。

感觉记忆贮存的容量,凡是作用于感官的刺激均有可能进入感觉记忆,这些刺激如果受到注意就会转入短时记忆,如果没有受到注意,就会很快消失。

2. 短时记忆

短时记忆保持的时间,1分钟以内。短时记忆贮存的容量是7±2个组块。短时记忆容量的有限性,要求我们利用已有的知识经验,扩大每个组块的信息容量,从而达到增加短时记忆容量的目的。此外,短时记忆中的信息如果得不到复述,就会很快消失掉。复述是使信息保存的必要条件,复述的方式有两种:维持性复述和精细复述。

维持性复述是指将短时记忆中的信息不断地简单重复的过程。精细复述是指将短时记忆中的信息进行分析,使之与已有的经验建立起联系的过程。例如化学反应方程式的记忆,不断抄写的过程为维持性复述,而根据反应物的性质、化合价变化规律、质量守恒定律来理解化学反应方程式的过程就是精细复述。

3. 长时记忆

长时记忆保持的时间,为1分钟以上乃至终生。长时记忆贮存的容量是无限的,任何信息只要得到足够的复习,均能保持在长时记忆中。

由此可见,感觉记忆、短时记忆和长时记忆三个记忆系统是相互联系、相互影响的。外界刺激作用于感官而引起感觉,它保留下来的痕迹就是感觉记忆。如果不加以注意,痕迹便立即消失;如果加以注意,就转入短时记忆。短时记忆中的信息,如果得不到复述,就会产生遗忘;如果加以复述,就进入长时记忆。同时,长时记忆中的信息只有提取到短时记忆中,才能发挥其作用。

信息提取的形式有两种:再认和回忆。

4. 再认及其影响因素

再认是指人们对感知过、思考过或体验过的事物,当它再度呈现时,仍能认识的心理过程。

再认有两种水平:感知水平和思维水平。感知水平的再认发生是迅速而直接的,例如对化学元素符号的再认;思维水平的再认则依赖于某些再认的线索,并包含了回忆、比较和推理等思维活动过程,例如对元素化合物的化学性质的再认,必须依赖先前所看到或做过的化学实验,并以此为线索进行回忆。

再认的质量与效率受到许多因素的影响。

(1) 材料的性质和数量

材料的相似程度越高，再认越困难，越容易发生混淆，如元素符号“Cu”与“Ca”、“Ba”与“Be”，化学式“$KMnO_4$”与“K_2MnO_4”、“$KClO_3$”与“KCl”等。材料的数量对再认也有影响，数量越多，再认时间就相应增加。

(2) 再认的时间间隔

再认的时间间隔越长，再认的效果越差。有研究结果表明，间隔 2 小时的再认成绩最好，再认效果随时间延长逐渐下降。图 5-4 显示了时间间隔对再认的影响。

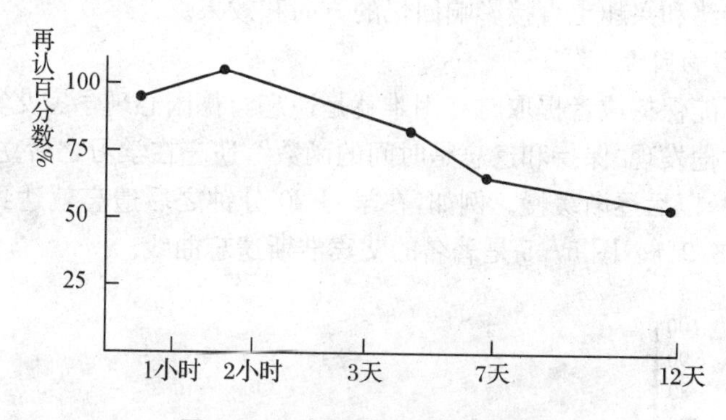

图 5-4　时间间隔对再认的影响

(3) 思维活动的积极性

对于不熟悉的材料进行再认，积极的思维活动可以帮助进行比较、推论、提高效果。

(4) 个体的期待

再认的速度和准确性不仅取决于对刺激信息的提取，而且依赖于主体的经验、定势和期待等。

5. 回忆及其策略

回忆是过去经历过的事物的形象或概念在人们头脑重新出现的过程。在回忆过程中，人们所采取的策略，将直接影响回忆的进程和效果。

(1) 联想策略

联想是由一个事物想到另一个事物的心理活动，由于知识是相互联系的，而不是孤立和零散的，因此，人们可以运用事物之间空间或时间上的接近、形式或性质上的相似、特征上的相对以及因果等逻辑关系，帮助人们回忆某事物。例如学生学习元素化合物的性质时，每一主族通常重点学习一种元素的性质，那么，根据其原子结构的相似性，同族其他元素的化学性质可以通过联想而获得。

(2) 借助表象、词语两重线索进行双重提取

寻找关键支点是回忆的重要策略，在回忆过程中，借助表象和词语的双重线索，可以提

高回忆的完整性和准确性。

(3) 提供暗示线索

在回忆比较复杂的和不熟悉的材料时，呈现与回忆内容有关的上下文线索，将有助于材料的迅速恢复。若暗示与回忆内容有关的事物，也能帮助回忆。

(4) 与干扰作斗争

在回忆过程中，经常会发生"舌尖现象"，即话到嘴边又说不出来的情况，这可能是由于干扰所引起的。克服"舌尖现象"最简便的方法是当时停止回忆，经过一段时间后再进行回忆。

此外，定势、情绪和兴趣也直接影响回忆的方向和效果。

6. 遗忘及其影响因素

记忆的内容不能保持或者提取时有困难就是遗忘。德国心理学家艾宾浩斯最早研究了遗忘的发展进程。他发现"保持和遗忘是时间的函数"，遗忘在学习之后立即开始，遗忘的过程最初进展得很快，以后逐渐缓慢。例如，在学习 20 分钟之后遗忘就达到了 41.8%，在 31 天之后遗忘仅达 78.9%。图 5-5 是著名的艾宾浩斯遗忘曲线。

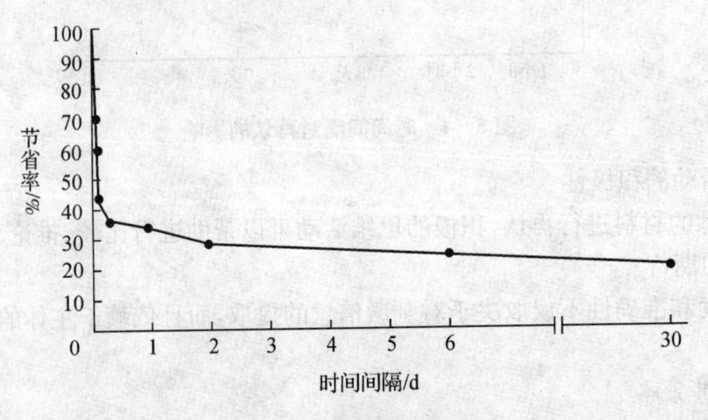

图 5-5 艾宾浩斯遗忘曲线

影响遗忘进程的因素有：① 识记材料的性质与数量。一般认为，对熟练的动作和形象材料遗忘得慢；对有意义的材料比对无意义的材料遗忘要慢得多；在学习程度相等的情况下，识记材料越多，忘得越快，材料少，则遗忘较慢。② 学习的程度。有研究表明，低度学习的材料容易遗忘，而过度学习的材料比适度学习遗忘少、记忆效果要好一些；花费在过度学习上的时间达适度学习的 150%左右，效果最好。所谓适度学习是指对材料的识记能达到恰好背诵无误的程度的学习，不能一次达到背诵无误的程度，称为低度学习，达到成诵无误之后还继续的学习称为过度学习。③ 识记材料的系列位置。有研究发现，在回忆的正确率上，最后呈现的材料遗忘得最少，其次是最先呈现的材料，遗忘最多的是中间部分，这种现象叫系列位置效应。最先呈现的材料较易回忆,遗忘较少,这种现象叫首因效应;最后呈现的材料最易回忆,遗忘最少,这种现象叫近因效应。④ 识记者的态度。识记者对识记材料的需要、兴趣等,对遗忘的快慢也有一定的影响。研究发现,人们的生活中不占重要地位的、不引起人们兴趣的、不符合一个人需要的事情,容易出现遗忘。

(三) 记忆规律在化学教学中的应用

化学知识中需要记忆的内容很多,如何全面、准确记忆就成为学生学好化学的关键。因此,教师为学生努力创造记忆的条件,引导学生科学记忆,组织学生合理复习,是提高教学效率的一个重要策略。

1. 引导学生科学识记

(1) 让学生明确记忆的目的和任务

记忆的目的任务越明确、越具体,记忆效果越好。因此,在记忆前应根据材料的内容、性质以及学习要求等对学生提出明确具体的要求,让他们清楚地知道记忆什么材料,应记忆到何种程度等。

(2) 充分利用无意记忆增强记忆效果

一般来说,有意记忆的效果要优于无意记忆。但有意记忆毕竟是一种需要付出意志努力的记忆,如果只运用有意记忆,时间一长,必将使人疲倦。因此,在学习中除了运用有意记忆外,还应充分利用无意记忆,让学生在比较轻松的情况下去获取有关知识,例如让学生利用化学元素符号的读音来拼写同学的名字,并要求只写符号不写文字,这样随意游戏,便很快掌握常用的元素符号的读音和书写。

(3) 充分发挥理解记忆提高记忆效果

大量的实验及经验表明,以理解为基础的意义记忆,在全面性、精确性和巩固性以及速度等方面,都比机械记忆效果要好。因此,在学生识记前,应尽可能给学生讲解需要记忆的材料的性质、意义,帮助学生深入理解材料,并引导他们分析、比较、整理、归类。

化学中的一些基本概念学生经常容易混淆,教师可引导学生将它们放在一起分析、比较,形成清晰的认识以后,再让他们记忆,如同位素、同素异形体、同分异构体的概念的记忆。

(4) 合理地安排记忆材料

由于记忆材料的性质、数量是影响记忆效果的重要因素,因此,在记忆时,应根据识记材料的长短和识记材料之间的意义联系程度,指导学生采用不同的识记方法。

对于难易不同的材料,可难易相间地去记忆。为防止前摄抑制和倒摄抑制的干扰,在识记先后两种材料时,必须保持一定时间的间隔,对记忆材料的序列的中间部分应让他们投入更多的精力去记忆。

(5) 适当传授记忆术

所谓记忆术,是指通过运用某种辅助工具和人为的联想结构,或将识记材料赋予人为的意义,或将零星散乱的材料给以人为的组织,使识记材料与自己的知识经验联系起来,纳入已有的知识结构,从而提高记忆效果的一种记忆手段。采用记忆术,对于没有明显意义的学习材料的记忆特别有帮助。

常用的有口诀法、谐音法和推算法等。例如让学生记忆化合价时,教师往往将常见元素的化合价归纳成口诀"一价钾钠氯氢银,二价氧钙钡镁锌,三铝四硅五价磷,二三铁二四碳,二四六硫要记清"。

当然,记忆术有很多种,我们可以让学生根据自己的实践经验,充分发挥自己的智慧,创造出更多适合自己的有效记忆法。

2. 指导学生有效地组织复习

复习是防止遗忘的最有效的办法,作为教师,科学指导学生复习的方法,将有利于学生提高学习效果。

(1) 要引导学生合理安排复习时间

一方面是及时复习,因为遗忘规律是先快后慢,复习必须及时,可收到事半功倍的效果;另一方面是分布复习,也就是把所要识记的材料分散在若干相间隔的时间内进行复习。此外,教师也可在教学进程之中,对需要记忆的材料经常安排复习的机会,例如课堂教学伊始,新课讲授以前,通过提问、默写、实验等方式帮助学生复习先前所学内容。

(2) 恰当地安排复习材料

教学中安排复习数量要适当,不要搞简单的题海战术,为防止复习材料的干扰,类似的材料不要安排在一起复习。

(3) 反复阅读与试图回忆相结合

对材料的复习,可以通过一遍遍的反复阅读来进行,也可以通过在阅读的过程中结合试图回忆来进行。研究表明,反复阅读与试图回忆相结合,比单纯通过反复阅读来进行复习效果要好。

(4) 复习方法的多样化

复习方法的单调容易使人产生消极的情绪和感到疲劳。多样化的复习可使人感到新颖,容易激起人们进行智力活动的积极性,使复习材料与原有知识之间建立多种联系,以便牢固地保持。

总之,在化学教学过程中,培养学生的能力是重要的,记忆也是一种最基本的能力,而且对于化学学习具有重要的影响,因此,我们应有意识地培养学生的记忆能力,促进学生化学知识的积累和化学素养的形成,进而推动其他能力的发展。

四、思维规律及其在化学教学中的应用

学生通过感知觉、观察与记忆对教学的内容进行信息加工,只能获得对事物的表面特征的感性认识。要认识客观事物的本质和规律,必须借助于思维与想象,实现由感性认识向理性认识阶段的跃迁。

（一）思维与想象

1. 思维

思维是人脑借助于言语、表象和动作实现的，对客观事物的概括和间接的反映，它揭示事物的本质特征和内部联系，是认识的高级形式。

思维具有概括性与间接性的特点，思维的概括性表现在把同一类事物的共同特征和本质特征抽取出来加以概括，思维的间接性是以其他事物为媒介来认识客观事物。

2. 想象

想象是对头脑中已有的表象（事物不在面前时，人们在头脑中出现的该事物的形象）进行加工改造，创造出新形象的过程，是一种高级的认识活动。

形象性和新颖性是想象活动的基本特点，因此，有的心理学家把想象称作是一种特殊形式的思维。

想象是对记忆表象的加工、改造，其具体的心智操作有：黏合，即把两种以上事物中从未结合过的某些属性、特征、部分在头脑中结合在一起而形成新的形象；夸张，即通过改变事物的正常特点，或把客观事物的某种品质、部分、属性或与其他事物的关系加以突出、强调，从而形成新的形象；典型化，即把某类事物共同的、最有代表性的特征集中在某一具体事物上，从而形成新的形象；联想，即由一个事物想到另一个事物，也可以创造新的形象，想象联想不同于记忆联想，它的活动方向服从于创作时占优势的情绪、思想和意图。

（二）思维规律

1. 思维的规律

思维的基本形式是概念、判断和推理，其基本的心智操作包括分析、综合、抽象、概括和具体化等。

思维通常要凭借一定的中介而进行，根据其所凭借的中介的不同，人们常将思维划分为直觉的动作思维、具体的形象思维和抽象的逻辑思维。

直觉动作思维是一种以实际动作做伴随的思维。也就是说，人们的思维活动离不开触摸、摆弄物体的活动，如3岁前的幼儿的思维就属于动作思维。成人有时也出现动作思维，但成人的动作思维还要以丰富的知识经验为中介，并在整个动作思维过程中由语言进行调节和控制，与没有完全掌握语言的幼儿的动作思维有所不同。

具体形象思维是以事物的具体形象和表象为支柱的思维。例如，化学晶体结构中晶胞常数的计算，经常要借助于晶体结构模型来进行；化学实验设计中，经常要运用头脑中已有实验的表象，对其进行综合分析和比较，最后选择一条最优的实验路线。

抽象逻辑思维是以概念、判断和推理等形式进行的思维，是人类特有的一种思维形式。例如，化学教师经常引导学生通过化学实验现象，推断元素及其化合物的结构、性质和用途；运用数理方法解答化学问题等。

2. 想象的规律

根据想象的独立性、新颖性和创造水平的不同，可以将想象分为再造想象、创造想象和幻想。

再造想象是根据语言或非语言的描绘，在人脑中形成相应新形象的过程。再造想象必须以别人的描述和提示为前提，再造别人想象过的事物，虽然具有一定的独立性，但独立性差。值得注意的是，再造想象不是别人想象的简单重现，而是依据自己以往的经验再造出来的。由于个体之间的知识经验、兴趣爱好和个性的差异，每个人再造出来的形象会有所不同，再造想象中也有一定的创造性成分。再造想象的形成要求有充分的记忆表象作基础，表象越丰富，再造想象的内容也就越丰富。同时，再造想象离不开词语、思维的组织作用。它实际上是词语指导下进行的形象思维的过程。

基于这些特点，为培养和发展再造想象的能力，首先要扩大人们头脑中记忆表象的数量，充分贮备有关的表象。同时，还要掌握好语言和各种标记的意义，只有这样，才能从语言描述和符号标记中激发想象。

创造想象是不依赖现成的描述而独立创造出新形象的过程。文学家、艺术家、发明家、科学家和设计人员的创新作品都是创造想象的产物。与再造想象相比，创造想象具有首创性、独立性、新颖性等特点。

培养和发展学生的创造想象要满足三个基本条件：一是激发学生的创造动机和创造欲望，它是创造想象的动力；二是努力扩大学生的知识范围，增加表象储备，因为表象是创造想象的基本材料，头脑中有关的表象储备越丰富，创造想象也就越新颖、独特和深刻；三是促使学生开展积极的思维活动。

幻想是与个人愿望相结合并指向未来的想象，它是创造想象的一种特殊形式。幻想中的形象总是与个人的愿望相结合，体现了个人的向往和祈求，而创造想象所形成的形象则并不一定是个人所向往的形象，同时，幻想还常常是创造性活动的准备阶段。

3. 创造

创造作为思维和想象的特殊形式，具有直觉思维的成分，是创造想象的结果。

直觉思维是与相对逻辑思维而言的，是人们面临新的问题、新的事物和现象时，未经有意识的逻辑推理过程，而对问题的答案突然领悟或迅速作出合理的猜测、设想的思维。例如阿基米德发现浮力定律，门捷列夫发现元素周期律就是典型的直觉思维。

创造性活动是创造性思维和想象的结果，既是直觉思维与分析思维的结合，是发散思维与聚合思维的结合。因此，不能离开常规思维谈创造性思维的培养，要将两者有机结合，贯穿于教学的全部过程。

（三）思维规律在化学教学中的应用

1. 化学学科独特思维习惯的培养

在化学教学过程中，我们经常看到这样的现象，学生刚刚学习化学时，学习成绩没有太大的差异，随着难度的增加，差距越来越大，有的学生越来越喜欢化学，而有的学生越来越讨厌化学，这其中一个重要的原因就是学生是否真正掌握了化学独特的思维习惯，因为习惯决定着效率，影响到学习质量，进一步制约着学习兴趣的发展。因此，培养学生的化学思维在化学教学中具有重要的意义。

化学学科独特的思维包括三个方面：以观察和实验为思维的源泉，宏观与微观相结合，运用独特的词汇系统。那么，教学过程中，应该如何传授这种思维方式呢？

(1) 以观察和实验为思维的源泉

鉴于化学理论落后于化学实验的学科性质，化学家们常常以实验事实为依据来探索化学问题，而且，实验本身也有很多不确定因素，如化学试剂的纯度、化学反应的条件、化学反应的副产物等。因此，在化学教学过程中，要让学生养成通过化学实验所观察到的实验现象来做结论的思维习惯，透过现象看本质，经过实验验证结论。

因此，教学过程中应尽可能地多做演示实验、学生实验，并有意识地将教材中的验证性实验改为探索性实验。在学校条件允许的情况下，应尽可能开放学校的实验室，放手让学生大胆开展实验探究，这无论对于化学思维能力的培养，还是动手能力的培养都是非常有益的。

(2) 宏观与微观相结合的思维方式

宏观思维主要是指依据化学实验的宏观性质为线索来推断物质的微观结构的思维方式，微观思维是指根据物质的微观结构特点来推断物质的化学性质的思维方式。在化学教学中，对于能够演示的典型化学实验经常引导学生从所观察到的实验现象，推知其微观的反应实质，但对于一些难以实现的化学反应，通常是依据元素的原子结构等微观特征来推断其所具有的化学性质，有时还会将该元素在元素周期表中的位置结合起来，将“位”“构”“性”联系起来形成三位一体。

(3) 运用独特的化学词汇系统进行思维

化学用语就是化学独特的词汇系统，它不仅非常直观，而且包含丰富的化学规则和化学意义，它既是化学物质、化学反应本质的表现形式，也是国内外化学家们相互交流的工具。因此，让学生掌握、熟悉，并习惯使用化学用语进行表达和思维，是学生学好化学的关键。

在传授这一思维方法时，教师应遵循循序渐进的原则，逐步让学生熟悉和适应，并让学生体验到其方便、快捷的特点，训练学生一看到物质的名称就能写出其化学式，一看到化学反应就想到其化学反应方程式，从而形成内部思维定势，并促使学生心理操作的熟练化、自动化。

2. 化学创造性思维的培养

(1) 通过典型事例激发学生的创造欲望

创造作为一种心理活动，需要一定的动机为动力，强烈的创造欲望是创造性思维培养的前提和基础。因此，在化学教学过程中，教师要通过典型的人物、事例以及其创造成果来激发学生的创造欲望,例如拉瓦锡发现了空气中氧气等物质的存在,改变了人们对于空气成分的认识,侯德榜制碱工艺的改进改变了中国化学工业的面貌,当代纳米材料的合成有力地促进了材料工业的发展等。

(2) 通过常规课堂教学培养学生良好的思维品质

思维的变通性、独特性和流畅性是创造性思维在行为上的典型特征,化学课堂是培养学生优良思维品质的重要场所。在教学过程中,应有意识地培养学生学会举一反三、触类旁通的学习习惯,例如在做练习的过程中,不是单纯追求习题的答案,解答完毕还要将已知变为未知,反过来思考问题的解决方法,并通过练习归纳总结一类问题的解决策略;要有意识地引导学生敢于向传统理论提出挑战,对同一问题提出多种不同的理解或解决方法,尤其要重视和保护学生新颖、独特甚至是奇怪的想法;此外,还要经常鼓励学生提高思维的效率,尽可能地在短时间内进行发散性思维。

(3) 通过研究性学习活动培养学生的创造意识

研究性学习是采用发现学习的方式、探究性学习的过程而进行的学习,是在问题的驱使下学习的过程。例如学生试图考察含磷洗衣粉对人体的危害,以白鼠为研究对象,在喂养白鼠的过程中,分别添加不同剂量、不同浓度的洗衣粉,观测白鼠的生理指标的变化,由此推测,这种洗衣粉对人体可能带来的危害。在这个过程中,不仅培养了学生的创造意识,而且培养了学生的创新精神和科学态度。

因此,在教学过程中,鼓励学生大胆提出问题,帮助学生科学设计课题,并为学生提供实施的必要条件和环境,有利于将研究性学习活动落到实处,有利于真正实现创新教育的发展。

(4) 通过广泛的社会实践培养学生的创造能力

当代的学生观认为,学生是独立的社会个体,他们具有一定的社会经验和完整的人格特征,因此,鼓励学生紧密联系实际,广泛开展社区活动、生活实践,对于培养他们的动手能力、创新能力具有重要的教育意义和实践价值。例如,在当前水污染严重的环境下,指导学生运用所学到的化学知识,提取河水、井水和瓶装矿泉水进行分析比较,并对比人体健康所需要的化学元素和其他成分,进而为人类饮水提出科学合理建议。通过这些活动的开展,必将对学生的系列能力具有显著的提升。

第五节　知识分类与化学学习

知识主要分为陈述性知识和程序性知识。陈述性知识主要是用来说明事物的性质、特征和状态的知识,是有关“是什么”的知识;程序性知识则是关于技能和如何做事情的知识,也就是“怎样做”的知识。

一、知识及其类型

从心理学的观点来看，知识是个体头脑中的一种内部状态。知识是主体与其周围环境相互作用而获得的信息及信息的组织方式，其本质是信息在人脑中的表征。

传统教育心理学主要是根据知识本身的性质和特点对知识进行分类的。如根据个体获得知识的方式，将知识分为直接知识和间接知识；根据知识本身的层次，将知识分为感性知识和理性知识或称为实践知识和理论知识；根据学科的不同，将知识分为语文知识、数学知识、物理知识、化学知识等。总的来说，这些分类方式没有注意到个体获得知识的心理过程和特点，在指导实际教学方面存在欠缺。

信息加工心理学根据知识在头脑中的表征方式，将知识分为陈述性知识和程序性知识。

陈述性知识。用于回答“是什么”的问题，如什么是物质的量，物质的量与质量、气体的体积有什么关系等问题，都属于陈述性知识。

程序性知识。用于回答“怎么办”的问题，如何进行实验设计，化学反应方程式如何书写、如何记忆等问题，都属于程序性知识。

二、化学陈述性知识与学习

(一) 化学中的陈述性知识及学习类型

陈述性知识指个人具有的有关世界是什么的知识，主要是指言语信息方面的知识，用于回答“是什么”的问题，如“氧化剂是什么”“铁的物理性质是什么”等。获得这类知识主要用于解决“知”的问题，它与我国教育实践中的“知识”概念相吻合。

化学陈述性知识主要有化学用语、化学基本概念、化学基础理论三方面内容的知识。了解并熟悉化学教材中陈述性知识的主要内容，不仅有利于我们对化学教材的分析与处理，更有利于我们有效把握这一类型知识的教学方法。

化学陈述性知识的学习主要是有意义学习的类型。有意义学习的结果是学习者头脑中获得知识表征、命题网络和多种形式的图式，也就是言语符号或其他符号在学习者头脑中引起心理意义。

1. 化学符号表征学习

符号表征学习，指的是学习单个符号或一组符号所表达的意义。在任何言语中，符号可以代表物理世界、社会世界和观念世界的对象、情感、概念，这种代表关系是约定俗成的。对于学生来说，某个符号代表什么，他们最初是完全无知的，但他们又必须学会这些符号代表的含义。以化学元素符号、化学式学习为例，在学习化学以前，学生并不知道“H_2O”所代表的意义，只有通过教师演示电解水的实验，学生才能够了解到水的组成及化学式“H_2O”中“H”、“O”、“2”所表达的含义，并建立了水与“H_2O”的对应联系。

因此，符号表征学习的心理机制，是符号与其代表的事物或观念在学习者认知结构中建立相应的等值关系。此学习过程大致分类两个阶段:第一阶段是概念获得意义,如水是一种什么样的液体;第二阶段是符号获得意义,"H_2O"这个式子表示水。

2. 化学概念学习

对于概念,在不同的学科中有不同的含义,心理学中概念是指"对事物本质特征的抽象概括的表征"。一般的概念都包括四个方面:概念名称、概念定义、概念实例和概念属性。以"复分解反应"为例进行分析:① 概念名称:"复分解反应"。② 概念定义:"两种化合物相互交换成分,生成另外两种化合物的反应叫做复分解反应。"它是一类事物共同属性(关键特征)的文字表征。③ 概念实例:"一切符合复分解反应定义特征的反应",如 $CuSO_4 + 2NaOH = Cu(OH)_2\downarrow + Na_2SO_4$ 等,又称为概念的正例或肯定例证;一切不符合复分解反应定义特征的反应,如 $Fe_2O_3 + 3CO = 2Fe + 3CO_2$ 等,被称为复分解反应的反例或否定例证。④ 概念属性:"概念的一切正例所具有的共同本质属性",又称关键特征或标准属性,如"复分解反应"这一概念的关键特征是:两种化合物反应、相互交换成分和生成另两种化合物。

概念的学习不单单是记住概念的名称和定义,而是一个通过积极的思维活动对各种各样的概念实例进行分析、概括,从而把握同类事物关键特征的有意义的学习过程。

3. 化学命题学习

命题可以分为两类:一类是非概括性命题,只表示两个或两个以上的特殊事物之间的关系,如"物质的量是衡量微粒数目多少的物理量",在这个句子里的"物质的量"和"物理量"都代表一个特殊事物,这个命题只是陈述了这两个事物的关系。另一类命题是概括性命题,表示若干事物或性质之间的关系,如"溶解度是一定温度和压力条件下,100 克溶剂中最多所能够溶解溶质的克数",这个命题所表达的是特定条件下溶质与溶剂的数量关系。

不论概括性命题还是非概括性命题,它们都是由词语联合组成的句子表征的,因此,在命题学习中也包含了符号表征学习、概念学习的过程。由于构成命题的词语一般代表概念,所以命题学习实质上是学习若干概念之间的关系,或者说,学习由几个概念联合构成的复合意义。值得注意的是命题学习在复杂程度上一般高于概念学习,如果学生对一个命题中的有关概念没有掌握,他就不可能理解这一命题,也就是说,命题学习必须以概念学习为前提。

(二) 化学陈述性知识的学习策略

根据知识的性质,我们可以将陈述性知识分为简单的陈述性知识和复杂的陈述性知识两种:(1) 简单的陈述性知识,主要是符号表征学习和事实学习。例如化学符号的学习,元素化合物性质、制备、用途等知识的学习。这类学习的难点不在于理解而在于保持,因为它们遗忘速度快,遗忘率高。(2) 复杂的陈述性知识,指的是有意义的言语材料,且其意义是以命题网络或认知图式的形式,持久地储存在人类中的一类陈述性知识。如化学基本定律、化学基本概念以及一些化学原理等。

学习策略是指学习的一般方法与技巧,教师帮助学生熟悉并把握学习策略,能够使教学达到事半功倍的效果。根据认知心理学揭示的陈述性知识学习的规律，促进陈述性知识学习与保持，主要有三种基本策略：复述策略、精加工策略和组织策略。

1. 复述策略

复述指的是为了保持信息，而对信息进行多次重复的过程。对于简单的陈述性化学知识，教师应该注重指导学生的学习与记忆策略，侧重于一定的活动背景或多种学习器官的协同作用，这样有利于培养学生良好的学习与记忆习惯。例如，对于无意义材料，学生为了记住，往往采用出声或不出声地重复念读的方式进行记忆。研究表明，重复与结果检验相结合的学习方法比单纯重复的方法学习效果要好，因此，为了提高记忆效率，学生应该在复述的同时尝试回忆，并检验自己的记忆效果。当达到能够背诵的时候，适当过度学习更有利于记忆效果。

对于有意义的言语材料或复杂的陈述性知识，这类知识的复述策略包括边看书边讲述材料，在阅读时做摘录、画线或圈出重点等。心理学家对画线的作用做了大量研究，如比较不同画线条件下的回忆效果，发现要求学生自由划出一段文章中的任何句子，比只要求他们划出最重要的句子的回忆效果好。原因是在自由画线条件下，学生可以将文中已有的结构联系起来。

2. 精加工策略

精加工指对记忆的材料补充细节、举出例子、做出推论，或使之与其他观念形成联想，以达到长期保持的目的。

对于简单的陈述性知识，谐音记忆、形象记忆等是典型的精加工技术，例如，化合价记忆口诀、溶解度记忆口诀等。

对于复杂的陈述性化学知识，精加工策略包括释义、写概要、创造类比、用自己的话写出注释、解释、自问自答等具体技术。记笔记和做笔记是心理学中研究较多的精加工技术，研究表明，笔记有助于指引个人的注意，有助于发现知识的内在联系，有助于建立新知识与旧知识之间的联系。笔记有两步：第一步是记下听讲中的信息；第二步是使记下的信息对你有意义，即理解它们。如果笔记只停留在第一步，对学习并无多大的帮助。重要的是进入第二步，对笔记加工。也有建议采用三步做听课笔记：第一步是留下笔记本每页右边的1/4或1/3；第二步是记下听课的内容；第三步是在整理笔记时，在笔记的留出部分加边注、评语等。其中，第三步非常重要，这些边注、评述或其他标志不仅可以促进理解，而且可以为今后的回忆提供线索。复习笔记的内容是一种再加工过程，所以能促进学习。学生只做笔记不复习，或者借用他人笔记复习，虽然也能从中获益，但最好的方法还是学生自己做笔记并复习自己的笔记。

3. 组织策略

组织，指发现部分之间的层次关系或其他关系，使之带上某种结构，以达到有效保持的目的。组织策略的实质是发现要记忆的项目共同特征或性质，而达到减轻记忆负担的目的。

关于简单知识的学习，根据艾宾浩斯揭示的遗忘先快后慢的规律，可以采用新学习的材料及时复习的策略；根据分散学习的效果优于集中学习的效果的规律，采用分散学习与记忆的策略；根据先后两种相似材料的学习易于相互干扰的规律，采用对先前的材料过度学习的策略等。

在复杂知识学习中，绘制概念网络图是一种良好的组织材料的技术。概念图的功能主要是通过构筑知识之间的网状关系，使众多相关知识点紧密联系在一起，形成一个完整的知识链。这种网络图就如一棵倒置的知识树，有时可以把最概括的概念置于树干的顶端，把局部的概念置于枝杆，把具体细目置于树枝的末梢，从而形成一个层次关系。有时可以以某个概念为中心，并由此向四周发散见图 5－6。

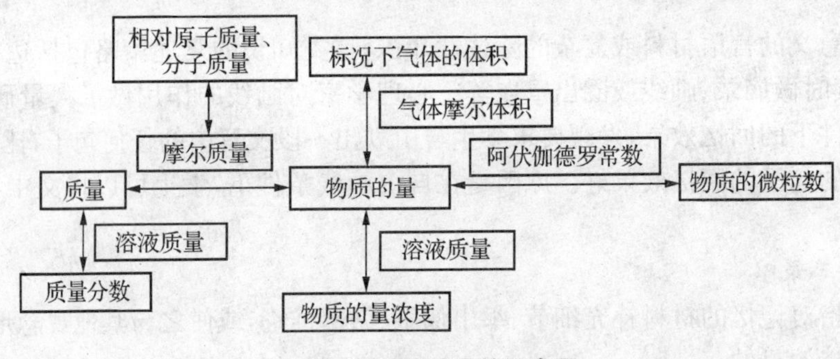

图 5－6　物质的量的概念图

三、化学程序性知识与学习

程序性知识与传统意义上的技能相当，按照加涅对学习结果的分类，程序性知识可分三类：心智技能（或称智慧技能）、动作技能及认知策略。

（一）化学心智技能的学习

心智技能又称智慧技能或智力技能，是一种调节、控制智力活动的经验，是通过学习而形成的合乎法则的心智活动方式，表现为运用规则对外办事的能力。

化学心智技能是一种运用化学思维规则解决化学问题的心智活动方式，它既具有一般心智技能共同的特征，又具有其独立的内涵。

1. 化学心智技能的基本类型

化学心智技能内容包括三种基本要素：有关的操作知识，操作规则；有关的活动程序及内部调控过程；习得的运动及心智活动定型。具体而言，主要有四种基本类型：化学辨别技能、化学计算技能、化学实验设计技能、化学用语的使用技能。

（1）化学辨别技能。主要表现在对化学符号的辨别，对化学物质外观形状、颜色的辨别，对实验仪器的识别等方面。这是学习化学最基本的技能，它是其他技能形成的前提和基础。

(2) 化学计算技能。主要表现在根据化学式、化学反应方程式等式子的计算,根据溶解度、物质的量浓度等概念的计算,根据化学平衡原理、电化学理论的计算等。这种技能的形成与发展依赖于对相关化学概念、化学原理等陈述性知识的理解与掌握,有研究表明,在短时间内对高中生进行有机化学计算问题思维策略训练,其训练效果不显著,主要原因就在于受到有机化学知识的束缚。因此,要想提高学生的化学计算技能,首先必须扫清化学知识的障碍。

(3) 化学实验设计技能。主要表现在化学试剂、化学仪器装置的优化选择技能,化学物质分离与提纯方法的有效调用技能,化学实验设计的综合评价技能等方面。化学实验设计技能的形成不仅要以化学陈述性知识为基础,而且要以化学实验操作等动作经验做支撑,因此,要想提高学生的化学实验技能,必须重视化学实验基本操作训练,并有意识地将部分验证性实验改为探究性实验,以提高学生在实验过程中思维的参与度。

(4) 化学用语的使用技能。由于化学用语本身包含的信息的丰富性,化学用语的使用必须建立在化学用语的理解与辨别基础上,表现为对化学用语暗含化学信息的搜索、对比、选择、运用等心理操作。化学用语使用技能的形成关键在于其操作的熟练化与自动化程度,例如一看到化学物质的名称就要想到其化学式及其化学组成成分,一看到物质变化的现象,就要想到其可能发生的化学反应方程式及参加反应的各种物质数量的变化、颜色的变化、状态的变化等,并将反应现象与反应原理有效对应起来。

2. 化学心智技能的学习与形成过程

化学心智技能的形成可分为三个阶段:化学心智技能的原型定向阶段、化学心智技能的原型操作阶段和化学心智技能的原型内化阶段。

(1) 化学心智技能的原型定向阶段

这个阶段学生的任务,是清楚地意识到自己将要解决什么类型的问题,需要哪些知识才能解决这些问题,如何解决这些问题的动作要素及动作次序,由此在头脑中形成关于这类问题解决的模式——原型。

这些操作都是内隐在头脑中秘密进行的,他人无从知晓。对于学生而言,要想获得这些隐性知识与技能,往往需要慢慢领悟。化学教师可以通过两种方式使学生获得这些内隐知识,一是将自己意识到的内隐在头脑中的程序性观念直接传授给学生;二是将自己换位于学生位置,为学生示范对问题整体情境的理解以及思维过程等心理操作,并讲解操作缘由和操作要领。其中,第二种方式更有利于学生的隐性知识获得。可以说,化学教师的示范是学生获得化学心智技能原型定向的媒介。

(2) 化学心智技能的原型操作阶段

原型操作阶段是学生依据定向阶段所获得的心智技能,进行自主实践的过程。在这个过程中,学生把头脑中初步建立起来的程序观念、计划和方法,主动付诸于实践,并以外显的实际操作而呈现。学生在这一阶段具有两个主要任务:一是模仿原型定向做出相应的动作反应;二是把实际的动作与原型反复检查对比,完善自己的操作行为。因此,这一阶段也是学生自我实践阶段。

教师指导学生进行原型操作实践时应注意:首先,将心智活动的程序按从易到难的顺序逐步分解,逐项分散训练,既便于学生了解具体过程,又有利于学生获得成就动机,提高学习兴趣。其次,适当变更活动方式与内容,确保学生认识的全面性。第三,加强动作的执行与言语的结合,也就是教师根据学生对自己动作的反省和实际存在的疑惑,给予关键性的指点、引导。

(3) 化学心智技能的原型内化阶段

原型内化阶段是学生离开原型定向和实际操作活动时,将心智活动完备的实践模型向头脑中转化并贮存于长时记忆中的过程,从而实现由感性认识向理性认识的升华。这一阶段的中心任务是,使外显行为转化为内隐的观念,使动作的机械性转化为协调与自动化。

(二) 化学动作技能的学习

1. 化学动作技能的学习内容

化学实验操作技能是化学中最重要的动作技能。化学实验利用各种试剂、装置,进行各种操作达到一定目的的过程,所以,化学动作技能包括仪器与装置的操作技能、试剂保存与使用技能和基本实验操作技能三方面内容。

(1) 化学仪器与装置的操作技能。化学仪器按照其用途可分为反应器具、收集器具和测量器具,这些仪器经过组装便形成了一套化学实验装置。化学装置的操作技能主要表现为化学实验仪器的操作技能。

反应器具的操作技能主要有:酒精灯、铁架台、烧杯、试管、锥形瓶、烧瓶等仪器的选择与使用操作。收集器具的操作技能主要有:冷凝器、尾接管、干燥管等仪器的选择与使用。测量器具的操作技能主要有:天平、量筒、量杯、移液管、滴定管等仪器的选择与使用等。

(2) 化学试剂的保存与使用技能。化学药品的使用主要包括固体药品、液体药品和气体药品的取用操作。例如,如何从煤油中取用金属钠,如何将锌粒或高锰酸钾放入试管中,如何取用浓硫酸等。化学试剂的保存包括浓硝酸和硝酸银等保存在棕色瓶中、氢氧化钠等强碱溶液保存在橡皮塞的试剂瓶中等。

(3) 化学基本操作技能。按照实验目的可将化学基本操作分为加热的基本操作、收集的基本操作、提纯与除杂的基本操作、分离的基本操作等。这些化学实验基本操作除了借助于实验仪器、药品实施之外,还要根据操作的原理及派生出一套规则来进行,同时,在实际操作中,由于不同的仪器、不同药品的协同使用,还能派生出一系列的具体动作的变换和配合等。

例如,气体的收集操作,如果所收集的气体比空气轻或重,分别可采用向下或向上排气集气法;如果所收集的气体难溶于水,可采用排水集气法。化学实验基本操作技能,不仅要符合一定的操作规程，而且要综合考察物质的性质、反应的原理等陈述性知识，多种心理操作相互协同、相互配合才能完成。

2. 化学动作技能的学习与形成过程

化学动作技能的学习需要从分解动作开始，再进行定位练习，最后是综合练习，大体上可分为三个阶段：

(1) 基本单元操作训练阶段。这个阶段主要是单项操作训练，例如加热、过滤操作、滴定管的操作等。单项分解动作训练主要是熟练掌握单项操作要领与规范。此阶段要遵循由简单到复杂的过程，不能忽视化学基本操作训练。

(2) 单元操作的交替训练阶段。这个阶段主要是将密切相关的两个或几个连续的单项操作综合在一起进行训练，例如，高锰酸钾加热制取氧气的实验就是粉末药品的取用操作、加热操作的综合训练。

(3) 多项单元操作综合训练阶段。这个阶段主要是联系教学实际，结合化学实验内容，将多个操作单元联合为一个整体的系统训练，例如氧气的性质与制备实验主要训练动作的连贯性、协调性，从而实现实验操作技能由有意注意向有意后注意的转化。这个阶段学生关注的中心不再是化学实验操作的动作本身如何执行，而是实验内容、实验现象和相关原理。

(三) 化学认知策略的学习

认知策略也称认知技能，是学习者内部组织起来的、用以支配自己心智加工过程的技能。化学陈述性知识学习的认知策略主要包括复述策略、精加工策略和组织策略等；化学心智技能和化学实验操作技能学习的认知策略主要包括观察示范例样策略、模仿练习策略、对照与创新策略等；认知策略学习的策略主要包括观察并模仿榜样示范策略、创设自我独特学习模式和习惯策略、评价监控反省自我学习行为方式的策略、内外调控与优化策略等。

根据信息加工过程理论，认知策略对整个信息加工过程起调控作用，使用策略的目的就是提高信息加工的效率。认知策略的学习与学生的动机水平有关，高学习动机的学生更加关注认知策略的学习。认知策略的学习还与学生的元认知水平密切相关。元认知是对认知的认知，是一个人所具有的关于自己思维活动和学习活动的认知和监控。元认知包括三个基本成分：一是元认知知识，即个人对影响自己的认知过程和认知结果的认识；二是元认知体验，即伴随着认知活动而产生的认知体验或情感体验；三是元认知监控，即对认知过程的监视、调节和控制。认知策略中的元认知成分是策略运用成败的关键，也是影响策略可迁移性的重要因素。心理学家主张，认知策略学习应与元认知训练结合进行。

化学认知策略的学习是个性化的、相对内隐的过程，需要教师和学生共同努力。如教师发现学生在思考困难问题的过程中思路受阻或“误入歧途”时，就要打断他的思考并询问他“为什么这样认为”“结果怎么来的”等问题，让学生通过自己陈述理由的方式，重新审视问题的症结，从而领悟问题解决的新方向。此外常见的还有自我提问法，指在思考的整个过程中，学生向自己提出一系列问题，保证在正确的思考方向上的有序思考。

此外，通常只有觉察到当前学习策略的问题才会有学习策略的调节出现。因此，在教学过程中，要强化学生对认知策略的主观体验，增加学生的元认知监视意识，并通过自我检测和经验总结等方式进一步强化认知策略的体验效果。

主要参考文献

[1] 安妮塔·伍尔福克. 伍尔福克教育心理学[M]. 11版. 伍新春，译. 北京：中国人民大学出版社，2012.

[2] B. R. 赫根汉，马修·H. 奥尔森. 学习理论导论[M]. 7版. 崔光辉，等，译. 上海：上海教育出版社，2011.

[3] 罗伯逊. 问题解决心理学[M]. 张奇，译. 北京：中国轻工业出版社，2004.

[4] M·W·艾森克，M·T·基恩. 认知心理学[M]. 5版. 高定国，何凌南，译. 上海：华东师范大学出版社，2009.

[5] 毕华林. 高中化学新课程教学论[M]. 北京：高等教育出版社，2005.

[6] 周青. 化学学习论[M]. 北京：科学出版社，2010.

[7] 皮连生. 教学设计——心理学的理论与技术[M]. 北京：高等教育出版社，2002.

[8] W·迪克，等. 系统化教学设计[M]. 6版. 庞维国，译. 上海：华东师范大学出版社，2008.

[9] 吴鑫德. 化学教育心理学[M]. 北京：化学工业出版社，2010.

[10] 毕华林. 化学学习心理学——促进学生高效学习的实证研究[M]. 济南：山东教育出版社，2012.

思考题

1. 化学学习过程的主要特征是什么？
2. 中学生学习化学的心理特点主要有哪些？
3. 列举生动事例分析中学生学习化学的心理特点。
4. 学习动机的激发与维持的一般原则有哪些？
5. 可采取哪些方法来激发和维持学生的化学学习动机？
6. 化学学习可分为哪几类？简述每个类型学习的过程。
7. 陈述性知识和程序性知识的主要区别是什么？
8. 化学中陈述性知识主要包括哪几方面的知识？
9. 化学中的程序性知识可分为哪三大类？

第六章　化学专题教学研究

内容提要

本章介绍化学基本概念和基础理论、中学化学用语、元素化合物知识、化学复习等教学的意义、要求、策略和方法，并结合各专题给出教学示例。

本章的学习应在全面了解中学化学教材内容的选择原则和编排体系的基础上，明确各类教学内容在中学化学中的地位和作用，结合每一专题教学示例的学习，掌握教学各类知识的基本方法与策略，并能运用这些知识指导自己的教学实践。

第一节　化学基本概念和基础理论教学

概念是客观事物及其本质属性在人脑中的反映，是人类思维的基本形式之一。化学概念则反映了物质及其变化的本质属性，而化学原理是物质及其变化本质属性的内在规律的反映。概念是原理的前提和基础，原理则是对概念的进一步发展，二者相辅相成，共同构成了化学理论性知识。化学基本概念和基础理论都具有高度的概括性和抽象性，具体的教学原则与方法也有许多相似之处。

一、化学基本概念和基础理论在中学化学教学中的地位和作用

中学化学教材中的理论性知识，是指化学概念、原理、定律、学说等一些具有规律性的知识①。它能使学生从本质上认识物质的结构、性质和变化，也能把零散的化学知识按照内在规律组成系统，建立良好的知识网络体系。它是中学化学教学内容的精髓，体现了化学学科的基本观念。因此，化学基本概念和基础理论在中学化学教学中处于核心地位，在化学教材中起着统领和制约全局的作用。化学基本概念和基础理论的教学对学生有以下一些作用：

---

① 何少华，毕华林. 化学课程论[M]. 南宁：广西教育出版社，1996：77.

（一）可以加深学生对化学事实、现象的理解

化学概念和理论反映了化学现象的本质和化学变化的内在规律，只有让学生清楚准确地理解化学基本概念和理论，才能使学生更深刻地认识物质及其变化规律，增强学习兴趣；学生掌握了一定的理论知识，就可以使他们对元素化合物的性质变化的学习不只停留在描述性的水平上，而能比较深入地认识到这些化学现象的本质，从而预见某些元素化合物的性质和发生化学反应的趋势，解释产生某些事实和现象的原因。这样，学生在化学学习中不仅能知其然，而且能知其所以然，提高化学学习的质量。

（二）有利于学生掌握规律，实现知识的迁移

化学知识的根基是概念和理论，掌握了概念和理论也就掌握了化学现象的本质及其规律，了解了化学事实、现象的内在联系，就能触类旁通，实现知识的迁移。例如，学生可以利用原子结构、元素周期表的知识，根据一些典型元素的性质，初步推断其他元素的性质。

（三）有助于知识系统化，使之便于记忆和检索

心理学研究表明，一些杂乱无章、毫无联系的信息是难于记忆的，而系统化、有密切联系的信息，记忆效率就高得多。化学所研究的元素化合物，其种类十分繁多，关于它们的组成、结构、性质、制法和用途的信息，更是繁多而琐碎，记忆困难。当学生学习了物质结构、元素周期律之后，就可以把有关元素化合物的知识点连成知识链，最终形成知识的网络体系。在构建化学知识网络时，概念和理论常常就是网络中的节点。学生利用这些网络，掌握知识的相互关系，就比较容易记忆和检索了。

（四）有助于培养学生的逻辑思维能力和想象力

理论是从事实材料中抽象概括出来的，学习理论，势必要发展学生的抽象思维能力。运用理论去解释化学现象、解决化学问题，又必须对化学现象、化学问题进行分析、综合、归纳、演绎，所有这些，都有利于培养学生的逻辑思维能力。化学是在原子、分子水平上研究物质的组成、结构、性质及其应用的一门基础自然科学。分子、原子、电子都是微观粒子，看不见，摸不着，必须运用想象才能把握。因此，研究化学理论有助于培养学生的想象力。

（五）有助于学生体验科学过程，掌握科学方法，形成科学态度

化学概念和理论的形成与发展过程本身蕴含着丰富的科学观念、科学方法与科学态度方面的内容，是对学生进行科学方法训练以及情感态度与价值观培养的良好素材。对概念和理论形成与发展过程的探究和学习有助于学生体验科学过程、掌握科学方法。化学概念和理论的学习往往需要对实验现象、数据认真地处理和分析，培养学生实事求是的科学态度。对化学概念和理论的掌握，作为一种背景知识，又可以影响学生学习化学的态度。一个学生如果毫无化学理论知识，面对某种化学基本实验现象，他会熟视无睹，不感兴趣，但如果他的认知结构中储备了一定的理论知识，而且这个实验现象与他已知的理论知识之间有联

系，他就会兴趣盎然地去观察它、研究它。概念和理论知识均有一定的难度，当学生克服困难，掌握了理论，并且能够应用时，学生就会产生一种满足感，从而引起他们的学习兴趣，激发他们的学习动机。

二、化学基本概念和基础理论的核心内容

（一）化学基本概念的系统和分类

化学基本概念可以分为基础知识和基本技能两方面。属于基础知识方面的大致可以分为组成、结构、性质、变化、化学量、化学用语等几类；属于基本技能方面的概念，主要包括实验技术和化学计算等。它们之间既有联系、互相补充，也有区别、相互独立。具体如下：

1. 有关物质组成的概念

这是一类与物质组成和分类有关的概念，需要借助于直观和直觉想象来形成。比如：混合物、纯净物、元素、单质、化合物、溶液、悬浊液、乳浊液、胶体、饱和溶液与不饱和溶液、溶解度、结晶水合物、结晶水、碱、酸、盐、氧化物、电解质与非电解质、各类有机化合物等。这类概念在教学中要尽量突出学生对宏观现象的认识和理解。

2. 有关物质结构的概念

这类概念是在物质组成及其分类的基础上，进一步抽象而形成的从微观层面揭示物质的结构的概念。比如，分子、原子、离子、中子、质子、电子、原子晶体结构、分子晶体结构、离子晶体结构、化学键、同位素、同素异形现象、同分异构现象等。这类概念要在教学中着重突出从宏观现象到微观结构的抽象过程。

3. 有关物质性质的概念

这是一类与物质性质有关的概念，多数需要依靠直观和表象来形成。比如：物质的各种物理性质（颜色、状态、密度、熔点、沸点、溶解性、延展性、导电性等），物质的各种化学性质（酸性、碱性、氧化性、还原性、金属性、非金属性等）等。物理性质往往需要仪器来测定，化学性质往往需要化学反应来呈现。因此，在教学中，要突出对宏观现象的认识，联系组成与结构，使学生深刻认识决定物质性质的本质原因。

4. 有关物质变化的概念

这类概念是与性质紧密相连的，可以从有关物质的结构上得到本质的说明。比如，物理变化、化学变化、升华与凝华、催化作用、溶解和结晶、溶解热、反应热、化合和分解、置换反应、中和反应、盐的水解反应、离子反应、氧化-还原反应、取代反应、加成反应、加聚反应和缩聚反应等等。在教学中，要在观察实验的基础上，通过思维抽象出变化的实质。

5. 有关化学量的概念

化学量是用以表征物质的量的性质的一类概念，与物质的种类有关。比如：相对原子质量、相对分子质量、阿伏伽德罗常数、气体摩尔体积、摩尔质量等。在教学中，要运用形象化的比喻，让学生能够正确理解这些概念的含义。

6. 有关化学用语的概念

这类概念是反映物质及其组成结构和性质的一种特殊的表达形式，也是国际通用的一种沟通工具。比如：元素符号、微粒的表示（原子、分子、离子）、化合价、化学式、电子式、结构式、化学方程式、热化学方程式、离子方程式等。这类概念在教学中要紧密结合有关的组成、结构等概念，让学生反复练习运用，以达到"三会"：会读、会写、会用。

7. 有关化学实验技术方面的概念

实验技术方面的概念，主要是仪器、试剂的名称，基本操作的名称和要求，实验数据处理方法等。如：加热、称量、取液、搅拌、振荡、溶解、倾泻、过滤、结晶、蒸馏等基本操作的概念，学生不仅要理解有关概念，还要掌握并具备操作技能。对实验设计的要求和实验数据的处理，主要是使学生能够运用有关的原理，解决某些实际问题的过程。

（二）中学化学基础理论内容

化学基础理论是贯穿于中学化学的一条主线，准确理解和掌握化学基本概念和基础理论是学好化学的基础，是提高综合、分析能力的前提条件。中学化学基础理论主要包含以下几个方面的知识：

(1) 物质结构理论。该理论包含物质结构的四个方面知识：原子结构、分子结构、化学键和晶体结构。

(2) 元素周期律。该部分包括元素周期律和元素周期表两个部分内容。

(3) 化学反应速率和化学平衡。它研究可逆反应进行的规律，包含反应进程的快慢和完成程度以及影响反应速率和反应进行程度的因素等。

(4) 溶液理论。包括分散系、电解质溶液和电离平衡、沉淀溶解平衡等。这部分内容着重研究电解质的强弱、弱电解质的电离平衡、盐类水解平衡以及电离平衡移动的条件等。

(5) 电化学基础理论。包括氧化-还原反应、氧化剂和还原剂、原电池和电解等。

三、化学基本概念和基础理论的教学方法与策略

化学基本概念、基础理论都具有严密的逻辑性、高度的概括性和抽象性，比较难以理解且难以直观表现，是中学化学教学的难点。

认知心理学认为，基本概念和基本原理的学习过程一般都有五个阶段，如概念的学习要经历：感知→加工→初步形成→联系、整合→运用等阶段；而原理性知识的学习要经历：感知→假设→验证→联系、整合→运用等五个阶段，二者既有不同之处，又有共同之处。下面，我们以"质量守恒定律"的教学为例，分析原理性知识学习的五个阶段的功能和任务。

(1) 感知、提问阶段：感知（如观察）有关典型的化学事实，或者温习相关知识并感知要解决的问题，从而为归纳（或演绎推理）做好准备。在进行质量守恒定律的教学时，学生首先要观察不同物质反应时质量的变化。在教师的提示下,形成“化学变化过程中反应物与生成物之间质量存在何种关系”这一问题。在感知事实材料的基础上,引导学生提出要研究的问题,或是直接向学生提出要研究的问题,可引发学习的进行。正确的感知并由感知提出问题,往往是进行基础理论学习的前提。

(2) 假设阶段:在准确感知事物的基础上,通过运用化学思维和化学概念对所感知的化学事实进行分析、归纳、综合,提出化学假说。在这个阶段,要充分调动学生的思维,引导学生准备好必要的概念,并引导学生积极利用其原有的化学理论知识和其他化学知识,进行科学的思维。限于学生各自的知识程度和思维水平的差异,会出现各种假设。如对于化学反应中反应物与生成物之间的质量关系可能会有如下假设:生成物的质量可能大于、等于或小于反应物的质量,这就需要引导学生进行讨论,以达到共识,形成合理的或基本合理的假说。这一阶段是学生思维发展、学习能力发展的主要阶段,是学习过程中最重要的阶段,也是学生构建化学基本理论的意义最重要的阶段。教师应在这一阶段给学生留出足够的讨论时间和思考时间,应该让学生充分发表自己的见解,从而使学生思维得到训练和发展。

(3) 验证阶段:为了验证假设,学生需要进行相关的实验或观察教师的演示实验,得到相应的实验结果。通过对实验事实的归纳处理,初步形成“化学反应中生成物的质量等于反应物的质量”的观点。这一阶段不仅仅是对假说的验证,对于学生的学习来说,这一阶段还是实现理论付诸实践,在理论掌握的基础上,进行创造性思维获得新知的过程。因为提出假设是在已有知识基础上的推理,而进行假设的验证是将理论运用于实践的过程。这一过程对基础知识的教学同样非常重要。

(4) 联系整合阶段:这一阶段是要对所得结论寻求理论支撑,即用有关知识解释、说明所得的结论,或者对所得的结论进行论证,或者研究所得结论的适用范围等。通过这一过程,将相关的化学概念和原理、原有的知识经验有机地融合起来。在教学中,得出“质量守恒定律”后,还要从化学反应的微观实质进行分析,明确化学反应过程是原子重组的过程,在这一过程中,原子的种类、数目和质量没有发生变化,从而得到质量守恒定律的理论依据。这一阶段对学生思维发展的主要是作用培养学生概括和表达能力。这一阶段的另一任务是对理论的内涵和实质进行理解,辨别理论的实质和理论的适用范畴。

(5) 运用阶段:通过上述四个阶段的学习,已经得出质量守恒定律。接下来的任务就是将所形成的化学原理(相关的化学规则)运用于解决问题之中。通过运用,进一步明确原理的内涵、适用条件和使用注意事项。这一操作不仅能够使化学原理得到进一步的检验,而且能够使有关内容进一步丰富、巩固与发展。化学基础理论的运用可以体现在习题的解答上,也可以落实到真实问题的解决上。因此设置一些与实际相符的情景或实际的问题,进行理论知识的运用训练,可以让学生巩固相关理论知识,同时培养学生解决问题的能力。

一般而言,化学基本概念和基础知识的学习总是从感知具体的物质和现象开始,从学生已有的知识出发,在教师的组织引导下,通过实验或推理,经过从已知到未知、由表及里、由浅入深、有层次地由感性认识上升到理性认识,才能把握住概念原理的本质,还要通过再实践、再认识才能达到巩固掌握和灵活运用的目的。

化学基本概念和基础理论的教学可以选择以下教学策略和方法,以期不仅达到基本概念和基础理论的教学目标,而且满足学生探究的欲望和对真理的追求,巩固和发展学习兴趣。

(一) 遵循认识规律,加强直观教学

人们认识事物总是从感性认识上升到理性认识,再从理性认识到实践。化学概念和理论的形成可以是从生动有趣的化学变化的事实及现象出发,经过分析、综合、抽象、概括等思维的方法揭示事物的本质,得出结论或概念,这是从感性认识到理性认识的飞跃,然后应用到实践中解答化学问题,完成从理性认识到实践的飞跃。在化学概念和理论教学中,要给学生的学习提供有针对性的感性材料,要充分利用直观教学法,使抽象的知识形象化、直观化,降低思维难度,启发学生运用思维方法导出概念和理论的基本内容。在化学教学中采用直观教学的策略,教学手段包括:实物直观、模像直观和语言直观。

1. 实物直观

化学教学中实物直观主要是通过实验(包括演示实验和学生实验)或观察实物。实物直观可以使学生获得关于实际事物的感觉、知觉、表象和观念,以及感知记忆和想象等。例如,关于化学变化概念的教学,一般通过三个过程来进行:先掌握具体材料,其次分析材料,最后概括共性得出结论。我们把某些物质发生变化后生成其他物质的某些现象通过实验验证,如镁带燃烧、加热分解碳酸氢铵等,在这个过程中,学生通过观察、分析、比较、综合、去伪存真,抽象出它们的共同本质属性,然后进行概括,得出化学变化的概念。又如,学习盐类水解时,先让学生做三个实验:用 pH 试纸分别测定氯化钠溶液、碳酸钠溶液和硫酸铜溶液的酸碱性。这三种物质都属于盐类,pH 试纸测定结果显示三种不同的酸碱性,跟学生已有的知识发生了矛盾,这时在复习酸碱理论、水的电离平衡、强电解质和弱电解质的基础上,运用这些理论解释不同的盐溶液使指示剂显示不同颜色的原因,最后得出水解的定义。这样从感性知识入手,运用已知理论解释新的实验现象,引出新的概念,学生学得扎实。

2. 模像直观

所谓模像直观就是在教学中采用关于事物的模拟性形象(而不是事物本身)作为直观对象,如模型、图像、图形、线条和图表以及幻灯、电影、多媒体课件等现代教学手段来表示化学中不可能用实验来表示的概念和理论,采用模拟性形象会取得良好的教学效果。例如介绍电子云概念可用幻灯投影叠加的方法,使学生对电子云示意图有个初步印象;有机物的教学,可用分子模型提供学生不能直接感受到的微观结构知识,再通过实验现象的分析,使感性知识与理性知识结合起来，掌握其本质。

3. 语言直观

在教学中，语言直观是在形象的言语描述作用下，学生通过对言语的物质形式的感知和对语义的思考、记忆以及想象而进行的。利用语言直观的作用，使学生回忆其有关事物的形象，以此作为支柱，学生就会对概念等理性知识进行很好地理解和掌握，它不受时间、空间和设备的限制。如讲分子这一概念时，我们可以从描述生活中接触到的一些现象入手：走进花园，花香扑鼻、"南国汤沟酒，开坛十里香"等。又如"电子云"概念的形成，用蜜蜂采蜜形象地描述电子绕核的运动，学生印象深刻，使枯燥的知识变得生动。

（二）揭示事物本质，理解内涵外延

要全方位地理解和掌握概念和理论，教师在教学中必须引导学生分析内涵，理清外延，注意关键的字词。

1. 引导学生揭示事物的本质，把握概念的内涵

所谓概念的内涵，就是概念所反映的客观事物本质。学生在化学学习中初步形成概念，往往是朦胧的。有的学生虽然把概念的定义背得滚瓜烂熟，但理解往往是片面的。要使学生真正掌握概念，教学中必须揭示概念所反映的客观事物本质。例如，讲"溶液"这一概念时，常用食盐或蔗糖的溶液为例，学生很容易将"无色透明"理解为溶液的本质特征。如教师不及时给出一些有色溶液，学生就把溶液的"颜色"这一非本质特征也包括到溶液概念的内涵中去，作为判断是否属于溶液的依据，这就犯了扩大概念内涵的错误。

2. 强调概念的联系和区别，充实概念的外延①

所谓概念的外延，就是概念所反映的那一类事物。例如，电解质的外延就是指电解质这个概念的适用范围，它主要包括酸、碱、盐、典型低价金属氧化物及水，学生了解到这样的范围后，在判断某类物质是电解质还是非电解质时，就能心中有数。

3. 要注意概念中定语和关键字词的教学

化学概念中的一些定语和关键字词，学生往往忽视，造成片面地理解，在应用中就会造成判断的错误。例如，在讲电解质、非电解质概念时，首先向学生交代清楚这两类物质要建立在"化合物"的基础上，这也是这两类物质之间的共同点。其次分析电解质概念时突出讲解一个"或"字和"导电"一词。"凡是在水溶液中或熔化状态下能够导电的化合物叫做电解质。"这里"或"指的是化合物在上述两种状态下，或者两种状态兼而有之，或者两种状态居其一，可以导电就能称之为电解质。然后通过具体的例子，并结合演示实验，就能比较准确地把握概念。又如，酸的概念，"电解质电离时所生成的阳离子全部是氢离子的化合物"。"全部"二字非常重要，若教学中不予强调，学生在判断时，对有些化合物是酸还是盐就搞不清

① 杨云昌. 中学化学概念教学之所见[J]. 化学教育，1997(11)：7.

楚了。

(三) 对比启发,把握概念和理论教学的阶段性

化学概念往往是成对或成群的,它们之间有千丝万缕的联系,而且,有不少概念容易混淆。为了使学生对概念有较深刻的了解,就要加强概念的分析和比较,找出它们之间的内在联系和区别。防止孤立地、绝对化地认识基本概念。例如,电解和电离这两个概念可以列表对比如下:

表6-1 电解与电离的比较

	电解	电离
定义	电流通过电解质溶液在两极起氧化-还原反应的过程	电解质在熔化或在水溶液中离解为自由移动离子的过程
条件	通直流电	不需通电,只要把电解质熔化或溶于水
本质	属于化学反应,两极分别发生氧化反应和还原反应,并析出新物质	属于物理变化(熔化)或物理-化学变化(溶于水)不发生氧化-还原反应

又如,"原电池"和"电解池",它们在构造、工作原理、电极名称与反应、电解质溶液和能量转化上都是不同的,但又有"同"——都发生氧化-还原反应,都遵循氧化-还原有关规律等。只有重视类比,善于对比异同,才能更好地解释有关原理的内涵,把握好外延。

教材中,化学基本概念是由浅入深,由简单到复杂逐步深入和完善的。讲解时要注意知识的阶段性。那种任意扩大要求,不分阶段,企图一次"讲深讲透讲完整"的做法是不可取的。例如,对于氧化-还原反应的概念,从初中到高中是逐步深化的,即先从"得氧和失氧"的宏观上来讲解,然后用"化合价升降"的观点来讲解,最后从微观上"电子转移"的观点来讲解,逐步建立和完善氧化还原的概念。教师在教学中要把握好每一阶段的深广度,较高层次的教学,应以较低层次的理解为基础,通过对比启发得到深入。

在化学基础理论教学中,同样也要注意学生的接受能力和合理负担。在教材中,各章节理论教材的教学要求,深度和广度都有阶段性。教师切忌盲目追求一次讲透或任意扩大加深教学内容。否则将加重学生负担,使学生更难于理解所学理论,结果连基本的也没有学好。例如,物质结构理论,在初中时仅介绍核外电子排布的初步知识,到高中阶段,在核外电子排布的基础上建立元素周期律。

(四) 归纳和演绎,展示概念和理论形成的过程

在化学教学中,由具体物质及其变化等事实归纳出概念、理论、各类物质的通性等规律性的知识,这是从具体到抽象、特殊到一般的归纳法。运用理论、各类物质的通性等规律性的知识,去认识具体物质等新知,这是从抽象到具体,一般到特殊的演绎法。例如,从具体

酸、碱得出酸、碱的通性。认识了酸、碱的通性后，运用通性推导出新碱、新酸的性质，前者是运用归纳法，后者运用了演绎法。

化学基本概念、基本理论的形成过程，就是通过观察、比较、分析、综合、抽象、概括，使感性认识上升到理性认识的过程，也是由特殊到一般、具体到抽象、现象到本质的矛盾转化过程，它不是思维活动的终了，而是思维过程的第一个飞跃。对于学生思维能力的发展，还有一个重要的方面，就是经过归纳推理到演绎推理，由已知向未知的第二个飞跃。这是学生用已学过的知识去认识未知事物的关键一步。教学生学会学习，培养学生的自学能力，就要培养学生逐步掌握与运用归纳和演绎的方法。

归纳和演绎相互联系，不断深化。归纳得出的概念、理论的运用是演绎。而运用已有知识学习新知识又离不开归纳，归纳和演绎是辩证的统一。例如，当我们通过浓度、压强、温度对化学平衡影响的实验，搜寻材料的时候，演绎推理就在规定着归纳活动的目的和方向，即平衡移动原理在作指导、演绎推理在起作用。

运用归纳和演绎，展示化学概念的形成过程，对培养学生的科学思维方法，具有十分重要的意义。

四、化学基本概念和基础理论教学示例

【示例1】（初中化学）

《质量守恒定律》教学设计

一、教学目标

1. 理解质量守恒定律的含义和微观本质。

2. 引导学生经历科学探究的过程：提出问题、猜想与假设、制订计划、实施方案，观察实验、搜集整理信息、思考与结论和表达与交流等几个步骤。初步形成科学探究的能力。

3. 激发学生兴趣，加深师生感情，培养学生严谨求实的科学态度；体验合作学习，分享快乐，共享成功。

二、教学重难点

重点：质量守恒定律的含义及其运用。

难点：从微观角度理解质量守恒定律的本质。

三、教学媒体和教学技术

1. 多媒体课件。

2. 仪器：托盘天平、锥形瓶、镊子、坩埚钳、酒精灯、石棉网、塑料可乐瓶、气球。

3. 药品：白磷、铁钉、硫酸铜溶液、盐酸、碳酸钠、镁条、蜡烛。

4. 自制模拟原子教具：

用不同颜色的彩色硬卡纸剪出数个直径为6 cm左右的圆卡纸，并在圆卡纸上分别写好“碳”“氧”等字；拆下磁性贴的小圆磁片；用502胶水将小圆磁片和圆卡纸粘在一起制作模拟

原子；自制蛋糕模型：用泡沫塑料裁出蛋糕，大小刚好能放在天平的托盘上(天平规格为1 000 g)，将蜡烛用胶水胶粘在蛋糕模型上，所用的蜡烛建议使用细的生日蜡烛，数量要多一些，这样才能使点燃的蜡烛在较短的时间内使天平失去平衡，现象比较明显；准备一只真的生日小蛋糕。

四、教学流程图和教学过程

1. 教学流程图

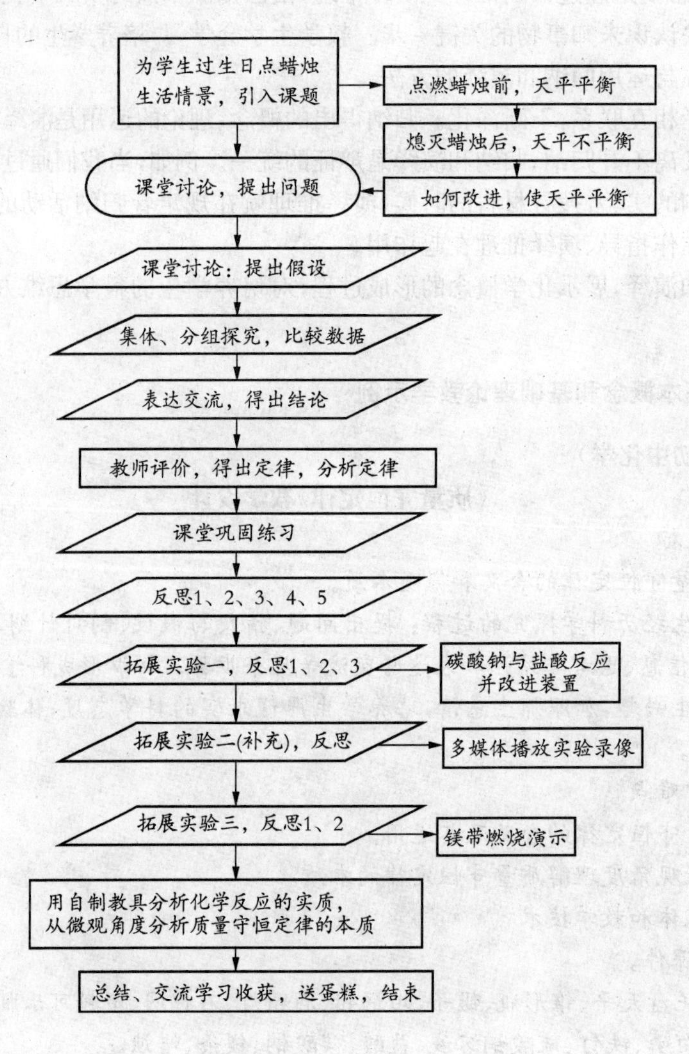

2. 教学过程

教学过程	教师活动	学生活动	设计意图
课前准备	1. 课前悄悄地寻找一位当天或近日过生日的同学，播放生日快乐背景音乐。 2. 组建学习小组(每组3至4人)。	做好课前准备	做好课前准备，渲染课堂气氛。
情境引入	这里有一只插了真蜡烛的蛋糕模型，放在天平左盘上，右盘用砝码使之平衡。今天是某同学的生日，(或过几天就是某同学的生日)我们一起为他过一次生日，有请某同学上来，先请你点燃蜡烛，再回答几个问题： 1. 蜡烛燃烧是化学变化吗？ 2. 蜡烛燃烧生成了什么物质？ 3. 想一下，你有什么愿望？ 请你先许个愿，好，让我们一起祝愿某某同学生日快乐，学习进步！(掌声)请吹灭蜡烛。谢谢你！	唱生日歌	创设生活情境，进行师生互动，培养师生感情，调动学生情绪，激发兴趣。
引导观察、分析	蜡烛熄灭后，天平还保持平衡吗？ 1. 天平为什么会失去平衡呢？ 2. 如将生成的二氧化碳气体与水蒸气收集起来，是否等于蜡烛减少的质量？为什么？	1. 观察； 2. 小组讨论； 3. 进行表达：可能有多种不同的回答。	培养学生的观察能力、交流能力、语言表达能力。
提出问题	参加反应的蜡烛和氧气质量总和与生成的二氧化碳和水的质量总和之间有什么关系？或者说，在一定条件下，反应物之间发生了化学反应，生成了新物质，物质种类发生了变化，参加反应的反应物质量总和与生成物质量总和有什么关系呢？ 板书：$\sum m$(反应物)？$\sum m$(生成物) 师：这就是我们今天所要探究的课题：质量守恒定律。	思考	培养学生敢于提出问题的能力。提出问题需要“想象与创造”。
作出假设	$\sum m$(反应物)？$\sum m$(生成物)	可能有三种回答： 1. 等于； 2. 大于； 3. 小于。	引导学生主动、大胆地对所探究的问题进行合理猜测与假设。
阅读教材	引导阅读教材。	阅读	培养学生的阅读和自学能力，学会信息提炼。

（续表）

教学过程	教师活动	学生活动	设计意图
集体探究	板书： 方案一：石蜡＋氧气$\xrightarrow{点燃}$二氧化碳＋水 （固）（气）（气）（气） 反应中，天平看起来并不相等，如要使以上实验中的天平保持平衡，那么装置需改进，如何改进呢？ 出示装置，并进行演示。 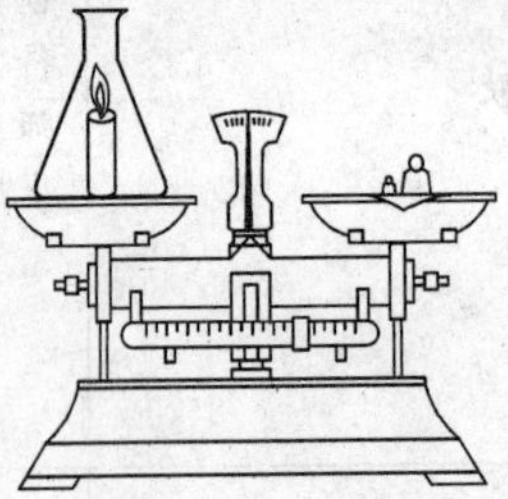	1. 探究：化学反应前的质量和化学反应后的质量关系； 2. 小组讨论； 3. 进行交流。	培养学生进行创新思维的能力。
结论	板书： $\sum m$(石蜡＋氧气)＝$\sum m$(二氧化碳＋水) 师：但有一个前提，本实验必须在密闭的容器中才能得到正确的结论	本实验方案的前提是在密闭的容器中进行，因为反应物和生成物中都有气体。	学会分析，进行归纳和总结。
分组探究方案	实验中，天平是我们使用的重要研究工具，我们还可使用天平设计其他的探究方案，请同学阅读教材第 90 页和第 91 页的实验方案。分小组选择自己的实验方案 板书： 方案二：$P + O_2 \xrightarrow{点燃} P_2O_5$ （固）（气）（固） 方案三：$Fe + CuSO_4 \longrightarrow FeSO_4 + Cu$ （固）（液）（液）（固）	学生分组讨论，相互补充得出主要实验步骤： 1. 调节天平平衡； 2. 称量反应前各物质质量总和； 3. 使反应发生； 4. 称量反应后各物质质量总和； 5. 比较反应前后各物质质量总和的关系； 6. 记录实验现象和数据。	发挥小组合作学习的作用，引导学生主设计实验方案，进行实验和收集数据的能力。
表达交流	教师引导交流并点评。	学生分别交流他们的操作步骤、装置，观察到的现象，分析，共同得出结论：反应前各物质质量总和等于反应后各物质质量总和。	培养学生对探究的数据进行描述、对探究现象归纳总结的能力。

（续表）

教学过程	教师活动	学生活动	设计意图
得出结论	板书： 质量守恒定律的含义：参加化学反应的各物质的质量总和，等于反应后生成的各物质的质量总和。适用于一切化学反应。	朗读，理解含义。	使学生进行深入思考，加强对定理的理解。
讨论	质量守恒定律的关键词含义： ① 化学反应(物理变化不符合)。 ② 参加。 ③ 各物质总质量(各物质是指所有参加反应的固体、气体、液体，不能有任何遗漏。)。 ④ 是质量，而不是其他物理量。	根据自己理解发表看法。	形成正确的学科知识。
练习	多媒体：在化学反应 A+B⟶C 中，若 ① 10 g A 与 5 g B 恰好反应，则生成 C 的质量是(　　)g。 ② 现有 10 g A，只有 8 g A 与 5 g B 反应，则生成 C 的质量是(　　)g。 ③ 10 g A 与 5 g B 充分反应后，生成 9 g C，则参加反应的 A 是(　　)g。 ④ 现有 A 为 10 g，B 为 5 g，反应后，还剩 5 g A 和 1 g B，则生成 C(　　)g。	答： ① 15 g ② 13 g ③ 4 g ④ 9 g	强化学生对质量守恒定律的知识应用能力和理解。
反思	1. 方案一中，为什么要将点燃的蜡烛快速放入瓶内？是否可改进？ 要考虑一个问题：如何在密闭装置内将蜡烛点燃呢？请同学课后去思考一下。 2. 白磷燃烧实验中，能否拿掉气球？能不能去掉瓶塞？为什么？ 3. 气球为什么先鼓后瘪？ 4. 锥形瓶只用橡皮塞塞住会出现什么问题？ 5. 铁钉与硫酸铜的反应为什么不用密闭装置？ 6. 如果反应前后容器内与环境有物质的交换，要证明质量守恒定律，对反应的容器有什么要求？	1. 防止生成的二氧化碳和水蒸气向空气中扩散，可改在密闭装置内进行。 2. 都不能，防止气体交换。 3. 白磷燃烧产生热量，使气球内压强变大，反应消耗了氧气，冷却后压强减小。 4. 橡皮塞可能弹出。 5. 反应前后容器与环境没气体交换。 6. 反应应该在密闭容器内进行。	通过反思与评价，学生发现实验探究中存在的问题，扬长避短，获得新的发现和改进建议的能力。
拓展实验一	板书： 碳酸钠＋盐酸⟶氯化钠＋二氧化碳＋水 $Na_2CO_3+HCl \longrightarrow NaCl+CO_2+H_2O$ 师：介绍操作步骤、装置、注意事项。	实验：碳酸钠和盐酸反应 现象：反应结束后，天平不平衡	设置新的问题，引发学生的新思考

（续表）

教学过程	教师活动	学生活动	设计意图
反思	1. 天平为什么在反应后失去平衡？ 2. 如何改进？ 3. 展示改进装置并演示改进装置。 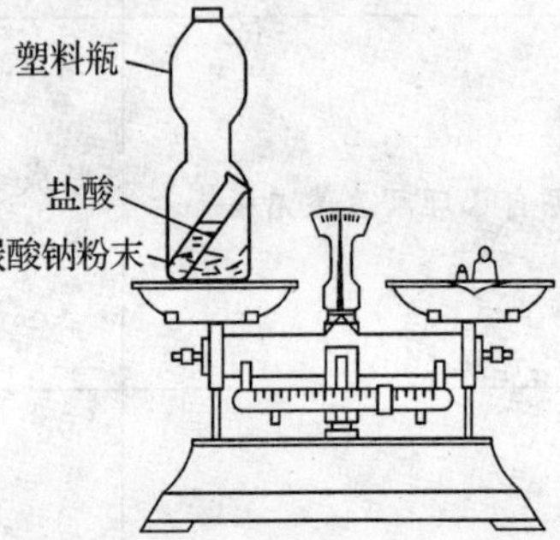 塑料瓶 盐酸 碳酸钠粉末	1. 生成物有气体向空气中扩散。 2. 使装置密闭。	培养学生的发现问题，解决问题的创新思维能力。
拓展（补充）实验二	板书： 铜＋氧气$\xrightarrow{加热}$氧化铜 $Cu+O_2\xrightarrow{加热}CuO$ 固　气　　固 多媒体播放：将铜丝用细绳平衡悬挂，再在铜丝的左端下方用酒精喷灯加热。如下图： 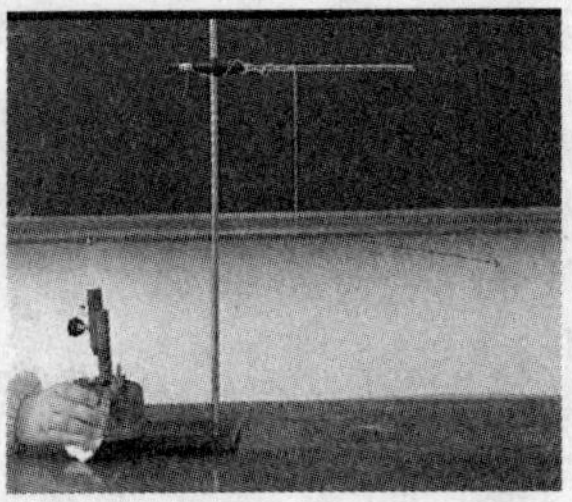 使多媒体播放，定格。 提问：铜丝加热后，如失去平衡，铜丝哪一端下沉？ 继续播放多媒体：铜丝左端下沉 分析原因：m(铜＋氧气)＝m氧化铜	学生观察现象。 少数学生认为可能左端下沉。大多数学生会认为可能右端下沉。 学生取得一致认识。	进一步培养学生大胆猜想和观察能力，严谨的治学态度。

（续表）

教学过程	教师活动	学生活动	设计意图
拓展实验三	演示并板书： 镁＋氧气$\xrightarrow{点燃}$氧化镁 $Mg+O_2\xrightarrow{点燃}MgO$ （固）（气）（固） 讨论： 1. 称得的白色固体质量反而减少，为什么？ 2. 在燃着的镁条上方罩上罩，使生成物全部收集起来称量，会出现什么结果？为什么？（军事上，可用镁制作照明弹等）	学生观察并描述： 剧烈燃烧，发出耀眼白光，生成白烟。 学生记录数据： *m*(反应前)：41 g(有棉网) *m*(反应后)：39.5 g 1. 生成物有一部分向空气中扩散了。 2. 称量结果比 41 g 大，因为参加反应的镁条的质量与氧气的质量之和等于生成的氧化镁的质量。	培养学生反思与评价的能力，开拓学生思维。
讨论	宏观上，物质在发生化学反应前后，参加反应的反应物质量总和与生成物的质量总和相等。从分子和原子的角度来看，化学反应的过程，就是参加反应的各物质的分子拆分成原子，原子重新组合成新的分子的过程，如： 碳 ＋ 氧气 $\xrightarrow{点燃}$ 二氧化碳 $C+O_2\overset{点燃}{=\!=\!=}CO_2$ （用不同颜色的磁性贴贴在磁性黑板上代表不同的原子，通过移动磁性贴直观演示分子的拆分。） 板书：在反应前后，原子的种类，数目、质量一定不变。 这也是质量守恒定律的本质。	在反应前后，物质的种类、分子种类一定发生改变。原子的种类没有发生改变，数目没有增减，原子的质量也没有改变，所以物质的总质量也没有改变。	理解原子是化学反应的最小微粒，建立化学反应的微粒观。弄清化学反应的本质。为下步学习化学反应方程式打下基础。

(续表)

教学过程	教师活动	学生活动	设计意图
讨论	1. 蜡烛燃烧后,生成了二氧化碳和水,判断石蜡中一定含有什么元素?可能含有什么元素?为什么? 2. 已知蔗糖在隔绝空气加热后的产物是 CO_2 和 H_2O,则蔗糖的成分中的元素组成? 3. 24.5 克氯酸钾与 5 克二氧化锰混合共热,待完全反应后,冷却称量剩余固体物质 19.9 克,则生成氧气______克。	1. 一定有碳、氢元素,可能有氧元素,因为反应前后元素种类不变。氧气提供了氧元素。 2. 一定有碳、氢、氧元素。 3. 9.6 克。	培养学生对所学知识的应用能力和逻辑推理能力。
总结交流	今天的学习,大家有什么收获? 从知识内容(定律)和学习方法(探究过程)进行总结。	讨论,并交流。	培养学生的概括和语言表达能力。
引出新问题,结束语	1. $C+O_2\xrightarrow{点燃}CO_2$ 这个式子能不能体现化学反应前后,原子的种类、原子的数目、原子的质量不变?所以可以把上述式子改成 $C+O_2\overset{加热}{=\!=\!=}CO_2$ 2. $P+O_2\xrightarrow{点燃}P_2O_5$ 却不能体现质量守恒定律,那我们怎样用化学式来体现质量守恒定律呢?我们下次继续探究学习。 3. 布置作业。 有请某同学上来,送你生日蛋糕,让我们用鼓掌祝她生日快乐!	能体现 鼓掌	学生体会积极的情感态度与价值观,内化成勇于探索,勇于实践的驱动力。

五、板书设计

课题一　质量守恒定律

提出问题:$\sum m$(反应物)? $\sum m$(生成物)

作出假设:1. 相等　　2. 大于　　3. 小于

实验方案:1. 石蜡+氧气$\xrightarrow{点燃}$二氧化碳+水

2. $P+O_2\xrightarrow{点燃}P_2O_5$

3. $Fe+CuSO_4\longrightarrow FeSO_4+Cu$

得出结论:参加化学反应的各物质的质量总和,等于反应后生成的各物质的质量总和。适用于一切化学反应。

拓展反思:碳酸钠+盐酸⟶氯化钠+二氧化碳+水

$Na_2CO_3+HCl\longrightarrow NaCl+CO_2+H_2O$

$$Cu+O_2 \xrightarrow{\text{加热}} CuO$$

$$Mg+O_2 \xrightarrow{\text{点燃}} MgO$$

实质：反应前后，原子的种类、数目、质量不变。

六、教学反思

本节课教学实践从学生熟悉的生活场景进行讨论，激发了学生的兴趣，培养了师生感情，一上课就紧紧抓住了学生的心。学生自己发现问题，学会分析，学会表达，培养了学生探究学习能力。教学中培养了学生反思、质疑、询问的良好课堂学习习惯。使反思学习行为贯穿整个学习过程。学生能从宏观质量的角度理解质量守恒定律，通过自制原子教具，在黑板上形象直观演示化学变化的实质，使学生从微观的角度更好地理解质量守恒定律的内涵。

在学生分组实验时，个别学生的动手能力较薄弱，要根据学生的学习能力和动手能力合理搭配小组成员。在课堂学习中，学生会提出许多不同的看法，教师要注意引导，使学生在辨析中得出自己的结论。

在教学中紧密联系实际，可从生活中常见的一些问题如：金属生锈、蜡烛燃烧等等，讨论反应前后的物质质量有没有发生变化。如何进行科学合理判断，如何设计实验来验证等等，培养运用所学知识进行分析的能力。

因时间关系，Fe 与 $CuSO_4$ 溶液的反应，溶液颜色变化不明显，教师可在课前先做好实验试样，在课堂上将反应后的溶液颜色展示给学生看，也可告诉学生，如果反应时间充足，最终溶液颜色将同书本照片一致。

在做镁条燃烧实验时，镁条长度要适当，使反应前后的质量变化能在天平上有明显显示。

在实际的课堂教学过程中，往往会出现一些教学意外，教师要随机应变，使一些“意外”巧妙地化解为课堂教学资源，使学生有意外的收获。我在本课题的教学中，对演示实验进行了充分的准备，但在某一个班的教学中，发生了这样的一个意外：在点燃白磷的实验中，虽然准备两套仪器，第一套仪器有点漏气，改用第二套仪器，但因天气比较热，取用的白磷颗粒过大，燃烧产生的热量过多，一下子把气球冲破了，所以这一实验演示失败了，我就顺势引导学生讨论该实验失败的原因和做该实验应该注意的问题，学生从另一个角度对该问题加深了理解，得到了更多的收获。

（引自：2010 年江苏省中小学教学研究室中学化学优秀教学设计评选获奖作品　作者：高云瑾）

第二节　化学用语教学

化学用语是表示物质的组成、结构、性质、变化及合成的重要工具，也是一种国际性的科技语言。化学用语与化学学科的基本概念、基础理论、无机及有机化学知识、化学实验、化学计算等知识有着极其紧密的联系，是中学化学基础知识的重要组成部分。可以说，化学用语贯穿于中学化学教学始终，没有化学用语，化学教学就无从谈起。

一、化学用语在化学教学中的意义

（一）化学用语是学习化学的重要工具

化学用语是国际统一规定的化学文字，是进行化学教育、化学学习和科学研究的基本工具。它具有简明直观、概括力强、使用方便、能确切表达化学知识和科学含义等优点。中学生要学好化学必须熟练地、牢固地掌握化学用语。对化学用语的学习，做到记忆和理解相结合。“记忆”即要记住足够数量的元素符号、化学式等；“理解”就是要知道它们的含义。例如，元素符号不仅能表示某种元素，同时，它又表示该元素的一个原子；化学式不仅表示某种单质或化合物，又代表单质或化合物的一个分子或组成元素间的定量关系；化学方程式不仅表示一个真实的物质间的反应，而且还表示它们相互作用的量的关系。所以说，化学用语本身含有化学基本概念和化学基础理论。

（二）化学用语是培养学生抽象思维能力的重要形式

如前所述，化学用语含有化学基本概念和基础理论。由于化学概念和基础理论是物质的本质属性及规律的抽象和概括，所以学生在学习和运用化学用语的过程中，抽象思维能力必然得到发展。例如，通过电解水的实验，使学生观察电解水生成的氢气的体积是氧气的二倍，理解水是由氢、氧两种元素组成的，明确水的分子式 H_2O 表示的含义，这就是物质的组成通过化学用语的抽象和概括。另一方面，化学教材中化学用语的编排体系也力求符合学生的认识规律，即由宏观到微观，由具体到抽象和由感性到理性。

（三）化学用语便于化学知识的记忆和理解

应用化学用语可将大量的、繁杂的化学知识进行简化，方便知识的记忆和贮存。可以这样说，学生能否熟练、准确地使用化学用语来解答有关化学问题，是衡量中学生化学学科学习水平和教师教学效果的一个重要标志。因此，对化学用语的学习要求是“三会”，即：要会读、会写、会用，了解它们的化学意义。

二、化学用语分类

在中学化学教材中，化学用语包括表示元素（原子或离子）的符号或图式，表示物质组成和结构的式子及表示物质变化的式子。

（一）表示元素（原子或离子）的符号或图式

1．元素符号

例如：H　O　C　N　Na　Fe

国际上统一规定：100号以前的元素用它的拉丁文名称的第一个字母(必须大写)作为元素符号。如果第一个字母重复,再加小写第二个字母以示区别。如氮元素的符号是N,而钠、镍元素的拉丁文第一个字母与氮元素相同也是N,所以再加第二个字母,写作：Na、Ni。其他元素的元素符号都是如此。

2. 核素符号

例如：$^{1}_{1}H$　$^{2}_{1}H$　$^{3}_{1}H$　$^{12}_{6}C$　$^{13}_{6}C$　$^{14}_{6}C$

核素是指具有一定数目质子和一定数目中子的一种原子。某元素有质子数相同而中子数不同的几种原子,就有几种核素。核素符号标明了该原子的质子数和质量数。

3. 离子符号

例如：Na^{+}　Cl^{-}　NO_3^{-}

离子是带有电荷的原子或原子团。离子符号标明了离子的组成和所带电荷。

4. 原子结构和离子结构示意图

例如：Na (+11) 2 8 1　Na^{+} (+11) 2 8

原子结构和离子结构示意图标明了原子或离子所具有的核电荷数、电子层数和每层电子数。

5. 电子式

例如：钾原子 K·　氯离子$[:\ddot{\underset{..}{Cl}}:]^{-}$

(二) 表示物质组成和结构的式子

能用来表示物质的组成以及结构的式子有化学式、实验式(最简式)、分子式、结构式、结构简式、示性式和电子式等。

1. 化学式

化学式是用元素符号表示物质组成的式子。例如 Fe、Mg、Al、He、Ne、H_2、Cl_2、O_2、HCl、H_2S、NaCl、Na_2SO_4等。

2. 实验式

实验式只表示物质的组成,即组成元素和各元素与原子个数最简整数比。化合物的实验式仅表示化合物中各元素的原子个数比的最简式。例如,NaCl是氯化钠晶体的实验式,表示氯化钠晶体里钠和氯的离子数之比为1∶1;P_2O_5是五氧化二磷的实验式,表示五氧化二磷中磷和氧的原子数之比为2∶5。有机化合物中,不同的化合物往往具有相同的实验式,例如,苯和乙炔的实验式都是CH,所以通常不能用实验式来表示某种有机化合物。金属原子间以金属键结合成金属晶体,所以金属元素符号是表示金属组成的实验式。固态非金属,如较为稳定的石墨,是由碳原子以复杂的化学键构成的混合键型晶体。为了简明,通常也只用仅能反映其组成的实验式"C"来代表石墨。通常用实验式来表示的物质是金属单质、大多数固态非金属单质(例如直接由原子构成的非金属单质)和离子化合物。

3. 分子式

分子式用来表示单质或化合物的一个分子中所含一种或各种元素的原子数目。例如,白磷的分子由4个磷原子构成,分子式为 P_4;二氧化碳分子由1个碳原子和2个氧原子构成,分子式为 CO_2;研究证明五氧化二磷分子式是 P_4O_{10}。由于稀有气体的分子是单原子分子,所以它们的分子式就是它们的元素符号。不同的有机物常常互为同分异构体,即它们的分子式相同但分子的结构和性质不同。因此,有机物一般不用分子式而用结构简式来表示。分子式通常用来表示由分子构成的无机物。这些无机物除一些非金属单质外主要是共价化合物。

4. 结构式和结构简式

有机物的结构式能表明化合物分子中各直接相连原子的价键及排列次序。结构式不仅可以像分子式那样表示物质的分子构成和分子量,而且还在一定程度上反映了分子的结构和性质。每一种化合物的结构式,是在由实验式和分子量求得分子式的基础上,再通过化学和物理方法确定的。例如,乙醇和甲醚的分子式均为 C_2H_6O,但它们的物理、化学性质都不相同,这是因为它们有不同的分子结构,互为同分异构体,要用不同的结构式来表示:

```
    H  H                 H       H
    |  |                 |       |
 H—C—C—O—H          H—C—O—C—H
    |  |                 |       |
    H  H                 H       H
     乙醇                   甲醚
```

结构简式或示性式是只标明分子中原子间排列次序的简化结构式。例如,乙醇的示性式为 C_2H_5OH,甲醚的示性式为 CH_3OCH_3。示性式既能克服结构式的书写有时很繁的不足,又能显示分子的结构特征(例如有机化合物中的特性原子团即官能团),因此示性式更常用于表示有机化合物。有机化合物的结构简式或示性式有多种,介于分子式和结构式之间的表达都可称作结构简式或示性式。

(三) 表示物质变化的式子

1. 化学方程式

用化学式来表示化学反应的式子叫做化学方程式。例如:

$$C+O_2 \xlongequal{燃烧} CO_2$$

2. 热化学方程式

能表明反应所放出或吸收的热量的化学方程式叫做热化学方程式。例如：

$$2H_2(气)+O_2(气)=\!=\!=2H_2O(气)+483.6\ kJ$$

$$2H_2(气)+O_2(气)=\!=\!=2H_2O(液)+571.6\ kJ$$

3. 表示电子得失或电子转移方向的氧化-还原反应化学方程式

例如：

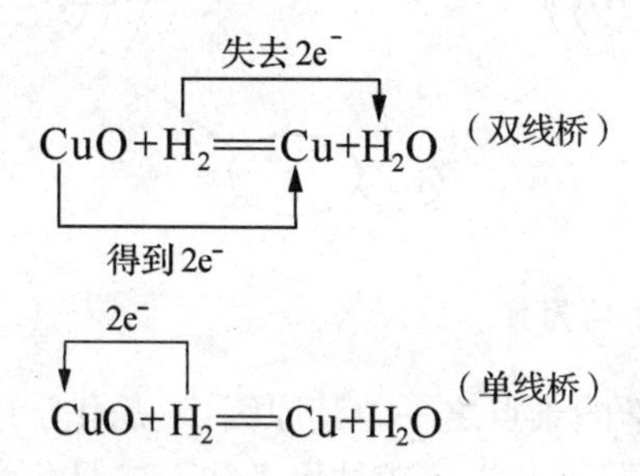

4. 电离方程式

例如：

$$NaCl=\!=\!=Na^++Cl^-$$

$$NH_3\cdot H_2O \rightleftharpoons NH_4^++OH^-$$

5. 离子方程式

用实际参加反应的离子的符号表示离子反应的式子。例如：

$$Ag^++Cl^-=\!=\!=AgCl\downarrow$$

$$CaCO_3+2H^+=\!=\!=Ca^{2+}+H_2O+CO_2\uparrow$$

6. 电极反应方程式

例如：

阳极　$2Cl^--2e^-=\!=\!=Cl_2$

阴极　$2H^++2e^-=\!=\!=H_2$

7. 用电子式表示物质形成的式子

例如：

$$H\cdot+\cdot\ddot{\underset{\cdot\cdot}{Cl}}:\longrightarrow H:\ddot{\underset{\cdot\cdot}{Cl}}:$$

$$Na\cdot+\cdot\ddot{\underset{\cdot\cdot}{Cl}}:\longrightarrow Na^+[:\ddot{\underset{\cdot\cdot}{Cl}}:]^-$$

8. 用原子结构示意图表示物质形成的式子

例如：

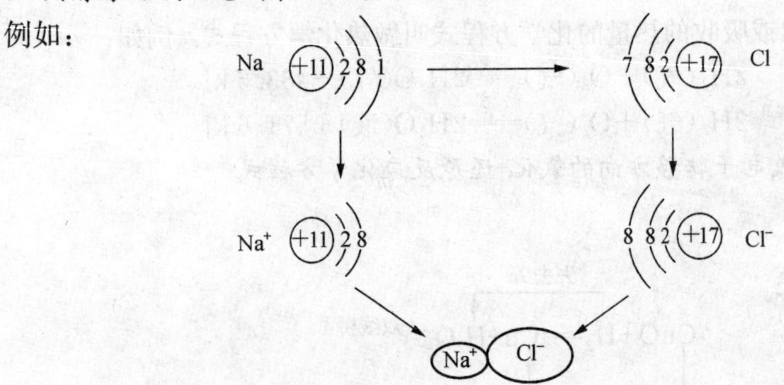

三、化学用语的教学策略与方法

化学用语是中学化学教学的难点之一。其原因，一是化学用语具有"约定俗成"的特点，学生必须通过强化记忆来掌握，学起来比较枯燥乏味。二是化学用语出现相对密集，如沪教版教材中将化学用语教学内容主要集中安排在第三章和第四章中展开。虽然第一、第二章的教学中学生已经接触并记忆了一些元素符号和物质的化学式，但真正系统地展开化学用语的教学是在第三章。而此时，学生刚刚由对宏观的物质反应的认知，转而进入对抽象的微观物质的认识，因此该段教学内容对于学生的思维品质是有较高要求的。三是化学用语点多面广，相似实异，学生难以分辨和掌握，增加了学习的难度。很多学生因为没有掌握好化学用语而对化学失去兴趣与信心，使得成绩下滑，甚至从此放弃化学的学习。如何防止学生在学习化学上的过早分化？学好化学用语成了学生学好化学第一关。突破这一教学难点的策略和方法包括以下几个方面：

（一）明确目的，激发学习动机

学习动机是直接推动学生进行学习的一种内部动力，有内在需要才有动机。在学习化学用语时，首先，要用具体的事例让学生明确学习目的和意义，激发学生主动参与学习的积极性，自觉克服在化学用语学习中的困难。例如，五水硫酸铜用化学式表示为 $CuSO_4 \cdot 5H_2O$，很清楚地把该物质的质和量的关系表明出来了。如果用文字叙述，那需要很长一段文字才能说明清楚。还可以让学生亲自实践尝试掌握化学用语的重要性，如分别请学生用文字和化学式表示物质间的反应及其量的关系，从中领悟用化学用语表达的简洁、明了。再如，金属镁与盐酸反应生成氯化镁和氢气的反应，如果用化学方程式：$2HCl + Mg = MgCl_2 + H_2\uparrow$ 表示则很容易得到各物质间的质量比为 73∶24∶95∶2，参加反应的各微粒数之比为 2∶1∶1∶1。通过比较分析，让学生体会到化学用语具有通用性、简洁性、科学性、抽象性和综合性等特点，进一步明确化学用语是理解、掌握化学知识的重要工具，可使化学知识简明化、系统化和结构化。学生一旦明确了目的，领会到学习化学用语的必要性和重要性，就会激发起学习的积极性。因此，明确学习目的，激发学习兴趣是学好化学用语的先决条件。

（二）提前介入，分散学习难点

要采用多种方法提高学生记忆和书写效果。在初中化学绪言课和氧气性质及制法等课中，由于趣味性实验的出现，加上教师启发、引导，大大激发了学生学习化学的兴趣。教师利用这种有利时机，从绪言课开始，有计划地在每节课中出现与内容相联系的元素符号和化学式，这样学生初次接触感到新鲜有趣而愿意学习，记忆比较容易。当讲到元素符号和化学式时，学生已掌握了一定数量的元素符号和一些常见物质的化学式。这样通过难点分散，既减轻了学生的负担，又达到了教学目的。又如，在化学方程式一节教学之前，可在一些化学反应的文字表达式中，同时写出反应物和生成物的化学式，这就为学习化学方程式打下一定的基础。让学生平时多见多写，通过反复出现，使记忆自然形成，到讲这些化学用语时，再揭示它们的内涵，学生在逐步学习的过程中已经有了一定的认识，实现了从具体到抽象、从感性到理性的飞跃，学生就较易掌握了。

（三）重视"三重表征"，实现意义建构

对物质进行"宏观-微观-符号"三重表征以及建立三者间的联系是化学学科特有的思维方式。由于化学学科的特点，要求学生从不同的角度去认识物质：物质的性质体现在宏观上，要求学生认真地观察；物质的组成结构等微观理论则需要学生理解、想象，从而认识物质的本质；化学符号则是化学学科独特的表达方式。运用化学符号来代表事物，把化学符号作为思维运演的工具和媒介而进行的思维活动方式就是化学符号思维。初三学生感到困难的是将化学符号和具体的宏观物质与微观物质之间建立联系。因此，教师在初中化学教学中应重视学生的三重表征过程，突破化学用语学习困难造成的学习分化现象，提高化学教学效果。

如对化学式学习，可以运用案例所示的教学策略，使学生从"宏观-微观-符号"三者结合来理解化学式所表达的含义①。

案例与分析 关于水分子三重表征的练习

选取学生非常熟悉的水作为学习对象，结合之前电解水的实验，学生知道水是由氢氧两种元素组成，再给出"水分子"化学球棍模型或比例模型，要求学生结合模型先画出微粒图示，而后说出微粒的意义，再写出相应的化学符号。

在理解的基础上，结合"电解水"实验的微观过程，设计如下表格让学生来练习，通过练习让学生加深对三者含义的理解，建立起关于物质"宏观-微观-符号"三重表征以及三者间的联系，从而真正掌握化学用语的实质。

---

① 顾弘．对沪教版新教材"化学用语"教学策略的思考[J]．化学教学，2013(1)：42—44.

结合“电解水”实验的三重表征练习

微粒图示	微粒意义	化学符号
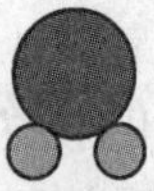	一个水分子	H_2O

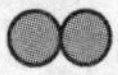		
	一个氧分子	
		H
	2 个氧原子	
		$2H_2$

通过实验建立直观感知，形成对物质宏观表征的认识；学生微观表征的形成，需要借助想象的力量，而学生缺乏这方面的想象力，可以通过模型展示、多媒体演示或用生活中相类似的事物作比喻等手段来帮助学生想象；符号表征是指由拉丁文和英文字母组成的符号和图形符号在学习者头脑中的反映，它属于人们认识的第二信号系统，间接地反映了事物的本质，因而符号表征的学习比较困难。而画图是对抽象符号的显性化认知，能较好帮助学生充分地认识符号所代表的含义。理解模型含义后，再用符号来表达，这就成为有意义的学习，学生更易理解和掌握。让学生回忆电解水的实验事实，再用模型表达，同时画出微粒图示，写出符号，这样处理也就由一个“点”扩散到整个面，使学生完整构建整个化学用语的基础。

还可以运用“形象组块法”来强化三重表征的融合。例如，结合生活实际，引导学生想象：吃饭时感觉到咸味，由此想到食盐的味道；通过观察食盐的状态、颜色而形成宏观表征；如果用化学符号表示，食盐是“NaCl”。当学生在实验室中接触到氯化钠晶体模型时，形成微观表征，用化学符号表示便是“NaCl”。学生见到“NaCl”时，很快想象出它的宏观状态和晶体结构。由此帮助学生更深刻、全面的理解化学用语。

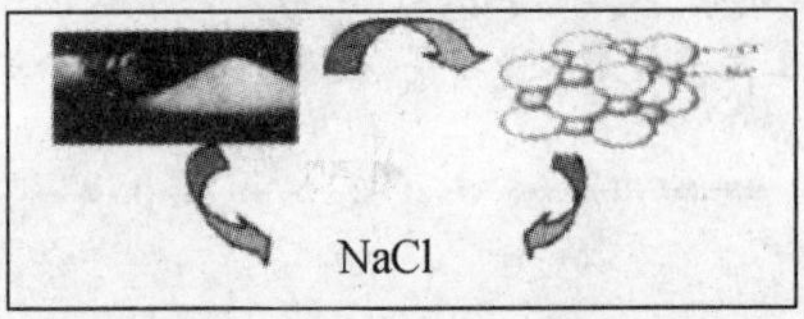

图 6-1　氯化钠的三重表征

(四) 强化练习,达到“三会”

使用化学用语是一种智力技能,不能强求学生一次到位,而要在不断的练习中加深体会,逐步熟练,而且要由浅及深、由易到难,从而使学生达到会写、会读、会用化学用语。

首先,要会写,要写得合乎规范。学生在写化学用语时,常犯这样一些错误:

(1) 大小写混淆,例如把 Mg 写成 mg,Cl 写成 cl,H_2SO_4写成 H_2So_4,CO 写成 Co。

(2) 上下标书写不规范,例如把 H_2SO_4写成 H2SO4,PO_4^{3-}写成 $PO_4{}^{-3}$。

(3) 化学方程式不配平,不写必要的反应条件,乱写表示气态的箭头,乱写可逆号。例如,把 $4P+5O_2 = 2P_2O_5$写成 $P+O_2 = P_2O_5$(不配平);把 $2KClO_3 \xrightarrow[\triangle]{MnO_2} 2KCl+3O_2\uparrow$写成 $2KClO_3 = 2KCl+3O_2\uparrow$(不写反应条件);把 $H_2+Cl_2 = 2HCl$ 写成 $H_2+Cl_2 = 2HCl\uparrow$(反应物生成物均属气态,不应写↑);把 $NaOH = Na^+ + OH^-$ 写成 $NaOH \rightleftharpoons Na^+ + OH^-$(强电解质不应写“$\rightleftharpoons$”)。

其次,要会读。学生在读化学用语时,常常不够严谨、准确,例如把 FeS、FeS_2、Fe_2S_3都读成硫化铁或硫化亚铁,而不能根据其化合价的差异分别把它们读成硫化亚铁、二硫化亚铁、硫化铁。又如把化学方程式 $NaCl+AgNO_3 = NaNO_3+AgCl\downarrow$ 读成氯化钠“加”硝酸银“等于”硝酸钠“加”氯化银沉淀,而不是读成氯化钠与硝酸银反应,生成硝酸钠和氯化银沉淀。再如,把 $CO_3^{2-}+2H^+ = CO_2\uparrow+H_2O$ 读成碳酸盐与酸反应生成二氧化碳和水,这是不严谨的,应读成可溶性碳酸盐与强酸反应,生成二氧化碳和水。前者是由于学生不理解化学方程式的含义,把化学方程式当成数学方程式了;后者是由于不理解离子方程式的书写规则(碳酸盐包括可溶性碳酸盐和难溶性碳酸盐,按照规则,难溶物不能写成离子符号)。

再次,要会用。在学生会读会写的基础上达到正确使用的目的。

教学中为了使学生达到“三会”,一方面,教师要布置足够的练习,让学生暴露错误,然后抓住典型错误进行分析,促其自行订正;另一方面,通过适当的教学手段进行巩固。如把元素符号编成顺口溜或按金属活动顺序等编排。这样读起来顺口又方便学生记忆。也可以让学生把元素符号和化学式编成卡片,通过游戏等形式加以巩固记忆。还可以通过学生之间、组与组之间、班级之间的竞赛,对在规定时间内默写出元素符号、化学式或化学方程式最多、最正确、成绩突出、进步较快的个人、集体给予表扬或奖励,激发学习化学用语的兴趣。

四、化学用语教学示例

定量认识化学变化(第二课时)

一、教学目标

1. 通过具体化学反应分析、理解化学方程式的含义。

2. 了解书写化学方程式应遵守的原则,能正确书写简单的化学方程式。

3. 采用讲练结合的方法,调动学生的学习主动性。采用归纳总结的方法,认识书写化学方程式的依据,对配平化学方程式的方法加以总结、理解内容和形式的辩证关系。

4. 培养学生思维的有序性和严密性。通过对化学方程式书写原则和配平方法的讨论对学生进行尊重客观事实，遵从客观规律的辩证唯物主义观点的教育。

二、教学重难点分析

重点：化学方程式的书写原则及化学方程式的配平方法。

难点：正确书写化学方程式及化学方程式的配平。

三、教学过程

学习课题	教师活动	学生活动	教学设想
复习提问	(提问)1. 质量守恒定律是什么？ 2. 为什么反应前后各物质的质量总和保持不变？ 3. 红磷在空气中燃烧，固体质量会如何改变，为什么？	思考并回答问题	回忆旧知识，为学习新知识作基础。
引入新课	(引导)元素由元素符号表示，纯净物用化学式表示，那么化学变化又是怎样表示呢？ (板书)化学变化的表示方法	回忆思考	引导学生设想化学变化也可以用一定的化学符号表示，培养学生想象能力和主动学习的习惯。
化学反应的表示方式	(投影)铁在氧气中燃烧反应的三种表达方式： 1. 铁在氧气中燃烧生成四氧化三铁。 2. 铁＋氧气$\xrightarrow{点燃}$四氧化三铁 3. $3Fe+2O_2 \xlongequal{点燃} Fe_3O_4$ (提问)以上三种方式，你认为哪种方式能简便地记录和描述这一反应。	比较、讨论、回答	通过比较，得到化学方程式是描述化学变化的最简捷方便的一种方法的认识。
化学方程式概念	(板书)化学方程式的定义：用化学式来表示化学反应的式子。	理解、记忆	加深学生用化学方程式表示化学变化的理念。
化学方程式含义	(过渡)元素符号和化学式都能表示一定的含义，那么化学方程式能表示什么含义呢？ (板书)化学方程式的含义 1. 表示反应物、生成物及反应条件 2. 表示各反应物、生成物的分子或原子个数比 3. 表示各反应物、生成物的质量比 (示范)例题：氢气燃烧的化学方程式含义 $2H_2 + O_2 \xlongequal{点燃} 2H_2O$ $2\times2 : 16\times2 : 2\times18$ $4 : 32 : 36$ (讲解)上述化学方程式表示：	回忆 思考 讨论、总结 理解、记忆	增强学生对化学方程式的质和量的认识；为学习化学变化中的定量计算奠定基础。

（续表）

学习课题	教师活动	学生活动	教学设想
	(1) 氢气在氧气中燃烧生成水； (2) 每两个氢分子与一个氧分子发生反应生成两个水分子,分子数之比为$H_2:O_2:H_2O=2:1:2$； (3) 每4份质量的氢气与32份质量的氧气完全反应生成36份质量的水,质量之比为$H_2:O_2:H_2O=1:8:9$。 (练习)木炭燃烧的化学方程式含义。	(模仿)比照老师的讲解,答出木炭燃烧的化学方程式含义。 板演	巩固知识点,并检查学生掌握知识的情况。
化学方程式的书写	(导入)$Fe+O_2 \longrightarrow Fe_3O_4$能否称为化学方程式呢?如何正确书写化学方程式? (板书)化学方程式的书写	讨论	让学生主动探究方程式的书写,为得出方程式书写要遵循的原则作铺垫。
	(讲解)1. 将化学变化文字表达式中的各物质用化学式表示。 (板书)1. 写出反应物和生成物的化学式 (示范)铁＋氧气$\xrightarrow{\text{点燃}}$四氧化三铁 $Fe+O_2 \longrightarrow Fe_3O_4$ (练习)(1)水$\xrightarrow{\text{通电}}$氢气＋氧气 (2) 二氧化碳＋氢氧化钙$\rightarrow$碳酸钙＋水 (讲解)2. 根据反应前后原子的种类和数目不变的原理,在反应物和生成物的化学式前面配上适当的化学计量数,使反应前后各种元素的原子个数相等。 (板书)2. 配平化学方程式 (示范)$3Fe+2O_2 = Fe_3O_4$ (练习)(1) ______ (2) ______ (讲解)3. 将化学反应中的条件,例如点燃、加热(常用“△”表示)、通电、催化剂等,用文字或符号在“等号”上面注明。如反应中有气体放出或在溶液中沉淀生成,就在生成的气体或沉淀物化学式的右边分别用“↑”或“↓”标明。 (板书)3. 注明化学反应发生的条件。 (示范)$3Fe+2O_2 \xlongequal{\text{点燃}} Fe_3O_4$ $CaCO_3+2HCl = CaCl_2+H_2O+CO_2\uparrow$ (练习)(1) ______ (2) ______	(模仿)比照老师的讲解和范例,练习方程式的书写。 板演	通过学生对书写化学方程式的认识和模仿活动,掌握化学方程式的书写方法。

(续表)

学习课题	教师活动	学生活动	教学设想
	(引导)书写化学方程式有什么规则和注意事项? (小结)书写化学方程式所遵循的原则: (1) 以客观事实为依据; (2) 符合质量守恒定律。	交流讨论 总结、归纳	进一步完成对化学方程式书写规则的认识。
小结与练习	(课堂练习)1. 书本P99页"观察与思考"。 2. 写出下列反应的化学方程式: (1) 氢气在氧气中燃烧生成水 (2) 白磷在空气中自燃生成五氧化二磷 (3) 氢气与灼热的氧化铜反应生成铜和水。 (4) 实验室用大理石和稀盐酸制取二氧化碳气体。	做练习 回答问题 板演	检查学生掌握知识的情况。

(教案设计者:江苏省常熟市外国语初级中学 夏梅芳)

第三节 元素化合物知识教学

元素化合物知识是基础教育化学课程的核心内容之一,是整个化学知识的"骨架",学生基本概念的形成和基础理论的学习都与元素化合物知识紧密相连。元素化合物知识是研究物质及其变化的素材,学生要从原子分子层次理性的认识物质及其变化,要认识化学科学对促进社会可持续发展的价值,没有元素化合物知识的感性认识,是不可能的。元素化合物知识掌握得扎实,理论知识才容易理解透彻,元素化合物知识对化学实验、化学计算、化学用语的学习都有直接的影响。

一、元素化合物知识的地位和作用

元素化合物知识是指与物质的性质密切相关的,反映物质的存在、制法、保存、用途、检验和反应等多方面内容的知识。这部分内容丰富而又重要,在中学化学教材中占有很大的比重,是中学化学的核心知识,元素化合物知识的教学对中学化学教学质量具有重要的影响。

(一) 元素化合物知识是学习化学科学知识的基础

元素化合物知识是研究物质及其变化的素材,化学基本概念和基础理论的导出是在对元素化合物知识感性认识的基础上进行的,化学基本概念和基础理论的发展又有赖于对元素化合物知识的扩展和深化;化学实验的主要内容是元素化合物的性质和制备;化学计算、化学用语的学习，也是随元素化合物知识的学习而逐步展开、逐步深入的。

例如，教学中讲水的电解实验，不仅能让学生了解水能发生电解，生成氧气和氢气，更帮助学生理解水是由氢元素和氧元素组成的，建立元素的概念。再如，元素周期律是从大量元素化合物的性质与结构关系的分析中得出的，没有元素化合物知识作基础，理解元素周期律是非常困难的。另外，元素化合物知识的学习过程经常就是化学基本概念和基本理论应用过程。如学生学习氧化还原的基本理论后，再学习元素化合物知识时，就可以基于元素化合价的变化预测一些元素或化合物的性质，这样在应用的过程中，可以有效地帮助学生加深对概念原理的理解，使概念原理更具有灵活性和功能性，提升学生的理论素养，从而为学生的迁移能力的培养奠定基础。

可以说，没有元素与化合物知识作基础，没有丰富的感性知识，要让学生从原子分子层次理性的认识物质及其变化，要认识化学科学对促进社会可持续发展的价值，是不可能的。因此，元素化合物知识是学习其他化学知识的基础。

（二）元素化合物知识承载着落实STSE教育的重要功能

STSE是科学（science）、技术（technology）、社会（society）、环境（environment）的英文缩写。我国《义务教育化学课程标准》和《普通高中化学课程标准（实验）》在课程理念中都提出了要注意从学生已有的经验和将要经历的社会生活实际出发，帮助学生认识化学与人类生活的密切关系，关注人类面临的与化学相关的社会问题，培养学生的社会责任感、参与意识和决策能力。课程标准对元素化合物知识的处理，突破了传统的物质中心模式，不再追求从组成、性质、制法、用途等方面全面系统地让学生学习一些元素化合物知识，而重在体现物质的社会应用价值。强调要关注学生的已有经验，以“从生活走进化学，从化学走向社会”的线索，体现元素化合物与自然界和社会生活的密切联系。在元素化合物知识中包含有众多与科学、技术、社会、环境密切相关的内容。如制造飞机外壳的铝合金、新型贮氢合金材料、光导纤维、玻璃钢、隐形材料等都是现代科学领域中关于元素化合物研究的成果；硫酸工业、硅酸盐工业、合成氨工业等工业生产中的包含着这些化合物工业生产中技术知识；生命中的营养素、生活中各类无机盐（氯化钠、碳酸氢钠、碳酸钙）等都体现了元素化合物与人类生活的密切联系。另外，随着当今环境问题的凸显，中学化学教学中也开始重视环境教育，如与硫和氮的氧化物密切相关的酸雨及其防治问题、空气质量问题等等。因此，元素化合物知识的学习，能够为现代生活、学习、生产和科研提供必需的基础知识，对于落实STSE教育，引导学生关注与化学有关的社会热点问题，能够帮助学生对与化学有关的社会和生活问题作出合理的判断，逐步形成可持续发展的思想具有重要意义。

（三）元素化合物知识学习是培养和提高学生化学学科能力的重要途径

培养和提高学生的学科能力是各学科教学的核心任务。化学的核心学科能力之一是化学探究能力。而探究能力是在一系列活动中形成的，并且与学生的主动建构、反思内化和实践应用密不可分。化学探究能力的培养需要在教学中设计相应的学生活动，让学生在活动中实现知识向能力的转化。具体来说，化学探究活动包括：研究物质的性质、制备、分离与提纯、检验、组成与结构、变化的规律等。这一系列学生活动中，大部分都基于元素化合物知识的学习与应用。如在学习“硫及其化合物”的性质时，学生就需要进行研究物质性质的有关活动，从而掌握研究物质性质的一般思路和方法，形成研究物质性质的基本能力。

化学的另一核心学科能力是综合能力。有学者认为，观察能力、思维能力、实验能力、自学能力是化学学科需要着力培养的综合学科能力。随着化学科学的发展，特别是物质结构、化学热力学等理论研究和方法、手段的进步，中学化学教学的主要内容在学习宏观物质的组成、变化内容的同时，融合并加强了微观结构与反应原理规律的学习，突出了化学从原子、分子层次研究物质的特点。新课程的实施，加强了化学教学内容与生产生活、自然界中与化学有关事物的联系。针对元素化合物知识的特点，引导学生通过观察、实验、思考、自学等途径学习元素化合物知识，并形成较系统的知识结构，将有利于学生学科综合能力的培养。

二、元素化合物知识教学方法与策略

化学课程标准对化学教学策略和教学方法提出了明确的指导意见①：要“从学生已有的经验和将要经历的社会生活实际出发，帮助学生认识化学与人类生活的密切关系，关注人类面临的与化学相关的社会问题，培养学生的社会责任感、参与意识和决策能力”；“通过以实验为主的多种探究活动，使学生体验科学研究的过程，激发学生学习化学的兴趣，强化科学探究意识，促进学习方式的转变，培养学生的创新精神和实践能力”，“教学中要联系生产、生活实际，拓宽学生视野，综合运用化学及其他学科的知识分析解决有关问题”；“突出化学学科特征，更好地发挥实验的教育功能”；要“重视探究学习活动，发展学生的科学探究能力”，教师应充分调动学生主动参与探究学习的积极性，引导学生通过实验、观察、调查、收集资料、阅读、讨论、辩论等多种方式，在提出问题、猜想和假设、制订计划、进行实验、收集证据、解释与结论、反思与评价、表达与交流等活动中，增进对科学探究的理解，发展科学探究能力。

依据课程标准的要求、元素化合物知识的特点和学生学习的心理特点，在元素化合物知识的教学中，可采取如下的一些教学策略和方法：

（一）重视实验引导，启迪学生思维

化学实验是学生获得物质及性质等事实的重要途径，元素化合物知识的教学离不开化学实验。新教材在元素化合物知识部分呈现了大量的形式多样的实验，为学生的学习提供

---

① 中华人民共和国教育部. 普通高中化学课程标准(实验)[M]. 北京：人民教育出版社，2003：2.

了丰富的感性材料。在实验的过程中，教师要引导学生注意观察、认真思考、正确描述，要使学生清楚、准确地认识物质及其变化的规律。这样做还能增强学生的学习兴趣，强化学生的形象思维，帮助他们理解和记忆这些重要的知识。

研究表明，人们接受外界信息所参与的感觉器官不同，其记忆的保持率也不同。运用多种感官进行学习，多通道接受信息，能加深大脑的印象，可以更多地在大脑中留下回忆的线索，从而提高记忆的效率。因此，在获取新信息时应仔细观察、勤于动手，更要用心体会、积极思考，调动各种感觉器官（眼、耳、口、手、脑等）参与，将实验、观察、思考有机地结合起来。这样学生不仅可以获得有关化学事实性知识的丰富的感性认识，又可以通过对现象的思考，认识事物的本质和内在联系，从而加深对元素化合物知识的印象，增进对知识的理解与记忆①。

例如，关于苯酚酸性的教学，可以结合相关实验按以下步骤进行：

（1）仔细阅读苯酚软膏说明书，其中“不能与碱性药物并用”，说明苯酚可能具有什么性质？

（2）将少量苯酚溶于热水中，并向其中滴加2—3滴石蕊试液，观察苯酚能否使石蕊试液变色？

（3）请通过讨论设计实验方案，证明苯酚能否与金属钠反应？尝试写出有关的化学方程式。（思考：反应体系中能否有水存在？）

（4）少量苯酚晶体与一定浓度的氢氧化钠溶液混合并振荡。观察有何现象？写出有关的化学方程式。

（5）将上述制得的苯酚钠溶液分为两份，向其中的一份中滴加稀盐酸，观察有何现象？写出有关的化学方程式。

（6）利用提供的简易装置制取CO_2，向另一份苯酚钠溶液中通入CO_2，有何实验现象？你认为发生了怎样的化学反应？请在小组内交流讨论。

这样以实验结合问题为驱动，促使学生去进行操作实验、观察现象、探究讨论，不仅有利于学生掌握元素化合物知识，同时也启迪了学生思维。

（二）重视理论指导，掌握变化规律

元素化合物知识虽然内容繁多，但如果我们从众多的元素，大量的化合物中找出它们之间的内在联系和变化规律，并贯穿于元素化合物知识的教学中，学生学习时就不需死记硬背，也不会感到枯燥乏味了。这就是用化学基础理论去统率元素化合物知识的教学，即将物质结构理论贯穿元素化合物知识的学习，用氧化还原理论、化学反应规律、定律等等，来阐明元素化合物的性质，以及它们发生化学变化的规律，使元素化合物知识形成理论贯穿、互相联系的体系。例如根据物质结构和元素周期表，可以一般地了解某主族元素及其化合物

---

① 刘知新. 化学教学论[M]. 3版. 北京：高等教育出版社，2004：224.

的通性,同主族元素或同周期元素的性质递变规律;根据强弱电解质理论,可以预知一种盐的水溶液是中性、酸性还是碱性;根据离子反应发生的条件和金属活动顺序或非金属活泼顺序,可以推则某一反应能否发生;根据化学平衡和勒沙特列原理,可以知道如何促进或抑制某一反应的进行。

在有机化学学习中,应掌握结构→性质→用途→制法→一类物质的一般规律。教师要引导学生抓住重点,掌握规律。有机化学的中心问题是结构与性质的关系问题,把握结构与性质的关系是学好有机化学的基础。从化合物的结构特征出发,可以很好地理解有机化合物的主要性质特征包括物理的和化学性质。如烷烃的单键结构决定了化学性质的稳定性,取代反应为它的特征反应;不饱和烃中的双键、叁键由于其中含有易断裂的π键,化学性质比较活泼,加成和加聚反应为它们的特征反应;苯芳烃由于苯环结构的特殊性使其具饱和烃和不饱和烃的双重性质,能发生取代和加成反应;烃的衍生物的性质决定于官能团的性质,如甲酸乙酯、葡萄糖,尽管它们不属于醛类,但它们都含有醛基,因此它们都具有醛的主要性质(如银镜反应等),甲酸(H—CO—OH)从结构看,既有—COOH,又有—CHO,所以甲酸具有羧酸和醛的双重性质。因此要根据官能团种类去分析烃的衍生物的性质。

化学性质可以用基础理论指导教学,物理性质同样也可以用理论去指导教学。例如,研究物质的熔沸点、硬度、水溶性等,就要想到化学键、分子结构和晶体结构这些理论。

将化学基础理论贯穿于元素化合物知识教学中,使学生知其然,达到真正意义上的理解,在理解中掌握,理解中记忆,理解中运用更自如。

案例与分析 二氧化硫性质教学设计

在学习 SO_2 的化学性质时,某教师的教学设计是:先根据分子的组成和结构,判断该物质的属类(单质、氧化物、酸、碱、盐等),得出它具有该类物质的通性,然后再根据中心原子的化合价情况,根据氧化还原理论分析其具有氧化、还原性,最后再指出物质所具有的特性。

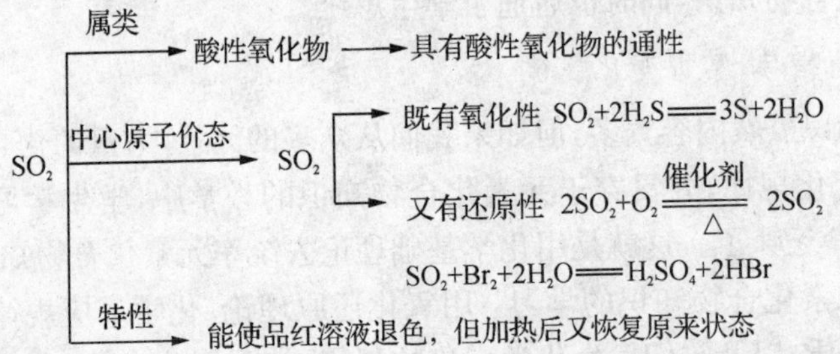

SO_2
- 属类 → 酸性氧化物 → 具有酸性氧化物的通性
- 中心原子价态 → SO_2
  - → 既有氧化性 $SO_2+2H_2S═3S+2H_2O$
  - → 又有还原性 $2SO_2+O_2 \underset{\triangle}{\overset{催化剂}{=\!=\!=}} 2SO_3$
    $SO_2+Br_2+2H_2O═H_2SO_4+2HBr$
- 特性 → 能使品红溶液退色,但加热后又恢复原来状态

该设计关注到应用“物质的分类”、“氧化-还原反应”“物质的组成与结构”等基本概念和理论来指导元素化合物知识的学习,不仅有利于整合元素化合物知识,而且可以促进学生对元素化合物知识本质的理解和规律的掌握。

（三）理论联系实际，创设教学情境

建构主义认为学习发生的最佳情境不应是简单抽象的，相反，只有在真实的情境中才能使学习变得更为有效。教师通过创设情境，使学生处于一种急切想要解决所面临的疑难问题的心理困境之中，由此引发学生的认知冲突，产生强烈的探究欲望，激活学生的思维，而创造性地解决问题。新的化学课程倡导从学生和社会发展的需要出发，发挥学科自身优势，理论联系实际，通过化学事实、实验拉近学生与化学科学间的距离，让学生体验到知识的实用性和价值性。

元素化合物知识中具体典型物质多，实用性强，与日常生活及工农业生产关系密切，要充分重视这方面内容的教学。

1. 充分利用教材中化学与社会联系的教学内容

新教材比较侧重于联系工农业生产和生活实际，这方面的教学内容在教材中很多，与工业生产联系的有硅酸盐工业简介、合成氨工业、炼铁和炼钢、石油的炼制、石灰石的煅烧、氢气和氧气的工业制法等。与生活联系的有：① 环境保护方面的化学知识，如大气（或空气）的污染与保护、水体的污染与防治、土壤的污染和防治、温室效应以及臭氧层破坏等。② 居室和厨房中的化学知识，如各种炊具、燃料、调味品等。③ 洗涤用品中的化学知识，如固态或液态各种类型的洗涤用品。通过化学生产知识及生活中的化学知识的介绍，使知识系统化、具体化，不仅能巩固和加深所学的化学知识，同时还可以激发学生学习化学的兴趣和积极性，加深他们对化学基础知识的理解记忆。

2. 创设情境，使教学内容与社会生活有机联系

由于化学知识广泛而深入地渗透到社会生活的各个方面，在元素化合物教学过程中，很容易创设与生产生活密切联系的教学情境。如用石灰浆刷过的墙面很湿，过一段时间，墙面要逐渐变硬、变白。但在墙面干燥过程中，常常发现墙壁“出汗”。如果用炭火烤一烤，墙面会干、硬得更快一些。上述现象都与二氧化碳气体有关。在学习二氧化碳时，应运用二氧化碳与氢氧化钙反应的性质，深入分析，解释上述现象。通过分析可知，石灰浆是氢氧化钙的悬浊液，与之接触的空气中有二氧化碳气体，二者相遇就会发生反应，生成难溶性的质地坚硬的白色固体——碳酸钙。所以墙变硬、变白。但内部的氢氧化钙还要继续与二氧化碳反应，由于这一反应中有水生成，水的蒸发速度又小于二氧化碳与氢氧化钙的反应速度，因而变硬的墙面上常会“出汗”。当用炭火烧烤时，一方面由于炭的燃烧使空气中的二氧化碳的体积分数增大；另一方面温度升高加快了水分的蒸发，故墙面干、硬得更快了。这样的情境设计让学生学以致用，容易激发学生的学习动机，加深他们对元素化合物知识的理解和记忆。

通过大量与学生生活实际和生产实际相联系的事实，将元素化合物知识与生活连接起来，把学生从生活的世界引向化学的世界，再利用学到的化学知识解决问题，回归生活，有利于学生对化学知识的学习，提高解决与生活、生产相关化学问题的能力。

案例与分析 “铝的化学性质”的教学情境设计

[情境1] 分别观察铁门铁窗和铝合金门窗表面锈蚀的情况,发现铁门铁窗——锈迹斑斑,表皮脱落,而铝合金门窗——表面平整光滑,无生锈腐蚀现象。

[质疑思考]铝和铁均为活泼金属,且在金属活动性顺序表中,铝排在铁的前面,为什么铁容易生锈而铝却不易生锈?

[情境2] 用坩埚钳夹住一小块铝箔,在酒精灯上加热至熔化,轻轻晃动。学生观察到铝箔熔化部分,失去了光泽,但熔化的铝并不滴落,好像有一层膜兜着;另取一块铝箔,用砂纸仔细打磨,除去表面的氧化膜,再加热至熔化,熔化的铝仍不滴落。

[质疑思考](1) 为什么熔化的铝并不滴落? 由此引入氧化膜的概念。(2) 是不是把铝箔表面的氧化膜去掉以后再加热,铝箔熔化就会滴落? (3) 除去氧化膜的铝加热熔化仍不滴落,又是为什么呢?

[情境3] 展示压力锅使用说明书。压力锅的保养:使用压力锅后,应将食物及时取出。每次使用后应及时清洗擦干,以免残留的食物尤其是酸碱性物质腐蚀锅体。清洗压力锅宜用热清水或热清水加清洁剂,不要用钢丝球等磨损性大的东西擦洗。

[质疑思考] 在这些信息中,哪些是我们运用已有的化学知识可以解释的? 哪些是我们还不能解释的? 但据此我们可以猜测铝具有怎样的化学性质? 又如何来验证?

[情境4] 展示工业上用来贮存和运输浓硫酸和浓硝酸的铝槽车。

[质疑思考] 根据我们已有的知识,铝是能够与酸起反应的,那么铝制容器为什么还能用来贮存和运输浓硫酸和浓硝酸呢?

有效的学习是在激发学生认知需要的情境中进行的。上述案例中的4个情境取材于生产、生活以及化学实验,每个情境中都蕴含着化学学科问题,问题产生于学生已有的知识和即将要学习知识的“节点”上,与学生已有的知识经验产生激烈的矛盾冲突,从而使学生萌发解决新问题的欲望。学科知识则镶嵌于问题解决的过程中。这样,通过一步一步制造悬念,一层一层解决问题,学生体验到知识的产生与发展,在问题解决的过程中获得知识,从而实现预定的学习目标。

(四) 注意归纳整理,使知识结构化

知识结构化是指将化学元素化合物知识按照一定的线索进行归类、整理,使零散、孤立的知识变为彼此间相互联系的整体,形成一个系统化、结构化的知识网络结构。经过结构化组织的材料往往给人一种形象直观、简明扼要的感觉,有利于把握知识之间的复杂关系或内在联系。结构化的知识储存在头脑中,犹如图书馆经过编码的书,归置有序、寻找方便。可以减轻学生的记忆负担,提高利用知识解决问题的效率和能力。

运用知识结构化策略的关键是要确定知识间的内在联系,并以此联系为脉络,形成知识框架结构。在元素化合物知识教学中,需要帮助学生利用具体元素化合物的感性知识、素材,建立元素化合物的知识网络,掌握元素化合物间的关系和转化。只有把相对零散的元素化合物知识,连点成线,连线成面,由面构成立体的知识体系,才便于掌握、便于利用。如关于SO_2的性质与应用的有关知识，可以通过如下环环相扣的问题来组织，帮助学生形成对SO_2结构化的知识。

案例与分析 SO_2的性质

SO_2和人类关系密切，在这方面你知道一些什么？

大气中的SO_2来自何处？为什么说排入大气的SO_2是形成硫酸型酸雨的主要因素？

要减少燃煤排放SO_2，可以采取什么措施？举出你了解的一些方法。

SO_2也是一种工业的原料，请举出几项它的实际应用，这些应用和它的性质有什么关系？某食用菌大县有段时期应用SO_2加工实用菌，导致生产、销售的萎缩，你能推测其原因吗？

实验室中的Na_2SO_3样品容易变质，为什么？怎样检验一瓶Na_2SO_3试剂是否变质？是否完全变质？

通过从以上讨论，你对SO_2对生产、生活的影响有什么新的认识？

SO_2气体能使溴水或酸性$KMnO_4$溶液褪色，为什么？能用什么简单实验证明你的解释是符合事实的？

综合所学的知识，用化学方程式表示SO_2和硫单质、重要化合物间的转化关系，并绘制成相互转化关系图表。

通过以上学习可以知道二氧化硫的化学性质：

① 酸性氧化物，可以和水、碱、碱性氧化物反应。

② 具有还原性，可以和氧化剂如氧气、卤素单质、强氧化性酸、高锰酸钾等反应。

③ 具有较弱的氧化性，可以与强还原剂硫化氢反应。

④ 使品红溶液褪色有漂白性。

以图示表示该知识点

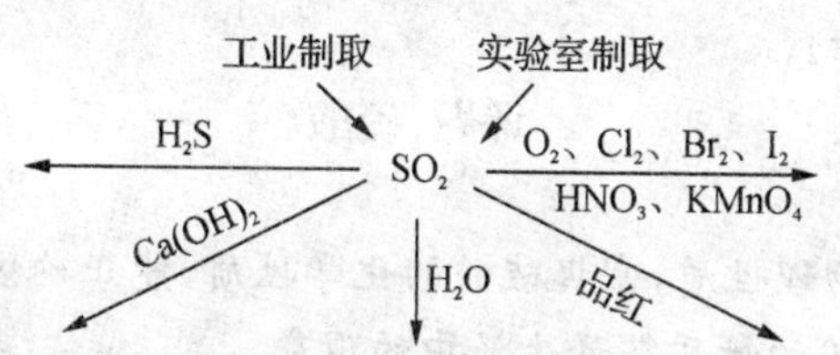

将元素化合物知识按照一定的逻辑关系进行归类、整理，可以使零散、孤立的知识变为彼此间相互联系的整体，形成一个系统化、结构化的知识网络。这种经过结构化组织的材料能给学生一种形象直观、简明扼要的感觉，有利于他们把握知识之间的复杂关系或内在联系，减轻记忆负担，提高学习效率。

有机化学也是化学元素化合物知识的重要组成部分。高中必修模块中有机化学的内容选择了化石燃料、食品中与人类生活关系密切的典型物质进行学习。尽管教材从社会生活层面引入有机化合物的学习，但依然兼顾了有机化学学科特有的思维策略，即用结构和基团概念分析有机物，从结构决定性质中认识有机物。因此在这部分内容的教学过程中不能拘泥于个别物质性质的学习，而应将表面零散的知识结构化，如引导学生画出“乙烯、乙醇、乙酸、乙酸乙酯”的转化关系图，初步认识有机化学的基本思维方法，为学习选修课程——有机化学基础的学习打下了扎实的方法技能基础。而选修模块“脂肪烃和芳香烃的性质”学完后，学生可以构建出“芳香烃←炔烃→烯烃→烷烃”线形转化图，以及由“烷烃、烯烃、炔烃、芳香烃”到“卤代烃”的转化；当学完卤代烃的性质后，可以构建“卤代烃与醇、烯烃、炔烃”的转化关系图；当学完“醇、醛、酸、酯”的性质后，可以构建如下的重要的烃和烃的衍生物的相互转化关系图：

$$CH_3CH_2Br \underset{HBr}{\overset{NaOH,水}{\rightleftharpoons}} CH_3CH_2OH \underset{H_2}{\overset{O_2}{\rightleftharpoons}} CH_3CHO \xrightarrow{O_2} CH_3COOH \underset{H_2O}{\overset{CH_3CH_2OH}{\rightleftharpoons}} CH_3COOCH_2CH_3$$

$$CH_3CH_3 \xrightarrow{Br_2} CH_3CH_2Br \qquad CH_3CH_2Br \underset{HBr}{\overset{NaOH,醇}{\rightleftharpoons}} CH_2=CH_2 \qquad CH_3CH_2OH \rightleftharpoons CH_2=CH_2 \qquad CH_2=CH_2 \xrightarrow{O_2} CH_3CHO \qquad CH\equiv CH \xrightarrow{H_2O} CH_3CHO$$

$$CH_3CH_3 \xleftarrow{H_2} CH_2=CH_2 \xleftarrow{H_2} CH\equiv CH \xrightarrow{加碱} C_6H_6 \qquad C_6H_6 \xrightarrow{H_2} C_6H_{12} \qquad C_6H_6 \xrightarrow{Cl_2} C_6H_5Cl \xrightarrow{H_2O} C_6H_5OH$$

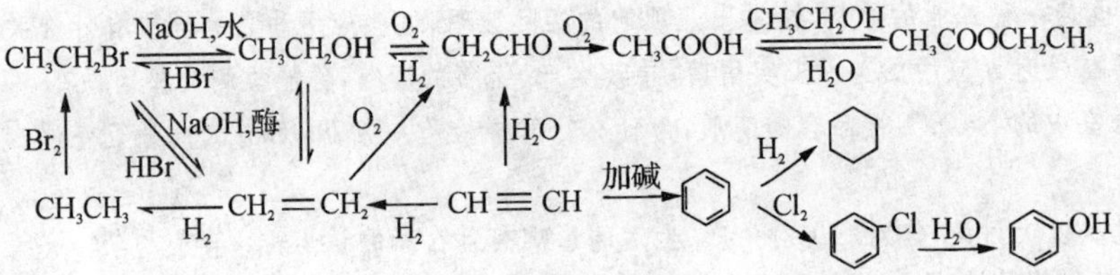

图 6-2 重要的烃和烃的衍生物的相互转化关系图

每章教学的最后用知识网概括元素化合物间的相互关系，既有知识点又有知识面，从点面结合上深入元素化合物知识的学习。知识主线给出学习、研究事实性知识的系统；知识点给出学习、研究事实性知识的重点；知识网给出元素化合物间的内在联系。总之，注重知识的内在联系，将知识系统化、网络化，不仅可以使学生建立起良好的思维习惯和科学的学习方法，而且也有利于学生的内心体验，提高学生化学学习的激情与热情。

三、元素化合物知识教学示例

【示例 1】（高中化学）

课题：硫酸

一、教学目标

1. 了解硫酸的基本物理性质，掌握硫酸的化学性质，能正确区分硫酸的强氧化性、脱水性和吸水性，并能运用硫酸的性质解释生活中的现象。

2. 通过硫酸性质的探究，提高科学探究能力。

3. 树立正确的科学观，正确认识化学物质对人类的双重影响。并通过浓稀硫酸的对比，体验量变引起质变的哲学思想。

二、重点、难点

硫酸的三大化学性质：强氧化性、吸水性、脱水性。

三、设计思路

通过对一起常见硫酸泄漏事故的分析，结合课堂实验探究以及理论讨论，让学生深入了解硫酸的性质，并通过对硫酸性质的认识，掌握正确使用硫酸的方法，以及正确处理硫酸泄漏事故的方法。真正体现从生活走进化学，从化学走向社会的基本思想。

四、活动设计(教学过程)

教学进程	教师活动	学生活动	活动目标及说明
引入课题	讲解:硫酸是试验室常见的一种试剂,也是重要的工业原料,但硫酸在运输途中由于不慎引起的泄漏确会引起一定范围的环境事故。现在我们给大家展示的就是2005年12月广西南宁的一起硫酸泄漏事故。 PPT展示:“南宁特种槽罐车超载出车祸23吨强硫酸泄漏”事故的网络报道及现场图片。	倾听 阅读、 观看	从生活事件引入激发学生兴趣
	引导思考:在上述有关该起硫酸泄漏事故的报道中,作者告诉我们泄漏的是98%浓硫酸,且硫酸泄漏现场“带着酸味的气体在随风飘。查看事故情况的工作人员,看风向而不停移动到上风位置。浓硫酸所到之处全烧成了黑色,连土壤也不例外。”硫酸泄漏的事故现场为什么会呈现如此现象? 提出问题: (1) 硫酸究竟是怎样一种物质?具有什么样的性质? ① 什么样的性质使得现场的土地变为一片焦土? ② 现场大量酸味气体是什么物质?这些物质是如何产生的? (2) 这样的突发事件该如何处理?	思考	培养学生阅读和发现并提出问题的能力
知识回顾	组织学生复习和回顾初中所学习过的有关硫酸的知识:在初中我们也曾经学习过硫酸,请同学们回顾初中的相关知识,思考“硫酸从物质类别上看属于哪一类?根据浓度的不同,硫酸可如何分类?” 归纳、板书: 硫酸{稀硫酸、浓硫酸} 提问:你所知道的稀硫酸有哪些性质? 归纳、板书:稀硫酸具有酸的通性: (1) 能使指示剂变色(使石蕊试液变红); (2) 能与金属活动性顺序表中排在氢前面的金属反应生成氢气; (3) 能与碱发生中和反应; (4) 能与碱性氧化物反应生成盐与水; (5) 能与某些盐反应。 追问:你还知道浓硫酸的哪些性质? 归纳、板书: 浓硫酸物理性质:油状黏稠液体、密度($1.84\ g/cm^3$)(96%~98%)、沸点高(338 ℃)、任意比互溶于水,溶解于水时放热。	回顾初中知识思考回答	复习旧知识为新知识的学习进行铺垫

教学进程	教师活动	学生活动	活动目标及说明
知识回顾	提问：如何最为快捷地通过实验证明浓硫酸溶解于水放热？（此处由于问题是“最快捷地通过实验验证”故预设学生的回答是直接将浓硫酸溶解于水，用手感受温度变化） 请学生归纳该实验的要领： (1) 应将浓硫酸倒入水中； (2) 溶解时应不断搅拌以助均匀混合和热量散失，以防局部过热。 引导思考：我们还学习过浓硫酸的什么性质？这一性质在我们的实验室也有所运用呢。 归纳、板书： 化学性质： 1. 吸水性 提问：能否设计实验进行验证？ 实验方法：  五水硫酸铜晶体 实验现象：五水硫酸铜逐渐由蓝色变为白色 归纳、板书： $CuSO_4 \cdot 5H_2O + H_2SO_4 \longrightarrow CuSO_4 + H_2SO_4 \cdot xH_2O$	思考、提出实验方案并动手完成实验 回忆、思考、回答 思考、实验 体会、理解	通过稀释浓硫酸实验，培养学生动手能力，并通过实验进一步巩固浓硫酸的物理性质 复习浓硫酸的吸水性
探究问题一	过渡：通过对已经学习过的有关硫酸知识的复习，硫酸的哪一性质能够解释硫酸泄漏事故现场的现象？ 提出探究问题一： 为什么浓硫酸泄漏现场附近会变成一片焦土？ （分析浓硫酸泄漏事故的现场可能存在的物质，以及焦土可能的成分：事故现场草木均为有机物含有碳元素，该现象可能是因为浓硫酸与现场有机物之间反应生成的碳。） 组织学生进行实验验证： （教师为学生提供棉花、木条等模拟现场草木的有机物和浓硫酸） 实验方法： 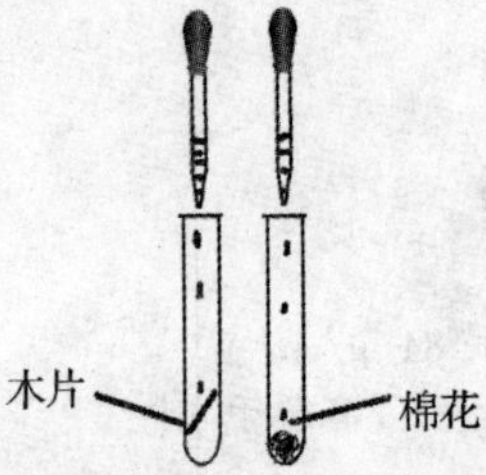 木片 棉花 实验现象：木片和棉花变成黑色。	相互交流与讨论提出自己的猜想	通过原有知识解释现实现象的不足，激发学生兴趣，并通过探究焦土成因，培养学生提出猜想和进行实验的能力

教学进程	教师活动	学生活动	活动目标及说明
探究问题一	归纳讲解：通过刚才的实验我们知道浓硫酸与有机物作用时，浓硫酸按水的组成比[$n(H):n(O)=2:1$]夺取某些有机物中的氢氧元素形成水分子，使有机物碳化，我们把这一性质叫做浓硫酸的脱水性。 归纳、板书： 2. 脱水性 $C_xH_yO_z \xrightarrow{\text{浓硫酸}} xC+y/2H_2O$	实验验证 体会、理解	
探究问题二	提出探究问题二： 通过实验验证解释了为什么现场有黑色焦土出现，但是现场大量酸味气体是什么物质？该物质是如何产生的呢？ （教师引导学生从现场可能涉及到的物质，以及“酸性”气体可能的组成等角度进行分析酸性气体的成分可能为：CO_2、SO_2。） （教师引导学生从现场实际情况看，与浓硫酸反应的物质可能为有机物脱水后生成的碳以及运装浓硫酸的金属槽罐车。） 组织学生设计实验进行验证： [1]证明蔗糖与浓硫酸反应的产物 （此处组织学生分析可能的产物有 CO_2、SO_2，应分别检验并考虑相互可能的干扰。） 实验方法： 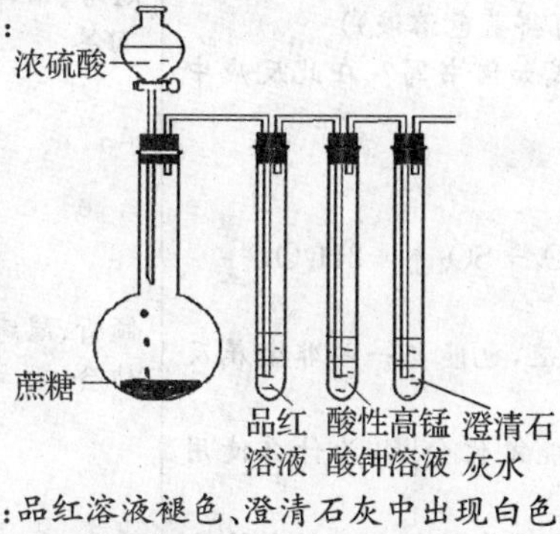 浓硫酸 蔗糖 品红溶液　酸性高锰酸钾溶液　澄清石灰水 实验现象：品红溶液褪色、澄清石灰中出现白色沉淀。 归纳：浓流散能够与非金属碳反应生成 SO_2 与 CO_2 组织学生进行讨论，该处可能的反应方程式。 $C+2H_2SO_4(浓)=\!=\!=2SO_2\uparrow+CO_2\uparrow+2H_2O$ 提问：在该反应中浓硫酸体现什么性质。	倾听、思考从各种角度提出自己的猜想 设计实验并进行实验验证 思考、书写、回答	强化学生分析问题的能力 培养学生书写方程式和分析方程的能力

教学进程	教师活动	学生活动	活动目标及说明
探究 问题二	归纳、板书： 3. 强氧化性 $C+2H_2SO_4(浓)\xlongequal{\triangle}2SO_2\uparrow+CO_2\uparrow+2H_2O$ [2] 证明浓硫酸与金属反应 (此处从 SO_2 对环境的影响设计尾气处理装置) 实验方法： 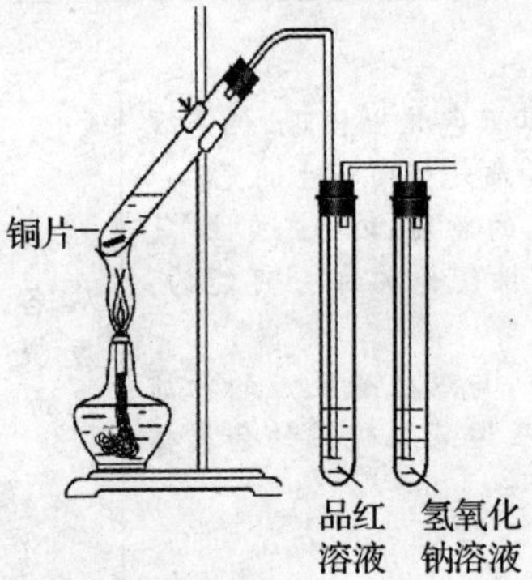 铜片 品红溶液　氢氧化钠溶液 实验现象：铜片上有气泡冒出，加热的试管中有白色物质生成，品红溶液褪色。 (此处引导学生分析，加热试管中出现的白色物质可能是什么？如何确认？(加水稀释即可得蓝色溶液)) 引导思考：此处发生反应的方程式如何书写？在此反应中体现浓硫酸何种性质？ 归纳板书： $Cu+2H_2SO_4(浓)\xlongequal{\triangle}CuSO_4+SO_2\uparrow+2H_2O$ 体现浓硫酸的强氧化性和酸性； 浓硫酸能与绝大部分金属发生反应，也能与一些非金属及某些化合物反应。 设疑追问：浓硫酸具有强氧化性能氧化金属，为什么使用铁质槽罐车运装浓硫酸？ 讲解：浓硫酸的强氧化性在常温下能使铁、铝发生钝化反应。	思考、设计并进行实验验证 分析、思考、讨论、实验 思考、书写、回答 倾听、思考、体会	培养学生实验设计能力和进行实验操作的能力 培养学生书写方程式和分析方程的能力。

<table>
<tr><th>教学进程</th><th>教师活动</th><th>学生活动</th><th>活动目标及说明</th></tr>
<tr><td>归纳整理</td><td>过渡：通过前面的探究我们发现浓硫酸的性质和稀硫酸有较大的差异。
对比浓硫酸与稀硫酸的性质：<table><tr><th></th><th>稀硫酸</th><th>浓硫酸</th></tr><tr><td>化学性质</td><td>酸的通性</td><td>吸水性
脱水性
强氧化性
酸性</td></tr><tr><td>组成微粒</td><td>H^+、SO_4^{2-}、H_2O</td><td>除H^+，SO_4^{2-}，H_2O外主要以$H_2SO_4 \cdot xH_2O$形式存在</td></tr></table>小结归纳：浓硫酸与稀硫酸性质的差异主要是由于组成的不同，化学上物质的组成决定物质的性质，同时硫酸浓度的不同所引起的性质差异也体现了“量变引起质变”的基本哲学思想。</td><td>思考、讨论、体会</td><td>通过整理使分散的知识形成整体，并通过对比强化对浓硫酸性质的理解。

通过对比揭示本质的哲学思想，促进学生情感体验的升华。</td></tr>
<tr><td>讨论与交流</td><td>组织学生进行讨论：
如果你是浓硫酸泄漏事故的现场救援指挥，在现场您会注意哪些问题？你将采用什么方法处理泄漏的浓硫酸。
归纳整理：
(1) 考虑到浓硫酸的性质做好自身防护；
(2) 从环境和经济的角度考虑对泄漏浓硫酸的处理采用生石灰中和。
观看PPT展示：南宁浓硫酸泄漏事故现场处理图片。</td><td>思考、讨论、交流

观看、体验</td><td>通过知识的运用，体现知识的价值，培养学生运用知识的能力，使所学知识得到升华。</td></tr>
<tr><td>阅读与整理</td><td>组织学生阅读教师提供的阅读材料：硫酸的用途
提出问题：
本节课我们主要讨论了浓硫酸泄漏事故的探究，此刻我们又看到了浓硫酸的多种用途，谈谈你的看法和体会。
总结归纳：只要掌握科技产品的特性，正确使用，我们就能让其为人类做出更多贡献。</td><td>交流讨论</td><td>通过交流与讨论树立学生正确的科学观。</td></tr>
</table>

（教案设计者：江苏省苏州中学　徐惠）

【示例2】

"淀粉和葡萄糖"教学设计

[教学目标]

认知目标:理解并掌握光合作用的原理和葡萄糖缓慢氧化的原理;知道葡萄糖和淀粉在自然界和人体内的相互转化;知道糖类、碳水化合物的基本涵义;认识葡萄糖、淀粉是重要的营养物质,是维持生命活动所需能量的主要来源。

能力目标:会用简单的实验方法检验淀粉和葡萄糖;培养学生逻辑推理能力。

情感目标:通过对身边化学的感受,对学生进行健康生活教育。

提高学生的科学素养。

[教学重点]

知道植物光合作用和葡萄糖氧化的反应原理及能量转化;葡萄糖和淀粉的检验方法;糖类对于人类生命活动的重要意义。

[教学难点]

认识葡萄糖、淀粉是维持生命活动和人们从事各种所需热量的主要来源。

[课前准备]

1. 提前布置学生准备一些食物样品少许,上课时可以亲自动手检验是否含有淀粉。

2. 课前在讲桌上放一盆长势喜人的绿色植物,比如吊兰或万年青。

3. 新蒸好的热馒头按学生人数分割好,放到洁净的一次性纸杯中,并在馒头块上插上洁净的水果叉,准备课堂上品尝,每人一份。

4. 准备用于检验淀粉的样品:馒头、米饭、面包、土豆、甘薯、芹菜、萝卜等。其中芹菜最好用粗壮的西芹的茎,用刀削成片,要求切口要大;米饭一小团;其余样品均切成片状,分开摆放在托盘里,准备课堂上检验淀粉用,每组一份。

5. 准备多汁的梨和葡萄,梨切成小块,能挤出1~2滴梨汁就可以。把一块梨或一粒葡萄放到小烧杯里,准备检验葡萄糖用,每组一份。

[实验用品]葡萄糖(固体)、淀粉(固体)、碘水(碘酒)、10%氢氧化钠溶液、5%硫酸铜溶液、10%葡萄糖溶液、试管、酒精灯、试管夹、火柴、烧杯、托盘

[教学过程]

[教学引入]端起桌上的绿色植物向学生提问:现在该植物正在干什么?引导学生说出植物正在进行光合作用,接下来再问:光合作用的条件、原料和产物分别是什么呢(学生在初一的生物课中已经学过,光合作用的条件是光照和叶绿体,原料是水和二氧化碳,产物是氧气和有机物)?对学生的答案进行合理的评价,肯定其正确的地方,再对不够准确的地方进行纠正。

[教师指出]化学研究的对象是物质,叶绿体是植物体内的一个器官,在植物光合作用的过程中起催化作用的是叶绿体中的叶绿素这种物质,另外有机物是指含有碳元素的化合

物,有机物是指一类物质,而光合作用直接产生的是葡萄糖这一种物质,葡萄糖只是有机物中的一种。所以准确地说,光合作用的条件应该是光照和叶绿素,产物应该是葡萄糖和氧气。今天我们就来学习与绿色植物和我们人类都有很大关系的两种有机物:淀粉和葡萄糖。

[样品展示] 分别向学生展示淀粉和葡萄糖两种样品,并简单介绍名称、化学式以及简单的物理性质:淀粉没有甜味,葡萄糖有甜味。

[投影展示] 展示光合作用图片,引导学生写出光合作用的化学反应方程式,并请个别学生到前面黑板上写出光合作用的化学反应方程式。写完以后及时进行评价纠错,因为该方程式比较复杂,所以一定要多鼓励,但不能降低要求。

[投影展示] 光合作用的化学反应方程式:

$$6CO_2+6H_2O\xrightarrow[\text{叶绿素}]{\text{光照}}C_6H_{12}O_6+6O_2$$

[教师引导] 根据反应条件来分析一下在光合作用的过程中能量是如何转换的?

学生讨论回答后总结得出结论:光合作用吸收太阳能。

[教师指出] 绿色植物首先通过光合作用把水和二氧化碳合成了葡萄糖,植物在生长过程中还能把葡萄糖进一步转化为蔗糖、淀粉或纤维素。在我们的饮食结构中植物性食物占有相当大的比例,这些植物性食物中是不是都含有淀粉?我们有什么方法检验吗?

学生讨论回答后总结出检验淀粉的方法:用碘水(碘酒)检验(学生在初一生物中学过淀粉的检验方法)。

[教师引导] 下面我们来检验一下桌上的食物中是否含有淀粉。

[学生活动一] 检验食物样品(包括老师准备的样品和自己准备的样品)中是否含有淀粉(同时告知学生纸杯中的馒头是留作他用的,不要检验)。在此期间教师巡视指导,指导学生正确使用胶头滴管。

[教师引导] 通过检验,我们可以知道哪些食物中含有淀粉?

[投影展示] 富含淀粉的食物主要有:馒头、米饭、面包、玉米、土豆、甘薯等。淀粉是人们食用的最主要的糖类。

[教师引导] 通过检验,我们知道馒头中含有淀粉,而且我们也知道淀粉是没有甜味的,现在我们来尝一尝吧。

[学生活动二] 品尝馒头。要求慢慢咀嚼,细细品味。

[教师引导] 馒头刚入口时的感觉和咀嚼后的感觉相同吗?

学生品尝后回答。

[教师引导] 为什么馒头刚入口时不甜,嚼一会就会变得有甜味,而且是越嚼越甜?

学生讨论后回答。

[教师总结] 馒头在口中越嚼越甜是因为淀粉在唾液淀粉酶的作用下水解成有甜味的麦芽糖的缘故。淀粉是有机高分子化合物,不能被人体直接吸收,需要把淀粉最终消化成易溶于水的小分子物质葡萄糖后才能被吸收。

[教师引导] 人把淀粉消化成葡萄糖吸收后,葡萄糖在人体内能起什么作用?

学生讨论后回答。

[教师引导] 葡萄糖能在人体内经缓慢氧化转化为水和二氧化碳,同时释放能量,请同学们试着写出葡萄糖在人体内缓慢氧化的反应方程式(请个别同学到前面黑板上写出该反应的化学方程式,在此过程中教师巡视指导,写完后及时进行评价,以鼓励为主)。

[投影展示] 葡萄糖氧化的化学反应方程式:

$$C_6H_{12}O_6+6O_2 \longrightarrow 6CO_2+6H_2O$$

[教师指出] 180 g 葡萄糖在人体内完全氧化可产生 2 804 kJ 热量。请同学们对比光合作用生成葡萄糖和缓慢氧化消耗葡萄糖两个反应的化学方程式,分析一下能量最终来自何处。

学生思考讨论后回答。

[教师引导] 还真是“万物生长靠太阳”呀!人们摄入谷物、蔬果等食物,其中的淀粉经过消化转化为葡萄糖进入血液,在肾上腺素和胰岛素的共同作用下,血液中的葡萄糖总是保持一定的浓度,以维持人的正常生命活动,血糖浓度过高或过低人体都会感到不适。低血糖的人会出现乏力、疲倦、昏迷、休克等症状,如果在生活中遇到有人出现低血糖症状应该如何处理?

学生回答。

[教师引导] 现在有三种不同的处理方法,吃馒头、喝葡萄糖水、静脉注射葡萄糖,哪一种方法见效最快?为什么?

学生回答后教师进行及时的恰当的评价。

[教师引导] 我们已经学会检验淀粉了,是不是也想学会检验葡萄糖呢?

学生呼应。

[教师引导] 我们可以用新制的氢氧化铜来检验葡萄糖是否存在。

[演示实验] 检验葡萄糖。

1. 在试管中加入 2 mL 10%的 NaOH 溶液,滴加 5%的硫酸铜溶液 4~5 滴,混合均匀,生成蓝色沉淀 $Cu(OH)_2$。

2. 向上述试管中加入几滴 10%葡萄糖溶液,并在酒精灯上加热至沸腾。

(在进行演示实验时注意强调主要操作的注意事项,提醒学生注意观察现象。)

[教师指出] 葡萄糖实际上是与氢氧化铜沉淀反应,生成红色沉淀 Cu_2O,有非常明显的现象变化,我们可以用这种方法检验葡萄糖。

[教师引导] 我们吃的许多水果都有甜味,是不是其中也含有葡萄糖呢?我今天给大家

准备了大家熟悉的两种水果：梨和葡萄，请大家亲自动手来检验一下这两种水果中是否含有葡萄糖。

[学生活动二] 葡萄与梨中葡萄糖的检验。

(在学生实验的过程中教师巡视指点，实验结束后，对学生的探究热情和操作表现进行评价，以鼓励为主)

[教师指出] 有些糖尿病患者，葡萄糖在体内的代谢不正常，葡萄糖会随尿液排出，所以，在病人的尿液中能检查出葡萄糖。

[教师指出] 人可以将植物性食物中的淀粉消化成葡萄糖吸收利用，但不能将植物性食物中的纤维素消化，食草型动物却可以通过体内微生物作用分解、消化纤维素，转化为葡萄糖。

[教师指出] 葡萄糖、蔗糖、淀粉、纤维素都属于糖类，习惯上称为碳水化合物。

[投影展示] 葡萄糖、蔗糖、淀粉、纤维素等物质的化学式。

[教师引导] 请同学们根据化学式分析把糖类称为碳水化合物的原因(培养学生勤思考善总结的习惯)。

学生交流讨论后得出结论：糖类的化学式都可以写成 $C_m(H_2O)_n$ 的形式。

[教师指出] 用粮食酿酒的原理是把粮食中的淀粉转化为葡萄糖，葡萄糖又转化为酒精的，各种酒中都含有酒精。工业酒精中含有甲醇，甲醇对人体有害，所以不能用工业酒精勾兑酒饮料(对学生进行健康教育)。

(由学生总结本节课的收获)

[投影展示] (本节课的知识要点)

淀粉和葡萄糖

一、淀粉和葡萄糖

名称	化学式	特性	检验	关系
淀粉(starch)	$(C_6H_{10}O_5)_n$	与碘水(碘酒)反应	用碘水或碘酒检验，出现蓝色，则样品中含有淀粉。	在一定条件下可以相互转化
葡萄糖(glucose)	$C_6H_{12}O_6$	与新制的氢氧化铜反应	向新制的氢氧化铜中滴加样品溶液，加热至沸，生成红色沉淀，则样品中含有葡萄糖。	

二、光合作用

$$6CO_2+6H_2O\xrightarrow[\text{叶绿素}]{\text{光照}}C_6H_{12}O_6+6O_2\quad \text{吸收能量}$$

三、葡萄糖氧化

$$C_6H_{12}O_6+6O_2\longrightarrow 6CO_2+6H_2O\quad \text{释放能量}$$

[投影展示] 学以致用

1. 已知：A、B、C是三种常见的化合物(已知A的相对分子质量大于B)，D是一种常见的单质，在一定条件下，A和B可转化成C和D,C还能进一步转化为人类主要的食物E，在人体内C和D也可转化成A和B,C在一定条件下可与新制氢氧化铜反应产生红色沉淀。根据以上信息回答下列问题：

(1) A、B、C、D的化学式分别是什么？

A________ B________ C________ D________

(2) E遇碘水能呈现________色。

2. 设计实验证明某水果中的淀粉正在转化为葡萄糖。

（引自《化学教与学》2010年第2期，作者：刘相霞）

第四节 化学复习教学

巩固学生所获得的知识是教学过程中的重要环节之一。复习对于巩固化学知识并使之系统化有着重要的作用。赞科夫曾指出：复习是达到知识巩固性的途径之一，我们完全无意否认它的作用。但复习只是途径之一，而绝不是唯一途径。只有在合理地进行复习的情况下，它才能起到正面作用。

化学复习就是把各部分化学基础知识按其内在联系和规律性进行归纳、总结，将零散的知识整体化、系统化，使之成为符合知识结构，遵循认识规律，便于准确记忆，有实用价值的“知识网”。通过复习使学生原有的知识链中薄弱的环节得到加强，错误的理解得到纠正，让学生建构自己的结构化知识体系，巩固化学知识、技能、观点和方法，培养学习潜能和创新精神，提高化学科学素养。通过复习进一步提高化学学习能力，即接受、吸收、整合化学信息的能力，分析问题和解决（解答）化学问题的能力，化学实验与探究的能力。注重自主学习的能力，重视理论联系实际，关注与化学有关的科学技术、社会经济和生态环境的协调发展，以促进学生在知识与技能、过程与方法、情感态度与价值观等方面的全面发展。可见，复习是化学教学的一个重要环节。本节就化学复习课的原则、类型及方法进行讨论。

一、化学复习的一般原则

（一）依据课程标准，有针对性地复习

中学化学课程标准是中学化学教学的指导性文件，是国家对中学化学这门学科的统一要求和规范。因此，复习时教师要吃透中学化学课程标准的精神，明确教学目标，以课程标准的要求来衡量学生学习化学的质量，具体做法有以下两个方面：

第一，要针对教材，掌握中学化学课程标准对教材各部分知识的要求，明确哪些知识要求学生知道；哪些知识要求学生了解、认识、熟悉；哪些知识要求学生理解、弄懂；哪些知识要求学生掌握、应用；哪些知识要求学生熟练掌握、灵活应用。只有这样，在复习中才能做到重其所重，轻其所轻，把力量用在刀刃上。

第二，要针对学生，教师必须深入了解学生实际，包括知识实际和能力水平，对学生情况要研究分析，找出形成知识缺陷的原因。这就要求教师在平时的教学中要做有心人，可以把课堂提问、课外作业、书面考查、课堂讨论及个别辅导中，学生暴露出的问题记载在教学情况记录本上，随时加以分析、归纳，这对上好复习课，使学生学有所得是很有必要的。

做到了上述两点，就可以避免复习中的盲目性，提高复习的教学质量。

（二）精心制订计划，设计教学过程

复习是学期教学工作的一部分，教师要根据课程标准的要求，制订切实可行的计划。复习教学计划一般包括复习内容、目的要求、复习方法以及时间的安排等。根据不同类型的复习，排出不同的教学进度表。复习计划无固定格式，但复习内容可分成基本概念、基础理论、元素化合物、化学计算和化学实验五大块；也可以分为非金属元素、金属元素、化学平衡、氧化还原、常见物质制备等等专题。复习时，要根据这些知识块自身的特点，精心设计教学过程，具体的要注意以下几个方面：

第一，通常情况下，化学基本概念和基础理论放在前面复习。这样做，除了加强基本概念和基础理论的复习外，还为了发挥基本理论的指导作用。

第二，元素化合物知识的复习，不能平均使用力量，应解剖典型，给以示范，达到触类旁通的教学效果。

第三，化学计算涉及面广，复习时，要选取各种类型的习题讲练结合，切忌贪多求难，重在类型全面，综合运用和平时的分散练习。

第四，化学实验复习，除结合元素化合物知识复习外，还应相对集中讨论一些典型装置、重要实验。条件允许可开放实验室，这样学生根据自身的需要，在教师指导下，对一些平时感到含糊的问题进行复习。

第五，在分块复习的基础上，要空出时间进行综合性的复习和练习，加强综合运用知识能力的训练。最后阶段还要留一些时间让学生根据自己的需要进行自由复习，让学生根据自身掌握知识的特点，拾遗补缺。教师对学生进行必要的辅导和答疑。

（三）加强方法指导，促进能力提高

化学复习课的形式可以是多种多样的。平时复习和阶段复习内容少，便于组织安排；总复习内容多，时间长，要求高，形式则要多种多样。教师在教学中扮演的角色应是“导演”，即一是指导学生的思维方法；二是指导学生的学习方法。

1. 指导学生的思维方法

科学的思维方法，是掌握基础知识和基本技能，提高分析问题和解决问题能力的因素。科学的思维方法包括：演绎、归纳、类比、分析、综合、联想、抽象、想象等。下面对考试中题量较大的选择题和填空题，总结一些常用的思维方法：

第一,选择题运用的思维方法有:推演思维法、筛选思维法、评比思维法。这些思维方法,须在平时训练中去逐步地运用和巩固。

第二,化学填空题同选择题一样,正逐步成为化学考试的骨干题型之一。它具有答案唯一,容量大,内容细,知识点多,复杂性小,答案书写量不大,涉及化学用语较多等特点,因而具有评分客观性强,知识覆盖面大,节省篇幅,有利于较真实地检查出考生识记知识的情况和表达规范化的程度以及思维速度等优点。形式上是“补缺型”,内容上是“认知型”。回答填空题的主要要求:文字、符号要简洁、准确、规范。对这类题的回答,常采用“单刀直入”的思维法,以观察和思维上的“短、平、快”而取胜。另外还可以采取一些其他的思维方法,如,逻辑推理思维法,运用题目中的已知条件和基本概念进行必要的逻辑推理,找出答案。又如,采用分析比较思维法,这类题先在题目中设置一个已知条件,解答时要以这个已知条件为依据,对题中的设问进行分析、比较,找出答案。再如,关联思维法,题中有多个空格,而且后面的空格与前面的空格有一定的连带关系。解答这类题时,最重要的是填好、填对第一个空,否则会导致全题皆错。

2. 指导学生的学习方法

教师在教学中不仅要准确地传授知识,而且要指导学生掌握科学的学习方法,引导学生从“学会”到“会学”。

(1) 指导学生记忆的方法

化学知识在理解的基础上记得越牢固,越有利于培养学生的能力,发展学生的智力,记忆如能掌握正确的方法,则花时少,记得牢。

① 对概念划分句子成分记忆。例如,“摩尔”这个概念,可以划出主谓语:“摩尔是单位”,之后,记它的定、状、补语,是什么单位,这个单位是怎样规定的等。

② 对立记忆。如记住电解池中的“阳极氧化”,就可以推知“阴极还原”;有机中“加氧去氢”为氧化,就可推知“加氢去氧”为还原。

③ 记少不记多。如记气体的颜色,只要记住:氟黄氯绿,二氧化氮溴棕红(蒸汽),碘蒸汽为紫黑,其余为无色即可。记物质的溶解性,气体的可燃性,气味等也如此。

④ 谐音记忆。如电解池中的阳极发生氧化反应,则记成“阳-氧”即可。又如—OH是由氢氧原子构成的,字的写法为“半氢半氧”,发音为两元素声韵母的结合,为“qiang”羟。

⑤ 口诀记忆。如过滤操作为“一角二低三碰”;物质的量浓度溶液配制的主要步骤为“一算二称三溶四洗五定”等。

⑥ 强化记忆。多次重复是记忆的核心,在教学中或复习中,教师要反复指导学生重复记忆,以达到强化的目的。

(2) 指导学生解题的方法

有些学生课上能听懂,但做题不知如何下手,特别是遇到灵活性、综合性较大的题目,更是无所适从。这就需要教师总结出一些实用的解题方法,教给学生。

例如，怎样答好实验改错题，教给学生从以下几个方面着手判断：① 从反应条件方面判断；② 从仪器安装上判断（按从上到下，从左到右的顺序）；③ 从药品的存放要求上判断；④ 从操作上判断；⑤ 从容器内盛放的液体容量上去判断等。制取气体的整套装置一般由气体的发生、气体的除杂、气体的收集和尾气的处理等四部分装置组成。为避免疏漏，审查和答题时最好也沿着这条线索由前向后地去发现其中的错误，并提出改正的方法。

又如，答合成题时，可采取"倒推正做"的方法去操作，并遵照：① 原理正确，步骤简单；② 条件合适，操作方便；③ 原料丰富，价格低廉；④ 产物纯净，污染物少等原则去解答。

（四）关注非智力因素，激发学习动机

学习动机是启动和维持学习的内部驱动力，成功是智力因素和非智力因素共同作用的结果。智力因素包括知识、智力和能力，属于心理结构的系统。非智力因素包括动机、情感、兴趣、意志、注意、信心等，属于心理动力系统。智力因素决定了人的聪明、才智，是学习优秀的先决条件，重视开发智力因素是非常重要的，但非智力因素对学习影响也很大。例如，正确的学习动机是学习的内驱力；浓厚的学习兴趣是学习的刺激素；坚强的意志会产生惊人的学习力；教师的鼓励和学生的自信力会产生"罗森塔尔效应"。所以，非智力因素是学有成效的关键之一，教师切不可等闲视之。

复习课为什么枯燥？一是内容重复；二是问题陈旧。关键是认识问题的视角没有变化，不能与学生已有的认知发生冲突，一味回顾旧知识，自然引不起学生兴趣，所以设置认知冲突的教学环节是复习课中要考虑的。

例如，在研究"铜和稀硫酸的混合体系中加入 H_2O_2 后发生什么"这个教学环节上，开始只需提出要求"观察实验现象并以化学方程式表示其中的变化"，此时多数学生会习惯性地试图用一个化学方程式表示（新授课中通常是对简单反应体系的认识，这是学生眼中已有的视角）。当他们对已写出的 $Cu+H_2O_2+H_2SO_4 = CuSO_4+H_2O+O_2\uparrow$ 进行配平时，会有些不知所措，但学生也会习惯地用小系数去尝试，如：$Cu+3H_2O_2+H_2SO_4 = CuSO_4+4H_2O+O_2\uparrow$。不深入思考的学生会觉得任务已完成，但当他们发现其他同学还能写出如：$2Cu+4H_2O_2+2H_2SO_4 = 2CuSO_4+6H_2O+O_2\uparrow$ 等不同系数的方程式时，认知冲突就发生了：以前学过的氧化-还原反应只有唯一的配平系数啊，这是怎么回事？在这样的教学环节中，求知的欲望自然引发，求解之后的惊喜也会自然产生。其实这样的教学还传递给学生一种信息：认识是不断发展的，学无止境①。

在复习教学中，为了发挥学生的非智力因素的积极作用，教师应从以下几方面努力：

第一，要结合教材、结合学生的思想，对学生进行学习目的的教育，解决学生学习化学的动力，使学生对化学产生浓厚的兴趣和正确的态度，树立极强的进取心和自信心。

---

① 保志明. 对高三化学复习课效率的反思[J]. 中学化学教学参考，2011(9)：48—50.

第二，弄清教材的知识结构，明确教学的“基本要求”，把握教学的进度、深度和广度。教学尽量避免程序化、刻板化、照本宣科，让学生多角度、多方位去掌握事物的本质和客观规律。

第三，在教学中重视师生间的情感交流，用教师的模范行动和亲切的语言感化学生，循循善诱地辅导学生，在这方面，有两个方法是比较有效的：一是当面批改，二是适当鼓励。例如：学生练习得较好，就说“书写整洁，思路正确，望坚持”；学生练习不会做时，教师也不能作出任何厌恶的语言和行动，可以说：“不要紧张，咱们一起想想看”等。

总之，在复习教学过程中，要充分调动全班学生的学习积极性，不能仅面向成绩较好的学生，而把成绩差的学生放在一边不管，只有这样才能提高化学复习的教学质量。

二、化学复习课的基本类型和教学特点

根据教学要求和教学内容的不同，化学复习课可分为经常性复习、阶段性复习、期末复习和结业总复习，不同类型的复习其教学特点是不同的。

(一) 经常性复习

经常性复习是平时化学教学的一个重要环节，它渗透于每节课的教学中，主要有以下几种类型：

1. 导入型复习

新授课前先复习上一节课的有关知识，用以导入新课。例如在讲元素周期表时，先简单复习元素周期律，并重点抓住核外电子排布的周期性，以此导入新课介绍周期表的周期与族。这样，不仅加强了知识的前后联系，还有助于知识的相互迁移。

2. 联想型复习

讲新知识时，让学生回忆同类或相似的旧知识，可增强学生的记忆、有利于知识的归类。如讲铝热剂反应时问学生，还可以用哪些物质与氧化铁反应制取单质铁？从而得出 H_2、C、CO、Al 都是还原剂的结论。又如在制取甲烷时问学生，这套装置还可用来制取哪些气体，这些反应中的反应物是什么状态？这样，学生不但可记住 O_2、NH_3、CH_4 的制法，还可得出固体与固体反应经加热制取气体均可用这套装置的结论。

3. 对比型复习

选择与讲述内容不同的，学生又容易发生混淆的内容进行复习，对比分析、指出它们的区别，以提高学生的辨析能力。如在讲同分异构体的概念时，有意将同系物、同位素、同素异形体这四个不同的概念进行对比，指出它们的意义、所指的范围是截然不同的。又如在讲苯酚的概念时，有意复习醇的概念，指出它们分子中的羟基所连接的烃基是完全不相同的。

4. 叠加型复习

教材中，不少知识是随学习的深入而不断深化与完善的。例如氧化-还原反应的概念，

初中教材中是以得氧与失氧进行定义的，高一教材中又重新以电子得失的观点将其深化，而在高二教材中由于学习了共价键理论，又将电子对发生偏移这一点对概念进行补充，从而得到了较为全面的氧化-还原反应的定义。教学这一概念时，每教一次就必须将以前的概念复习一次，打破学生因旧概念造成的思维定势，使学生的认知层次提高一次。

5. 归纳型复习

在课堂小结中，单独将某一重点内容提出来，在教师的指导下由学生复习回顾、归纳总结出规律性的东西来。例如，讲 Fe^{3+} 离子的检验时，让学生写出 Fe^{3+} 与 OH^-、S^{2-}、CO_3^{2-}、SCN^- 等离子反应的离子反应方程式，并指出其反应类型，从而启发学生得出溶液中离子不能大量共存的规律：① 发生离子互换反应生成沉淀、气体与弱电解质；② 发生氧化还原反应；③ 发生双水解反应；④ 发生络合反应。这种复习方法有利于知识系统化，提高学生综合分析与解决问题的能力。

6. 发散型复习

同一概念可以从不同的角度加以理解，同一道习题常有多种不同的解法。教学中如能让学生在复习旧知识、旧方法时启发他们去探索新途径，寻求新方法，这对于培养他们的求异思维能力，使之成为开拓型人才是非常有益的。如在盐类水解的教学中，可引导学生从盐、弱酸、弱碱、水的电离，平衡移动原理，离子反应与离子方程式，中和反应的逆反应等多方面分析理解盐类水解的本质，从而达到全面理解的目的。又如在 $FeCl_3$ 的鉴别的教学中，要求学生写出可用于鉴别的所有物质，学生写出的物质是：硫化钠、氢氧化钠、硫氰化钾、硫化氢、铁粉、淀粉碘化钾、硝酸银、苯酚、碳酸钠、石蕊等 10 种物质。从 $FeCl_3$ 的性质来看，以上试剂都能涉及，但从鉴别物质的原则以操作方便，现象明显与易于区别亚铁盐和其他氯化物这两点来看，通过学生讨论认为选用氢氧化钠、硫氰化钠、苯酚中的一种较合适。

7. 纠错型复习

课堂上常会碰到一些学生因概念不清或对前面学过的某个知识点没有掌握而提出错误性的问题，或在答问中发生错误。为此教师有必要引导学生复习有关知识，以澄清认识，纠正错误。例如在胶体的教学中问学生：有色玻璃是一种固溶胶，你认为含铜元素的玻璃应是什么颜色？学生中有不少人认为是蓝色或黑色。分析错误的原因：一是忘记了玻璃中的元素是以氧化物的形式存在；二是将水合铜离子、氧化铜、氧化亚铜的颜色混淆；三是不明确玻璃是在高温下制成的，而氧化铜高温下会分解生成更稳定的氧化亚铜。如能抓住这几点，及时复习，学生就能变机械记忆为理解记忆，牢记含铜元素的有色玻璃为红色这个知识点。

新课教学中的复习不是为复习而复习，也不同于单元复习和期末总复习，其目的是通过“温故”而求“知新”，使新旧知识相得益彰。因此不能喧宾夺主，把时间和精力过多地用在复习上，而应该服务于新课的教学目的要求，备课时应认真选择复习的内容，上课时应灵活运用恰当的复习方法，少则三言两语联系某一概念或某一物质的性质，多则两三分钟综合归纳出某一规律或某一方法。

（二）单元复习

又称阶段复习，是在一个阶段（即一个单元或某一章）教学结束之后专门组织的复习。通常用1—2课时进行。这种复习的特点是内容少、时间短，可以起到温故而知新的阶段强化作用。

进行单元复习的目的是为了系统地掌握本单元的化学基础知识；熟练地掌握化学基本技能。复习时要根据课程标准的要求，结合教材内容的重点进行整理和小结，并在此基础上解答一些综合性的问题，或是通过典型习题的分析，达到举一反三的目的。单元复习的另一种形式是先进行诊断性测试，通过测试发现各种各样的错误，然后进行补缺复习。

（三）期末复习

期末复习是把全学期学得的知识进行全面系统的复习。在复习中，教师根据课程标准的要求帮助学生归纳整理、弄清重点、难点和相互关系。尤其要注意知识间的纵横联系，教师要以精讲深究，启迪思维、开发智力、发展智能为原则，在知识点、线、面上做文章，使学生通过复习有提高一步的收获。进行期末复习的时间以一周左右为宜。

（四）总复习

这是在初中或高中化学课全部学完之后进行的全面复习。目的是在平时学习的基础上，系统掌握全书或整个中学阶段的化学基础知识；熟练掌握化学用语、化学实验、化学计算和绘图等基本知识；进一步提高学生全面地、综合地运用化学知识和技能去分析问题和解决各种类型化学问题的能力。因此，总复习所牵涉到的知识内容既广又深，知识之间又具有内在的逻辑联系。这就要求教师复习时按教材体系，帮助学生把知识前后联系使之系统化，形成知识链，突出重要环节加强薄弱环节；再将知识归类，进行横向联系，形成知识网络，使学生正确理解和掌握所学知识。

总复习过程中，教师要注意以下几点：

第一，教师要根据课程标准，突出知识的重点，要精讲，引导学生总结归纳。切忌"炒冷饭""满堂灌"，无视学生的实际，面面俱到地讲，这不符合教育教学规律。

第二，教师要充分分析典型例题，帮助学生举一反三，整理解题思路使学生在解题方法上得到提高。切忌"题海战""大运动量训练"。那种多印发练习题，与其他老师争抢学生时间的想法是有害于学生身心健康发展的。

第三，教师要在培养学生的能力上下工夫，培养能力包括：逻辑推理能力、归纳演绎能力、实验动手能力、综合运用知识能力等。尤其在化学实验复习时，那种认为背实验现象、操作步骤既省时、省力又能拿高分的想法是不利于能力培养的。

化学总复习要处理好以下两个层次的问题，第一层次是知识层次，即系统复习学科知识的层次；第二层次是能力层次，即提高学生综合能力的层次。前者是学科知识量的积累，后者是学科思想质的飞跃。这两种不同层次的复习过程，却又在同一教学实践中进行着。若教师复习只是将教材中的知识网络梳理一遍，讲题仅限于就题论题，那么复习只会停留在第一层次中，且效率不高。要完成第一层次向第二层次飞跃，就要求教师思想认识的进一步提高，也就是说教师要充分理解这两个层次的不同要求，掌握学生能独立完成的，老师绝不包办代替这一教学原则（如知识网络的形成可将讲义印发给学生自学）的同时，贯彻教是为了不教这一宗旨，精心设计好复习课的教案，准确把握评讲（化学的科学思想和逻辑思维方法等）、略讲（传统的讲题方法等）、不讲（同一层次的题点到为止），进行分层次教学，使学生认知和思维能力得到充分的锻炼和提高，并且逐步获得运用已学知识去解决未知问题的能力，这种能力也是各学科教育的统一目标。

赞科夫强调，在平时教学中应着重建立知识之间本质上的联系。“如果在教学过程中循序地、恰当地揭示出这种联系，那么，概念就会形成一个严整的体系，而在这个体系之内进行个别概念的划分。学生在有机的联系中获得越来越多的新知识，其效果要比进行多次的、单独的复习好得多。”从这些话里，我们至少可以得到两点启示：第一，欲使学生获得巩固的知识，主要靠在平时的课堂教学中启发他们对知识的理解和积累，不能依靠在一次总复习中“总解决”；第二，无论是复习，或者是平时学习，都应遵从一条最基本的原则，那就是要注意建立知识之间本质上的联系，形成严整的知识体系。如果忽视经常的课堂教学，平时加班加点地赶教学进度，试图挤出更多的时间来搞集中突击复习，这种平时食而不化，临时“突击催肥”的办法，完全是本末倒置，违背教学规律，是不可取的。

三、化学复习的途径和方法

前面在化学复习类型和特点中，已对经常性复习作了详细的讨论，下面主要讨论单元复习和总复习的途径和方法。

（一）运用比较、图表进行复习

1. 运用比较法

比较是化学教学中常用的手段，主要形式有对比和类比。在复习课教学中，灵活地运用比较，巧妙设计教学，既可以区分异同、深化知识、探讨方法、归纳知识，又可以激发学生学习积极性和主动性，达到事半功倍的效果。这种复习方法运用在元素化合物知识、有机化合物知识、物质结构知识的系统化，各类知识的相互关系和相互转化等的复习。现举例说明如下：

（1）利用比较，区分异同。同和异是对立统一的矛盾体，两者互相排斥又相互依存。它表现出事物存在的普遍性和特殊性、共性和个性的关系。在复习中，要特别注意同中求异和异中求同。

同中求异。二氧化碳和二氧化硫性质相似，它们都是酸性氧化物，通入澄清的石灰水均变浑浊，过量后都变澄清：

$$Ca(OH)_2+CO_2 \longequal CaCO_3\downarrow+H_2O$$
$$CaCO_3+CO_2+H_2O \longequal Ca(HCO_3)_2$$
$$Ca(OH)_2+SO_2 \longequal CaSO_3\downarrow+H_2O$$
$$CaSO_3+SO_2+H_2O \longequal Ca(HSO_3)_2$$

复习时，在弄清两者相同点的基础上，教师要引导学生分析它们之间的不同点：

① 二氧化碳溶于水生成碳酸是弱酸，二氧化硫溶于水生成亚硫酸是中强酸。

② 二氧化硫有漂白作用，二氧化碳没有。

③ 从化合价分析，二氧化碳中碳为＋4 价，最高价，只能降低表现为氧化性；而二氧化硫中硫为＋4 价，既可升高又可降低，既有氧化性又有还原性。

然后让学生讨论：

① 如何验证二氧化碳中混有二氧化硫气体？

② 如何除去二氧化碳中混有的二氧化硫气体？

③ 如何检验二氧化硫中混有二氧化碳气体？

异中求同。氮及其化合物与硫及其化合物的性质似乎是没有关系的。教师在教学中，让学生比较其单质、氢化物、氧化物、最高氧化物的水化物后，画出转化关系：

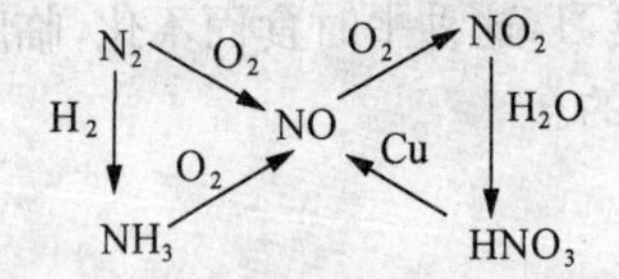

图 6-3　氮及其化合物的转化关系

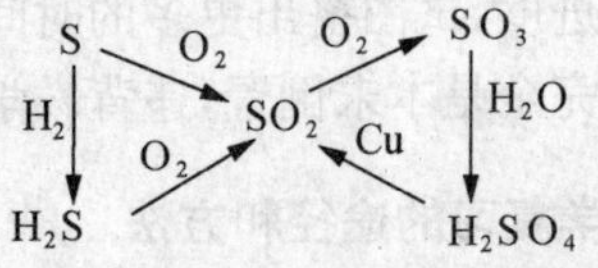

图 6-4　硫及其化合物的转化关系

学生找出相同点后，教师启发他们进一步思考：为什么某些性质和转化是相同的呢？逐步诱导，使学生的认识逐渐由表及里，由现象到本质，由感性上升到理性。

(2) 利用比较，深化知识。对重要的知识点，设计成由浅入深的阶梯形题组，通过比较，可以扩大思维空间，锻炼思维的灵活性和敏捷性，在不知不觉中深化知识，提高学生统摄知识的能力。如以相同体积、相同 pH 的盐酸和醋酸为例，设计层次递进的系列问题，让学生比较、探讨：① 氢离子浓度。② 物质的量浓度。③ 与 NaOH 溶液中和时消耗 NaOH 的量。④ 完全中和后溶液的酸碱性。⑤ 与同质量锌粒反应生成 H_2 的速度。⑥ 若锌粒剩余，是哪种溶液？⑦ 稀释相同倍数，pH 变化情况。⑧ 从上述比较看，强弱电解质的本质区别是什么？⑨ 如何证明某酸是弱电解质。⑩ 如何鉴别 pH 相同的强酸和弱酸。

(3) 利用比较，探讨方法。在解题时，展示不同的方法、思路，进行对比分析，可以促使学生的思维过程清晰地暴露出来，便于教师有的放矢地纠正错误，引导思路，归纳方法。

【例】 将 pH＝10 和 pH＝12 的 $Ba(OH)_2$ 等体积混合，求混合液的 pH。

展示不同解法：

解法一　$pH=\frac{10+12}{2}=11$

解法二　$[H^+]=\frac{1\times10^{-10}+1\times10^{-12}}{2}\approx\frac{1\times10^{-10}}{2}$ (mol/L)

$$pH=-\lg[H^+]=-\lg\frac{1\times10^{-10}}{2}=10.3$$

解法三　$[OH^-]=\frac{2\times10^{-4}+2\times10^{-2}}{2}\approx1\times10^{-2}$ (mol/L)

$$[H^+]=\frac{1\times10^{-14}}{1\times10^{-2}}=1\times10^{-12}\text{(mol/L)}$$

$$pH=-\lg[H^+]=-\lg1\times10^{-12}=12$$

解法四　$[OH^-]=\frac{1\times10^{-4}+1\times10^{-2}}{2}\approx\frac{1\times10^{-2}}{2}$ (mol/L)

$$[H^+]=\frac{1\times10^{-14}}{1\times10^{-2}/2}=2\times10^{-12}$$

$$pH=-\lg[H^+]=-\lg2\times10^{-12}=12-0.3=11.7$$

通过充分讨论，辩证分析，及时点拨，使学生明白“碱碱混合从$[OH^-]$入手”的道理，达到知其然更知其所以然。

(4) 利用比较，归纳知识。复习气体的实验室制备时首先让学生回忆课本上都制备了哪些气体，然后让学生就制取原理、制取装置、收集方式进行对比分析，归纳分类，找出规律。这样，既充分调动了学生的学习积极性，促使其主动地去学习，锻炼自学能力和思维能力；又将知识归纳成有序的、敛散自如的知识网络，使学生遇到问题时，能迅速抽调知识块，分析、迁移、转换、重组，使问题得到解决，增强了解题能力。

2. 运用图表法

下面介绍三种复习效果较好的图表法。

(1) 括号图——能够揭示知识体系、建立知识网络。把有关知识的主要内容筛选出来，认真分析它们之间的内在联系或从属关系，分门别类地用括号将其网络化，就组成了一幅“括号图”，这种图示能使我们清楚地看出各部分知识在整个知识体系中的地位和作用，可加深对这些知识的理解与掌握，是进行复习时经常使用的方式，现将构成物质的微粒图示如下：

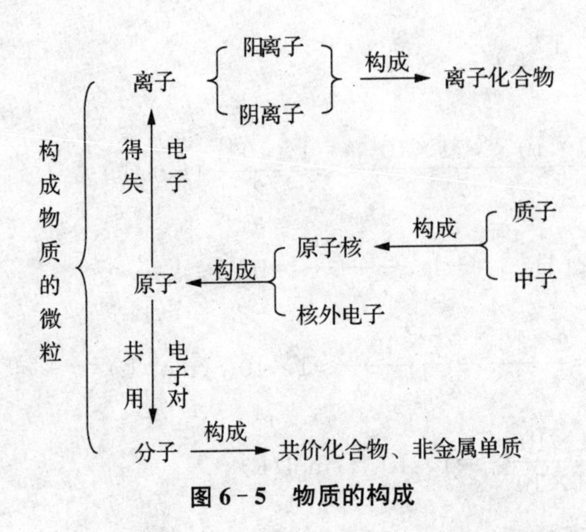

图 6-5 物质的构成

(2) 关系图——可以表示物质之间的相互转化关系。物质之间在一定条件下是可以相互转化的。这种转化,对给定的物质来说,表现出了它的一种化学性质,体现了它在某一方面的应用;对它所转化成的物质来说,则提供了一种可能的制取方法。利用关系图即可把物质之间的转化关系清晰地反映出来,这对于掌握物质的性质、制法、用途等方面的知识是很有好处的。例如,碳和碳的化合物的知识就可用如下的关系图来归纳:

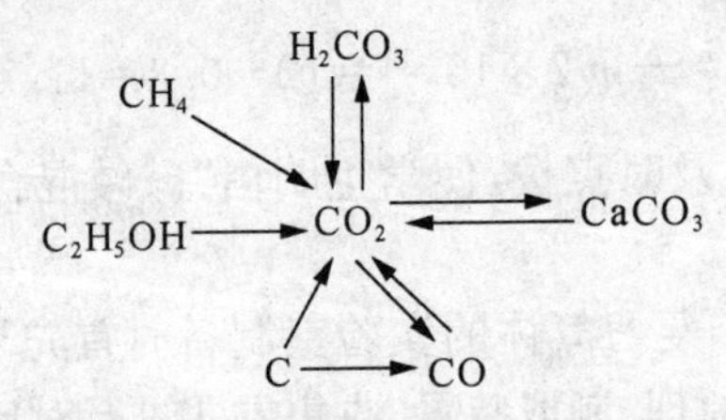

图 6-6 碳和碳的化合物的关系

通过该图,还可看出二氧化碳在知识体系中的中心地位,有利于抓住复习的重点。

(3) 框图——有利于形成解题思路、提高解题能力。复习离不开练习。不少练习题,尤其是综合性强又隐含反应的计算,单靠阅读分析是难以攻克的,倘若利用框图形式对所给条件加以分解,往往会收到"豁然开朗"的审题效果,从而提高解题能力,且看下面的例子。

题目:现有 8 g 金属氧化物 RO,加入到 200 g 稀硫酸中。充分反应后,测得溶液中含有 16 g R 的硫酸盐,再加入 20 g 氢氧化钠,反应完全后过滤,滤液呈中性。求:① R 的相对原子质量;② 稀硫酸中溶质的质量分数。

解析:这是一道综合性强的计算题。解答本题的关键是写出题目所涉及的各个化学方程式。其中"再加入 20 g 氢氧化钠"后发生的一个隐含反应——氢氧化钠与 R 的硫酸盐的反应容易被忽视。原因在于未充分用好"反应完全后过滤"这一条件,运用如下框图形式进行分析,即可形成正确的解题思路。

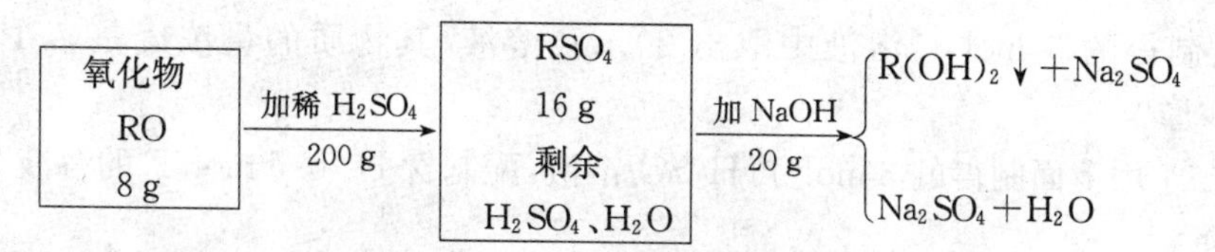

设R相对原子质量为 x，与RO反应的硫酸的质量为 y。

$$RO + H_2SO_4 = RSO_4 + H_2O$$

$$x+16 \quad 98 \quad\quad x+96$$

$$8\,g \quad y \quad\quad 16\,g$$

列方程求解得：$x=64$ g，$y=9.8$ g。

故R是铜。

设16 gR的硫酸盐(即 $CuSO_4$)与 z gNaOH完全反应，剩余的NaOH与 m gH_2SO_4 完全中和。

$$CuSO_4 + 2NaOH = Cu(OH)_2\downarrow + Na_2SO_4$$

$$160 \quad\quad 80$$

$$16\,g \quad\quad z$$

$$160:80=16:z \quad\quad z=8(g)$$

$$2NaOH + H_2SO_4 = Na_2SO_4 + H_2O$$

$$80 \quad\quad 98$$

$$(20-8)g \quad m$$

$$80:(20-8)=98:m \quad m=14.7(g)$$

故原稀硫酸中硫酸的质量分数为：

$$\frac{9.8\,g+14.7\,g}{200\,g}\times 100\%=12.3\%$$

(二) 运用实验、实验展览进行复习

1. 运用实验复习

化学复习配合适当的实验，特别是根据内容和学生实际情况精心设计实验，既可以达到基本概念或理论、化学计算、实验技能等综合复习的目的，又能提高学生兴趣，培养学生灵活运用化学知识的能力。

例如，复习"溶液浓度"，可组织下列实验内容和讨论：

[实验一] 试用98%的浓 H_2SO_4(密度1.84 g/cm^3)配制3 mol/L的 H_2SO_4溶液100 mL。

思考题：

(1) 什么叫溶液的浓度、溶质质量分数、物质的量浓度？

(2) 配制3 mol/L H_2SO_4溶液100 mL，需98%的浓 H_2SO_4多少？如何配制？

(3) 从制得的 3 mol/L 溶液中取出 20 mL 溶液，其物质的量浓度是多少？其中含 H_2SO_4 多少摩？

[实验二] 用上面制得的 3 mol/L H_2SO_4溶液，配制含 H^+ 0.5 mol/L 的溶液 200 mL。

思考题：

(1) 物质的量浓度溶液的稀释公式是什么？

(2) 配制含 H^+ 0.5 mol/L 的溶液 200 ml，需 3 mol/L H_2SO_4多少 ml？如何配制？

[实验三] 准确称取 0.5 g 无水碳酸钠溶解在适量的水中，需多少毫升 0.5 mol/L H_2SO_4 才能使之完全反应？试用中和滴定法予以证明，并记下实际使用 0.5 mol/L H_2SO_4 溶液的体积。

思考题：

(1) 什么叫做中和滴定？本实验应该用哪种溶液去滴定哪种溶液？用什么作指示剂？如何操作？

(2) 如果碳酸钠是纯净的，称量也是准确的，试根据滴定时的实际结果，计算你制得用来滴定碳酸钠的硫酸溶液实际物质的量浓度（这是测定酸的准确浓度的一种方法）；测量这种硫酸溶液的密度，再计算它的溶质质量分数。

(3) 物质的量浓度与溶质质量分数的相互换算以什么为媒介，什么是关键？

学生可先根据上述提纲进行复习，然后到实验室进行实验，并结合实验对所列思考题进行讨论。

2. 运用实验展览复习

参观化学实验展览，是总复习中学生比较欢迎的复习方式。关于展览室的布置，可以根据中学化学实验的内容和要求，将所需的仪器和药品分七大部分，按顺序布置在展览室的桌子上。在每一部分上方标有醒目的标题，旁边附有“说明”或“思考题”的说明板。第一部分介绍常用仪器，对一些常见的，估计学生掌握尚好的仪器，可以出一些思考题：“你能说出它的名称吗？它们有什么用途？你能正确使用它们吗？”对一些少见的，估计学生掌握它有困难的仪器，可以在仪器上贴有标签，并附上挂图，说明仪器的使用方法。第二部分实验操作技能，包括溶液的配制，加热，物质的分离，提纯，滴定。这一部分要展出它们的仪器，说明板上列出操作方法和要点，并可实地表演操作，例如固体、液体的取用，托盘天平的使用，酒精灯使用，蒸馏、分馏装置，滴定管的使用等等。第三部分几种常见气体的制取和收集，每种气体制取都有说明板，列出操作要点，并列出三套制备装置（固固加热型、固液不加热型、固（液）液加热型）和三种气体收集方法（排水、向上排气、向下排气）备有部分药品，便于学生操作。第四部分物质鉴别，列两张综合表，一张说明常见气体的特性和鉴别法，一张是常见离子的鉴别法，并放置一些常见物质和溶液的样品，在这一部分可以配上一些思考题和综合性的实验习题，有条件的还可以让学生操作。第五部分常用药品的存放和仪器的洗涤等，可以列出存放药品的试剂瓶和洗涤试剂，并附上思考题。第六部分连接简单仪器——干燥管、洗气瓶的使用。在制备物质过程中常牵涉到干燥和除去杂质等操作，这一部分可以出一些实验题，准备一些药品仪器，让学生自己设计安装成套装置。第七部分电化学，布置原电池、电解池、电镀等实验。还可以配一些幻灯、录音解说、录像、科教片电影等现代电化手段。展览室可全天开放，教师轮流值班辅导，学生可以自由参观或操作。实验展览使学生结合实验和综合性的思考题，配合必要的临场实验操作，对学生整理与综合已学过的知识和技能、提高分析问题、解决问题的能力是一种很好的系统复习形式。

（三）利用练习和考试进行复习

练习和考试是使学生巩固和运用知识、培养技能、训练思维的好方法；也是教师了解学生掌握知识和技能的程度，取得反馈信息的好途径。通过练习和考试便于教师有针对性地组织复习和辅导。利用练习和考试进行复习，选题是关键。教师在选题时要把握以下几条原则：

(1) 针对性原则。教师所选的练习题要结合学习实际，针对平时学生学习中的“常见病”“多发病”，紧扣易错易混的知识点设计或选用例题，做到对症下药，有的放矢。

(2) 典型性原则。即选择的练习题既具有代表性、范例性。这些习题能反映学科知识的重点和难点，也能反映中考、会考和高考的热点，通过这种题目的练习，达到强化重点，突破难点的目的。

(3) 激励性原则。习题的难易要恰当，有利于激发学生的积极性。当前化学教学中普遍的现象是各种高考复习资料、试题、例题偏难，严重挫伤相当一部分学生的学习积极性，这种状态需要改变。

(4) 综合性原则。要求在复习过程中编选的习题，尽可能将多个知识点有机地联系于一题，通过这类题的解答，提高学生分析、解决问题的综合能力。

(5) 灵活性原则。要求所选的题目具有多变性，通过一题多变的训练，培养学生思维的灵活性和变通性，同时能对某些化学问题形成正确、系统的思维路线。常见的变化方法有：① 多方位变换设问角度；② 旧题变新题；③ 对原题的条件和设问等进行拓宽、改变等。

(6) 创造性原则。能将化学信息按照题设情境抽象归纳，逻辑地统摄成规律，并能运用此规律进行推理，这是近几年来高考对学生创造能力考查的要求，其目的是让学生跳出“题海”。所以复习时，选编一定数量新颖灵活的有创造力的习题，鼓励学生打破常规，锐意创新，使学生在解题过程中培养起变通运用知识的思维和创造运用知识的思维，从而提高思维的创造性。

（四）基于问题和讨论进行复习

教育心理学认为，学生的思维过程往往是从问题开始的。基于问题的复习，有利于使学生产生积极的思维状态而增强复习的有效性。复习教学中的问题设计，既要防止挫伤学生思维热情的简单再现式提问，又要避免阻碍学生思维的包办代替式提问。那么在化学复习教学过程中，什么样的问题才具有一定的思考价值，才能有效激活学生思维呢？

首先，问题应具有较强的综合性。因为化学复习是建立在学生学完化学课程基础上的一次全面复习，问题的设计不仅要有利于引导学生对整个中学化学知识进行有序回顾和有效重组，还要有利于学习过程的合理再现和方法的融会贯通，有利于知识的迁移应用和价值的充分展示。只有综合性较强的问题，才能更好地兼顾多方面要求，具有足够的思维容量和思维强度，才能提高学生思维的参与度。如氧气、二氧化碳分别是"身边的化学物质"主题下的两种重要气体，复习时，问题的设计不能仅局限在性质、用途、制备等内容的简单归纳和总结上，而是要重视包含以下内容：一是以氧气、二氧化碳各自性质为中心，分别构建氧气和二氧化碳的组成、性质、变化、制法、用途的知识网络；二是通过分析比较氧气、二氧化碳两者之间在组成、用途等方面的差异，在巩固组成决定性质、性质决定用途思想方法的同时，深化对氧气和二氧化碳各部分知识之间关系的认识；三是以氧气和二氧化碳在自然界的转化反应为切入点，加强氧气与二氧化碳的联系，认识氧循环和碳循环的意义，增强学生对待自然、物质、科学的情感态度和价值观。

其次，化学复习教学中的问题还应具有一定的开放性，这不仅是因为开放性的问题具有更强的发散性，能为学生提供更广阔的思维空间，有利于调动学生思维的积极性和主动性，而且因为开放性的问题往往还具有不同的思维起点，更有利于面向全体学生。如化学变化是贯穿初中化学的核心概念，为了在复习中帮助学生进一步深化对该概念的认识，可设计如下问题：① 你认为化学变化和物理变化有什么本质差异？你是如何判断一种变化是物理变化还是化学变化的？② 从你所熟知的化学变化中，举例说明化学变化常伴随的现象有哪些？③ 从质量上看，化学变化有什么共同特点？你将如何从化学变化的微观实质对此作出解释？以上三组问题的设计具有不同的开放特点，能从不同角度激发学生对化学变化进行深入思考。

有效教学理论认为，没有学生的主动参与，就没有成功而有效的课堂教学，最有价值和最有效的参与是学生思维的参与。从化学教学的实际看，在化学复习之前，学生就已经经历过多种形式的复习，如单元复习、阶段性复习、期中复习和期末复习等。那么，怎样才能使学生在复习时仍具有浓厚的兴趣并产生积极的思维呢？组织学生讨论是有效措施之一。讨论可以将学生从听众变成讲演者，讨论中学生不仅要倾听其他同学的观点，而且要独立思考，作出自己的判断，形成自己的观点，并组织成语言加以表达。如果讨论的议题合适、教师组织得当，通过参与讨论，学生可以对所讨论的问题留下深刻的印象。

四、化学复习教学示例

【示例 1】

（一）总复习　化学用语

教学目标

知识技能：较系统地了解元素、离子、化合价、化学式、化学方程式、电离方程式、相对原子质量、式量、原子结构示意图、离子结构示意图各概念的含义；在复习过程中记住并会正确书写常见元素符号、化学式、化学方程式；使学生体会到正确规范熟练运用化学用语是学习化学的基本功。

能力培养：继续培养学生归纳对比能力，初步培养形成规律性认识的能力。

科学思想：让学生领悟到化学用语不但需要一定的记忆，还需要对每个概念的正确理解，更需要掌握内在联系及规律的科学的学习思想。

科学品质：培养学生认真仔细、严谨求实的科学品质；体会掌握运用基本化学用语知识的乐趣。

科学方法：通过将分散的化学用语知识系统归纳、总结，并用表格化、线图化地整理展示，学习有意义的学习方法。

教学重点、难点

对元素符号、化学式和化学方程式的理解掌握和应用、形成化学用语知识网络和系统的内在联系和抽象归纳能力。

教学过程设计

教师活动	学生活动	设计意图
[问题引入] 化学用语是学习化学的重要基础。"用语不清是非不明"。初三化学用语主要有"三号、三式、两量、两图"。请大家积极关心这些化学用语，回忆并找出它们。	回忆、思考、回答 三号：元素符号、离子符号、化合价符号。 两量：相对原子质量、式量。 三式：化学式、化学方程式、电离方程式。 两图：原子结构示意图、离子结构示意图。	创设复习情境，明确复习目标，激发自我期望情绪。
[板书] 一、三号　(元素符号、离子符号、化合价符号) 请大家回忆三种符号的概念和含义。 [投影] 课堂练习 1. 将下列符号中错误的删去、正确的归类并找出离子符号与化合价符号书写的异同点： O、$2Na^{+}$、$\overset{+3}{Al}$、Cl^{-}、Mg、Al^{3+}、$\overset{-2}{S}$、Mg^{+2}、$\overset{+1}{H}$、Al、H^{+}、Mg^{2+}、$\overset{3+}{Al}$ [讨论后概括] [板书] 相同：(1) 元素符号相同； (2) 数值与正负相同。 不同：(1) 书写位置不同； (2) 数字与正负号前后顺序不同； (3) "1"的省留不同。	再现概念和含义 元素符号 O、Mg、Al 离子符号 $2Na^{+}$、Cl^{-}、Al^{3+}、Mg^{2+}、H^{+} 化合价符号 $\overset{+3}{Al}$、$\overset{+1}{H}$、$\overset{-2}{S}$ 错误符号 $\overset{+3}{Al}$、Mg^{+2} 四人一组讨论异同，一人代表回答，其他人补充。 领悟。	复习巩固基本概念。 用对比分辨的方法将"三号"归类。 进一步培养应用概念认识事物的能力。 初步培养抽象概括能力。

（续表）

<table>
<tr><th>教师活动</th><th>学生活动</th><th>设计意图</th></tr>
<tr><td>2. 常用的原子团的根价和离子有哪些？
[复合片投影] 请五名同学用抽签方式将符号写在投影片上并与名称对位形成完整的表格。</td><td>投影笔答。
<table><tr><th>名称</th><th>符号</th><th>化合价</th><th>离子</th></tr><tr><td>氢氧根</td><td>OH</td><td>$\overset{-1}{OH}$</td><td>OH^-</td></tr><tr><td>硝酸根</td><td>NO_3</td><td>$\overset{-1}{NO_3}$</td><td>NO_3^-</td></tr><tr><td>碳酸根</td><td>CO_3</td><td>$\overset{-2}{CO_3}$</td><td>CO_3^{2-}</td></tr><tr><td>硫酸根</td><td>SO_4</td><td>$\overset{-2}{SO_4}$</td><td>SO_4^{2-}</td></tr><tr><td>铵根</td><td>NH_4</td><td>$\overset{+1}{NH_4}$</td><td>NH_4^+</td></tr></table></td><td>用类似游戏的形式，带着学习乐趣复习根价知识。</td></tr>
<tr><td>[点拨] 学好化合价要做到一个了解：了解化合价的实质。五个掌握：① 化合价的确定(正负及数值)；② 化合价的书写；③ 化合价的规律(两零三通常)；④ 化合价的记忆；⑤ 化合价的应用。
通过练习增强化合价应用的熟练程度。</td><td>回忆“两零三通常”
单质元素化合价为零。
化合物中正负化合价代数和为零。
通常氧显−2价、氢显+1价。
通常金属显正价、非金属显负价。
通常氧显负价另一种元素显正价(氧化物中)。</td><td>初步培养形成规律性认识的能力。</td></tr>
<tr><td>[投影] 课堂练习
3. 根据化合价书写化学式。
<table><tr><th>正价
负价</th><th>$\overset{+3}{Al}$</th><th>$\overset{+3}{Fe}$</th><th>$\overset{+2}{Fe}$</th><th>$\overset{+2}{Cu}$</th><th>$\overset{+1}{Na}$</th><th>$\overset{+1}{H}$</th></tr><tr><td>$\overset{-2}{O}$</td><td></td><td></td><td></td><td></td><td></td><td></td></tr></table>4. 根据化学式计算化合价。将下列化学式按氯元素化合价由低到高顺序排列：$KClO_3$、$NaCl$、Cl_2、$NaClO$、$HClO_4$。
5. 判断正误：下列化学式中书写正确的是(　　)。
A. 氯化锌 ZnCl　　B. 氧化铝 OAl
C. 氧化钠 NaO　　D. 硫酸镁 $MgSO_4$</td><td>积极思考、回答。</td><td>通过练习增强化合价应用的熟练程度。</td></tr>
<tr><td>[引入] 三种符号规范准确熟练地书写为“三式”的掌握打下良好的基础。“三式”的概念、含义是什么？
[板书]
二、三式(化学式、化学方程式、电离方程式)</td><td>看书、回忆、理解“三式”的概念。</td><td>巩固“三式”概念。</td></tr>
</table>

（续表）

教师活动	学生活动	设计意图
[投影]课堂练习 6. 以CO_2为例，叙述化学式的含义。 7. 以石灰石热分解为例，叙述化学方程式的含义。 8. 以硫酸铝为例，写出电离方程式。	在练习中运用概念。 独立完成练习。	体会概念之间的内在联系与规律。
[提问]化学式的书写方法及化合物书写原则是什么？ [学生答后小结]单质写法、化合物写法左正右负上标价、十字交叉写右下，能约简的要约简、上下相乘做检查。 [指正答复]在化合物中，正负化合价代数和为零。	思考，回答。	较系统地掌握化学式、深化方程式的知识。
[再问]化学方程式的书写原则呢？	回答① 以客观事实为依据；② 遵循质量守恒定律。	进一步培养严谨认真的科学态度。
[设疑]化学方程式的书写方法？	回答： 左写反应物右写生成物，不动化学式系数要配平，中间连等号条件要注清，生成沉淀气箭号来表明。	正确地掌握化学方程式的书写，为后面的复习打基础。
[提问]电离方程式的书写方法和原则是什么？有哪些注意事项？	思考、回答：① 离解发生在正价元素(或原子团)与负价元素(或原子团)之间；② 离子的个数要写在系数位置上；③ 原子团不能拆开；④ 离子所带电荷的正负与数值可根据化合价判断；⑤ 阴、阳离子电荷总数相等。	了解即可。
[板书] 三、两量(相对原子质量、式量) 四、两图(原子结构示意图、离子结构示意图)	记录、并回忆概念。	
[投影]课堂练习 9. 一个碳原子的质量是1.993×10^{-26}千克，一个氢原子的质量是1.674×10^{-26}千克，一个铁原子的质量是9.288×10^{-26}千克，计算碳、氢、铁的相对原子质量。 10. 按要求写出化学式并计算式量和：5个氧分子______，2个水分子______，4个二氧化碳分子______。 11. 画出下列原子或离子的结构示意图：Ca^{2+}，Na^{+}，O，S^{2-}，C	做练习，理解概念。 会计算相对原子质量和式量、能区别“两图”。 独立完成练习。 先计算出“标准”，再计算出相对原子质量。 画原子、离子的结构示意图，体会阴离子、阳离子结构上的不同。	在应用过程中正确理解“两量两图”。 培养认真仔细严谨的科学品质，体会掌握知识的乐趣。 初步培养归纳对比能力。

（续表）

教师活动	学生活动	设计意图
[投影总结] 化学用语： 物质组成用语：元素符号、化合价符号、离子符号、化学式 物质变化用语：化学方程式、电离方程式 物质结构用语：原子结构示意图、离子结构示意图 化学量用语：相对原子质量、式量 [投影]（见右） 内在联系总结。用主题词激活扩展式展示学生做的概念图，由制图学生自己讲解。 [结束]请同学们依据今天复习内容继续完善自己绘制的化学用语概念图。	形成化学用语知识网络和体系。 由学生自己讲解自己绘制的化学用语内在联系图。 元素符号→相对原子质量 元素符号→化学式；化合价→化学式；化学式→化合价 化学式→式量；化学式→化学方程式；化学式→电离方程式 元素符号→原子结构示意图 元素符号→离子结构示意图→离子符号 元素符号→原子图 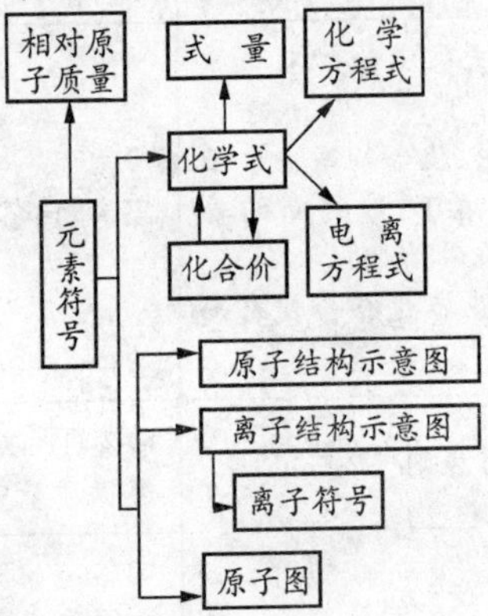	将化学用语形成网络和体系。 感受系统复习化学用语的方式方法。掌握化学用语是学习化学的基本功。 注意培养形成内在联系和抽象归纳能力。 激发继续学习的激情和兴趣。
[随堂检测]略。		

【示例 2】

（二）单元复习　物质的量

教师活动	学生活动	设计意图
【引入】物质的量及其单位摩尔是整个高中学习过程中的一个十分重要的内容。物质的量是国际单位制中的一个重要的物理量，在化学计算中，该物理量处于核心地位。因此，同学们一定要把这一章的知识掌握好，掌握牢。今天我们通过讨论具体的习题，来复习巩固本章知识点的理解，将它们联成知识网，以便于熟练运用。 【板书】“物质的量”一章复习	听讲，体会本章知识的重要性及本节课的重点是将知识联成知识网。	引出物质的量这个中心知识点，引起学生的重视。

（续表）

教师活动	学生活动	设计意图
【讲述】今天我们所做的练习，着重于找解题思路和方法。下面我们就来讨论一道题。 【投影】课堂练习 1. 质量为 73 g 的氯化氢 ① 物质的量为（　　）mol； ② 含有（　　）个氯化氢分子； ③ 在标准状况下所占有的体积为（　　）L； ④ 将其溶于水配成 1 L 溶液，则所得溶液的物质的量浓度为（　　）。 读题，引导学生分析解题的思路，将知识点联成知识网，一边引导学生分析，评价学生的分析，一边板书。 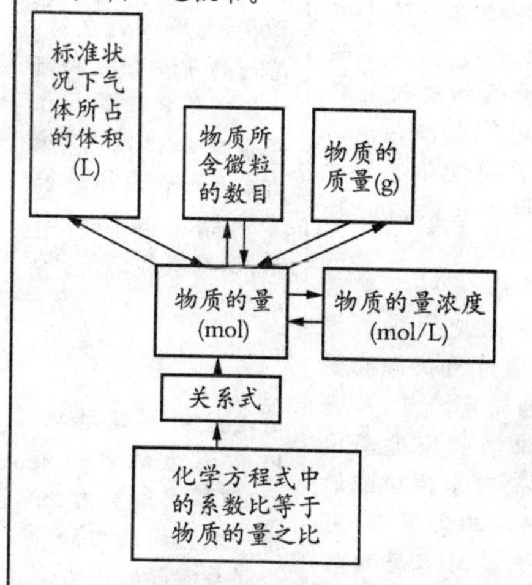 	领会解决习题的重点是分析解题的思路。 回答问题，分析解题的思路：① 已知质量求物质的量，通过摩尔质量进行转化；② 已知质量求微粒个数，用物质的量和阿伏伽德罗常数进行转化；③ 已知质量求标准状况下气体所占的体积，用物质的量乘以气体摩尔体积；④ 已知质量求物质的量浓度，用溶质的物质的量除以溶液的体积。 个别同学回答，其他同学在笔记本上画出本章知识的主网。	指明本节课的重点。 以学生的思维为主线，以题带知识点，通过学生对解题思路的分析将物质的量、摩尔质量、物质的质量、气体摩尔体积、物质所含微粒的数目、物质的量浓度等知识点串成知识网，总结出本章的知识主网。 通过回答问题培养学生的表达能力、逻辑思维能力、分析与综合的能力和理论联系实际的能力。
【讲述】这一章我们主要学习了物质的量、摩尔质量、气体摩尔体积、阿伏伽德罗定律、物质的量浓度等知识，而这些知识都不是孤立存在的，它们之间都能通过一定的关系联系起来。通过这道题的分析，同学们已经将物质的量这一章的主网确立出来了。而我们以前学过的一些知识也和这一章的知识点有着一定的联系，同学们在学习的过程中还应该注意总结新知识与旧知识之间的联系。下面我们再来讨论一道题，以便把新旧知识联系起来，充实知识网。	边听讲边观察黑板上的知识主网，科学地记忆所学的知识。 思考以前学过的知识有哪些和本章的知识有联系，它们是通过怎样的关系联系起来的。	对学生渗透事物是普遍联系着的哲学观点，教给学生科学的学习方法。

(续表)

教师活动	学生活动	设计意图
【投影2】课堂练习 2. 含 3.01×10^{23} 个硫酸分子的硫酸: ① 含有(　　)个氢原子,(　　)个硫原子,(　　)个氧原子,(　　)个质子,(　　)个电子,(　　)个中子,(　　)克氢元素,(　　)克硫元素,(　　)克氧元素。 ② 将这些硫酸溶于水,配成质量分数为20%,密度为 $1.14\ g\cdot cm^{-3}$ 的硫酸溶液,则所得硫酸溶液的物质的量浓度为(　　),溶液中 H^+ 的物质的量浓度为(　　),SO_4^{2-} 的物质的量浓度为(　　)。 ③ 将上述硫酸溶液与足量的铁充分反应,可生成标准状况下的氢气(　　)升,室温时,将这些氢气与等体积的氧气于密闭容器内点燃,恢复到室温,容器内的压强将(　　)(填增大、不变或减小)。 读题,引导学生分析解题思路,分析新、旧知识的联系,以充实知识网,一边分析一边板书。 物质的量(mol) 物质的量浓度(mol/L) 电解质的电离 关系式 溶质的质量分数(%) 物质的组成与结构 阿伏加德罗定律 【板书】 评价学生的分析。	讨论第① 问,找出解题的思路,然后回答。从物质的组成与结构着手,由一个硫酸分子中硫酸分子、氢原子、硫原子与氧原子的个数比求得氢原子、硫原子与氧原子的个数;通过原子结构的分析求出这些硫酸分子中含质子、电子、中子的数目;通过阿伏伽德罗常数可将硫酸分子个数转化为硫酸的物质的量,而硫酸中氢、硫、氧原子的物质的量之比为2∶1∶4,则可求出氢、硫、氧的物质的量,再通过摩尔质量求出这些硫酸中所含氢、硫、氧元素的质量。 第②问有两条思路,第一条思路通过求物质的量浓度的基本方法进行计算,先通过阿伏伽德罗常数求出硫酸的物质的量,再通过摩尔质量及溶液的密度求出溶液的体积,继而可求得硫酸的物质的量浓度;第二条思路,可利用物质的量浓度与溶质的质量分数之间的相互转化关系进行计算,即 $\rho Va\%=cVM$。	通过连续的设问和讨论激发学生的学习兴趣。 以学生的思维为主线,以题带知识点,通过学生对解题思路的分析将物质的组成与结构、电解质的电离、溶质的质量分数和阿伏伽德罗定律等知识点串成知识网,总结出本章知识与所学的其他相关知识的联系,以充实知识网。 通过分析解题思路,培养学生的表达能力、逻辑思维能力、分析与综合的能力和理论联系实际的能力。

（续表）

教师活动	学生活动	设计意图
【讲述】通过讨论这两道题，我们将物质的量这一章涉及到的知识点加以网络化，同学们应着重于掌握这些知识点间的联系，遇到相关的题目时，围绕着这个知识网，以物质的量为中心去思考，就会有清晰的思路。对于一些推论和公式，同学们没必要死记硬背，而是要理解变化的实质，许多所谓的公式都是可以推导的。指导学生由阿伏伽德罗定律推导几个推论，推导溶液的稀释与混合、物质的量浓度、溶解度之间的换算方法。	听讲，体会掌握知识时要注重知识间的联系，注重新旧知识的联系，要科学地记忆，不要死记硬背。 在教师的指导下指导推论与有关的计算公式。 根据阿伏伽德罗定律： 同温度、同体积下： $p_1/p_2=n_1/n_2$ 同温度、同压强下： $V_1/V_2=n_1/n_2$ 同温度、同压强、同体积下： $m_1/m_2=\rho_1/\rho_2=M_1/M_2$ 溶液稀释与混合过程中溶质的物质的量不变： $c_{浓}V_{浓}=c_{稀}V_{稀}$ $c_1V_1+c_2V_2=c_{混}V_{混}$ 已知溶解度和溶液的密度，则： $c=(1\,000S/M)\div[(S+100)/\rho]$	教给学生掌握知识的科学方法，应掌握之间的联系，特别要注意新旧知识之间的联系。通过阿伏伽德罗定律的推论的推导及溶液的稀释与混合、物质的量浓度、溶解度之间的换算方法的推导，培养学生的逻辑思维能力，激发学生的学习兴趣。
【提问】哪位同学能讲一讲通过这节课的学习你都有哪些收获？	通过习题的讨论，我们掌握了如何将分散的知识联成知识网，学到了科学的学习方法。	培养学生总结概括能力。
【随堂练习】略。		

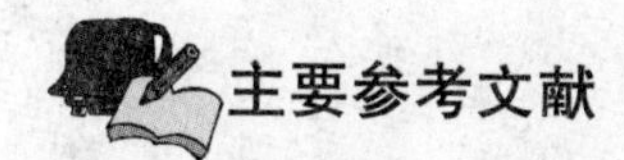

主要参考文献

[1]　范杰. 中学化学教学法[M]. 北京：高等教育出版社，1990：183—184.

[2]　西南师范学院化学系. 中学化学教学法实验[M]. 北京：高等教育出版社，1986：236—238.

[3]　郭卓群，等. 化学教学心理学[M]. 厦门：厦门大学出版社，1988：75—91.

[4]　江苏省中小学教学研究室．化学教学参考书(初中)[M]. 南京：江苏科学技术出版社，1996：1—7.

[5]　吴俊明，王祖浩. 化学学习论[M]. 南宁：广西教育出版社，1996：113.

[6]　沈鸿博. 中学化学教材教法[M]. 长春：东北师范大学出版社，1990：212—214.

[7]　张立言. 初中化学教案[M]. 北京：北京师范大学出版社，1999.

[8]　张立言. 高中化学教案(一、二年级)[M]. 北京：北京师范大学出版社，1999.

[9] 宋心琦.高中化学课程标准指导下的元素化学教学问题[J]. 化学教学，2008(9)：1—4.
[10] 方婷,王祖浩. 国内外关于物质的量概念的研究及启示[J]. 化学教育，2008(5)：21—23.
[11] 孟献华. 初中化学概念形成与教学策略[J]. 化学教育，2004(2)：36—37.
[12] 杨玉琴,王祖浩. 教学情境的本真意蕴—基于化学课堂教学案例的分析与思考[J]. 化学教育，2011(10)：30—33.
[13] 梁德娟,张文华,王星乔. 美国教科书《化学：概念与应用》建构主义思想分析[J]. 化学教育，2009(10)：11—14.
[14] 陈丽琴,胡志刚. 归纳法与演绎法在化学教学中的应用[J]. 化学教育,2013(6)：47—49.

思考题

1. 如何结合化学基本概念和基础理论的教学来培养学生的能力？试举例说明。
2. 如何运用化学理论指导元素化合物知识的教学?
3. 如何联系生活实际开展元素化合物知识的教学?
4. 为什么说化学用语是教学中的难点？举例说明你计划如何分散难点。
5. 化学复习课教学中如何指导学生解题?
6. 可以用哪些方法帮助学生建立化学知识网络？请举例说明。
7. 试拟“钠”“离子化合物和共价化合物”的教学方案。

第七章　化学教育研究与教师专业发展

内容提要

教师由"教育者"向"研究者"转变，是教师专业化的必然要求。化学教育研究是以发现或发展化学教育科学理论、知识体系等为导向，通过对化学教育现象的解释、预测和控制，获得化学教学原理、原则或问题解决策略等的活动。本章主要讨论了化学教育研究与化学教师专业发展的关系，着重阐述了化学教育研究如何选题及设计，并从化学学科专业特色出发提出了化学教育研究的具体内容和研究方法。

20世纪80年代，"教师即研究者"的理念从西方传入我国，开始融入我国教育改革、课程改革以及教师专业化运动。教师面对的是一个个生龙活虎、具有能动性和独特个性的学生，因此，教师的工作永远充满未知的因素，教学处于一种流变状态，永远需要研究的态度。如果仅仅从知识的传递出发去理解教育，教师只能是一个教书匠角色；如果从促进每个学生的发展出发，那么，教师的工作就总是在实现着文化的融合、精神的建构，永远充满着研究和创造的性质。教师上课前的设计，教学过程的实施，教后的反思，既是感性经验的积累过程，更蕴含着理性研究的契机。英国课程专家斯坦豪斯说："教育科学的理想是每一个课堂都是实验室，每一名教师都是科学研究共同体的成员。"教师成为研究者，能够促使教师更加关注具体的教学情境，把教育理论应用于教学实践，提高教学的水平和质量，从而促进自身的专业发展。

第一节　化学教师的专业发展

一、化学教师的专业素质

化学课程改革的全面开展，促进了化学教师的专业发展，同时也对化学教师的素质提出了新的更高要求。化学教师作为学校教师集体中的一个特殊群体，其素质构成既有符合一般教师素质构成的共性的一面，同时又具有其特殊性。关于教师素质的构成，不同时期、不同国家、不同的研究者持有不同的观点。就目前正在进行的基础教育课程改革和学生全面发展的需要来说，教师应具备以下几种基本素质：

1. 正确的教育观念

教育观念是教师素质的核心，是教师立教的根基与转变教师行为的先导。教育观念虽然无形,但在教育实践中却能改变教育的面貌,决定教育的成败,影响教师的工作方式,制约教师的活动方向。化学新课程“以提高学生的科学素养为主旨,提倡让学生有更多的机会主动地体验科学探究的过程,在知识的形成、相互联系和应用过程中养成科学的态度,学习科学方法,在做科学的探究实践中培养学生的创新精神和实践能力”,要求教师具有资源意识,“用教材教”。因此,在教学中,教师需要理解化学新课程的核心理念,并在教学中践行这些理念。

2. 良好的职业品质

教师的职业品质对于学生的发展具有强烈的外在示范性与内在感染性。教师的教育魅力,首先源于他做人的楷模。教师的仪表、工作作风、言谈举止和良好习惯,都是教师良好素质的外化,同时也是影响学生形成良好素质的动力。叶圣陶先生说过:“教师的全部工作就是为人师表。”因此,教师必须努力提高自身的品德修养,形成崇高的敬业精神和高尚的职业道德,发挥对学生言传身教、潜移默化的作用。同时,教师还要注意保持乐观的心境,积极的精神状态和稳定的情绪,始终将思考的快乐和收获的喜悦送给学生,对学生应有宽容的心态,使学生在愉快和谐的环境中健康成长。

3. 多元的知识结构

教师首先要掌握精深的专业知识,对于化学教师而言,其专业知识结构应该包括:

(1) 大学化学专业所涉及的经典化学知识,如无机、有机、物化、分析、结构等;

(2) 化学与STS相关的知识(化学在健康、环境、资源、能源等发展中的地位和作用);

(3) 化学科学发展的前沿知识;

(4) 重要的化学史实;

(5) 科学方法论知识。

教师在掌握扎实的专业基础知识的基础上,还要学习自然科学、社会科学研究前沿的最新成果、最新知识,还应更多地学习和掌握最新的教育学、心理学和教学论以及其他相关的理论。现代教师不仅是实践者,而且要成为研究者,因此,还要学习教育哲学、管理策略、教育教学活动设计、方法选择、现代教育技术手段的运用以及教育研究等方面的知识,使自己不仅会教,而且有自己的教育追求与风格。

4. 完善的能力结构

教师应具有较高的获取知识的能力,包括收集资料、查找资料以及对资料的筛选、摘录与综述的能力;应具有较高的教学能力,包括教学规范、教学评价、教学实验和现代化教学手段的运用;应具有较高的教育能力,包括对学生进行个别教育、集体教育和组织、管理、协调、控制等等;同时,教师还应具有科研能力,教师要善于对自己的教育教学实践和周围发生的教育教学现象进行反思,从中发现问题来进行研究,找出规律性的东西,对新的教育思想、问题、方法等进行多方面的探索和创造,使教师工作更具有创造性和内在的魅力。科研素质已为现代教师素质的一项重要内涵。其他一些能力,如批判鉴别的能力、社会调查能力、语言表达能力、文字能力等等也是现代教师应具备的。

化学是一门以实验为基础的学科。化学教师进行实验教学的能力就成为其职业特殊能力的非常重要的组成部分。化学实验教学能力包括进行演示实验教学的能力、设计和改进化学实验的能力及指导学生实验的能力。教师进行演示实验时首先要明确实验的目的，弄清楚通过这个实验引导学生获得什么知识，示范哪些操作，要引导学生观察哪些现象，要重点培养学生哪方面的能力。其次要做到安全可靠，要保证演示实验的成功率，实验操作要规范，实验现象要鲜明。同时在实验过程中要加强启发性讲授，引导学生将实验、观察和思维紧密结合，通过对实验过程和实验现象的分析，使学生明确实验原理、装置和操作之间的相互关系，加深对整个实验的全面理解；设计和改进实验的能力是指教师在教学中，根据教学的需要和教学内容的特点设计有关的新实验，以加深学生对知识的理解；或者是改进已有的实验，使装置和操作更简单，现象更明显。化学实验的设计和改进在保证科学性的前提下，必须符合实验教学的目的和学生的认知规律，它体现了教师的创造性；指导学生实验的能力主要体现在教师指导学生进行实验操作、实验观察和实验思维，在这个过程中培养学生的科学态度和科学方法。

5. 多向的教育交往

在教育教学活动中，教师要与学生、其他教师、学生家长、教育管理者以及社会中的教育力量进行多向的教育协调与交往。教师为了实现有效的教育，应具有理解他人和与他人交往的能力。首先是对学生，教师要想使学生积极主动地投入到教育教学活动中来，就离不开与学生的沟通，应建立平等、理解、双向的师生关系。教师应克服以学科为中心的个体工作意识，与其他教师相互合作，相互支持，才能更好地完成教学任务。同时，教师还应建立与家长合作和相互支持的关系，与学校教育管理者以及社会有关机构中的人员的协作关系，这些都是形成教育教学合力和进行有效工作所必不可少的。

二、化学教师专业发展的阶段

成为优秀教师或专家型教师，是大部分新教师的理想。有研究者将教师从新手到专家的过程划分为五个阶段：新手水平、高级新手水平、胜任水平、熟练水平、专家水平。

新手水平教师是师范生或刚进入教学领域的老师。在这个水平上，教师的任务是学习一般的教学原理、教材内容知识和教学方法等，并熟悉课堂教学的步骤和各类教学情景，初步获得教学经验。

高级新手水平教师是有两三年教龄的老师。他们的言语化理论知识与经验相融合，教学事件也与案例知识相结合。他们开始意识到各种教学情境有其共性，也会运用一些教学策略来调节和控制自己的行为。但是，他们还不能有意识地控制自己的行为或课堂中的教学事件，还不能确定教学事件的重要性。因此，具备此水平教师虽然获得了一些关于课堂教学事件的知识，但他们的课堂管理与教学活动并不是在意识水平下的行为，而是带有很大的偶然性和盲目性。

胜任水平教师并不是每个教师都能达到的。他们的教学有两个特性：能明确自己的教学目标和内容；能确定课堂教学活动中各类事件的主次。此水平教师对完成教学目标有较强的自信心，但是他们的教学技能仍然达不到迅速、流畅与变通的水平。

熟练水平教师对课堂教学情境和学生的反应有敏锐的观察力。他们能从不同教学事件中总结共性，形成有关教学的模式识别能力，可以准确预测学生的学习反应。正是由于获得这些能力，熟练水平教师能根据课堂教学进程及学生的学习反应，及时调整自己的教学计划，并有效控制自己的教学活动。

专家水平教师在处理课堂教学事件时，并非以分析、思考、有意识选择与控制等方式，而是以直觉方式立即反应，并轻松、流畅地完成教学任务。研究者把这种知识称为动态中的知识或缄默性知识。针对复杂程度各异的教学情境，专家水平的教师采取不同处理方式：当不熟悉的教学事件发生时，他们进行有意识的思考，采取审慎的解决方法；当教学事件进行得十分流畅时，他们的课堂行为就成为一种自然而然的反射行为。

三、专家型教师与一般教师的教学差异

专家型教师是指那些不仅通晓所教学科的专业知识，具备多年的教学实践经验，而且在培养学生良好的品质、调动学生学习积极性，使之学会学习、学会创造等方面教学艺术高超，教学效果显著，有自己一套成熟的教学理论，并被社会公认的专家能手。

专家型教师与一般教师在很多方面都不同，这里我们主要从教师日常教学的三个重要方面，即教学设计、教学过程和教学评价来分别阐述。

1. 教学设计的差异

对教师教学设计的分析表明，专家型教师的课时计划简洁、灵活，以学生为中心并具有一定的预见性。一般来说，专家型教师只是把教学过程中的重要环节写成书面材料（教学设计），不涉及教学过程的细节。因为他们的教学细节是由课堂教学过程中学生的行为表现所决定的，教学设计的实施主要靠教师临场发挥。

而一般教师由于还没有积累足够且系统的教学经验，对学生将要出现的问题没有预见性，更没有把握适时应变，往往需要把教学过程的每一个细节（甚至包括语言和动作）按照自己的意志设计得很详细，并全部呈现在教学设计中。一般教师在设计教学时，想得更多的是自己应该做什么，而不是学生将会做什么。

2. 教学过程的差异

专家型教师在课堂上把自己放在帮助、支持、引导学生活动，为学生的认知提供必要的服务的位置。而一般教师则往往把自己放在主体、权威的地位，用自己的行为限定、牵制和影响学生的行为，更多地只关注自己的计划完成情况，而不太注意学生的认知活动情况。

在教材呈现方面，专家型教师在教学时注重采用适当的方法回顾先前知识，注意旧知识对新知识学习的支持性作用，注意及时复习与巩固，注意对重点知识进行强化，对难点知识能循

序渐进地予以巧妙突破。而一般教师则对所有的教学内容面面俱到，平铺直叙，不能引导学生对所学内容进行前后联系，难以有效突破重点和难点。学生记忆量大，而且听课质量很低。

课堂练习方面，专家型教师把练习当作促进学生知识理解、迁移、检查学生学习情况的手段，而新教师经常把它当作必需的教学步骤。专家型教师在学生练习时，巡回走动，注意学生练习的进程和出现的各种问题，允许学生进行讨论，并在课堂上留出时间解决共性问题。而一般教师则十分关注练习的时间，特别强调练习时的纪律，偶尔也巡回走动，但只顾自己关心的学生，看不到多数学生的整体情况，不能及时发现问题，提供反馈。

教学策略运用方面，专家型教师教学策略丰富，而且能灵活运用，新教师的教学策略比较贫乏，而且运用不够恰当。如在提问与反馈策略上，专家型教师运用比一般教师频繁。并且专家型教师一般是提出系列问题（在第一个问题被回答之后，紧接着提问一个与之相关的问题），既引导学生的思维，又自然地解决了难度较大的问题。一般教师提问的次数相对较少，问题也比较孤立，而且提问时不能对学生的回答及时作出价值判断，甚至有时还弄不清楚学生的回答是否合理，更别说引导学生得出正确的结论了。

3. 教学评价的差异

专家型教师在进行教学评价时，通常把着眼点放在教学目标的完成情况、学生学习活动的水平、课堂教学的成功之处和应注意的问题等环节上。而一般教师则往往更多地关心课堂上教师的表现，如教师的讲解是否清楚明白又生动流畅、板书是否整洁美观等，关心课堂上发生的细节以及课堂的形式和气氛，关心既定的教学设计完成的情况等。

案例与分析　专家与新手教师有关“二氧化硫性质”的教学行为比较

根据教师呈现化学教学内容所选择的主要途径或手段的不同，将教师的教学行为划分为语言行为、采用非语言媒体手段行为和指导行为三类来加以比较。通过对 EAI 和 NAI 两位教师关于二氧化硫化学性质教学实录过程分析进行比较可知，在教学目标明确、教学思路清晰、演示实验的设计方面两者差异不大，这些可能属于课堂教学行为较为一般的要求，它们容易被新教师认识到，也相对容易被掌握。然而，EAI（专家型教师）和 NAI（新手教师）所展现语言行为、采用非语言媒体手段行为和指导行为的频次和教学行为效果方面有较大差异。

NAI 和 EAI 的主要教学行为频次统计的比较

	语言行为					采用媒体手段行为			指导行为	
	发问	追问	反问	评价	总结	演示实验	投影	板书	讨论	练习
NAI	8	2	0	2	2	6	0	4	1	1
EAI	10	6	1	6	5	5	2	6	5	4

1. 在语言行为上

(1) 提出问题的类型、目的不同。NAI提出的问题基本属于"是什么"和"为什么"或"怎么样"的问题。例如,"能溶于水并显酸性的氧化物叫什么氧化物?""酸性氧

化物还具有什么性质?"他们对学生的回答不习惯做出及时应有的评价、进一步进行追问或反问,甚至对回答中的不妥和错误难以产生敏捷的反应。请看下列提问片段:

NAI:将 SO_2 通入 H_2S 溶液中,有何变化?

S5:溶液变浑浊。

NAI:溶液变浑浊,证明有单质S生成,说明 SO_2 被还原成S单质,SO_2 发生氧化反应,所以 SO_2 的第二点化学性质就是具有氧化性。

NAI的教学实录中,类似这样的片段说明NAI提问的目的似乎是想从学生那里寻找一个自己讲述教学知识的起点,只要这个起点从学生那里脱口而出,她就接过来顺着的自己的思路往下讲述。可见,NAI提问的目的是为了顺应自己的讲解,她与学生的语言互动多停留在表层化和形式化。EAI提出的问题除了属于"是什么"和"为什么"或"怎么样"以外,还有"你是怎么判断的?""你是怎么想到的?""该怎样证实?"等问题。例如"你由 SO_2 的化学式推测 SO_2 可能具有什么化学性质?""请你谈谈验证 SO_2 的氧化性实验设计"等,而且针对学生的回答,专家教师不仅能做出及时、中肯的评价,而且还在学生回答的基础上通过追问、反问、板书等使学生回答思路清晰化、使新旧知识产生联系或者转换提问角度将学生的思维及讨论引向深入,以推进学生主动参与学习活动。EAI提问目的是让学生独立思考、主动地探索和解决问题。

(2) 总结的频次和深度不同

NAI总结2次(过程中总结1次和主题结束总结1次),可见NAI缺乏过程中的总结意识,而且主题结束前的总结停留在要点的罗列,要点间的逻辑关系或关联未曾揭示。例如,NAI对 SO_2 化学性质的总结:到此我们学习的 SO_2 的化学性质主要表现在哪些方面?抓住四点:与水反应、氧化性、还原性和暂时的漂白性。EAI总结5次(过程中总结4次和主题结束总结1次),而且EAI善于及时进行带有精致和整合色彩的总结,帮助学生进行新旧知识的联结条理化和结构化。例如,EAI对 SO_2 化学性质的总结:总体来看,SO_2 的化学性质主要表现在酸性氧化物性质和处于中间价态的氧化还原性以及暂时的漂白性方面。SO_2 虽具有氧化性,但更多地表现出较强的还原性,可被许多强的、中等强度的以及弱的氧化剂所氧化。我们研究 SO_2 是从物质类属通性、氧化-还原反应和特性的角度来认识,这也是研究化合物化学性质的一般思路。

(3) 对学生应答的态度不同

EAI对学生的回答,不论正确是否,先对学生的思考行为进行肯定,常用"好!""很好!""基本正确!""有一定道理!"等给予激励,并能进一步分析学生的回答对与错的关键点,引导其得到结论。相形之下,NAI对学生的回应似乎是在佐证自己的结论。

……

四、教育研究促进教师的专业发展

教师专业发展，就是"一个历经职前师资培育阶段，到在职教师阶段，直到离开教职为止，在整个过程中都必须持续学习与研究，不断发展其专业内涵，逐渐迈向专业成熟的境界"。教师专业发展这一概念隐含着对"教师"的三种基本看法：教师即专业人员，教师即发展中个体，教师即学习者和研究者。由"教育者"角色转换成为"研究者"，这是教师专业化的必然，也是新课程改革对教师的要求。教师以"研究者"的身份去研究、实践，才能找到"专业化发展"的通道，实现专业化成长。

教师作为一门专门职业，有自己的职业标准，并不是每一个人都能胜任的，也并不是每个一般教师都会成长为专家型教师。只有热爱教育事业，并且善于研究教育教学的教师，才有可能成长为专家型教师。在中小学教师的职业生涯中，传统的教学活动和研究活动是彼此分离的，教师的任务只是教学，研究被认为是专家们的"专利"。这种教学与研究的脱节，阻碍了教师的发展，使得一些教师不能适应新课程的要求。新课程所蕴含的新理念、新方法以及新课程实施过程中所出现和遇到的各种各样的新问题，都是过去的经验和理论难以应付的，教师不能被动地等待别人把研究成果送上门来，再不假思索地把这些成果应用到教学中去。教师自己就应该是一个研究者，在教学过程中以研究者的心态置身于教学情景中，以研究者的眼光审视和分析教学理论与教学实践中的各种问题，对自身的教学行为进行反思，对出现的问题进行探究，对积累的经验进行总结，使其形成规律性的认识。教师的教育研究是教师为了改进自己的教育实践，通过行动、反思和对话发现并解决自己的教育问题的过程。在教学中研究，在研究中教学，才能促进自己的专业发展，有可能发展成为专家型教师。

第二节　化学教育研究的选题与设计

一、化学教育研究的涵义

化学教育研究是以发现或发展化学教育科学理论、知识体系等为导向，通过对化学教育现象的解释、预测和控制，获得化学教学原理、原则或问题解决策略等的活动。教育研究属于社会科学研究的范畴，因而与所有科学研究一样由客观事实、科学理论和方法技术三个基本要素构成，同样以发现规律、探究新知识或寻求实际问题解决策略等为目标，发挥着解释、预测和控制的功能。

教育科学研究与一般日常生活中的认识活动不同，具有很强的目的性和计划性，需要依照一定的科研规范。它以教育领域中的现象与问题为研究对象，探索和认识教育教学规律，解决教育实践和改革中的问题，推动教育教学的改革与发展。教育研究的计划性表现为研究活动是需要周密计划、细致安排的，不是随意而为的；同时它又必须遵守一些基本的研究规范，如研究实施的基本要求以及科研的伦理规范等。教育研究也不同于一般性的经验总结。尽管经验经过反复筛选可以找到本质的规律性的东西。但多数的情况是，仅凭经验，不仅花费的时间长，而且可能屡费周折却难以发现规律。即使得到一些规律性的认识，也往往受经验、个体性、独特性的限制而难以推广。

二、化学教育研究的选题

选题是研究者选择和确定所要研究问题的过程。从广义上讲，选题包括两方面含义：一是确定研究的方向，二是选择进行研究的问题。选择和确定研究课题是完成一项完整的教育研究的开端，也是研究的关键性一步。它不仅规定了研究的方向、目标与内容，而且在一定进度上规定了研究应采取的方法与途径。

一个好的教学研究课题应具有以下特点：

(1) 问题必须有价值。问题应具有一定的理论价值或实践价值。

(2) 问题必须有科学的现实性。选题的现实性，集中表现为选定的问题要有科学性，指导思想及目的明确，立论根据充实、合理。选题的科学性，首先表现为要有一定的事实根据，这就是选题的实践基础；选题的科学性还表现在以教育科学基本原理为依据，这就是选题的理论基础。

(3) 问题必须具体明确。选定的问题一定要具体化，界限要清，范围宜小，不能太笼统。

(4) 问题要新颖，有独创性。选定的问题应是前人未曾解决或尚未完全解决的问题，通过研究应有所创新，有时代感。

(5) 问题要有可行性。所谓可行性，指的是问题是能被研究的、存在现实可能性。具体分析，要考虑资料、时间、经费、人为和理论准备等客观条件，又要考虑研究者本人原有知识、能力、基础、经验、专长，所掌握的有关这个课题的材料以及对此课题的兴趣等。

在化学教育教学系统中，存在着众多有待于研究者去解决的问题，这些问题既有理论形态的，也有实践形态的，既有历史遗留下来的问题，也有在新的时代背景下出现的新问题。概括起来，化学教育研究的选题主要来源于以下四个方面：

1. 从化学教育实践中发现问题

化学教育是以化学教学活动为主渠道进行教书育人的一种实践活动。在这一实践活动中，由于实际教学情景的复杂多变，使得实际教学与教育理论之间存在不少矛盾，产生许多问题。这些问题有些是具有普遍性的，如“如何提高学生学习化学的动机和兴趣?”“如何实施化学有效教学?”等；有些是属于某一特定领域，如“如何提高化学演示实验的效果?”“如何在化学教学中创设情境?”等。

以化学教学中的实际问题为出发点来选择课题，通过研究从中探索具有普遍意义的教学规律，从而改进自己的教学活动，是化学教师选择研究课题的主要途径。化学教师对于化学教育实践中的问题感受最为敏锐和深刻，因此，他们容易发现问题，具备进行教育研究的最有利条件。

2. 从课程改革对化学教育提出的新要求中发现问题

课程改革对课程目标、课程内容、课程实施等都提出了新的要求，如“改变课程实施过于强调接受学习、死记硬背、机械训练的现状，倡导学生主动参与、乐于探究、勤于动手，培养学生收集和处理信息的能力、获取新知识的能力、分析和解决问题的能力以及交流与合作的能力”。而化学课程标准也提出了“以提高学生的科学素养为主旨”的课程目标，提出了“探究教学”“STS”等教育理念，这些课程改革的新要求中都蕴含着亟待研究的课题，其中既有教育思想观念方面的，也有课程内容、教学方法等方面的，如“如何从教教材到用教材教？”“如何在化学教学中渗透 STS 教育？”“如何实施探究式教学？”“如何解决探究教学与教学时间的矛盾？”等等。

3. 从化学教育理论的建构和完善中发现问题

化学教育事实和现象的复杂性，以及影响化学教育发展的众多外界条件的变革和发展，决定了化学教育理论是一个不断发展、逐步完善的理论体系。在这个体系中，必然会有许多待建构的理论空白点，也存在着某些与实际化学教育事实相矛盾的地方，或者存在一些值得完善的问题，这一切都可以成为化学教育研究的来源。以化学实验教学为例，众所周知，化学是一门以实验为基础的学科，在化学教学中如何充分发挥化学实验的教学功能，就是一个随着时代的发展而不断丰富和发展的研究课题。从获得知识、训练技能的手段到启迪思维、培养方法的途径，到促进学生科学素养的全面提高，化学实验教学功能的内涵在逐渐扩大，实验教学的理论在不断地完善，由此引发出一系列的新的研究课题，如化学实验教学目标的分析、探究性化学实验的设计、化学实验与学生科学思维的训练、化学实验与学生科学素养的培养等等。

4. 从对教育文献的分析和借鉴中发现问题

教育文献资料能比较及时地反映某些教育思想观点、教育科研成果、教育改革的发展等最新的动态。通过收集、查阅有关的理论书籍、期刊杂志等文献资料，加工整理其中的某些信息，可以从中受到启发，形成研究课题。例如，“化学探究性学习的教学模式研究”课题，就是从美国等发达国家科学教育标准中大力提倡科学探究这一信息受到启发而提出来的。

研究者从文献资料中还可以及时了解某些教育问题的研究动态，吸取其研究成果并发现其中的不足，在别人已有的研究基础上提出研究课题。例如，“概念转变”是当代认知心理学研究的热点内容，并取得了大量研究成果，而化学基本概念众多，每个化学概念的转变都可以成为研究的课题。由此，可以将“物质的量概念转变研究”“氧化-还原反应概念转变研究”“化学平衡概念转变研究”等等作为研究选题。

三、化学教育研究的设计

研究课题确定之后，可进行研究设计。研究设计是确保教育研究质量的关键环节。不同类型的教育研究对研究设计有不同的要求。一般而言，研究可分为定性研究和定量研究两大类。

定性研究也叫质的研究，是对教育现象进行描述性的研究，进而分析和解释现象的含意和特征。定性研究的主要功能是"描述"与"解释"，对于人们深入认识教育现象的现状和特征具有重要意义，主要采用个案调查、参与式观察和访谈以及对样本的开放式访问等方式方法。

定量研究是认识事物数量界限的研究，是在理论思辨的基础上，对教育现象内、外部关系进行"量"的分析和考察，寻找有决策意义的结论。在定量研究时，要寻求将数据定量表示的方法，并要采用一些统计分析的形式。定量研究的主要功能是"实证"，进行"是什么"和"为什么"的描述、推断和预测，主要采取抽样问卷调查与分析、计算机模型、统计分析等方法。

定量研究和定性研究相结合，可以从微观与宏观（点与面）、复杂性与一致性、纵向与横向、背景与前景等方面，对教育现象进行全方位、多角度的研究分析，使结果更具说服力和科学性。

实证性的定量研究，对研究设计的严密性要求更高；思辨性的质的研究对研究设计的要求较低。有的研究甚至不要求有明确的、事先的研究设计，如教育行动研究、经验总结研究等等，有的较简单的思辨性研究甚至以"构思"代替文字上规范的研究设计。总之，对不同类型的研究课题，研究设计不强求一致。在我国，硕士论文、博士论文、纵向课题、横向课题以及较系统较复杂的自选课题，包括实验研究、调查研究、观察研究、跟踪研究、系统的文献研究、内容分析研究、测量研究等，最好写出研究设计。较简单的投稿论文，则可用"构思"代替书面研究设计。

教育研究设计是对教育研究活动开展的全过程的设计，主要包括课题陈述、变量分析、文献研究、收集资料过程设计等部分的构思和撰写。

1. 课题陈述

在准确理解课题内涵的基础上，首先，明确界定课题的研究范围，包括研究对象总体的范围和研究的基本内容。即陈述本课题研究谁？研究什么？其次，将课题分解为具体的研究问题和内容。在课题设计时，要根据课题内涵，提出若干个研究问题，然后确定研究的具体内容。

2. 变量分析

教育研究中涉及的变量主要是自变量与因变量，其中自变量包括研究者操纵变量和无关变量。首先，根据理论假设，分析本课题的自变量是什么？因变量是什么？有哪些无关变量，要指出本研究重点考察的变量。如研究"传统教学方法与探究式教学方法对学生化学成绩的影响"，"教学方法"是自变量，"学生的化学成绩"是因变量；其次，对课题涉及的有关"变量概念"进行明确的界定，并正确写出概念性定义和操作性定义。

(1) 概念性定义：在定义中直接述及被界定变量所指事物的性质或特征。例如，将"教学"界定为"教师的教与学生的学组成的双边的活动"。

(2) 操作性定义：是根据可观察、可测量或可操作的特征来界定研究变量的定义。即将研究变量的抽象化形式转变为可以观察、测量和操作的具体形式。它详细说明研究者要观察、测量和操作研究变量的程序和活动。例如："学习成绩"可界定为"某种标准化成绩测验所测得的分数"，"低成绩生"可界定为"成绩测验的分数低于根据个人智力所预测的成绩分数一个标准误差的学生"等。

3. 文献研究

也称"文献探讨""文献综述""文献述评"等。文献研究的目的是探明本课题已有研究成果，别人所做过的有关研究工作，研究的新进展，以便确定本课题的研究起点、研究角度与方式，以及要突破的难点。文献研究应注意几个问题：

(1) 查阅的有关文献范围要尽可能广泛，种类尽可能齐全。

(2) 抓重点，确保文献的权威性、代表性和客观性。例如，一般而言，权威期刊或核心期刊上的论文，影响较大的论著、教材，大型国际研讨会上的论文，本课题学科领域著名学者专家的言论，政府颁布的有关文献，引用率、转载率较高的论文、著作等。这些文献具有较高的代表性，研究者应主要对这些文献进行述评。

(3) 文献要进行分类述评，应注意区分文献的不同观点或不同流派。评价应客观、恰如其分，并具有概括性和简明性。

(4) 文献述评过程中，要指出以往研究所解决的问题、已达到的水平、新进展和不足(或局限性)，进而确定本课题的研究起点和方向，提出研究者的新见解、新思路。

4. 搜集资料过程的设计

对搜集资料的全过程及其行动步骤应进行精心设计，以确保资料能顺利地获得并具有相当程度的有效性和可信性。要注意如下几方面的设计：

(1) 研究思路的设计。所谓研究思路是指对研究过程设计的思考，包括从不同的维度和方向去思考问题。"思路"也有思维路向、思考过程的意思。

(2) 搜集资料程序的设计。对搜集资料的全过程，要科学地安排好各个步骤，对每个步骤所要做的工作也要安排妥当，包括时间、地点、对象、资料内容、工作进程等。

(3) 抽样。抽样的设计关键是确保样本的代表性、推断的科学性。

(4) 研究方法的选择与运用。可以选择多种方法相结合去搜集研究资料，不同方法获得的资料还可以互相印证。方法运用的适切性和科学性，可确保资料的可靠性。

(5) 工具的选择与研制。有的工具(如智力量表等)是现成的，可直接选用，但选用时，要分析工具的科学性、可行性和权威性，不要盲目选用。由研究者自编的问卷表，在周密设计问卷题的同时，也要对其效度及信度进行分析论证。

上述研究设计的内容，并不意味着每一个课题的研究设计都必须齐全地包含上述所有项目的内容，应从实际出发，只有必须设计的内容我们才进行设计，不要搞形式主义。

第三节 化学教育研究内容与方法

一、化学教育研究的内容

化学教育科研是研究化学教育系统各构成要素之间的相互关系以及系统运作过程中存在的问题。依据不同问题的性质和类型，我们把化学教育研究的内容划分为以下六个方面。

（一）化学教育思想的研究

主要是研究化学教育的思想观念，化学教育的目的等内容。教育思想、教育目的是整个教育系统的灵魂，决定了教育其他方面的内容。当代科学、技术和社会的发展，对教育提出了新的挑战，要适应这种挑战，就必须树立"以学生发展为本"的新的教育思想观念，改变传统的以传授知识为目的的教学目的观，重视学生创新精神和实践能力的培养，以培养学生终身学习的愿望和能力为目的的重新构建化学教育的目标体系。这是当前化学教育研究中必须充分重视的问题。

研究的内容主要包括：化学课程目标研究；化学教学中三维目标的融合研究；化学教学中科学素养的培养研究；化学教学中 STS 教育研究；化学教学中学科观念研究等等。

（二）化学课程与教材的研究

课程与教材是化学教育的物质载体，是学生学习的依据，也是化学课程改革成功与否的关键。因此，怎样根据化学教育发展的需求和化学课程目标来编制化学课程与教材，是促进化学课程改革，提高化学教学质量的重要环节。

研究的主要内容包括：化学课程内容的构成研究；化学课程内容的选择研究；化学学科知识结构的研究；化学教材功能的研究；化学教材编排体系的研究；化学教材编写体例的研究；化学教材贴近生活贴近实际的研究；化学教材的编写与学生学习方式的转变研究；化学教材中习题和实验的编排研究；化学课程中环境教育研究；化学研究性课程的开发研究；化学活动课程的实施研究；网络技术与化学课程整合研究；化学课程与教材评价研究；化学课程与其他学科联系的研究；中外化学课程与教材的比较研究等等。

（三）化学学习活动的研究

学生是学习的主体，是学习活动的直接承担者，是教学效果的最终体现者。教师的教是为学生的学服务的，它必须建立在对学生学习活动和学习规律充分了解的基础上。研究学生的学习活动是实施科学、高效的教学活动的第一步。

研究的主要内容有：中学生化学学习动机和兴趣的研究；学生化学学习动机、学习策略与学习成绩关系的研究；学生主动参与学习的心理机制研究；化学学习能力的实质与形成过程研究；中学生化学学习的基本特征研究；化学学习方式的特点及其培养研究；化学学习中元认知及自我监控能力的培养研究；化学问题解决的心理机制研究；学生化学认知结构的构建研究；学生解决化学问题的思维策略的研究；化学学习中性别差异研究；学生化学学习困难的归因研究；中学生化学学习难点的分析与教学研究；反馈评价对学生学习影响的研究；练习与作业的数量与质量对学生学习的影响研究；各类化学知识学习的心理机制研究；各类化学知识的学习策略研究；化学探究性学习的心理机制研究等等。

（四）化学教学方法与策略的研究

教师是教学活动的组织者、促进者，教师在课堂中采用什么样的教学方法和策略，直接影响着学生的学习结果。如何选择与运用教学方法和教学策略，以有力地促进每一个学生的发展，是化学为教育科学的热点和重点。

研究的内容主要包括：化学课堂教学设计的研究；化学教学原则的研究；各类化学教学模式的研究；化学教学方法的分类与优化设计研究；各类化学知识的教学策略研究；学生科学态度和科学精神的培养研究；化学学习能力培养的教学策略研究；化学教学目标的分类与设计研究；科学方法论在化学教育中的运用研究；先行组织者策略在化学教学中的运用研究；化学教学中问题情境的创设研究；化学探究性学习的教学策略的研究；化学教学进行化学史教育的研究；化学教学中师生信息交流方式的研究；讨论法对于学生学习能力培养的研究；计算机辅助化学教学研究；化学复习课教学内容与教学模式研究；化学习题课教学内容与教学模式研究；化学课堂教学艺术研究等等。

（五）化学教育测量和评价的研究

教育教学的效果如何，是否达到了课程目标，这就需要进行教育测量与评价。化学教育测量与评价应以尊重学生为基本前提，以促进学生发展为根本目的，充分发挥评价对学生学习的激励、促进和发展功能。

研究的主要内容包括：化学教育评价功能的研究；化学教育评价手段和方式的研究；化学教育测量方法的研究；活动评价方法和手段的开发研究；过程评价的方法和手段的开发研究；学生评价档案袋的开发研究；学生科学素养的评价研究；学生学习能力的测评研究；学生答卷的分析与评价研究；化学考试命题的原则与技巧研究；中考化学试题改革研究；高考化学试题改革研究等等。

（六）化学实验教学的研究

化学是一门以实验为基础的学科，化学实验不仅是化学科学形成和发展的基础，也是学生学习化学的重要方法。化学实验对于充分发挥学生学习的主动性，提高学生的科学素养，促进学生的全面发展具有突出的作用。因此，在化学教学中必须重视和加强化学实验教学及其研究。

有关化学实验教学的研究内容主要有：化学实验教学的功能研究；化学实验教材的开发研究；化学实验教学模式研究；化学实验设计的方法论研究；化学实验能力的培养研究；实验教学与学生科学素养培养的研究；探索性实验的设计研究；化学实验改进研究；演示实验教学与学生主体性发挥的研究；验证性实验与探索性实验关系的研究；化学实验教学心理的研究；化学实验测评方法研究；微型化学实验的开发研究；多媒体化学实验的开发研究等。

以上内容不可能包容化学教育研究的全部领域，只是给广大化学教师开展教育研究提供一定的研究思路，开阔研究的视野，从而能够结合具体实践，选择适合自己研究的课题。

二、化学教育研究方法

教育科学研究的方法有多种，而且目前对它们的分类也很不统一。常见的教育科学研究方法有：文献法、观察法、调查法、实验法、比较法、经验总结法、预测法、统计法、测量法、图表法、内容分析法等。由于客观事物的错综复杂性，所以一个课题往往需要运用几种方法相互配合进行研究。但是，对于某一课题来说，其特点、任务和研究对象决定了在实际研究时，常常以某一种方法为主，同时配合运用其他方法。在化学教育研究中，常用的基本方法有文献法、观察法、调查法、实验法、统计法等几种，下面分别加以介绍：

（一）文献法

所谓文献法是指对于文献进行查阅、分析、整理，从而找出事物本质属性的一种研究方法。它适用于研究以往的化学教学实践和教学理论，通过分析这些历史资料来认识化学教学的发展规律，以指导当前的化学教学实践。例如，对我国设立化学课程以来的化学教育发展情况的研究；对国外某些教育专家的化学教学理论和教学方法的研究分析；国内外中学化学教材的对比研究等等。从这些研究中我们可以吸取历史上化学教学经验的精华，总结教训，通过比较和评价各种教材、教学和学习理论，探讨化学教材、教学和学习理论的原则和规律，指导当今化学教学的改革和实践。

运用文献法进行研究，一般分为以下几个阶段：

1. 搜集文献

（1）寻找文献

为了迅速地查找所需的文献，首先应确定自己研究课题所涉及的范围，明确搜索资料的方向；其次，还要熟悉国内外主要的化学教育方面的期刊名称及其特色，国内化学教育的图片、音像、资料的种类和统计资料的类别，并知道这些文献的出处。研究者还要熟悉索引目录的分类，以便迅速找到自己需要的文献。

我国基础化学教育方面的期刊主要有：《化学教育》《化学教学》《中学化学教学参考》

《化学教与学》《中学化学》等。

（2）积累文献

每一个研究课题都要汇集、积累一定的文献资料，而且每一个课题的研究过程都是一个新的文献资料的积累过程。因此，积累文献资料在化学教学研究中具有十分重要的意义。积累文献资料的方法有：制作卡片、写读书摘记、笔记等方式，在计算机和网络十分普及的今天，利用计算机软件和硬件也是积累文献的重要方法。

2. 鉴别文献

鉴别文献是指辨别文献的真假及质量的过程。鉴别的方法有外审法和内审法两种。

（1）外审法

它是指对文献本身真假进行识别的方法，具体包括对书名、作者、版本、部分章节的鉴定。

（2）内审法

它是指对文献中所记载的内容进行鉴别的方法。包括：文献的真实性，如果同一事实在不同文献中的记载有矛盾，则需要进一步核实；用实物来证明文献，前提是实物必须是真的；将文献描述的内容与其产生的历史背景相对照，看它是否符合当时的情况；研究作者的基本观点，以此来判断作者是否可能较客观地叙述事实，并作出公正的评价。

可见，鉴别文献的这两种方法，都是通过比较的方法来实现鉴别，都是为了去伪存真，以提高搜集到的文献的质量。

3. 文献的分析与综合

这主要是指研究者对自己掌握的文献进行创造性的思维加工过程。通过这种加工，能形成对实物本身的科学认识。其具体方法是运用逻辑思维和辩证思维的形式去认识文献，从而形成自己的观点、思想、体系。

需要强调的是，采用文献法进行研究的过程中特别应注意：

（1）搜集史料时，首先应尽可能搜集第一手材料。例如，研究我国化学教育的发展，一定要运用各个历史时期当时政府发表的政策法令；教育档案中有关课程的设置；化学教学纲要；化学书籍；有关报纸等等。但有些历史材料由于时间长，不一定齐全，还需要搜集一些化学界前辈对过去化学教育的论述和分析教育研究工作者的回忆、摘录和论文等，这些第二手材料也是很有参考价值的。

其次，搜集材料时，不仅要搜集大量的正面的材料，而且也要注意搜集不同意见的材料。例如，研究某一专家的教学理论和方法，要搜集这位专家的教育论文和对他赞扬的评论，也要搜集批评这种观点的评论。从中研究其矛盾，才有可能深入研究其本质和规律，弄清孰是孰非，尽可能做到公正合理。

（2）要善于分析史料的价值。当参考第二手材料时，一般要配合调查方法，或仔细对照各种材料分析是否有矛盾，以确定事实的可靠程度。另外，查阅的资料往往是全面的，而搜集时，就要根据研究课题撷取其中能反映本质规律的材料。

(3) 对文献材料要运用辩证唯物主义和历史唯物主义的观点去分析，不能生搬硬套，而是从以往的教育实践中吸取一般原则、经验和教训，以指导当前的化学教学实践。

(二) 观察法

观察法是指让教师和学生处于自然教学过程的状态下，研究者按照预定的计划，有目的地直接观察教师的教学、学生的学习及其实验等外部的表现，搜集有关化学教学的感性材料，然后通过对资料的分析，探求有关的化学教学规律或经验教训的一种研究方法。

在化学教育研究中，观察法一般不单独运用，往往与其他方法配合使用。观察法的要求是：

(1) 要有目的、有计划、有重点、有范围地进行系统观察。

(2) 为了在观察过程中能敏锐地洞察问题，观察者一定要阅读有关的基本理论和经验总结等文献资料。研究先进经验的任务不是罗列现象，而是要把观察到的材料提高到理性认识阶段，抓住其本质，综合出教学发展的规律，这样才有推广价值。

(3) 要实事求是，要客观。科学研究切忌以主观推测来代替事实，在总结先进教学经验时也会发现一些不符合教学规律的现实，研究者一定要实事求是地分析，提出问题，反复验证，引出教学规律或经验教训。

(4) 在观察中，研究者要亲自作详细的、全面的记录。为了使记录准确、具体和详尽，可以根据观察的目的和提纲，事先制定好一套表格和速写符号，这样可以提高记录的效率。

(三) 调查法

调查法是研究者为了深入了解化学教学实际情况，弄清事实，借以发现存在问题，探索化学教学规律而采取的系统的步骤和方法。一般通过访问、座谈、问卷、测验等方式，有计划地收集化学教学工作某一方面的资料，然后从大量事实中概括出化学教学的某些规律。调查法常与实验法、观察法配合应用。

1. 调查法的特点

(1) 它是一种间接的研究方法，基本上不受时间和空间的限制，可以运用多种手段来收集材料。

(2) 这种方法比较简单易行，可以研究范围较广、涉及面较大、时间较长的化学教学问题。例如学生化学学习的兴趣、化学学习的心理特点、化学课外活动的内容和学生的兴趣、总结优秀化学教师的实践经验等等。

(3) 常常以化学教学的现状为研究对象。

2. 调查的类型

可以按照不同的分类标准对调查进行分类。按调查的目的它可以分为常模调查和比较调查。化学教育研究中采用较多的是比较调查,按调查内容的性质,可以分为事实调查和征询意见调查;按调查范围大小和事项多少,可以分为综合调查和专题调查;按调查的对象可分为全面调查和部分调查(或抽样调查)。

3. 调查的基本步骤

调查法的步骤一般可以分成四个阶段。

(1) 确定调查课题,制定调查计划

课题应遵循目的性、价值性和量力性原则。首先要明确调查的目的,然后确定调查的范围和调查的对象、采用的手段和方法、调查的步骤和时间,从而制订切实可行的调查计划。

(2) 实际调查,搜集材料

这是调查的关键环节。可以综合运用实地考察、开调查会、问卷或测验等调查手段。为了能有目的地、全面地搜集材料,要设计调查表格,拟定调查问题、谈话提纲或测试题目等。问卷过程中设计调查表,较好的方法是让学生用"√"或"×"进行选择。

在以上问卷调查后还可以有目的地选择部分同学进行座谈,了解他们的具体想法。

(3) 整理材料

对于调查得来的原始材料进行整理分析,首先必须对材料的可靠性和统一性进行检查。其次将材料系统化,即将材料进行统计处理。

(4) 总结,撰写调查报告

这是对教学调查的课题作出结论,并在一定理论指导下进行分析、找出规律的途径。

(四) 实验法

实验法首先在自然科学领域内被广泛采用的一种方法,然后逐步推广到社会科学中。这种方法在化学教学研究中具有重要作用。调查法是研究者对在自然条件下所发生的客观现象进行观察,然后以整理分析资料作为论据总结出规律。由于是"在自然条件下",研究者只是等待研究现象自己出现,就较难确定其因果关系和相互关系。而实验法则是人们根据研究目的,适当控制或模拟客观现象,排除一些无关因素的干扰,突出所要研究的实验因子,有计划地逐步改变条件,探讨其条件与现象之间因果关系的研究方法。可见,在化学教学研究中,这种方法的应用更有意义。一般可以把实验法分为实验室实验法和现场实验法(也称自然实验法)两种。

实验室实验法较多应用于摸索某些实验的最优化方案或化学反应机理等。例如,金属与浓硝酸反应产物的研究;硅酸溶胶的制备实验研究;氨催化氧化实验中的条件、催化剂、装置的研究;铜镜反应、银镜反应机理的研究;氯酸钾和二氧化锰受热分解反应机理的研究等等。这种方法的一般步骤有:提出问题;订立计划;进行实验;再从理论上加以探讨验证;最后得出结论,写出论文。

现场实验法一般用来检验不同教学方法、不同教学手段的效果。例如对程序启发教学、发现法、指导探究法、单元结构教学法、自学辅导法等等的研究;又如关于能力培养,或某种教学手段的应用等等大多是以实验法为主的研究。

1. 实验法研究的一般步骤

这里以"调动全体学生积极性大面积提高化学教学质量——启发式程序教学实验"(简称"大面积提高化学教学质量")研究课题为例,说明实验法的一般步骤。

(1) 提出问题

当前,一般中学化学教学的现状与形势的要求很不适应,主要是现在有一个较大的差生面,教学要求脱离学生实际,教法陈旧,学生对学习化学缺乏兴趣。"大面积提高化学教学质量"研究组分析认为各种非认知因素所产生的消极作用,时刻都在抑制和妨碍学生智能的发展。因此,确定要贯彻教为主导,学为主体相结合的教学原则,充分激发学生的学习动机,改进教学方法,试以启发式程序教学及其他适当教学方法的最佳配合。教学前要在分析知识结构和学生的认知结构的基础上编制教学过程。

(2) 实验设计

课题组可以由各方面人员组成。例如,"大面积提高化学教学质量"研究组是由高等师范院校、地方教研室、重点中学以及普通中学的有关人员组成联合研究组,共同进行化学教学改革的实验研究。联合研究组可以发挥科研单位的理论指导、教研室的组织发动、重点中学的骨干示范和普通中学的实践反馈功能。联合研究组每周开展一至两次活动,内容是学习教育心理学,特别是学习理论,集体备课(研究知识结构和认知结构的吻合,程序教学编制),典型示范,公开研究课,测试命题组(除实践教师外的研究人员)活动,小结讨论等等。

教育实验有三种基本组织形式:单组形式、等组形式和循环形式。研究组采取了等组形式,即选了4所一般中学中初三年级各一个班为实验组,并在一般中学和重点中学中选3所学校的初三年级3个班级作为对照组。而且确立了教育实验的基本模式。所谓基本模式,是让实验组与对照组(控制组)之间其他条件尽量相似,同时让实验变量单独作有计划的变化,以测定该变量对实验结果的影响。为此,实验班和对照班应用相同教材,选择教师水平相当,而且在实验之前(初三第一章教学)给实验组和对照组进行等同测验,依据各班平均成绩和标准差确定一对对等组,实验后(初三第二章至第八章)每章教学结束都进行统一测试,并对测试成绩进行显著性检验。

(3) 准备实验用具

实验中所需的化学实验设备、测验试题、问卷表格、统计测量等都应在实验前或实验过程中准备妥当。例如,"大面积提高化学教学质量"研究组对化学实验在化学教学中所起作用充分肯定后,大家都设计、改进并创新实验,将有些原有的演示实验改为边讲边实验或学生实验,有的还补充实验,布置家庭实验等等。

(4) 实验观察

在实验过程中要控制条件,调查研究,详细记录,并在各阶段作准确的测验。例如,在"大面积提高化学教学质量"研究实验过程中,采取全组共同听典型课,有时分组听课共同讨论。还可以举行公开课,动员全区初三化学教师共同研究。特别是在初三学生中容易产生分化点的阶段,要作编制程序的详细研究和典型示范。

(5) 分析、验证

在实验研究中,搜集了大量数据资料,常使用种种统计方法验证建立的假设,使资料分类化、系统化和简要化。例如用描述统计把原始数据资料(分数、问卷调查数据等)加以列表,图示化等,也用推断统计来检验事物之间的共变关系,以达到消除偶然因子,显示实验因子的作用。对事物本身特征的判定,或对事物间关系的判定,就是对最初所提出的假设的验证。

(6) 反复实验,核对结论

一次实验的结果往往不能排除偶然性,经过反复实验,可以保证结论的客观性,剔除种种偶然因素。选择不同的实验对象或扩大实验对象范围会更有助于发现问题。例如,以上研究课题在一年实验基础上,又选择另外几个一般中学作为实验组,而且,第二年的实验组大部分是青年教师执教,仍采用基本相同的方法研究该课题的设想,几年的实验总结写成论文“研究学生,寻求大面积提高化学教学质量的规律”并在一定范围内推广。

2. 实验法的基本要求

(1) 为了准确判定究竟哪些因素对所研究的事物发生了影响,或与所研究的事物有一定的关联,实验工作必须经过周密的设计,系统地进行,并经过精确地测量,反复实验。

(2) 为了比较深入地、正确地分析和处理问题,在实验前和实验过程中应广泛参考和吸取前人的经验与教训,并不断学习理论和采用一些新的方法。

(五) 统计法

教育统计学是探讨如何应用统计方法,特别是数理统计方法,来研究教育,包括掌握教育情况,探索教育规律,制定教育方案,检查教育效率等一系列教育问题的一门科学。教学研究中统计学是通过对实验数据变异的研究,分离出偶然性因素,从特殊到一般,寻找必然性规律。因此,它是进行科学研究中的重要工具。

统计是指对某现象有关数据资料的搜集、整理、计算和分析的工作过程。统计法是通过观察、调查、实验和测验,对得到的大量数据材料进行统计分类,以求得到对所研究的现象作出数量分析的结果。它常用于学生化学学业成绩的评价、考核命题的质量分析、不同教学方法的优劣、教学方法改革后的效果和价值等方面的评价。统计法的基本步骤一般包括:统计资料的搜集、统计资料的整理、得出结论。在化学教学研究中,应用得比较多的是描述统计和推断统计,下面分别加以介绍:

1. 描述统计

描述统计是研究数据简缩和描述的,对研究中搜集来的大量数据资料加以整理、归纳、简缩成易于处理和便于理解的形式,并计算所得数据的有关统计量。这些统计量主要有平均数、标准差、相关系数等,它们可以描述有关数据的分布情况和相关程度,从而揭示出实物或现象的特点和规律。描述统计在分析实验法所取得的数据，来正确评价学生成绩和考核命题质量等方面应用比较广泛。

2. 推断统计

推断统计是采用抽样的方法，从对样本的研究中所取得的统计量来推断总体的有关特征，以作出具体计划、决策或结论。也就是说是利用描述统计所取得的信息，通过局部推断全局情况；从已知数据推测未知事件的可能性和可靠程度。例如，判断教学方法改革的效果，确定教学改革的价值。

三、几个常用的概念

(一) 总体和样本

(1) 总体　所要研究对象的全体称为总体。组成总体的每个同类元素称为个体。由观察或测量总体的全部元素所得到的量数称为总体参数。总体平均数用符号 μ 表示，总体标准差用符号 σ 表示，总体中所包含的个体数用 N 表示。

(2) 样本　从总体中抽取出来的一部分个体称为样本。表示样本的各种数字特征的量数称为统计量。样本平均数用符号 X 表示，样本标准差用符号 σ_x 或 s 表示，样本中所包含的个体数用 n 表示。样本对总体的代表性与抽样的方法和样本的大小有关。样本过小，抽样误差较大，样本对总体的代表性较差；样本过大，浪费人力、物力和时间。一般认为，$n<30$为小样本，$n\geqslant30$ 为大样本。如果严格地讲，$n<50$ 为小样本，$n\geqslant50$ 为大样本。

(二) 抽样方法

抽样的目的在于科学地挑选一些能够代表全体情况的研究对象加以研究，以取得能够说明总体的足够可靠资料，准确地推断总体的情况，从而获得总体的规律性。可见，在化学教学研究中，抽样是比较重要的。抽样方法有以下几种：

(1) 随机抽样　随机抽样也称单纯随机抽样。这种方法的特点是当从总体中抽取部分时，总体中的每一个个体被抽取的机会都均等。抽样时可以使用抽签或随机数目表两种方法进行。随机抽样时，一般先要对总体中的每一个个体进行编号，这就造成总体相当大时，编号比较困难；然而当总体的单位数量较小时，所抽取的样本代表性又较差。因此，随机抽样的方法在化学教学研究中不常使用。

(2) 等距抽样　用这种方法抽样时，先总体按一定的标准进行排列，分为数量相等的组，并使组数跟取样的数目相等，然后从每组中依照事先规定的机械次序来抽取对象。例如，某市某年参加高考近 3 万人，要抽样调查进行研究，采取按高考号码顺序 30 人编为一组，在1 000组中抽取 1 000 份试卷作样本，即为等距抽样。由于高考号码是按学校次序编排的，因此其中也包含了分层抽样的因素。这种方法对于被研究对象变异程度较大、总体单位数较多时是比较适宜的，因为它容易比较均匀地从总体中取得样本。

(3) 有意抽样　有意抽样也称机械抽样或代表性抽样。这种方法是指将总体中的个体分成数量相同的组，并对每组中的个体进行编号，确定某一号码进行选择。例如，从 200 人中选 20 人，每 10 人一组进行编号，取每组中第 5 号。如果要求样本较大，而总数不大的，可以一次抽出，这称为一级机械抽样；如果总数很多，而所选的样本较小，则要进行多次编组选择才可抽出，这称为多级机械抽样。

(4) 分层抽样　分层抽样又叫联合抽样。它是指按与研究有关的因素或指标，先将总体划分为几部分，然后根据样本容量与总体的比率，从各部分内进行随机抽样或等距抽样的抽样方法。这种抽样方法应用较为广泛。

(5) 整群抽样　整群抽样是指从总体中抽取出来的研究对象以整群作为单位的抽样方法。前面介绍的三种抽样方法都是从总体中抽取一个一个的研究对象。在研究某种教学方法时，常常以班级为单位进行，采取整群抽样。例如，在"大面积提高化学教学质量"的研究课题中，总体是以某地区的一般中学全体学生，研究时以学校为单位，而通常中学又有重点中学、一般中学和基础较差的中学之分。研究组从三类学校中各取 1—2 所学校的一个班级作为研究对象，这实际上采用的就是整群抽样，只是应用时与分层抽样进行了有机的结合。

(三) 集中量

集中量是代表一组数据典型水平或集中趋势的量。它能反映频数(某一个随机事件在 n 次试验中出现的次数)分布中大量数据向某一点集中的情况。常用的集中量有算术平均数、中位数、众数等。

(1) 算术平均数　又称平均数或均数、均值。是指把一组数值相加后，再除以数值的个数所得的商。

(2) 中位数　中位数是位于一定顺序排列的一组数据中央位置的数，用 M_e 表示。例如，1、3、5、7、9 中的 5 即为中位数；2、4、6、8、10、12 中的中位数则为 7((6+8)/2=7)。

(3) 众数　众数是指一组数据中，出现次数最多的一个数据，用 M_0 表示。

(四) 差异量

差异量是用来描述数据离散程度的量，又称离中趋势的统计量数。差异量越大，表示数据分布的范围越广，越不整齐；差异量越小，表示数据分布得越集中，变动范围越小。常用的差异量指标有全距、四分位距、百分位距、平均差、方差、标准差、差异系数等。

(1) 全距　全距是差异量的粗略指标，它是指一组数据中最大值与最小值之差，又称极差，用 R 表示。

(2) 四分位距　它可以避免全距受两个极端值的影响，是指将各个变量值按大小顺序排列，然后将此数列分成四等份，所得第三个四分位上的值与第一个四分位上的值的差的一半。用 QD 表示。当一组数据用中位数作为集中量指标时，就要用四分位距作为差异量指标。

(3) 百分位距　指两个百分位数之差。

(4) 平均差　所谓平均差，就是每一个数据与该组数据的中位数(或算术平均数)离差的绝对值的算术平均数，通常用 MD 表示。

(5) 方差　指离差平方的算术平均数，即一组数据中每个数据与该组平均数之差的平方和除以数据的个数，用 σ_x^2 表示。

(6) 标准差　是指离差平方和平均后的方根，即方差的平方根，用 σ_x 表示。

(7) 差异系数　前面介绍的几种差异量都带有与原观察值相同的单位，称为绝对差异量。这些差异量对两种单位不同，或单位相同而两个平均数相差较大的资料，无法比较差异的大小，必须用相对差异量(即差异系数)进行比较。所谓差异系数是指标准差与算术平均数的百分比。它是没有单位的相对数。差异系数越大，表明离散程度越大；差异系数越小，表明离散程度越小。

四、推断统计的应用简介

在进行化学教育研究中，常常要做对照试验且检验试验的效果。根据不同的对象，可以选择相应的方法进行检验。

1. 独立大样本均值差异的显著性检验

这种检验又称 Z 检验，它的一般步骤有：

(1) 提出假设　虚无假设 H_0：$\mu_1=\mu_2$(实验班和对照班无显著性差异，来自同一个总体)，研究假设 Ha：$\mu_1\neq\mu_2$(试验后实验班和对照班有显著性差异，不来自同一个总体)。

(2) 求样本平均值之差　设 $\overline{X}_1=58.97$　$\overline{X}_2=52.36$　则

$$\overline{D}=\overline{X}_1-\overline{X}_2=58.97-52.36=6.61$$

(3) 求样本的标准差

设求得为：$\sigma_{x1}=11.68$　　$\sigma_{x2}=14.19$

(4) 求标准误

$$SD=\sqrt{\sigma_1^2/n_1+\sigma_2^2/n_2}$$

假设 $n_1=57$，$n_2=52$(都为大样本)可以将 σ_{x1}、σ_{x2} 代入公式：

$$SD=\sqrt{11.68^2/57+14.19^2/52}=2.50$$

(5) 大样本可以用 Z 检验

$$Z=(\overline{D}-0)/S_D=(6.61-0)/2.50=2.64$$

(6) 确定显著性水平 α(或 p)　如果确定 $\alpha=0.05$，Z 的理论值是 1.96，有 95%的可靠度，当计算值 $Z>1.96$ 时，则可以认为两个班的平均成绩有显著性差异；当计算值 $Z<1.96$ 时，则表明两个班的平均成绩没有显著性差异。如果确定 $\alpha=0.01$，Z 的理论值是 2.58，有

99%的可靠度，当计算值 $Z>2.58$ 时，则可以认为两个班级的平均成绩有显著性差异；当计算值 $Z<2.58$ 时，则表明两个班的平均成绩没有显著性差异。以上计算出来的 Z 值大于 2.58，所以有 99%的可靠度推翻虚无假设、承认研究假设。

2. 独立小样本均值差异的显著性检验

在化学教育研究中，若遇到小于 30 的小样本，对其均值差异的显著性检验只能采用 t 检验。详细方法可参阅各种教育统计方面的书籍。

3. 两个独立样本方差齐性的检验

如果Ⅱ中 t 检验的结论有显著性差异，还要进行 F 检验来说明这种差异是来自于平均成绩还是来自于标准差。

4. 卡方(χ^2)检验

在化学教育研究中，常常要考察采用某种方法以后，是优、中等同学成绩提高了，还是及格的人数增加了，这时就要进行 χ^2 检验。

还有其他的显著性检验。如样本不是两组，而是多组，则可以用方差分析来检验显著性。当用积差相关系数作为效度指标时，可以采用相关系数的显著性检验。

需要说明的是，首先由于化学教育研究对象的复杂性，统计法处理的相对性，我们一定要慎重地下结论。也就是说，我们不能仅仅依靠统计的结论来说明问题；其次，在化学教育研究中统计推断比较复杂，我们必须认真细致地分析，针对不同情况采用与之相适应的统计方法。

苏霍姆林斯基曾说过，如果你想让教师的劳动能够给教师带来乐趣，使天天上课不至于变成单调乏味的义务，那你就应当引导每一位教师走上从事研究这条幸福的道路上来。教师成为研究者是新一轮课程改革的重要理念，也是对教师提出的更高要求，是促进教师专业发展的必由之路。

主要参考文献

[1] 刘知新. 化学教学论[M]. 4 版. 北京：高等教育出版社，2009.
[2] 马宏佳. 化学教学论[M]. 2 版. 南京：南京师范大学出版社，2007.
[3] 郑长龙. 化学课程与教学论[M]. 长春：东北师范大学出版社，2005.
[4] 毕华林. 化学教育科研方法[M]. 济南：山东教育出版社，2001.
[5] 裴娣娜. 教育研究方法导论. 合肥：安徽教育出版社，2004.
[6] 袁振国. 教育研究方法[M]. 北京：北京教育出版社，2000.
[7] 杨小微. 教育研究方法[M]. 北京：人民教育出版社，2005.
[8] 吴庆麟. 教育心理学——献给教师的书. 上海：华东师范大学出版社，2003.
[9] 饶见维. 教师专业发展——理论与务实[M]. 福州：五南图书出版社，1996.
[10] 尹筱莉. 化学专家——新手教师课堂教学特质比较研究[D]. 上海：华东师范大学，2007.

思考题

1. 化学教育研究与化学教师专业发展有何意义?

2. 可以从哪些方面寻找化学教育研究的课题? 一个好的研究问题具有什么特征?

3. 以"化学专家——新手教师课堂教学提问行为的比较研究"为题,写出研究设计方案。

4. 查阅关于"氧化-还原反应"概念教学研究的文献,并对其进行综述,提出你所认为的需要进行进一步研究的问题。

附录　化学课堂教学设计方案示例

教学示例一①

年级　　班　　任课教师	年　　月　　日	
课题	人教版初中化学第三单元拓展性课题“最轻的气体”（第一讲）	
教学目标	知识与技能：认识氢气的物理性质 过程与方法：培养学生观察能力和归纳推理能力。 情感态度与价值观：了解氢气的用途，体会化学在人类生产、生活中的重要作用，初步掌握氢气的一种化学性质——可燃性	
教学重点、难点	略	
教　具	略	
教学过程		
教师活动	教学内容	学生活动
提　问	1. 实验室是如何制取和收集氢气的？ 2. 有一位同学设计了一个制取和收集氢气的实验装置图，是否正确？为什么？（图略）	思考，回答（口述） 思考，回答（口述）
教师小结并引出新课	略	
板　书	第二节　氢气的性质和用途 一、氢气的性质 1. 氢气的物理性质	听，看
提　问	氢气和氧气的物理性质有何异同？	回忆，比较
	相同：常温下都是无色、无气味的气体，都难溶于水 相异：氧气比空气重，氢气比空气轻	回答（口述）

① 参见初中化学教案选. 北京：北京师范大学出版社，1983. 85～88.

（续表）

教学过程		
教师活动	教学内容	学生活动
演示实验	氢气流吹肥皂泡——最轻的气体	观察，比较（与氧气），得结论
		阅读课本
教师归纳	氢气的物理性质，并导出化学性质	学生归纳，口述（说）
板　书	2. 氢气的化学性质 (1) 氢气的可燃性	
演示实验提示	氢气在空气里燃烧 注意：火焰颜色、冷而干燥的烧杯壁上产生的现象	观察（看）
提　问	回答观察到的现象 纯净的氢气在空气中安静地燃烧，火焰略带黄色，烧杯壁上出现水珠，接触烧杯壁感到烫	回答（说），得出结论
板　书	氢气跟氧气（空气里）发生反应生成水并放出大量热： $2H_2+O_2 \xlongequal{点燃} 2H_2O$	听，看
提　问	氢气不纯，混有空气（或氧气），点燃时会怎样？	思考
演示实验	氢气与空气混合点燃爆炸	观看（看），思考
	不纯的氢气点燃时会发出尖叫声（爆鸣，产生巨响）	回答观察到的现象
提　问	为什么纯净的氢气能安静地燃烧？混有氧气的氢气却发生爆炸？	思考 回答
讲　解	（内容略）（介绍爆炸极限）	听讲
	强调：点燃氢气前，一定先要检验氢气的纯度	记忆
提　问	怎样检验氢气的纯度？	
演示实验	用排气法、排水法收集氢气并检验氢气纯度	观察、学习检验纯度的方法
指导阅读		阅读课本相关内容
小　结		
作　业		
分析评价		

教案示例二

课　题	人教版初中化学第十一单元 课题一　生活中常见的盐　碳酸钙
教学目标	1. 认识碳酸钙的存在、性质、用途 2. 学会碳酸根的鉴定方法 3. 了解碳酸钙在生产生活中的作用

教　学　过　程

【新课】

一、碳酸钙在自然界的存在、用途(学生阅读课本)

1. 大理石　作人民大会堂建筑材料
2. 石灰石　作建筑石料,可制水泥、烧生石灰
3. 白垩　粉刷墙壁的白色涂料

二、碳酸钙的性质

1. 水溶性:难溶
2. 跟盐酸反应　HCl

} (学生回忆)

【实验】

$CaCO_3$

$\begin{pmatrix} Na_2CO_3 \\ K_2CO_3 \end{pmatrix}$　　(学生实验)

⋮

"碳酸根"鉴定(学生完成化学方程式)

(学生得出结论)

3. 跟二氧化碳和水反应

(学生实验)

【实验】

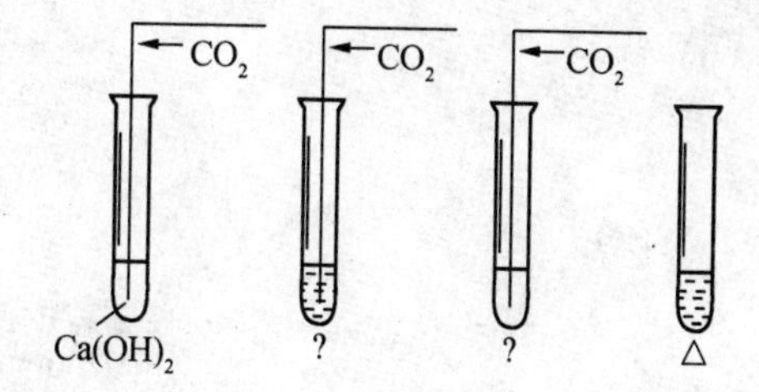

$$CaCO_3 \underset{(-CO_2,-H_2O)}{\overset{(+CO_2,+H_2O)}{\rightleftharpoons}} Ca(HCO_3)_2$$

(难溶)　　(溶)　　(教师讲授)

（续表）

教学过程
（学生完成） 化学方程式：（略） 【课堂练习】 1. 说明锅炉里水垢、自然界熔洞内钟乳石和石笋形成的原因。 2. 有食盐水、碳酸钙溶液，请你用两种方法把它们鉴别开。 【分析评价】

教案示例三

课题：人教版高中化学选修4《化学反应原理》第三章第一节　弱电解质的电离

【教学目标】

1. 知识与技能

(1) 理解弱电解质的电离平衡。

(2) 理解浓度、温度对电离平衡的影响。

(3) 掌握勒夏特列原理。

2. 过程与方法

运用归纳、演绎和类比等科学方法，根据已有知识推导电离平衡的条件。

3. 情感态度与价值观

体会结构和性质的辩证关系。

【教学重点】

影响电离平衡的外界因素。

【教学难点】

电离平衡的建立与电离平衡的移动。

【教学方式】

实验探究。

【教学资源】

多媒体辅助教学。

【教学过程】

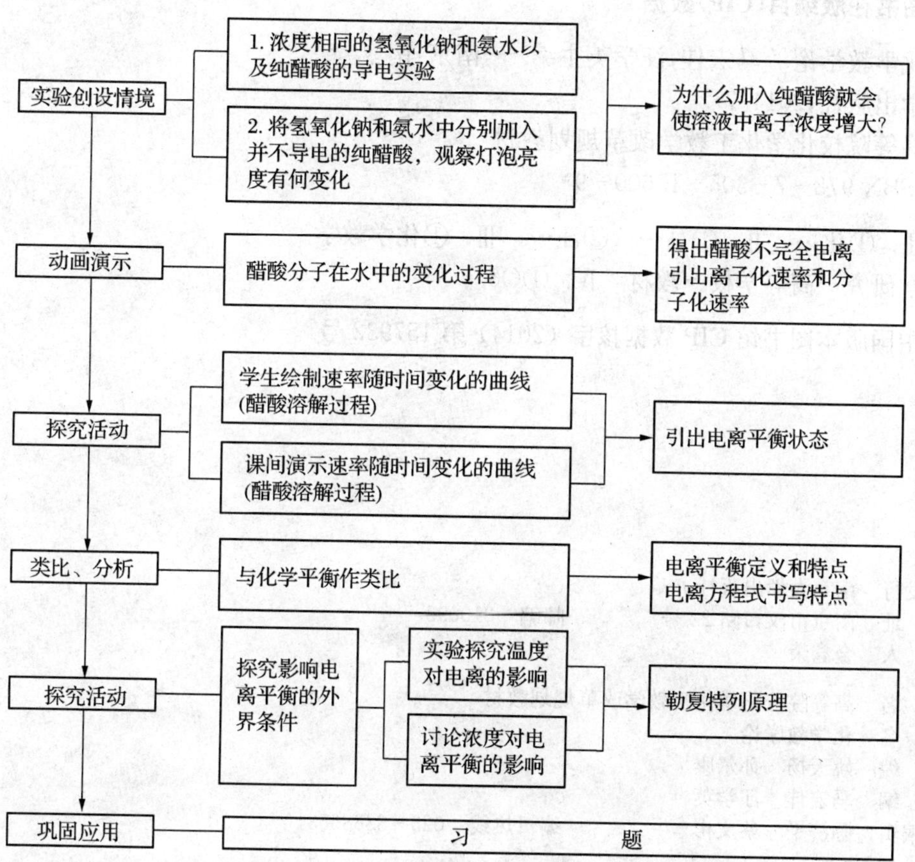
实验创设情境
1. 浓度相同的氢氧化钠和氨水以及纯醋酸的导电实验
2. 将氢氧化钠和氨水中分别加入并不导电的纯醋酸，观察灯泡亮度有何变化
为什么加入纯醋酸就会使溶液中离子浓度增大?
动画演示
醋酸分子在水中的变化过程
得出醋酸不完全电离引出离子化速率和分子化速率
探究活动
学生绘制速率随时间变化的曲线(醋酸溶解过程)
课间演示速率随时间变化的曲线(醋酸溶解过程)
引出电离平衡状态
类比、分析
与化学平衡作类比
电离平衡定义和特点
电离方程式书写特点
探究活动
探究影响电离平衡的外界条件
实验探究温度对电离的影响
讨论浓度对电离平衡的影响
勒夏特列原理
巩固应用
习　题

【板书设计】

略

图书在版编目(CIP)数据

化学教学论 / 马宏佳,汪学英主编. 一南京:南京大学出版社,2014.7

高等院校化学化工教学改革规划教材

ISBN 978-7-305-13600-9

Ⅰ. ①化… Ⅱ. ①马… ②汪… Ⅲ. ①化学教学一教学研究一高等学校一教材 Ⅳ. ①O6

中国版本图书馆 CIP 数据核字(2014)第 157932 号

出版发行 南京大学出版社

社　　址 南京市汉口路 22 号　　邮编 210093

出 版 人 金鑫荣

丛 书 名 高等院校化学化工教学改革规划教材

书　　名 化学教学论

总 主 编 姚天扬　孙尔康

主　　编 马宏佳　汪学英

责任编辑 陈济平　蔡文彬　　编辑热线 025-83686531

照　　排 江苏南大印刷厂

印　　刷 南京大众新科技印刷有限公司

开　　本 787×960 1/16 印张 19.25 字数 420 千

版　　次 2014 年 7 月第 1 版　2014 年 7 月第 1 次印刷

ISBN 978-7-305-13600-9

定　　价 36.00 元

网　　址:http://www.njupco.com

官方微博:http://weibo.com/njupco

官方微信号:njupress

销售咨询热线:(025)83594756